식품의약품안전처 출제기준에 따른 최신판!

국가 공인

30일 완성 총정리

맞춤형화장품 조제관리사

김주덕 · 지홍근 · 한지수 · 박초희 · 조선영 · 강진미 공저

光文閣
www.kwangmoonkag.co.kr

화장품은 과학의 발달과 함께 20세기를 사치품이 아니라 생활필수품으로 자리매김하였으며, 소비자의 피부와 취향을 고려한 화장품에 대한 선호가 커지면서 맞춤형화장품의 시장이 확대되고 있다. 최근 들어 생활 수준의 향상과 노령화 사회로의 급속한 진행에 따라 소비자의 관심은 깨끗한 피부를 유지하고 피부 노화를 지연하는 기능성화장품으로 확대되었고, 환경오염으로 인한 피부 안전에 대한 관심은 유기농화장품의 발전을 이끌어 화장품 산업이 고부가가치를 창출하고 있다. 4차 산업혁명 시대를 맞이하며 뷰티 산업 또한 첨단 미래형 산업으로 빠르게 발전하며, 다양성과 더불어 전문화되고 있다.

본서는 성신여자대학교 6명의 교수님이 전공 분야의 지식을 담아 집필하였다. 주 저자인 김주덕 원장의 화장품연구소에서 근무한 경험과 대학 강단에서 화장품학을 강의하면서 얻은 지식, 식품의약품안전처와 보건복지부 화장품산업발전기획단에서 얻은 노하우를 바탕으로 화장품 분야 30여 년의 경력을 담으려고 노력하였다. 화장품을 공부하는 학생들, 그리고 전문적이고 난해한 용어로 인해 어려움을 겪는 화장품 업계 관련자에게 꼭 필요한 자료가 될 것이라고 믿어 의심치 않는다.

맞춤형화장품 전반에 대한 소비자의 지식은 매우 전문화, 다양화되었고 소비자의 이해와 구체적인 정보 제공을 위한 전문가의 양성이라는 시대적 요구에 따라 본서는 제1장 화장품법의 이해, 제2장 화장품 제조 및 품질관리, 제3장 유통 화장품 안전관리, 제4장 맞춤형화장품의 이해 등으로 구성하고, 부록에는 꼭 숙지해야 할 화장품 법령과 금지화장품 원료, 그리고 이러한 지식을 기반으로 맞춤형화장품 조제 관리에 대한 국가자격증 시험을 준비할 수 있도록 예상문제를 수록하였다.

본서가 화장품을 배우고자 하는 학생들과 맞춤형화장품에 관련된 종사자들, 새로운 뷰티 산업 시장에 화장품 개발을 연구하는 관계자들에게 좋은 지침서가 될 것이라 믿으며, 많은 분의 아낌없는 충고와 격려를 부탁드린다.

끝으로 본서가 출판되기까지 여러모로 힘써 주신 광문각출판사 박정태 회장님과 임직원 여러분께 감사드린다.

2019년 1월

저자 일동

자격시험 안내

◎ 시험 소개

맞춤형화장품조제관리사 자격시험은 화장품법 제3조 4항에 따라 맞춤형화장품의 혼합, 소분 업무에 종사하고자 하는 자를 양성하기 위해 실시하는 시험입니다.

◎ 시험 정보

자격명: 맞춤형화장품조제관리사
관련 부처: 식품의약품안전처
시행 기관: 한국생산성본부

시험일	시험명	원서 접수	시험 장소	합격자 발표
2020.2.22(토)	2020년도 제1회 맞춤형화장품 조제관리사 자격시험	2020.1.13(월) 10:00~ 2020.1.29(수) 17:00	(서울, 대전) 원서 접수 시 수험자 직접 선택	2020.3.13

> 원서 제출 기간 중에는 24시간 제출 가능합니다. (단, 원서 제출 시작일은 10:00부터, 원서 제출 마감일은 17:00까지 제출 가능)

> 온라인 원서 접수만 가능(홈페이지 주소 http://license.kpc.or.kr/qplus/ccmm)

> 시험 장소는 원서 제출 인원에 따라 변경될 수 있습니다.(변경될 경우 개별 연락 예정)

◎ 응시 자격

자격 제한 없음

◎ 응시 수수료

응시 수수료: 100,000원

◎ 합격자 기준

전 과목 총점(1,000점)의 60%(600점) 이상을 득점하고, 각 과목 만점의 40% 이상을 득점한 자

◎ 시험 영역

시험 영역		주요 내용	세부 내용
1	화장품법의 이해	1.1 화장품법	화장품법의 입법 취지 화장품의 정의 및 유형 화장품의 유형별 특성 화장품법에 따른 영업의 종류 화장품의 품질 요소(안전성, 안정성, 유효성) 화장품의 사후관리 기준
		1.2 개인정보 보호법	고객관리 프로그램 운용 개인정보보호법에 근거한 고객정보 입력 개인정보보호법에 근거한 고객정보 관리 개인정보보호법에 근거한 고객 상담
2	화장품 제조 및 품질관리	2.1 화장품 원료의 종류와 특성	화장품 원료의 종류 화장품에 사용된 성분의 특성 원료 및 제품의 성분 정보
		2.2 화장품의 기능과 품질	화장품의 효과 판매 가능한 맞춤형화장품 구성 내용물 및 원료의 품질 성적서 구비
		2.3 화장품 사용 제한 원료	화장품에 사용되는 사용 제한 원료의 종류 및 사용 한도 착향제(향료) 성분 중 알레르기 유발 물질
		2.4 화장품 관리	화장품의 취급 방법 화장품의 보관 방법 화장품의 사용 방법 화장품의 사용상 주의사항
		2.5 위해 사례 판단 및 보고	위해 여부 판단 위해 사례 보고
3	유통 화장품 안전관리	3.1 작업장 위생관리	작업장의 위생 기준 작업장의 위생 상태 작업장의 위생 유지관리 활동 작업장 위생 유지를 위한 세제의 종류와 사용법 작업장 소독을 위한 소독제의 종류와 사용법
		3.2 작업자 위생관리	작업장 내 직원의 위생 기준 설정 작업장 내 직원의 위생 상태 판정 혼합 · 소분 시 위생관리 규정 작업자 위생 유지를 위한 세제의 종류와 사용법 작업자 소독을 위한 소독제의 종류와 사용법 작업자 위생 관리를 위한 복장 청결 상태 판단

3	유통 화장품 안전관리	3.3 설비 및 기구 관리	설비 · 기구의 위생 기준 설정 설비 · 기구의 위생 상태 판정 오염물질 제거 및 소독 방법 설비 · 기구의 구성 재질 구분 설비 · 기구의 폐기 기준
		3.4 내용물 및 원료	관리 내용물 및 원료의 입고 기준 유통화장품의 안전관리 기준 입고된 원료 및 내용물 관리 기준 보관 중인 원료 및 내용물 출고 기준 내용물 및 원료의 폐기 기준 내용물 및 원료의 사용기한 확인 · 판정 내용물 및 원료의 개봉 후 사용기한 확인 · 판정 내용물 및 원료의 변질 상태(변색, 변취 등) 확인 내용물 및 원료의 폐기 절차
		3.5 포장재의 관리	포장재의 입고 기준 입고된 포장재 관리 기준 보관 중인 포장재 출고 기준 포장재의 폐기 기준 포장재의 사용기한 확인 · 판정 포장재의 개봉 후 사용기한 확인 · 판정 포장재의 변질 상태 확인 포장재의 폐기 절차
4	맞춤형 화장품의 이해	4.1 맞춤형화장품 개요	맞춤형화장품 정의 맞춤형화장품 주요 규정 맞춤형화장품의 안전성 맞춤형화장품의 유효성 맞춤형화장품의 안정성
		4.2 피부 및 모발 생리 구조	피부의 생리 구조 모발의 생리 구조 피부 모발 상태 분석
		4.3 관능 평가 방법과 절차	관능 평가 방법과 절차
		4.4 제품 상담	맞춤형화장품의 효과 맞춤형화장품의 부작용의 종류와 현상 배합 금지사항 확인 · 배합 내용물 및 원료의 사용 제한 사항
		4.5 제품 안내	맞춤형화장품 표시 사항 맞춤형화장품 안전 기준의 주요사항 맞춤형화장품의 특징 맞춤형화장품의 사용법

4	맞춤형화장품의 이해	4.6 혼합 및 소분	원료 및 제형의 물리적 특성 화장품 배합 한도 및 금지 원료 원료 및 내용물의 유효성 원료 및 내용물의 규격(PH, 점도, 색상, 냄새 등) 혼합 · 소분에 필요한 도구 · 기기 리스트 선택 혼합 · 소분에 필요한 기구 사용 맞춤형화장품판매업 준수사항에 맞는 혼합 · 소분 활동
		4.7 충진 및 포장	제품에 맞는 충진 방법 제품에 적합한 포장 방법 용기 기재사항
		4.8 재고관리	원료 및 내용물의 재고 파악 적정 재고를 유지하기 위한 발주

◎ 시험 방법 및 문항 유형

시험 과목	문항 유형	과목별 총점	시험 방법
화장품법의 이해	선다형 7문항 단답형 3문항	100점	필기시험
화장품 제조 및 품질관리	선다형 20문항 단답형 5문항	250점	
유통화장품의 안전관리	선다형 25문항	250점	
맞춤형화장품의 이해	선다형 28문항 단답형 12문항	400점	

> 문항별 배점은 난이도별로 상이하며, 구체적인 문항 배점은 비공개입니다.

◎ 시험 시간

시험 과목	입실 완료	시험 시간
1 화장품법의 이해 2 화장품 제조 및 품질관리 3 유통화장품의 안전관리 4 맞춤형화장품의 이해	09:00까지	09:30~11:30 (120분)

CONTENTS

chapter 01

화장품법의 이해

1

화 · 장 · 품 · 법 · 의 · 이 · 해

화장품법

1.1 화장품법의 입법 취지

1.1.1 화장품법의 목적

화장품법 제1장 총칙에서 명시된 화장품법의 목적(제1조)은 화장품의 제조 · 수입 · 판매 및 수출 등에 관한 사항을 규정함으써 국민보건 향상과 화장품 산업의 발전에 이바지하기 위함이다.

1.1.2 화장품법 도입 취지

화장품법은 화장품만이 갖고 있는 다양한 특성에 부합되는 적절한 관리와 화장품 산업의 경쟁력 배양을 위한 제도의 필요성으로 도입되었다. 제도 도입 당시 의약품과 동등하거나 유사한 규제가 화장품 산업의 발전을 저해하고 있다는 우려와 우리나라 화장품이 외국 화장품과의 경쟁 시 유리한 여건 확보를 위한 적절한 대응이 요구되었으며, 그로 인해 나타나는 한계점들이 그 요인이 되었다. 그리하여 별도의 화장품법이 만들어지는 결과를 가져왔다.(1999년 약사법에서 분리, 2000. 7. 1 시행) 이후 보건복지부에서 식품의약품안전처로 소관 부처가 변경되었다.(2013. 3. 23)

1.1.3 맞춤형화장품 제도 도입 취지

맞춤형화장품 제도는 개인의 가치가 강조되는 사회 · 문화적인 환경 변화에 따라 개인 맞춤형 상품 서비스를 통해 다양한 소비 요구를 충족시키기 위해 도입되었다. 또한, 당시 화장품법에서는 판매장에서의 혼합 · 소분을 금지하고 있어 이를 허용하기 위한 별도의 제도 신설이 필요하였다.

1.2 화장품과 용어의 정의

1.2.1 화장품의 정의

화장품법 제2조 정의에서 명시하는 용어의 뜻은 아래의 내용과 같다.(개정 2013. 3. 23. 2016. 5. 29., 2018. 3. 13. 2019. 1. 15, 일부개정 2020. 01. 16 시행)

1) 화장품

"화장품"이란 인체를 청결 · 미화하여 매력을 더하고 용모를 밝게 변화시키거나 피부 · 모발의 건강을 유지 또는 증진하기 위하여 인체에 바르고 문지르거나 뿌리는 등 이와 유사한 방법으로 사용되는 물품으로써 인체에 대한 작용이 경미한 것을 말한다. 다만, 「약사법」 제2조 제4호의 의약품에 해당하는 물품은 제외한다.

2) 기능성화장품

"기능성화장품"이란 화장품 중에서 다음 각 목의 어느 하나에 해당하는 것으로서 총리령으로 정하는 화장품을 말한다.

(1) 피부의 미백에 도움을 주는 제품
(2) 피부의 주름 개선에 도움을 주는 제품
(3) 피부를 곱게 태워 주거나 자외선으로부터 피부를 보호하는 데에 도움을 주는 제품
(4) 모발의 색상 변화 · 제거 또는 영양 공급에 도움을 주는 제품
(5) 피부나 모발의 기능 약화로 인한 건조함, 갈라짐, 빠짐, 각질화 등을 방지하거나 개선하는 데에 도움을 주는 제품

3) 천연화장품

"천연화장품"이란 동식물 및 그 유래 원료 등을 함유한 화장품으로서 식품의약품안전처장이 정하는 기준에 맞는 화장품을 말한다.

4) 유기농화장품

"유기농화장품"이란 유기농 원료, 동식물 및 그 유래 원료 등을 함유한 화장품으로서 식품의약품안전처장이 정하는 기준에 맞는 화장품을 말한다.

5) 맞춤형화장품

"맞춤형화장품"이란 다음 각 목의 화장품을 말한다.

(1) 제조 또는 수입된 화장품의 내용물에 다른 화장품의 내용물이나 식품의약품안전처장이 정하는 원료를 추가하여 혼합한 화장품

(2) 제조 또는 수입된 화장품의 내용물을 소분(小分)한 화장품

1.2.2 용어의 정의

1) 안전용기·포장

"안전용기 · 포장"이란 만 5세 미만의 어린이가 개봉하기 어렵게 설계 · 고안된 용기나 포장을 말한다.

2) 사용기한

"사용기한"이란 화장품이 제조된 날부터 적절한 보관 상태에서 제품이 고유의 특성을 간직한 채 소비자가 안정적으로 사용할 수 있는 최소한의 기한을 말한다.

3) 1차 포장

"1차 포장"이란 화장품 제조 시 내용물과 직접 접촉하는 포장 용기를 말한다.

4) 2차 포장

"2차 포장"이란 1차 포장을 수용하는 1개 또는 그 이상의 포장과 보호재 및 표시의

목적으로 한 포장을 말한다.

5) 표시

"표시"란 화장품의 용기 · 포장에 기재하는 문자 · 숫자 · 도형 또는 그림 등을 말한다.

6) 광고

"광고"란 라디오 · 텔레비전 · 신문 · 잡지 · 음성 · 음향 · 영상 · 인터넷 · 인쇄물 · 간판, 그 밖의 방법에 의하여 화장품에 대한 정보를 나타내거나 알리는 행위를 말한다.

1.3 화장품의 유형별 특성
(시행규칙 별표 3, 제19조제3항 관련, 개정 2018. 4.11)

1.3.1 화장품의 유형 및 종류

1) 영·유아용(만 3세 이하의 어린이용) 제품류

(1) 영 · 유아용 샴푸, 린스

(2) 영 · 유아용 로션, 크림

(3) 영 · 유아용 오일

(4) 영 · 유아용 인체 세정용 제품

(5) 영 · 유아용 목욕용 제품

2) 목욕용 제품류

(1) 목욕용 오일 · 정제 · 캡슐

(2) 목욕용 소금류

(3) 버블 배스(bubble baths)

(4) 그 밖의 목욕용 제품류

3) 인체 세정용 제품류

(1) 폼클렌저(foam cleanser)

(2) 바디클렌저(body cleanser)

(3) 액체 비누(liquid soap) 및 화장 비누(고체 형태의 세안용 비누)

(4) 외음부 세정제

(5) 물휴지. 다만, 「위생용품 관리법(법률 제14837호)」 제2조 제1호 라목2)에서 말하는 「식품위생법」 제36조 제1항 제3호에 따른 식품 접객업의 영업소에서 손을 닦는 용도 등으로 사용할 수 있도록 포장된 물티슈와 「장사 등에 관한 법률」 제29조에 따른 장례식장 또는 「의료법」 제3조에 따른 의료기관 등에서 시체(屍體)를 닦는 용도로 사용되는 물휴지는 제외한다.

(6) 그 밖의 인체 세정용 제품류

4) 눈 화장용 제품류

(1) 아이브로 펜슬(eyebrow pencil)

(2) 아이 라이너(eye liner)

(3) 아이 섀도(eye shadow)

(4) 마스카라(mascara)

(5) 아이 메이크업 리무버(eye make-up remover)

(6) 그 밖의 눈 화장용 제품류

5) 방향용 제품류

(1) 향수

(2) 분말향

(3) 향낭(香囊)

(4) 콜롱(cologne)

(5) 그 밖의 방향용 제품류

6) 두발 염색용 제품류

(1) 헤어 틴트(hair tints)

(2) 헤어 컬러 스프레이(hair color sprays)

(3) 염모제

(4) 탈염 · 탈색용 제품

(5) 그 밖의 두발 염색용 제품류

7) 색조 화장용 제품류

(1) 볼연지

(2) 페이스 파우더(face powder), 페이스 케이크(face cake)

(3) 리퀴드(liquid) · 크림 · 케이크 파운데이션(foundation)

(4) 메이크업 베이스(make-up bases)

(5) 메이크업 픽서티브(make-up fixative)

(6) 립스틱, 립라이너(lip liner)

(7) 립글로스(lip gloss), 립밤(lip balm)

(8) 보디페인팅(body painting), 페이스페인팅(face painting), 분장용 제품

(9) 그 밖의 색조 화장용 제품류

8) 두발용 제품류

(1) 헤어 컨디셔너(hair conditioners)

(2) 헤어 토닉(hair tonics)

(3) 헤어 그루밍 에이드(hair grooming aids)

(4) 헤어 크림 · 로션

(5) 헤어 오일

(6) 포마드(pomade)

(7) 헤어 스프레이 · 무스 · 왁스 · 젤

(8) 샴푸, 린스

(9) 퍼머넌트 웨이브(permanent wave)

(10) 헤어 스트레이트너(hair strengthener)

(11) 흑채

(12) 그 밖의 두발용 제품류

9) 손발톱용 제품류

(1) 베이스코트(base coats), 언더코트(under coats)

(2) 네일 폴리시(nail polish), 네일 에나멜(nail enamel)

(3) 탑코트(top coats)

(4) 네일 크림 · 로션 · 에센스

(5) 네일 폴리시 · 네일 에나멜 리무버

(6) 그 밖의 손발톱용 제품류

10) 면도용 제품류

(1) 애프터셰이브 로션(aftershave lotion)

(2) 남성용 탤컴(talcum)

(3) 프리셰이브 로션 (pre-shave lotion)

(4) 셰이빙 크림(shaving cream)

(5) 셰이빙 폼(shaving foam)

(6) 그 밖의 면도용 제품류

11) 기초화장용 제품류

(1) 수렴 · 유연 · 영양 화장수(face lotions)

(2) 마사지 크림

(3) 에센스, 오일

(4) 파우더

(5) 보디 제품

(6) 팩, 마스크

(7) 눈 주위 제품

(8) 로션, 크림

(9) 손 · 발의 피부 연화 제품

(10) 클렌징 워터, 클렌징 오일, 클렌징 로션, 클렌징 크림 등 메이크업 리무버

(11) 그 밖의 기초화장용 제품류

12) 체취 방지용 제품류

(1) 데오도런트

(2) 그 밖의 체취 방지용 제품류

13) 체모 제거용 제품류

(1) 제모제(제모 왁스 포함)

(2) 그 밖의 체모 제거용 제품류

1.4 화장품법에 따른 영업의 종류

화장품법 제2조의 2(영업의 종류)에 따른 영업의 종류는 다음 각호와 같으며 제1항에 따른 영업의 세부 종류와 그 범위는 대통령령으로 정한다. (본조 신설 2018. 3. 13. [시행일: 2020. 3. 14.] 제2조의 개정 규정 중 맞춤형화장품, 맞춤형화장품판매업자 및 맞춤형화장품조제관리사와 관련된 부분)

[표 1-1] 영업의 종류(화장품법 제2조의 2 영업의 종류)

화장품제조업	화장품책임판매업	맞춤형화장품판매업
1. 화장품을 직접 제조하려는 경우 2. 제조를 위탁받아 화장품을 제조하려는 경우 3. 화장품의 포장(1차 포장에 한함)을 하려는 경우	1. 직접 제조한 화장품을 유통 · 판매하려는 경우 2. 위탁하여 제조한 화장품을 유통 · 판매하려는 경우 3. 수입한 화장품을 유통 · 판매하려는 경우 4. 수입대행형 거래(전자상거래만 해당한다)를 목적으로 화장품을 알선 · 수여 하려는 경우	1. 제조 또는 수입된 화장품의 내용물에 다른 화장품의 내용물이나 식품의약품안전처장이 정하는 원료를 추가하여 혼합한 화장품을 유통 · 판매하려는 경우 2. 제조 또는 수입된 화장품의 내용물을 소분(小分)한 화장품을 유통 · 판매하려는 경우

1.4.1 영업의 종류

1) 화장품제조업

화장품제조업은 화장품의 전부 또는 일부를 제조(2차 포장 또는 표시만의 공정은 제외)하는 영업을 말한다. 즉, 화장품을 직접 제조하거나, 화장품 제조를 위탁받아 제조하는 영업, 화장품의 포장(1차 포장만 해당)하는 영업이다.

(1) 화장품제조업 등록 및 변경

화장품법 제3조 영업의 등록과 관련하여 화장품제조업자는 총리령으로 정하는 바에 따라 화장품제조업 등록 신청서와 함께 시설 명세서, 마약류 중독자 혹은 정신질환자가 아님을 증명하거나 제조업자로서 적합함을 입증하는 건강진단서, 법인인 경우 등기 사항 증명서를 준비하여 관할 지방청을 통해 식품의약품안전처에 등록한다.

등록한 사항을 변경할 때에는 화장품제조업 변경등록 신청서와 함께 식품의약품안전처에서 변경한다. 제조업자(법인대표자), 상호(법인 명칭), 소재지 변경 시 30일 이내 신청한다. (90일 변경 예정) (신고제에서 등록제로 전환. 개정 2016. 2. 3)

▶ 등록 시 필요사항

- 등록 신청서
- 시설 명세서
- 건강진단서(마약류 중독자 및 정신질환자가 아님을 증명하거나 제조업자 적합 입증 진단)
- 등기 사항 증명서(법인인 경우)

▶ 변경 시 필요사항

- 변경등록 신청서
- 제조업자(법인대표자) 변경
- 상호(법인 명칭) 변경
- 소재지 변경

▶ 등록 결격사항

- 정신질환자(정신건강 증진 및 정신질환 복지 서비스 지원에 관한 법률 제3조 제1호) 다만, 전문의가 화장품제조업자(화장품제조업을 등록한 자를 말함)로서 적합하다고 인정하는 사람은 제외
- 피성년후견인 또는 파산선고를 받고 복권되지 않은 자
- 마약류의 중독자(마약류 관리에 관한 법률 제2조 제1호)
- 화장품법 또는 보건 범죄 단속에 관한 특별조치법을 위반해 금고 이상의 형을 선고받고 그 집행이 끝나지 않거나 그 집행을 받지 않기로 확정되지 않은 자
- 등록이 취소되거나 영업소가 폐쇄(위 1부터 3까지의 어느 하나에 해당하여 등록이 취소되거나 영업소가 폐쇄된 경우는 제외)된 날부터 1년이 지나지 않은 자

다음 해당 사항의 경우, 식품의약품안전처장은 등록을 취소하거나 영업소 폐쇄(제3조의2 제1항에 따라 신고한 영업만 해당)를 명하거나, 품목의 제조 · 수입 및 판매(수입 대행형 거래를 목적으로 하는 알선 · 수여 포함)의 금지를 명하거나 1년의 범위에서 기간을 정하여 그 업무의 전부 또는 일부에 대한 정지를 명할 수 있다. 다만, 제3호 또는 제14호(광고 업무에 한정하여 정지를 명한 경우는 제외)에 해당하는 경우에는 등록을 취소하거나 영업소

를 폐쇄하여야 한다. 〈개정 2013. 3. 23., 2015. 1. 28., 2016. 5. 29., 2018. 3. 13., 2018. 12. 11., 2019. 1. 15.〉

▶ 등록의 취소 · 영업소 폐쇄 · 제조 수입 판매 금지사항

- 화장품제조업 또는 화장품책임판매업의 변경사항 등록을 안 한 경우
- 시설을 갖추지 않은 경우
- 맞춤형화장품판매업의 변경 신고를 하지 않은 경우
- 국민보건에 위해를 끼쳤거나 끼칠 우려가 있는 화장품을 제조 · 수입한 경우
- 심사를 받지 않았거나 보고서를 제출하지 않은 기능성화장품을 판매한 경우
- 제품별 안전성 자료를 작성 또는 보관하지 않은 경우
- 영업자의 준수사항을 이행하지 않은 경우
- 회수 대상 화장품을 회수하지 않았거나 회수하는 데 필요한 조치를 하지 않은 경우
- 회수 계획을 보고하지 않았거나 거짓으로 보고한 경우
- 화장품의 안전용기 · 포장에 관한 기준을 위반한 경우
- 제10조부터 제12조까지의 규정을 위반하여 화장품의 용기 또는 포장 및 첨부 문서에 기재 · 표시한 경우
- 제13조를 위반하여 화장품을 표시 · 광고 하거나 제14조 제4항에 따른 중지명령을 위반하여 화장품 표시 · 광고 행위를 한 경우
- 제15조를 위반하여 판매하거나 판매의 목적으로 제조 · 수입 · 보관 또는 진열한 경우
- 제18조 제1항 · 제2항에 따른 검사 · 질문 · 수거 등을 거부하거나 방해한 경우
- 제19조, 제20조, 제22조, 제23조 제1항 · 제2항 또는 제23조의2에 따른 시정명령 · 검사명령 · 개수명령 · 회수명령 · 폐기명령 또는 공표명령 등을 이행하지 않은 경우
- 제23조 제3항에 따른 회수 계획을 보고하지 않았거나 거짓으로 보고한 경우
- 업무정지 기간 중에 업무를 한 경우

위 변경사항 등록을 안 한 경우에 따른 행정처분의 기준은 총리령으로 정한다. 〈개정 2013. 3. 23.〉 [제목 개정 2018. 3. 13.] [시행일: 2020. 3. 14.] 제24조의 개정 규정 중 맞춤형화장품, 맞춤형화장품판매업자 및 맞춤형화장품조제관리사와 관련 부분

영업자의 지위 승계와 관련하여 영업자가 사망하거나 그 영업을 양도한 경우 또는 법인인 영업자가 합병한 경우에는 그 상속인, 영업을 양수한 자 또는 합병 후 존속하는 법인이나 합병에 따라 설립되는 법인이 그 영업자의 의무 및 지위를 승계한다. 〈개정2018. 3. 13.〉 [시행일: 2020. 3. 14.] 제26조의 개정 규정 중 맞춤형화장품, 맞춤형화장품판매업자 및 맞춤형화장품조제관리사와 관련된 부분 제26조의2(행정제재처분 효과의 승계) 제26조에 따라 영업자의 지위를 승계한 경우에 종전의 영업자에 대한 제24조에 따른 행정제재처분의 효과는 그 처분기간이 끝난 날부터 1년간 해당 영업자의 지위를 승계한 자에게 승계되며, 행정제재처분의 절차가 진행 중일 때에는 해당 영업자의 지위를 승계한 자에 대하여 그 절차를 계속 진행할 수 있다. 다만, 영업자의 지위를 승계한 자가 지위를 승계할 때에 그 처분 또는 위반 사실을 알지 못하였음을 증명하는 경우에는 그렇지 않다. [본조 신설 2018. 12. 11.]

제27조(청문)과 관련하여 식품의약품안전처장은 제14조의2 제3항에 따른 (천연, 유기농화장품) 인증의 취소, 제14조의5 제2항에 따른 인증기관 지정의 취소 또는 업무의 전부에 대한 정지를 명하거나 제24조에 따른 등록의 취소, 영업소 폐쇄, 품목의 제조·수입 및 판매(수입대행형 거래를 목적으로 하는 알선·수여 포함)의 금지 또는 업무의 전부에 대한 정지를 명하고자 하는 경우에는 청문을 해야 한다. 〈개정 2013. 3. 23., 2016. 5. 29., 2018.3. 13.〉 [시행일: 2020. 3. 14.]

식품의약품안전처장은 화장품제조업자 또는 화장품책임판매업자가 「부가가치세법」 제8조에 따라 관할 세무서장에게 폐업 신고를 하거나 관할 세무서장이 사업자등록을 말소한 경우, 등록을 취소할 수 있다. 〈신설 2018. 3. 13.〉

등록을 취소하기 위하여 필요하면 관할 세무서장에게 화장품제조업자 또는 화장품책임판매업자의 폐업 여부에 대한 정보 제공을 요청할 수 있다. 이 경우 요청을 받은

관할 세무서장은 「전자정부법」 제39조에 따라 화장품제조업자 또는 화장품책임판매업자의 폐업 여부에 대한 정보를 제공하여야 한다. 〈신설 2018. 3. 13.〉 식품의약품안전처장은 폐업 신고 또는 휴업 신고를 받은 날부터 7일 이내에 신고 수리 여부를 신고인에게 통지해야 한다. 〈신설 2018. 12. 11.〉

식품의약품안전처장이 정한 기간 내에 신고 수리 여부 또는 민원처리 관련 법령에 따른 처리 기간의 연장을 신고인에게 통지하지 않으면, 그 기간(민원처리 관련 법령에 따라 처리 기간이 연장 또는 재연장된 경우 해당 처리 기간)이 끝난 날의 다음 날에 신고를 수리한 것으로 본다. 〈신설 2018. 12. 11.〉 [시행일: 2020. 3. 14.]

2) 화장품책임판매업

화장품책임판매업은 취급하는 화장품의 품질 및 안전 등을 관리하면서 이를 유통·판매하거나 수입대행형 거래를 목적으로 알선·수여(授與) 하는 영업을 말한다. 즉, 화장품제조업자가 화장품을 직접 제조하여 유통·판매하거나, 화장품제조업자에게 위탁해 제조된 화장품, 수입된 화장품을 유통·판매하는 영업이다. 전자상거래 등에서의 소비자 보호에 관한 법률에 따른 수입대행형 거래를 위해서 화장품을 알선하거나 수여 하는 영업이 속한다.

(1) 화장품책임판매업 등록 및 변경

화장품법 제3조 및 시행규칙 제4조에 근거하여 화장품책임판매업의 등록은 총리령으로 정하는 바에 따라 화장품판매업 등록신청서와 함께 화장품 품질관리 및 제조판매 후 안전관리에 적합한 기준에 관한 규정(전자상거래 수입대행 제외), 책임 판매자 자격 확인 서류(전자 상거래 수입대행자 제외)를 준비하여 식품의약품안전처에 등록하며 역시 총리령으로 정하는 화장품의 품질관리 및 책임판매 후 안전관리에 관한 기준을 갖추어야 하며, 이를 관리 할 수 있는 관리자(책임판매 관리자)를 두어야 한다. 〈개정 2013. 3. 23., 2018. 3. 13.〉

▶ 책임판매업 등록 서류

- 등록 신청서
- 화장품의 품질관리 및 책임판매 후 안전 관리에 적합한 기준에 관한 규정
- 책임판매 관리자의 자격을 확인할 수 있는 서류
- 등기사항 증명서(법인인 경우만 해당)

화장품법 제3조 제1항 및 화장품 시행규칙 제5조 제1항 제2호에 근거하여 화장품책임판매업자가 다음의 해당하는 경우 변경 등록을 해야 한다. 책임판매업자는 변경등록하는 경우에 사유가 발생한 날부터 30일 이내 화장품책임판매업 변경등록 신청서를 제출해야 한다.

▶ 화장품책임판매업의 변경 등록

- 화장품책임판매업자의 변경(법인인 경우에는 대표자의 변경)
- 화장품책임판매업자의 상호 변경(법인인 경우에는 법인의 명칭 변경)
- 화장품책임판매업소의 소재지 변경
- 책임판매 유형 변경

▶ 책임판매업 등록 결격사항

- 피성년후견인 또는 파산선고를 받고 복권되지 않은 자
- 화장품법 또는 보건 범죄 단속에 관한 특별조치법을 위반해 금고 이상의 형을 선고받고 그 집행이 끝나지 않았거나 그 집행을 받지 않기로 확정되지 않은 자
- 등록이 취소되거나 영업소가 폐쇄(위의 사항에 해당되어 등록이 취소되거나 영업소가 폐쇄된 경우는 제외)된 날부터 1년이 지나지 않은 자

3) 맞춤형화장품판매업

맞춤형화장품판매업은 '정의'에서 언급한 맞춤형화장품을 판매하는 영업을 말한다. 즉, 제조 또는 수입된 화장품의 내용물에 다른 화장품의 내용물이나 색소, 향 등 식품의약품안전처장이 정하는 원료를 추가하여 혼합한 화장품 혹은 제조 또는 수입된

화장품이 내용물을 소분(小分)한 화장품을 판매하는 영업이다. [시행일: 2020. 3. 14.]

(1) 맞춤형화장품판매업 신고 및 변경

법 제3조의2 제1항 전단에 따라 맞춤형화장품판매업 신고를 하려는 자는 소재지별로 별지 제3호의2 서식의 맞춤형화장품판매업 신고서와 필요 서류를 첨부하여 맞춤형화장품판매업소의 소재지를 관할하는 식품의약품안전처에 제출한다.

▶ 신고 시 필요 서류

- 맞춤형화장품판매업 신고서
- 맞춤형화장품조제관리사 자격증
  (2명 이상의 맞춤형화장품조제관리사를 두는 경우, 대표 1명의 자격증만 제출)
- 책임판매업자와 체결한 계약서 사본
  (책임판매업자와 맞춤형화장품판매업자가 동일한 경우, 계약서 제출 생략,수입 대행 거래 및 병행 수입하는 유통 · 판매하는 책임판매업자 제외)
- 소비자 피해 보상을 위한 보험계약서 사본
  (다만, 책임판매업자와 맞춤형화장품판매업자가 동일하고 책임판매업자가 보험에 가입되어 있는 경우, 책임판매업자의 보험계약서 사본 제출)

신고서를 받은 지방 식품의약품안전처장은「전자정부법」제36조 제1항에 따른 행정정보의 공동 이용을 통하여 법인등기사항증명서(법인 경우)를 확인한다. 지방 식품의약품안전처장은 제2항에 따른 신고가 요건을 갖춘 경우, 맞춤형화장품판매업 신고대장에 1. 신고번호 및 신고 연월일, 2. 맞춤형화장품판매업자(맞춤형화장품판매업을 신고한 자)의 성명 및 생년월일(법인인 경우, 대표자의 성명 및 생년월일) 3. 맞춤형화장품판매업자의 상호(법인인 경우 법인의 명칭) 4. 맞춤형화장품판매업소의소재지 5. 맞춤형화장품조제관리사의 성명 및 생년월일의 사항을 적고, 서식의 맞춤형화장품판매업 신고필증을 발급한다.

화장품법 시행규칙 제5조의2 맞춤형화장품판매업자가 변경신고를 해야 하는 경우는 다음과 같다.

▶ 맞춤형화장품판매업의 변경 신고

- 맞춤형화장품판매업자가 변경되었을 때(법인인 경우 대표자의 변경)
  ✓ 양도·양수의 경우, 이를 증명하는 서류
  ✓ 상속의 경우, 「가족관계의 등록 등에 관한 법률」 제15조 제1항 제1호의 가족관계증명서
- 맞춤형화장품판매업자의 상호 변경(법인인 경우 법인의 명칭 변경)
- 맞춤형화장품판매업소의 소재지 변경
- 맞춤형화장품조제관리사의 변경
- 맞춤형화장품 사용 계약을 체결한 책임판매업자의 변경

맞춤형화장품판매업자는 변경 사유가 발생한 날부터 30일 이내(다만, 행정구역 개편에 따른 소재지 변경의 경우 90일 이내) 서식의 맞춤형화장품판매업 변경 신고서(전자문서 신고서 포함)에 맞춤형화장품판매업 신고필증과 해당 서류(전자문서 포함)를 첨부하여 지방식품의약품안전처에 제출해야한다. 이 경우, 신고 관청을 달리하는 맞춤형화장품판매업소의 소재지 변경의 경우에는 새로운 소재지를 관할하는 지방식품의약품안전처에 제출해야한다. 맞춤형화장품판매업 변경 신고서를 받은 지방 식품의약품안전처장은 「전자정부법」 제36조 제1항에 따른 행정정보의 공동 이용을 통하여 법인등기사항증명서(법인인 경우)를 확인해야 한다. 지방식품의약품안전청장은 변경신고 사항을 확인한 후 맞춤형화장품판매업 신고대장에 각각의 변경사항을 적고, 맞춤형화장품판매업 신고필증의 뒷면에 변경 사항을 적은 후 이를 내주어야 한다.

(2) 의무 및 준수사항

화장품법 제5조 영업자의 의무 등과 관련하여 맞춤형화장품판매업자는 맞춤형화장품판매장 시설·기구의 관리 방법, 혼합·소분 안전관리기준의 준수 의무, 혼합·소분되는 내용물 및 원료에 대한 설명 의무 등에 관하여 총리령으로 정하는 사항을 준수해야 한다. 〈신설 2018. 3. 13.〉 맞춤형화장품조제관리사를 통하여 판매하는 맞춤형화장품판매업자는 제외하고 누구든지 화장품의 용기에 담은 내용물을 나누어 판매해

서는 안 된다. 〈개정 2018. 3. 13.〉 [시행일: 2020. 3. 14.] 제16조의 개정 규정 중 맞춤형화장품, 맞춤형화장품판매업자 및 맞춤형화장품조제관리사와 관련된 부분 제4절 화장품업 단체 등〈개정 2018. 3. 13.〉 맞춤형화장품판매장에서 내용물 등의 혼합 또는 소분 업무는 맞춤형조제관리사 자격시험을 치러 자격을 갖춘 맞춤형조제관리사만 할 수 있다.(화장품법 제3조 영업의 등록)

▶ 영업자의 화장품 판매 · 진열 금지사항

- 등록을 하지 않은 자가 제조한 화장품 또는 제조 · 수입하여 유통 · 판매한 화장품(제조업자/책임판매업자)
- 제3조의2 제1항에 따른 신고를 하지 않은 자가 판매한 맞춤형화장품
- 제3조의2 제2항에 따른 맞춤형화장품조제관리사를 두지 않고 판매한 맞춤형화장품 〈개정 2016. 5. 29., 2018. 3. 13.〉
- 제10조부터 제12조까지에 위반되는(화장품의 기재 · 표시) 화장품 또는 의약품으로 잘못 인식할 우려가 있게 기재 · 표시된 화장품
- 판매의 목적이 아닌 제품의 홍보 · 판매 촉진 등을 위하여 미리 소비자가 시험 · 사용하도록 제조 또는 수입된 화장품(소비자에게 판매하는 화장품에 한함)
- 화장품의 포장 및 기재 · 표시 사항을 훼손(맞춤형화장품 판매를 위하여 필요한 경우 제외) 또는 위조 · 변조한 것

화장품법 제5조 영업의 의무와 관련하여 맞춤형화장품조제관리사는 화장품의 안전성 확보 및 품질관리에 관한 교육을 매년 받아야 한다. 〈개정 2013. 3. 23., 2016. 2. 3., 2018. 3. 13.〉 그러나 교육을 받아야 하는 자가 둘 이상의 장소에서 화장품제조업, 화장품책임판매업 또는 맞춤형화장품판매업을 하는 경우에는 종업원 중에서 총리령으로 정하는 자를 책임자로 지정하여 교육을 받게 할 수 있다. 〈신설 2016. 2. 3., 2018. 3. 13.13.〉

식품의약품안전처장은 국민 건강상 위해를 방지하기 위하여 필요하다고 인정하면 화장품제조업자, 화장품책임판매업자 및 맞춤형화장품판매업자에게 화장품 관련 법

령 및 제도(화장품의 안전성 확보 및 품질관리에 관한 내용 포함)에 관한 교육을 받을 것을 명할 수 있다.

▶ 맞춤형화장품조제관리사 의무교육

- 매년 교육 이수 필수
- 식품의약품안전처 지정 화장품 교육기관에서 실시
  (대한화장품협회, 한국의약품수출입협회, 대한화장품산업연구원, 한국보건산업진흥원)
- 교육 미이수 시, 과태료 50만 원

맞춤형화장품조제관리사가 자격증을 분실 또는 훼손하였거나 성명 등 자격증의 기재사항이 변경되어 재발급받으려는 경우 필요 서류들을 준비하여 식품의약품안전처에 제출한다.

▶ 맞춤형화장품조제관리사 자격증 재발급

- 자격증 재발급 신청서
- 훼손되어 못 쓰게 된 경우, 기존 발급받은 자격증
- 분실한 경우, 사유서
- 성명 등 자격증 기재사항 변경된 경우, 자격증 및 기본 증명서(가족관계 등록부)

맞춤형화장품, 맞춤형화장품판매업자 및 맞춤형화장품조제관리사와 관련된 부분인 제5조의2 '위해 화장품의 회수'와 관련하여 제9조, 제15조 또는 제16조 제1항에 위반되어 국민보건에 위해(危害)를 끼치거나 끼칠 우려가 있는 화장품이 유통 중인 사실을 알게 된 경우에는 지체 없이 해당 화장품을 회수하거나 회수하는 데에 필요한 조치를 하여야 한다. 〈개정 2018. 12. 11.〉

해당 화장품을 회수하거나 회수하는 데에 필요한 조치를 식품의약품안전처에 미리 보고해야 한다. 〈개정 2018. 3. 13.〉 식품의약품안전처장은 회수 또는 회수에 필요한 조치를 성실하게 이행한 영업자가 해당 화장품으로 인하여 받게 되는 제24조에 따른 행정처분을 총리령으로 정하는 바에 따라 감경 또는 면제할 수 있다. 〈개정 2018. 3. 13.〉

회수 대상 화장품, 해당 화장품의 회수에 필요한 위해성 등급 및 그 분류기준, 회수 계획 보고 및 회수 절차 등에 필요한 사항은 총리령으로 정한다. 〈개정 2018. 12. 11.〉 [본조 신설 2015. 1. 28.] [시행일: 2020. 3. 14.]

제5조의2의 개정 규정 중 맞춤형화장품, 맞춤형화장품판매업자 및 맞춤형화장품조제관리사의 폐업 등의 신고와 관련된 내용은 다음과 같다. 영업자가 폐업이나 휴업 혹은 그 업을 재개 하려는 경우에는 식품의약품안전처에 신고하여야 한다. 다만, 휴업기간이 1개월 미만이거나 그 기간 동안 휴업하였다가 그 업을 재개하는 경우에는 그렇지 않다. 〈개정 2013. 3. 23., 2018. 3. 13., 2018. 12. 11.〉

▶ 폐업, 휴업 시 신고 사항

1. 폐업 또는 휴업하려는 경우
2. 휴업 후 그 업을 재개하려는 경우
3. 삭제 〈2018. 12. 11.〉

1.5 화장품 품질 요소

화장품 품질을 결정하는 특성이며 제품의 질을 보증하는 요소로서 안전성, 안정성, 기능성(유효성), 사용성 등이 있다. 화장품은 일상에서 반복하여 사용하는 것이므로 그 효용과 동시에 안전성을 비롯한 품질 요소의 보증에도 최대한 노력을 기울여야 한다. 각종 법규는 이들 품질을 보증하고 유지하며 소비자에게 제공하기 위한 필요 최소한의 약속이라 할 수 있다.

1.5.1 화장품의 안전성

화장품은 불특정 다수의 사람들에게 사용되고, 게다가 그 사용 방법은 기본적으로 사용자에게 맡겨지는 것을 전제로 한다. 이와 같은 관점에서 유효성과 함께 위험을 동시에 가지고 있는 의약품과는 달리 화장품은 절대적인 안전성이 확보되어야 한다. 즉,

피부 부작용이 없어야 한다.

화장품의 원료는 의약품과 비교하여 인체 위해성 차원에서 상대적으로 안전하다고 인지되어 왔으나, 점점 더 새로운 기능을 찾거나 피부의 생리적 메커니즘에 맞는 화장품 신 원료들이 개발되면서 인체생리에 영향을 주거나 안전을 저해할 수 도 있다. 또한, 화장품의 장기간 사용에 의한 인체 위해성 우려와 더불어 환경 오염에 따른 자외선의 증가 등으로 피부 자체 및 피부를 통한 인체 전반에 어떠한 작용이 일어날 수 있는 가능성이 점차 증가하고 있다.

화장품법 제8조 화장품 안전기준과 관련하여 화장품 제조 등에 사용할 수 없는 원료와 사용상의 제한이 필요한 원료의 사용기준을 지정하여 고시하였다. 또한, 식품의약품안전처에서 고시한 화장품 안전기준 규정 제1조에서 맞춤형화장품에 사용할 수 있는 원료를 지정하는 한편, 법 제8조의 규정 내용인 사용할 수 없는 원료 및 제한이 필요한 원료의 사용기준과 유통 화장품 안전관리기준에 관한 사항을 정함으로써 화장품의 제조 또는 수입 및 안전관리에 적정을 기하고 있다.

보존제 성분은 원료마다 사용 한도가 규정되어 있으며, 사용량 초과 시 대부분 피부 자극 및 부작용을 줄 수 있는 원료이다. 자외선 차단 성분도 각 원료마다 사용 한도가 규정되어 있으며, 보존제 성분과 마찬가지로 몇몇 원료의 경우는 사용하면 안 되는 원료로 취급되고 있다. 그 외에 향료와 색소 등의 원료들 역시 사용 한도가 규정되어 있다. 또한, 의도적으로 첨가하지 않았으나 제조 혹은 보관 과정 중 포장재로부터 이행되는 등 비의도적으로 유래된 사실이 객관적인 자료로 확인되고 기술적으로도 완전한 제거가 불가능한 경우 해당 물질의 검출 허용 한도를 제시하였다.

[표 1-2] **검출 허용 기준**(식품의약품안전처고시 제2019-27호)

관리대상 물질	기준	비고
납	20㎍/g 이하	점토를 원료로 사용한 분말 제품은 50㎍/g 이하
니켈	10㎍/g 이하	눈 화장용 제품은 35㎍/g 이하, 색조는 30㎍/g 이하
비소	10㎍/g 이하	
수은	1㎍/g 이하	
안티몬	10㎍/g 이하	

카드뮴	5㎍/g 이하	
디옥산	100㎍/g 이하	
메탄올	0.2%(v/v)이하	물휴지는 0.002%(v/v) 이하
포름알데히드	2000㎍/g 이하	물휴지는 20㎍/g 이하
프탈레이트류	100㎍/g 이하 (총 합으로)	디부틸프탈레이트, 부틸벤질프탈레이트, 디에칠헥실프탈레이트

▶ 미생물 한도

- 총호기성생균수

  영・유아용 제품류 및 눈화장용 제품류의 경우, 500개/g(ml) 이하
- 물휴지의 경우, 세균 및 진균수는 각각 100개 /g(ml)
- 기타 화장품의 경우, 1000개/g(ml)
- 대장균, 녹농균, 황색포도상구균 : 불검출

화장품의 원료 중에는 산, 알칼리 등과 같은 자극성이 있는 원료가 포함되며, 배합량이나 배합비 등에 따라 자극이 생기는 것이 있다. 또한, 계면활성작용에 의해 단백질성, 탈지 등 피부에 대해 유해작용을 나타내는 경우도 있다.

안전성을 고려한 제품에도 사용 방법, 사용량, 함께 존재하는 성분, 온도, 습도, 계절, 자외선 사용 대책, 사용 빈도 등에 따라 피부에서의 작용이 다르다. 그 때문에 단순히 내용물만이 아니라 사용 실태까지 고려하여 안전성을 평가해야 한다.

화장품의 안전성은 단회 투여 독성 시험, 1차 피부 자극 시험, 안점막 자극 또는 기타 점막 자극 시험, 피부 감작성 시험, 광독성 및 광감작성 시험, 인체 사용성 시험 등을 통하여 평가된다.

▶ 안전성 평가항목

- 급성 독성 시험
- 피부 1차 자극성 시험
- 연속 피부 자극성 시험

- 감작성 시험
- 광독성 시험
- 광감작성 시험
- 안자극성 시험
- 변이원성 시험
- 인체 패치 테스트

1.5.2 화장품의 안정성

모든 화장품의 품질 안정성은 다른 상품의 품질 안정성과 마찬가지로 제조부터 소비자에 이르기까지의 유통 경로와 실제 사용기간을 고려한 품질 보증이 중요하다. 단지 사용감이나 기능의 실현이라는 보증뿐만 아니라 사용 중의 안전성 · 안정성 외에 사용 후의 폐기성이라는 양면까지 생각해야 한다.

통상적으로 화장품의 품질 수명은 소비자가 사용을 마칠 때까지 보증하도록 기준을 설정하고, 그 수준을 향상시키기 위하여 각 업체들이 다양한 연구 개발에 주력하고 있다.

화장품이 본래의 각종 기능을 발현하기 위해서는 내용물의 화학적, 물리적 변화가 일어나지 않도록 하는 것이 제일 중요하다.

▶ 화학적 변화: 변색, 퇴색, 변취, 오염, 결정 석출 등

▶ 물리적 변화: 분리, 침전, 응집, 발분, 발한, 겔화, 휘발, 고화, 연화, 균열 등

내용 성분이나 그 처방 구성에 따라 배합되는 원료의 열화로부터 야기되는 경우, 각 원료들이 서로 반응하여 일어나는 경우, 용해성으로 인하여 발생하는 경우 등 발생 정도나 종류가 다르다. 또한, 용기 재질이나 구조, 온도, 습도, 열, 운송 조건, 고객의 사용상황 등에 의해서도 다양하게 변화한다. 이와 같이 화장품의 화학적 · 물리적 변화 현상은 제품의 사용성에 큰 영향을 줄 뿐만 아니라 제품이 갖는 미적 외관, 이미지에 타격을 준다. 따라서 기업으로서는 이들 제품의 특성을 정확히 파악하고 각각의 제품

에 적합한 평가법을 적용함으로써 품질이 어떻게 변화할지를 사전에 예측할 수 있는 것이 품질 유지 및 개선에 중요한 부분인 것이다. 한편 발매 전에 3~5년 동안 품질 안정성을 확인하는 것은 어렵기 때문에 경시 안정성을 사전에 단기적으로 평가하기 위하여 가속 조건(가혹)에서의 평가법 검토가 필요하다.

즉, 화장품의 안정성이란 제품의 제조 직후 품질이나 성상을 언제까지 유지하는 것이 가능할 것인지에 관한 기본적인 개념부터 제품 자체의 형상 변화, 변질 및 기능의 저하에 있어서 수명을 예측하기 위한 시험과 검사를 포함한다 할 수 있다.

▶ 안정성 평가 시험법

- 온도 안정성 시험
- 광 안정성 시험
- 기능성 확인 시험
- 용기로의 영향에 대하여
- 에어로졸 제품의 안정성 시험
- 특수 · 가혹 보존 시험
- 산패에 대한 안정성 시험
- 미생물 오염에 대한 안정성 시험

위와 같은 시험법을 실시할 때에는 실제 시장과 동일한 용기 재질에서 보존하는 것이 중요하다. 또한, 다양한 조건하에서 고객이 사용할 경우를 상정한 안정성 확인이 필요하다. 각각의 시험을 한 후에는 물리 · 화학적 변화 등에 대한 외적 관찰과 pH 미터, 경도계, 점도계, 적외선 분광(IR), 핵자기 공명(NMR), 가스 크로마토그래프, 원심분리기, 형광 X선 등을 이용하여 평가를 수행하고 안정성을 확인한다.

1.5.3 화장품의 기능성(유효성)

소비자의 니즈를 충분히 만족시키는 상품의 관점에서 볼 때, 화장품의 유형에 따른 보습 기능, 세정 기능, 자외선 차단 효과, 피부 거칠음 개선 효과, 체취 방지 효과와 같이 제품의 기능성(유효성)은 소비자 입장에서 관심이 높은 품질 요소이다.

화장품 특성의 변천을 보면, 1980년대에 들어 안전성과 함께 유효성을 중시하는 시대가 되었고, 생명과학을 기반으로 한 바이오테크놀러지에 의한 신원료, 신약제 개발이나 정밀화학에 의한 신소재의 개발로 유용성이 높은 기능성화장품의 개발이 활발히 진행되고 있다.

화장품의 기능성(유효성)은 기초 제품에서부터 색조, 두발용, 방향 제품에 이르기까지 모든 유형에서 고려되며, 각각의 특성을 고려한 다양한 평가법이 있는데 크게 피부의 생리적인 변화를 조사하는 생물학적 평가법과 피부의 물성 변화를 조사하는 물리화학적 평가법, 그리고 마음의 변화를 조사하는 생리심리학적 평가법으로 분류할 수 있다. 주로 화장품 사용을 통한 피부 표면에서 피부 내부에 이르는 변화를 분석하기위하여 생물학적 평가법이나 물리화학적 평가법이 이용되고 있다. 방향 제품의 기능성에 관해서는 개인이 마음이나 뇌로 느끼는 심리적 측면에 대한 부분 또한 중요하기 때문에 생리 · 심리학적 평가법이 이용되고 있다.

[표 1-3] 기초화장품 및 대표적인 기능에 대한 유효성 평가법

예방 개선 기능 항목	유효성 평가법	
피부 거칠어짐	피부 수분량 평가	표피 수분량 측정
		근적외분광 측정
	각질층 방벽 기능 평가	경피 수분 손실량(TEWL)
		각잘층 채취법(테이프 스트리핑 법)
주름	접촉식 평가	주름 모사판 채취법(2차원 영상분석법)
		주름 모사판 채취법(3차원 영상분석법)
	비접촉식 평가	육안 관정법
		비접촉형 피부표면 형태 측정
피부 처짐	역학 특성 평가	피부탄력성 · 유연성 측성
	비침습적 피부 내부 평가	비접촉 3차원 형상계측법 (모아레 등고선 분석법)
		in vivo 공집점 레이저 현미경 관찰
		빛 간섭 단층 촬영법(OCT)

기미 · 주근깨	in vitro 평가 (멜라닌 생성 억제 평가)	티로시나아제 활성 저해
		도파크롬 상호변이효소(TRP-2) 활성 저해
		DHICA 산화효소(TRP-2) 활성 저해
	in vivo 평가 (사람 UV조사 색소침착 평가)	육안 판정법
		색채 색차계 측정
		멜라닌 색소량 측정
다크서클 · 칙칙함	in vivo 평가	혈류 측정(레이져 혈류측정계)
		멜라닌 색소량 측정
		분광광도계 측정
		피부 표면 형태 영상 분석(피부형태 불균일성 측정)
여드름	in vitro 평가	5a-환원효소 활성 저해
		P. acnes 항균력 측정
		리파아제 활성 저해
	in vivo 평가	피지선 크기 · 지질 합성량 측정
		P. acnes 생균 수 측정
		피지량 측정

1.6 화장품에 적용된 기술

화장품은 수성원료, 다양한 유성원료와 색소, 각종 기능성 원료 등 여러 가지 성분으로 이루어져 있고 그 형태도 여러 가지이다. 또한, 화장품이 나타내는 상태는 각각의 물리화학적 의미를 갖는다. 화장품을 한마디로 말하면 용해된 상태와 용해되지 않은 것이 혼합된 상태로 있다. 이와 같은 상태의 물질 및 그 변화를 연구 대상으로 하는 것이 화장품의 물리화학, 즉 계면화학이라 할 수 있다.

우리 피부는 땀, 피지 각질층의 천연보습인자(NMF: Natural Moisturizing Factors) 등의 작용으로 인하여 자체적으로 수분과 유분이 균형을 맞춰 항상 촉촉하고 부드럽게 건강한 피부를 유지할 수 있다. 그러나 여러 가지 내 · 외적 이유로 유 · 수분 밸런스가 깨지는 경우, 건조하거나 예민하거나 혹은 기름진 피부가 되는 등 피부 항상성이 무너지게 된다. 바로 이러한 이유로 기초화장품을 비롯한 화장품이 우리에게 필요한 것인데, 통상적으로 유분과 수분이 서로 섞이지 않은 성질을 가지고 있어 성상이 다른 원료들을 적절히 혼합하여 알맞은 사용감과 제품 본래의 기능을 얻기 위해 계면활성제의 작용이 필수적이다. 계면활성제에 따른 화장품에 필요한 대표적인 기술에 유화, 가용화, 분산 기술이 있다.

1.6.1 유화(Emulsion)

물, 오일과 같이 서로 용해되지 않는 두 액체가 함께 섞여 우윳빛으로 백탁화된 것을 유화(에멀션, Emulsion)라고 한다. 즉, 오일이 물에 입자 형태로 분산되어 있거나, 물이 오일에 분산되어 있는 상태를 말하며 크림, 로션 등과 같은 화장품 제형에 있어 중요한 기술 중 하나이다. 유화의 종류에는 유상이 수상에 입자 형태로 분산될 때를 수중유형(Oil in Water, O/W형) 유화라고 하며, 수상이 유상에 입자 형태로 분산될 때 유중수형(Water in Oil, W/O) 유화라고 한다.

O/W 유화가 다시 오일에 분산된 O/W 유화가 다시 오일에 분산된 O/W/O형이나 이와 반대인 W/O/W형의 다중 유화(다상 에멀션, Multiple Emulsion)도 만들어진다. 이러한 다중 유화는 다른 성분과 접촉하면 안정성 면에서 문제가 있는 약물의 전달 등의 연구로 인지질의 이중막내에 약물을 내포시켜 약물 전달 수단으로 활용되는 리포솜 같은 새로운 제형의 한 방편으로 연구되고 있다. 에멀션이 우윳빛으로 보이는 이유는 분산매(물 또는 오일)와 분산상(유화입자, 오일 또는 물)의 굴절률이 다르고, 분산상의 입자도 0.1㎛보다 크기 때문이다. 만일 굴절률이 동일하면 입자경이 큰 에멀션도 투명하게 보인다. 일반적으로 매크로 유화(Macroemulsion)는 입자 크기가 대략 0.4㎛로 현탁되게 보이며, 마이크로 유화(Microemulsion)는 입자 크기가 0.1㎛ 이하로 투명하게 보인다. 입자경이 대략 0.1~0.4㎛ 사이에 있는 청색-백색을 띤 약간 투명감이 있는 유화 상태를 미니유화(Miniemulsion)로 부르기도 한다.

1.6.2 가용화(Solubilization)

가용화란 물에 녹지 않거나 부분적으로 녹는 물질이 계면활성제에 의해 투명하게 용해되어 있는 상태를 말한다. 수용액에서 계면활성제의 농도가 어느 정도 증가하면 계면활성제의 분자나 이온이 회합체를 형성하게 된다. 이를 미셀(micelle)이라고 하는데, 물에 녹기 어려운 오일, 향료 등의 성분이 미셀(micelle) 속으로 들어가서 미세한 입자로 분산된다. 미셀의 크기는 유화 입자보다 미세한 0.5㎛ 이하로 매우 작기 때문에 가용화 제품은 빛이 통과되어 투명하게 보인다.

가용화 기술은 화장수, 에센스, 향수 등 화장품 분야에서 널리 응용되고 있는 기술 중의 하나이다. 미셀이 형성되는 농도를 임계 미셀농도(cmc: critical micelle concentration)라고 부른다. 가용화는 임계 미셀농도 이하에서는 일어나기 어렵다.

1.6.3 분산(Dispersion)

분산이란 물 또는 오일 성분에 미세한 고체 입자가 계면활성제에 의해 균일하게 분포된 상태를 뜻한다. 분산계는 도료, 잉크, 고무, 화장품, 의약품, 고분자 공업, 종이 코팅 등 여러 공업 분야에 널리 이용되고 있다. 고체 입자의 크기에 따라 대략 1~10㎛ 정도의 입자가 분산된 계를 콜로이드(colloid)라 하며, 100㎛상의 입자가 분산된 계를 서스펜션(suspension)이라 부른다. 이러한 기술이 적용된 예로 색조화장품 중에서 네일 에나멜은 서스펜션이다. 마스카라와 파운데이션은 역시 분산의 예이다.

1.7 화장품의 사후관리 기준

1.7.1 품질관리 기준 (화장품법 시행규칙 제13조, 화장품법 제17조, 화장품법 제5조)

화장품법 시행규칙 [별표 1]의 품질관리기준에서 품질관리란 화장품의 책임판매 시 필요한 제품의 품질을 확보하기 위해서 실시하는 것으로서, 화장품제조업자 및 제조에 관계된 업무(시험 · 검사 등의 업무를 포함한다)에 대한 관리 · 감독 및 화장품의 시장 출하에 관한 관리, 그 밖에 제품의 품질의 관리에 필요한 업무를 말한다. 품질관리 업무에 관련된 조직 및 인원과 관련하여 책임판매업자는 책임판매관리자를 두어야 하며, 품질관리 업무를 적정하고 원활하게 수행할 능력이 있는 인력을 충분히 갖추어야 한다. 책임판매업자는 품질관리 업무를 적정하고 원활하게 수행하기 위하여 다음의 품질관리 업무 절차서를 작성 · 보관해야 한다.

▶ 품질관리 업무의 절차에 관한 문서 및 기록

- 적정한 제조관리 및 품질관리 확보에 관한 절차
- 품질 등에 관한 정보 및 품질 불량 등의 처리 절차
- 회수 처리 절차
- 교육 · 훈련에 관한 절차
- 문서 및 기록의 관리 절차
- 시장 출하에 관한 기록 절차
- 그 밖의 품질관리 업무에 필요한 절차

  * 원본은 책임판매관리자가 업무를 수행하는 장소에 보관하며 그 외의 장소에는 원본과 대조를 마친 사본을 보관한다.

책임판매업자는 제조업자가 화장품을 적정하고 원활하게 제조한 것임을 확인하고 기록해야 한다. 해당 정보가 인체에 미치는 경우 그 원인을 밝히고, 개선이 필요한 경우에는 적정한 조치를 하고 기록해야 하며, 책임판매한 제품의 품질이 불량하거나 품질이 불량할 우려가 있는 경우, 회수 등 신속한 조치를 하고 기록한다. 시장 출하에 관한 기록과 특히, 제조번호별 품질검사를 철저히 한 후 그 결과를 기록해야 한다.

책임판매업자는 품질관리 업무 절차서에 따라 다음의 업무를 책임판매관리자에게 수행하도록 해야 한다.

▶ 책임판매관리자의 품질관리 업무

- 품질관리 업무를 총괄할 것
- 품질관리 업무가 수행을 위하여 필요하다고 인정할 때에는 책임판매업자에게 문서로 보고할 것
- 품질관리 업무 시 필요에 따라 제조업자 등 그 밖의 관리자에게 문서로 연락하거나 지시할 것
- 품질관리에 관한 기록 및 제조업자의 관리에 관한 기록을 작성하고 이를 해당 제품의 제조일(수입의 경우 수입일)부터 3년간 보관할 것

화장품책임판매업자는 지난해의 생산 실적 또는 수입 실적과 화장품의 제조과정에 사용된 원료의 목록 등을 매년 2월 말까지 대한화장품협회 등 화장품업 단체를 통해 식품의약품안전처장에게 보고해야 한다.

책임판매업자는 품질관리 업무 절차서에 따라 책임판매관리자에게 다음과 같은 회수 업무를 수행하도록 해야 한다. 유통 중인 화장품이 안전용기 · 포장 등 영업의 금지에 위반되어 국민보건에 위해를 끼칠 우려가 있는 경우에는 지체 없이 화장품을 회수하거나 회수하는 데에 필요한 조치를 해야 한다.

▶ 책임판매관리자의 회수 업무

- 회수한 화장품은 구분하여 일정 기간 보관한 후 폐기 등 적정한 방법으로 처리할 것
- 회수 내용을 적은 기록을 작성하고 책임판매업자에게 문서로 보고할 것

▶ 회수 대상 화장품(화장품법 제 15조)

- 안전용기 · 포장 기준에 위반되는 화장품
- 전부 또는 일부가 변패(變敗)된 화장품이거나 병원미생물에 오염된 화장품
- 이물이 혼입되었거나 부착된 화장품 중 보건위생상 위해를 발생할 우려가 있는 화장품
- 화장품에 사용할 수 없는 원료를 사용한 화장품

- 유통 화장품 안전관리 기준에 적합하지 않은 화장품
- 사용기한 또는 개봉 후 사용기간(병행 표기된 제조 연월일을 포함)을 위조 · 변조한 화장품
- 그 밖에 화장품제조업자 또는 화장품책임판매업자 스스로 국민 보건에 위해를 끼칠 우려가 있어 회수가 필요하다고 판단한 화장품
- 영업의 등록을 하지 않은 자가 제조한 화장품 또는 제조 · 수입하여 유통 · 판매한 화장품

책임판매업자는 책임판매관리자에게 교육 · 훈련 계획서를 작성하게 하고, 품질관리 업무 절차서 및 교육 · 훈련계획서에 따라 다음의 업무를 수행하도록 한다.

▶ 책임판매관리자의 교육 관련 업무

- 품질관리 업무에 종사하는 사람들에게 품질관리 업무에 관한 교육 · 훈련을 정기적으로 실시 그 기록을 작성, 보관할 것
- 책임판매관리자 외의 사람이 교육 · 훈련 업무를 실시하는 경우에는 교육 · 훈련 실시 상황을 책임판매업자에게 문서로 보고할 것

▶ 책임판매업자의 문서 · 기록 관련 업무

- 문서를 작성하거나 개정하였을 때에는 품질관리 업무 절차서에 따라 해당 문서의 승인, 배포, 보관 등을 할 것
- 품질관리 업무 절차서를 작성하거나 개정하였을 때에는 해당 품질관리 업무 절차서에 그 날짜를 적고 개정 내용을 보관할 것
- 책임판매관리자가 업무를 수행하는 장소에 품질관리 업무절차서 원본을 보관하고 그 외의 장소에 원본과 대조를 마친 사본을 보관할 것

▶ 맞춤형화장품 사용 후 문제 발생에 대비한 사전관리

- 문제 발생 시 추적 · 보고서가 용이하도록 판매자는 개인정보 수집 동의하에 고객카드 등을 만들어 아래와 같은 관련 정보 기록 · 관리

✓ 판매 고객 정보(성명, 진단 내용 등)

✓ 제품 상세 혼합 정보

✓ 기타 관련 정보

1.7.2 책임판매 후 안전관리기준(화장품법 제5조, 화장품법 시행규칙 별표 2)

화장품책임판매업자는 안전 확보 업무를 적정하고 원활하게 수행할 능력이 있는 인원을 충분히 갖추기 위하여 반드시 책임판매관리자가 있어야 한다. 안전 확보 업무란 화장품 책임판매 후 안전관리 업무 중 정보 수집, 검토 및 그 결과에 따른 필요 조치에 관한 업무를 말한다.

화장품책임판매업자는 책임판매관리자에게 학회, 문헌, 그 밖의 연구보고 등에서 안전관리 정보를 수집·기록하도록 해야 한다. 여기서 안전관리 정보는 화장품의 품질, 안전성·유효성, 그 밖의 적정 사용을 위한 정보를 말한다. 즉, 책임판매관리자는 수집한 안전관리 정보를 신속히 검토하고 기록하고, 그 결과 조치가 필요하다고 판단될 때, 회수, 폐기, 판매 정지 또는 첨부 문서의 개정, 식품의약품안전처에 보고하는 등의 안전 확보 조치를 해야 한다. 그리고 안전조치 계획을 화장품책임판매업자에게도 문서로 보고한 후 그 사본을 보관해야 한다.

화장품책임판매업자는 다음의 업무를 책임판매관리자에게 수행하도록 한다.

▶ 책임판매관리자의 안전 확보 조치 실시

- 안전 확보 조치 계획을 적정하게 평가하여 안전 확보 조치를 결정하고 이를 기록·보관할 것
- 안전 확보 조치를 수행할 경우 문서로 지시하고 이를 보관할 것
- 안전 확보 조치를 실시하고 그 결과를 책임판매업자에게 문서로 보고한 후 보관할 것

▶ 책임판매관리자의 업무

- 안전 확보 업무를 총괄할 것

- 안전 확보 업무가 적정하고 원활하게 수행되는 것을 확인하여 기록 · 보관할 것
- 안전 확보 업무의 수행을 위하여 필요하다고 인정할 때에는 제조 판매업자에게 문서로 보고한 후 보관할 것

▶ 제품 사용 후 문제 발생 시 판매자의 역할

- 식품의약품안전처가 제품 안전성을 평가할 수 있도록 정보(원료 · 혼합 등)를 제공한다.
- 맞춤형화장품판매업자는 국민 보건에 위해를 끼치거나 끼칠 우려가 있는 화장품이 유통 중인 사실을 알게 된 경우 지체 없이 맞춤형화장품의 내용물 등의 계약을 체결한 책임판매업자에게 보고한다
- 소비자 정보를 활용하여 회수 대상 제품을 구입한 소비자에게 회수 사실을 알리고 반품 조치를 취하는 등 적극적으로 회수 활동을 수행한다.

화장품책임판매업자는 수입한 화장품에 대하여 다음의 사항을 적거나 또는 첨부한 수입관리 기록서를 작성 보관해야 한다.

▶ 책임판매업자의 수입 화장품 관련 기록사항

- 제품명 또는 국내에서 판매하려는 명칭
- 원료 성분의 규격 및 함량
- 제조국, 제조 회사명 및 제조회사의 소재지
- 기능성화장품 심사결과 통지서 사본
- 제조 및 판매증명서(다만, 통합 공고상의 수출입 요건 확인 기관에서 제조 및 판매증명서를 갖춘 화장품책임판매업자가 수입한 화장품과 같다는 것을 확인받고 보건환경연구원, 화장품 시험검사기관 또는 조직된 사단법인인 한국의약품수출입협회로부터 화장품책임판매업자가 정한 품질관리 기준에 따른 검사를 받아 그 시험 성적서를 갖추어 둔 경우에는 이를 생략할 수 있음)
- 한글로 작성된 제품 설명서 견본
- 최초 수입 연월일(통관 연월일을 말함)

- 제조번호별 수입 연월일 및 수입량
- 제조번호별 품질검사 연월일 및 결과
- 판매처, 판매 연월일 및 판매량

책임판매업자는 제조번호별로 품질검사를 철저히 한 후 제품을 유통시켜야 한다. 다만, 화장품제조업자와 화장품책임판매업자가 같은 경우 또는 다음의 해당하는 기관 등에 품질검사를 위탁하여 제조번호별 품질검사가 있는 경우에는 품질검사를 하지 않을 수 있다.(화장품법 시행규칙 제6조 제2항)

▶ 책임판매업자의 품질검사 예외사항

- 보건환경연구원(보건환경연구원법 제2조)
- 원료 · 자재 및 제품의 품질검사를 위하여 필요한 시험실을 갖춘 제조업자
- 화장품 시험 · 검사기관
- 조직된 사단법인인 한국의약품수출입협회(약사법 제67조)

화장품의 제조를 위탁하거나 원료 · 자재 및 제품의 품질검사를 위해 필요한 시험실을 갖춘 제조업자에게 품질검사를 위탁하는 경우 제조 또는 품질검사가 적절하게 이루어지고 있는지 수탁자에 대한 관리 · 감독을 철저히 해야 하며, 제조 및 품질관리에 관한 기록을 받아 유지 · 관리하고, 그 최종 제품의 품질관리를 철저히 해야 한다.

다음 해당되는 성분을 0.5% 이상 함유하는 제품의 경우에는 해당 품목의 안정성 시험 자료를 최종 제조된 제품의 사용기한이 만료되는 날부터 1년간 보존해야 한다.

▶ 0.5% 이상 함유 시 안정성 시험자료 사용기한 만료 이후 1년 보존 사항

- 레티놀(비타민A) 및 그 유도체
- 아스코빅애시드(비타민C) 및 그 유도체
- 과산화화합물
- 효소

화장품법 제9조의 안전용기 포장, 제15조의 영업의 금지, 제16조의 판매 등의 금지, 제14조의 표시 · 광고 내용의 실증 등과 관련하여 영업자 및 판매자는 자기가 행한 표시 · 광고 중 사실과 관련한 사항에 대하여 이를 실증할 수 있어야 한다. 〈개정 2018. 3. 13.〉 식품의약품안전처장은 영업자 또는 판매자가 행한 표시 · 광고가 실증이 필요하다고 인정하는 경우에는 그 내용을 구체적으로 명시하여 해당 영업자 또는 판매자에게 관련 자료의 제출을 요청할 수 있다. 〈개정 2013. 3. 23., 2018. 3. 13.〉

실증 자료의 제출을 요청받은 영업자 또는 판매자는 요청받은 날부터 15일 이내에 그 실증 자료를 식품의약품안전처에 제출해야 한다. 다만, 식품의약품안전처장이 정당한 사유가 있다고 인정하는 경우에는 그 제출기간을 연장할 수 있다. 〈개정 2013. 3. 23., 2018. 3. 13.〉

식품의약품안전처장은 영업자 또는 판매자가 실증자료의 제출을 요청받고도 제출기간 내에 이를 제출하지 않은 채 계속하여 표시 · 광고를 하는 때에는 실증 자료를 제출할 때까지 그 표시 · 광고 행위의 중지를 명해야 한다. 〈개정 2013. 3. 23., 2018. 3. 13.〉 식품의약품안전처장으로부터 실증 자료의 제출을 요청받아 제출한 경우에는「표시 · 광고의 공정화에 관한 법률」등 다른 법률에 따라 다른 기관이 요구하는 자료 제출을 거부할 수 있다. 〈개정 2013. 3. 23.〉 식품의약품안전처장은 제출받은 실증 자료에 대하여「표시 · 광고의 공정화에 관한 법률」등 다른 법률에 따른 다른 기관의 자료 요청이 있는 경우에는 특별한 사유가 없는 한 이에 응해야 한다. 〈개정 2013. 3. 23.〉

위와 관련하여 실증의 대상, 실증 자료의 범위 및 요건, 제출 방법 등에 관하여 필요한 사항은 총리령으로 정한다. 〈개정 2013. 3. 23.〉 [시행일: 2020. 3. 14.] 제14조의 개정 규정 중 맞춤형화장품, 맞춤형화장품판매업자 및 맞춤형화장품조제관리사와 관련된 부분

1.7.3 화장품의 안전기준

화장품 안전기준에 관한 규정은 화장품법 제8조 제1항, 제2항 및 제5항의 규정에 따라, 화장품에 사용할 수 없는 원료 및 사용상의 제한이 필요한 원료에 대하여 그 사용기준을 지정하고, 유통 화장품 안전관리 기준에 관한 사항을 정함으로써 화장품의 제

조 또는 수입 및 안전관리에 적정을 기하는데 목적이 있다. 국내에서 제조, 수입 또는 유통되는 모든 화장품에 대하여 적용하며 사용할 수 없는 원료와 사용상의 제한이 필요한 원료에 대한 기준으로 구분된다. 유통 화장품 안전관리 기준에 관해서는 유통 화장품 안전관리 부분에서 참고한다.

식품의약품안선처에서 화장품 제조에 사용할 수 없는 원료를 지정, 고시한다. 〈개정 2013. 3. 23.〉 즉, 보존제, 색소, 자외선 차단제 등과 같이 특별히 사용상의 제한이 필요한 원료에 대하여 사용기준을 지정 고시해야 하며, 사용기준이 지정 · 고시된 원료 외의 보존제, 색소, 자외선 차단제 등은 사용할 수 없다. 〈개정 2013. 3. 23., 2018. 3. 13.〉 유해물질의 포함 등, 국민 보건상 위해 우려가 있는 화장품 원료는 총리령으로 정하는 바에 따라 위해 요소를 신속히 평가하여 그 위해 여부를 결정해야 한다. 〈개정 2013. 3. 23.〉 위해 평가가 완료되면 해당 화장품 원료를 화장품의 제조에 사용할 수 없는 원료로 지정하거나 사용기준을 지정해야 한다. 〈개정 2013. 3. 23.〉 이와 같이 식품의약품안전처에서는 지정 · 고시된 원료의 사용기준 안전성을 정기적으로 검토해야하고, 그 결과에 따라 지정 · 고시된 원료의 사용기준을 변경할 수 있다. 〈신설 2018. 3. 13.〉

화장품제조업자, 화장품책임판매업자 또는 대학 · 연구소 등에서 고시되지 않은 원료의 사용기준을 지정 · 고시하거나 지정 · 고시된 원료의 사용기준을 변경하여 줄 것을 식품의약품안전처에 신청할 수 있다. 〈신설 2018. 3. 13.〉

그 밖에 유통 화장품 안전관리 기준을 식품의약품안전처에서 정하여 고시할 수 있다. 〈개정 2013. 3.23., 2018. 3. 13.〉

화장품 안전기준 등에 관한 규정의 맞춤형화장품에 사용 할 수 있는 원료와 관련하여 [별표1]의 화장품에 사용할 수 없는 원료와 [별표 2]의 화장품에 사용상의 제한이 필요한 원료, 식품의약품안전처장이 고시한 기능성화장품의 효능 · 효과를 나타내는 원료(다만, 맞춤형화장품판매업자에게 원료를 공급하는 화장품책임판매업자가 화장품법 제4조에 따라 해당 원료를 포함하여 기능성화장품에 대한 심사를 받거나 보고서를 제출한 경우는 제외한다)를 제외한 원료는 맞춤형화장품에서 사용할 수 있다.(시행 2020.4.18.] [식품의약품안전처 고시 제 2019-93호, 2019. 10.17. 일부 개정)

▶ 맞춤형화장품에 사용할 수 있는 원료(화장품 안전기준 등에 관한 규정)

- 화장품에 사용할 수 없는 원료(화장품 안전기준 규정 별표 1)를 제외한 원료
- 화장품에 사용상의 제한이 필요한 원료(화장품 안전기준 규정 별표 2)를 제외한 원료
- 식품의약품안전처장이 고시한 기능성화장품의 효능 · 효과를 나타내는 원료 (다만, 맞춤형화장품판매업자에게 원료를 공급하는 화장품책임판매업자가 화장품법 제4조에 따라 해당 원료를 포함하여 기능성화장품에 대한 심사를 받거나 보고서를 제출한 경우는 제외한다)를 제외한 원료

법 제9조 안전용기 · 포장 등과 관련하여 화장품책임판매업자 및 맞춤형화장품판매업자는 화장품을 판매할 때에 어린이가 화장품을 잘못 사용하여 인체에 위해를 끼치는 사고가 발생하지 않도록 안전용기 · 포장을 사용해야 한다. 〈개정 2018. 3. 13.〉 안전용기 · 포장을 사용해야 할 품목 및 용기 · 포장의 기준 등에 관하여는 총리령으로 정한다. 〈개정 2013. 3. 23.〉 [시행일: 2020. 3. 14.] 제9조의 개정 규정 중 맞춤형화장품, 맞춤형화장품판매업자 및 맞춤형화장품조제관리사와 관련된 부분 제2절 표시 · 광고 · 취급

화장품법 제10조 화장품의 기재사항과 관련하여 화장품의 1차 포장 또는 2차 포장에는 총리령으로 정하는 바에 따라 다음 사항을 기재 · 표시해야 한다. 다만, 내용량이 소량인 화장품의 포장 등 총리령으로 정하는 포장에는 화장품의 명칭, 화장품책임판매업자 및 맞춤형화장품판매업자의 상호, 가격, 제조번호와 사용기한 또는 개봉 후 사용기간(개봉 후 사용기간을 기재 할 경우에는 제조 연월일을 병행 표기해야 한다)만을 기재 · 표시할 수 있다. 〈개정 2013. 3. 23., 2016. 2. 3., 2018. 3. 13.〉

▶ 화장품책임판매업자 및 맞춤형화장품판매업자의 제품 1차, 2차 포장 기재 · 표시 사항

- 화장품의 명칭
- 영업자의 상호 및 주소 (화장품책임판매업자 및 맞춤형화장품판매업자 구분하여 표시, 동일한 경우는 제외)
- 해당 화장품 제조에 사용된 모든 성분(인체에 무해한 소량 함유 성분 등 총리령으로 정하는 성분은 제외한다)

- 내용물의 용량 또는 중량
- 제조번호
- 사용기한 또는 개봉 후 사용기간(사용기간 기재 시 제조연월일 병기)
- 가격
- 기능성화장품의 경우 "기능성화장품"이라는 글자 또는 기능성화장품을 나타내는 도안으로서 식품의약품안전처장이 정하는 도안
- 사용할 때의 주의사항
- 그 밖에 총리령으로 정하는 사항

▶ 1차 포장 표시사항

- 화장품의 명칭
- 영업자의 상호
- 제조번호(맞춤형화장품 포장의 경우, 제조번호란 식별번호를 말한다)
- 사용기한 또는 개봉 후 사용기간(개봉 후 사용기간을 기재한 경우에는 제조년월일을 병행 표시하여야 하며, 이 경우 맞춤형화장품은 제조년월일 대신 혼합·소분일을 표시한다)

화장품의 용기 또는 포장에 표시할 때 제품의 명칭, 영업자의 상호는 시각장애인을 위한 점자 표시를 병행할 수 있다. 〈개정 2018. 3. 13.〉 [시행일: 2020. 3. 14.] 제10조의 개정 규정 중 맞춤형화장품, 맞춤형화장품판매업자 및 맞춤형화장품조제관리사와 관련된 부분

화장품법 제11조 화장품의 가격 표시와 관련하여 가격은 소비자에게 화장품을 직접 판매하는 자가 판매하려는 가격을 표시해야 한다. 그 밖에 필요한 사항은 총리령으로 정한다. 〈개정 2013. 3. 23.〉

화장품법 제12조의 기재·표시상의 주의와 관련하여 기재·표시는 다른 문자 또는 문장보다 쉽게 볼 수 있는 곳에 하여야 하며, 총리령으로 정하는 바에 따라 읽기 쉽고 이해하기 쉬운 한글로 정확히 기재·표시해야 하되, 한자 또는 외국어를 함께 기재 할 수 있다. 〈개정 2013. 3. 23.〉

화장품법 제13조 부당한 표시 · 광고 행위 등의 금지와 관련하여 영업자 또는 판매자는 다음의 표시 또는 광고를 해서는 안 된다. 〈개정 2018. 3. 13.〉 그 밖에 필요한 사항은 총리령으로 정한다. 〈개정 2013. 3. 23.〉 [시행일: 2020. 3. 14.]

▶ 부당한 표시 · 광고 행위 금지 사항

- 의약품으로 잘못 인식할 우려가 있는 표시 또는 광고
- 기능성화장품이 아닌 화장품을 기능성화장품으로 잘못 인식할 우려가 있거나 기능성화장품의 안전성 · 유효성에 관한 심사 결과와 다른 내용의 표시 · 또는 광고
- 천연화장품 또는 유기농화장품이 아닌 화장품을 천연화장품 또는 유기농화장품으로 잘못 인식할 우려가 있는 표시 또는 광고
- 그 밖에 사실과 다르게 소비자를 속이거나 소비자가 잘못 인식하도록 할 우려가 있는 표시 또는 광고

화장품법 제13조의 개정 규정 중 맞춤형화장품, 맞춤형화장품판매업자 및 맞춤형화장품조제관리사와 관련된 부분 제14조 표시 · 광고 내용의 실증 등과 관련하여 영업자 및 판매자는 자기가 행한 표시 · 광고 중 사실과 관련한 사항에 대하여 이를 실증할 수 있어야 한다. 〈개정 2018. 3. 13.〉

식품의약품안전처장은 영업자 또는 판매자가 행한 표시 · 광고가 제13조 제1항 제4호에 해당하는 지를 판단하기 위하여 실증이 필요하다고 인정하는 경우에는 그 내용을 구체적으로 명시하여 해당 영업자 또는 판매자에게 관련 자료의 제출을 요청할 수 있다. 〈개정 2013. 3. 23., 2018. 3. 13.〉

실증 자료의 제출을 요청받은 영업자 또는 판매자는 요청받은 날부터 15일 이내에 그 실증 자료를 식품의약품안전처에 제출해야 한다. 다만, 식품의약품안전처장은 정당한 사유가 있다고 인정하는 경우에는 그 제출기간을 연장할 수 있다. 〈개정 2013. 3. 23., 2018. 3. 13.〉

식품의약품안전처장은 영업자 또는 판매자가 실증 자료의 제출을 요청받고도 제출기간 내에 이를 제출하지 않은 채 계속하여 표시 · 광고를 하는 때에는 실증 자료를 제출할 때까지 그 표시 · 광고 행위의 중지를 명해야 한다. 〈개정 2013. 3. 23., 2018. 3. 13.〉

개인정보 보호법

2.1 고객관리 프로그램 운용

2.1.1 고객관계관리(CRM)의 개념

CRM(Customer Relation Management)이란 용어는 Leonard L. Berry(텍사스 A&M 대학 교수)에 의해 처음 소개되었으며, 고객에 대한 광범위하고 심층적인 지식을 바탕으로 개개인에 적합한 차별적 제품 및 서비스를 제공함으로 고객과의 관계를 지속적으로 강화해 나가는 마케팅 경영 혁신 활동이라고 할 수 있다. 현재의 고객과 잠재고객에 대한 정보 자료를 정리 및 분석해 마케팅 정보로 변환함으로써 고객의 구매 관련 행동을 지수화하고, 이를 기반으로 마케팅 프로그램 개발 · 실현 · 수정하는 고객 중심의 경영 기법을 의미한다.

기업 및 업체는 성공적인 고객관리를 통하여 평생고객을 확보하고, 고객의 충성도 관리 전략을 수립 · 실행 · 평가하여 수익을 증대시킬 수 있다. CRM을 활용하면 기존 고객의 교차 판매, 상향 판매, 추가 판매 등이 증가되어 불특정 다수를 대상으로 하는 마케팅보다 효율성이 높으며 고객 중심의 마케팅이 가능해진다.

1) 고객관리의 요소

(1) 정보

시장과 고객에 대한 이해라고 할 수 있으며 고객의 여러 가지 사항들을 파악하고 분류하여 고객 데이터 웨어하우스(data warehouse) 및 데이터 마이닝(data mining)으로 고객을 관리할 수 있도록 한다.

(2) 전략

각각의 고객에게 최상으로 적합한 제품과 서비스를 고안하고 착안하여 효과적 판매 방법 및 계획을 세울 수 있다.

(3) 판매

영업 자동화 시스템, 캠페인 관리 시스템 등을 통해 신규 고객 창출에 힘쓴다.

(4) 서비스

고객 충성도 창출 및 유지하기 위한 고객 서비스, 콜 센터, 고객 안내 데스크를 통한 고객 지원이 포함된다.

2.1.2 고객관리 프로그램

전용 소프트웨어 프로그램을 PC에 설치하거나, 웹 서비스에 접속하여 개인(고객)정보를 바탕으로 다양한 고객관리 및 예약관리, 매출관리, 재고관리, 상담관리, 손익계산 등을 하는 경우를 말하며, 기업 및 업체 특성에 적합한 프로그램을 적용하거나 활용할 수 있다.

최근에는 다양한 기능들이 개발되고 추가되어 이 외에도 유형별 고객 리스트, 즉 고객 그룹, 고객 등급, 포인트, 고객별 거래 내역, 미수 고객, 가망 고객 등 고객의 개인정보를 이용하여 매우 심층적인 분석과 효율적인 접근이 용이해졌다. 그뿐만 아니라 상품 등록 및 판매, 상품 판매 내역 관리, 상품 구매 등록, 상품 재고 조회, 상품별 판매, 구매 내역 관리, 거래처 관리, 기타 수입지출 관리와 SMS 예약어 관리, SMS 전송내역, 직원 관리(근태, 급여), 카드거래 내역, 매출현황, 일/월/년별 손익 집계표, 손익통계분석, 기타 수입/지출 현황 및 통계분석, 매출 통계분석(연령/성별/지역/시간대/요일/상품), 전화발신자 관리까지도 운용할 수 있게 되어 보다 효과적이고 폭넓게 고객을 관리할 수 있는 환경이다.

2.2 개인정보 보호법에 근거한 고객정보 입력

2.2.1 개인정보 보호법의 목적과 개념

행정안전부 개인정보 보호법 제1조에서 개인정보의 처리 및 보호에 관한 사항을 정함으로써 개인의 자유와 권리를 보호하고, 나아가 개인의 존엄과 가치 구현을 목적으로 하고 있다. (개정 2014. 3. 24.)

개인정보란 살아 있는 개인에 관한 정보로서 성명, 주민등록번호 및 영상 등을 통하여 개인을 알아볼 수 있는 정보(해당 정보만으로는 특정 개인을 알아볼 수 없더라도 다른 정보와 쉽게 결합하여 알아볼 수 있는 것을 포함한다)를 말한다.

2.2.2 개인정보 보호법 관련 용어와 정보 입력

개인정보 보호법과 관련한 주요 용어들에 대한 정의 및 개념은 아래와 같다. (법 제2조 정의)

개인정보를 처리함에 있어서 '처리'의 개념은 개인정보를 수집, 생성, 연계, 연동, 기록, 저장, 보유, 가공, 편집, 검색, 출력, 정정(訂正), 복구, 이용, 제공, 공개, 파기(破棄), 그 밖에 이와 유사한 행위를 의미하며, '정보 주체'는 처리되는 정보에 의하여 알아볼 수 있는 사람으로서 그 정보의 주체가 되는 사람을 말한다.

민감정보와 관련하여 법 제23조 제1항 각호의 부분 본문에서 '대통령령으로 정하는 정보'란 다음 각호의 어느 하나에 해당하는 정보를 말한다. 다만, 공공기관이 법 제18조 제2항 제5호부터 제9호까지의 규정에 따라 다음 각호의 어느 하나에 해당하는 정보를 처리하는 경우의 해당 정보는 제외한다.

▶ 민감 정보의 범위(개인정보보호법 시행령 제18조)

- 유전자검사 등의 결과로 얻어진 유전정보
- 범죄경력자료에 해당하는 정보(형의 실효 등에 관한 법률 제2조 제5호)

▶ 고유식별정보의 범위(개인정보보호법 시행령 제19조)

- 주민등록번호(주민등록법 제7조 제1항)

- 여권번호(여권법 제7조 제1항 제1호)
- 운전면허의 면허번호(도로교통법 제80조)
- 외국인등록번호(출국관리법 제31조 제4항)

개인정보를 쉽게 검색할 수 있도록 일정한 규칙에 따라 체계적으로 배열하거나 구성한 개인정보의 집합물(集合物)을 '개인정보 파일'이라 정의한다. 또한, 업무를 목적으로 개인정보 파일을 운용하기 위하여 스스로 또는 다른 사람을 통하여 개인정보를 처리하는 공공기관, 법인, 단체 및 개인 등을 '개인정보 처리자'라고 말한다. 여기서 말하는 공공기관이란 ① 국회, 법원, 헌법재판소, 중앙선거관리위원회의 행정사무를 처리하는 기관, 중앙행정기관(대통령 소속 기관과 국무총리 소속 기관을 포함한다) 및 그 소속 기관, 지방자치단체와 ② 그 밖의 국가기관 및 공공단체 중 대통령령으로 정하는 기관이 이에 속한다.

일정한 공간에 지속적으로 설치되어 사람 또는 사물의 영상 등을 촬영하거나 이를 유・무선망을 통하여 전송하는 장치로써 대통령령으로 정하는 장치를 '영상정보 처리기기'라고 한다.

고객으로부터 기본적인 신상 정보를 비롯하여 개인적인 자료를 파악, 수집하고 관리프로그램에 입력을 할 때에는 다음 개인정보 보호법에 근거하여 입력해야 한다. 개인정보 보호법 제3조 개인정보 보호 원칙에 의하여 개인정보 처리자는 개인정보의 처리 목적을 명확하게 해야 하고, 그 목적에 필요한 범위에서 최소한의 개인정보만을 적법하고 정당하게 수집해야 한다. 개인정보의 처리 목적에 필요한 범위에서 적합하게 개인정보를 처리해야 하며, 그 목적 외의 용도로 사용하면 안 된다. 또한, 개인정보의 처리 목적에 필요한 범위에서 개인정보의 정확성, 완전성 및 최신성이 보장되도록 해야 한다. 즉, 고객의 정보 사용과 입력 시에 반드시 필요 용도에만 활용하고, 정보 변경이나 갱신 시에도 마찬가지인 것이다.

개인정보의 처리 방법 및 종류 등에 따라 정보 주체의 권리가 침해받을 가능성과 그 위험 정도를 고려하여 개인정보를 안전하게 관리하여야 한다. 그렇기 때문에 고객의 정보를 다루거나 입력을 할 때에는 여러 직원이 함께한 아이디를 공용으로 사용하지 않고, 담당 직원이 전담으로 아이디와 비밀번호를 정하여 사용하는 방식으로 고객의 정보를 보호해야 한다. 개인정보 처리자는 개인정보 처리 방침 등 개인정보의 처리에 관한 사항을 공개하여야 하며, 열람청구권 등 정보 주체의 권리를 보장해야 한다. 또한, 정보 주체의 사생활 침해를 최소화하는 방법으로 개인정보를 처리하여야 한다. 개인정보의 익명 처리가 가능한 경우에는 익명에 의하여 처리될 수 있도록 하여야 한다.

개인정보 처리자는 해당되는 법과 관계 법령에서 규정하고 있는 책임과 의무를 준수하고 실천함으로써 정보 주체의 신뢰를 얻기 위하여 노력하여야 한다.(개인정보 보호법 제3조 개인정보 보호의 원칙)

▶ 고객 정보 입력의 실제

- 프로그램 입력 시 ID는 공유하지 않고, 업무상 불필요한 직원은 사용하지 않도록 한다.

  ID는 모두 각각 다르게 1인 1ID를 사용하고, 해당 직원이나 전용 담당 직원이 전담하여 고객관리 프로그램을 사용할 수 있도록 한다.
- 입력 전에 안전한 로그인 비밀번호를 설정한다.

  영어 대문자, 소문자, 숫자, 특수문자를 섞어서 10자리 이상으로 설정하고, 적어도 6개월마다 변경한다.
- 정보 입력 전에 PC에 바이러스 백신 프로그램을 설치한다.

  악성 코드 차단을 위한 바이러스 백신 프로그램을 설치하고 자동 업데이트 기능을 설정한다.
- 윈도우 PC 방화벽을 설정한다.

  고객정보에 대한 불법 접근을 차단하기 위해 윈도우즈에서 제공하는 PC 방화벽을 설정한다.

  컴퓨터 프로그램 * 제어판 → Windows 방화벽
- 입력 시 수시로 비밀번호, 주민등록번호가 암호화되는지 반드시 확인한다.

  PC나 프로그램 유지 보수 시 지속적으로 확인한다. PC를 업체로 이동시키거나 유지보수 업체에서 PC에 원격으로 접속하는 경우 개인정보에 함부로 접근하지 못하도록, 유지보수 위탁사항에 대한 문서화를 업체에 요구한다.

2.3 개인정보 보호법에 근거한 고객정보 관리

2.3.1 개인정보 보호와 고객정보 관리

개인정보 보호법 제4장 개인정보의 안전한 관리와 관련하여 개인정보 처리자는 개인정보가 분실 · 도난 · 유출 · 위조 · 변조 또는 훼손되지 않도록 내부 관리계획 수립, 접속기록 보관 등 대통령령으로 정하는 바에 따라 안전성 확보에 필요한 기술적 · 관리적 및 물리적 조치를 해야 한다. 〈개정 2015. 7. 24.〉

또한, 고객의 정보를 관리함에 있어서 개인정보 처리 방침을 정해야 한다고 밝혔으며, 이에 관련한 내용을 다음과 같이 정리하였다. (제30조 개인정보 처리 방침의 수립 및 공개)

개인정보 처리자는 다음 사항이 포함된 개인정보의 처리 방침(이하 "개인정보 처리 방침"이라 한다)을 정해야 한다. 이 경우 공공기관은 제32조에 따라 등록 대상이 되는 개인정보 파일에 대하여 개인정보 처리 방침을 정한다. 〈개정 2016. 3. 29.〉

▶ 개인정보 처리 방침

- 개인정보의 처리 목적
- 개인정보의 처리 및 보유 기간
- 개인정보의 제3자 제공에 관한 사항(해당되는 경우에만 정한다)
- 개인정보 처리의 위탁에 관한 사항(해당되는 경우에만 정한다)
- 정보 주체와 법정 대리인의 권리 · 의무 및 그 행사 방법에 관한 사항
- 제31조에 따른 개인정보 보호 책임자의 성명 또는 개인정보 보호업무 및 관련 고충사항을 처리하는 부서의 명칭과 전화번호 등 연락처
- 인터넷 접속 정보 파일 등 개인정보를 자동으로 수집하는 장치의 설치 · 운영 및 그 거부에 관한 사항(해당하는 경우에만 정한다)
- 그 밖에 개인정보의 처리에 관하여 대통령령으로 정한 사항

개인정보 처리자가 개인정보 처리 방침을 수립하거나 변경하는 경우에는 정보 주체가 쉽게 확인할 수 있도록 대통령령으로 정하는 방법에 따라 공개해야 한다. 개인정보 처리 방침의 내용과 개인정보 처리자와 정보 주체 간에 체결한 계약의 내용이 다른 경우에는 정보 주체에게 유리한 것을 적용한다. 행정안전부 장관은 개인정보 처리 방침의 작성 지침을 정하여 개인정보 처리자에게 그 준수를 권장할 수 있다. 〈개정 2013. 3. 23., 2014. 11. 19., 2017. 7. 26.〉

2.3.2 개인정보의 처리

업체나 기업에서 고객관리나 고객관리 프로그램을 운용하는데 기본적으로 필요한 고객의 개인정보를 수집하고 이를 바탕으로 보다 효과적이고 효율적인 시장 활동을 영위할 수 있다. 그러나 고객의 개인정보를 수집하고 적용하는데 있어서 보완 및 안전이 반드시 필요하고 중요한 사항이기 때문에 다음의 관련 개인보호법을 통하여 고객 정보 수집, 이용 등 정보 관리에 관한 내용을 알 수 있다.

정보 처리자는 다음 내용의 경우에서 고객의 정보를 수집할 수 있으며 그 수집 목적의 범위에서 이용할 수 있다. (제15조 개인정보의 수집, 이용)

▶ 정보 수집의 범위

- 정보 주체의 동의를 받은 경우
- 법률에 특별한 규정이 있거나 법령상 의무를 준수하기 위하여 불가피한 경우
- 공공기관이 법령 등에서 정하는 소관 업무의 수행을 위하여 불가피한 경우
- 정보 주체와의 계약의 체결 및 이행을 위하여 불가피하게 필요한 경우
- 정보 주체 또는 그 법정 대리인이 의사표시를 할 수 없는 상태에 있거나 주소불명 등으로 사전 동의를 받을 수 없는 경우로서 명백히 정보 주체 또는 제3자의 급박한 생명, 신체, 재산의 이익을 위하여 필요하다고 인정되는 경우
- 개인정보 처리자의 정당한 이익을 달성하기 위하여 필요한 경우로서 명백하게 정보 주체의 권리보다 우선하는 경우. (이 경우 개인정보 처리자의 정당한 이익과 상당

한 관련이 있고 합리적인 범위를 초과하지 않는 경우에 한한다)

또한, 위에서 언급한 개인정보 처리자가 정보 주체(고객)의 동의를 받을 때에는 반드시 (정보 주체) 고객에 알려야 하는 사항들이 있다. 이는 아래의 사항과 같으며 해당 내용을 변경하는 경우에도 다시 이를 알리고 동의를 받아야 한다.

▶ 동의 및 정보 제공 사항(고객에게 동의를 구하거나 알려야 하는 내용)

- 개인정보의 수집 · 이용 목적
- 수집하려는 개인정보의 항목
- 개인정보의 보유 및 이용 기간
- 동의를 거부할 권리가 있다는 사실 및 동의 거부에 따른 불이익이 있는 경우에는 그 불이익의 내용

고객으로부터 개인정보를 수집하는 경우, 그 목적에 필요한 최소한의 개인정보를 수집해야 한다. 이 경우 최소한의 개인정보 수집이라는 입증 책임은 개인정보 처리자가 부담한다. 개인정보 처리자는 정보 주체의 동의를 받아 개인정보를 수집하는 경우 필요한 최소한의 정보 외의 개인정보 수집에 동의하지 않아도 된다는 사실을 고객에게 구체적으로 알리고 개인정보를 수집해야 한다. 〈신설 2013. 8. 6.〉

고객, 즉 정보 주체가 필요한 최소한의 정보 외의 개인정보 수집에 동의하지 않는다는 이유로 고객(정보 주체)에게 재화 또는 서비스의 제공을 거부해서는 안 된다. 〈개정 2013. 8. 6.〉

통상적으로 수집한 고객의 정보를 다른 제3자에게 알리거나 공유를 해서는 절대 안 되지만 예외인 사항이 있다. 개인정보 보호법 17조에 근거하여 다음과 같이 정리한다.

개인정보 처리자는 다음 각 호의 어느 하나에 해당되는 경우에는 정보 주체의 개인정보를 제3자에게 제공(공유를 포함한다. 이하 같다)할 수 있다.

▶ 개인정보 제3자 제공 및 공유사항

- 정보 주체의 동의를 받은 경우

- 제15조 제1항 제2호 · 제3호 및 제5호에 따라 개인정보를 수집한 목적 범위에서 개인정보를 제공하는 경우

  고객의 개인정보의 수집을 할 때 동의를 받은 것과 마찬가지로 수집, 제공받은 개인정보를 제3자에게 알리거나 공부하기 위하여 고객에게 동의를 받을 때에도 다음의 사항을 고객(정보 주체)에게 알려야 한다. 또한, 역시 나음의 어느 하나 사항을 변경하는 경우에도 이를 알리고 동의를 받아야 한다.

▶ 개인정보 제3자 제공 및 공유 시 동의사항(고객의 정보를 제3자에게 알리거나 공유할 때 고객에게 동의를 구하거나 알려야 하는 사항)

- 개인정보를 제공받는 자(고객 정보를 받는 사람)
- 개인정보를 제공받는 자의 개인정보 이용 목적
- 제공하는 개인정보의 항목
- 개인정보를 제공받는 자의 개인정보 보유 및 이용 기간
- 동의를 거부할 권리가 있다는 사실 및 동의 거부에 따른 불이익이 있는 경우에는 그 불이익의 내용

  개인정보 처리자가 고객의 개인정보를 국외의 제3자에게 제공할 때에는 제2항 각호에 따른 사항을 정보 주체에게 알리고 동의를 받아야 하며, 이 법을 위반하는 내용으로 개인정보의 국외 이전에 관한 계약을 체결하여서는 아니 된다.

  행정안전부 개인정보 보호법 제20조 근거하여 개인정보 처리자가 정보 주체 이외로부터 수집한 개인정보를 처리하는 때에는 정보 주체의 요구가 있으면 즉시 다음 각호의 모든 사항을 정보 주체에게 알려야 한다.

▶ 고객이 아닌 다른 곳에서 고객정보를 수집했을 때, 고객이 원할 시, 고객에게 알려야 하는 사항

- 개인정보의 수집 출처
- 개인정보의 처리 목적
- 제37조에 따른 개인정보 처리의 정지를 요구할 권리가 있다는 사실

  그러나 처리하는 개인정보의 종류 · 규모, 종업원 수 및 매출액 규모 등을 고려

하여 대통령령으로 정하는 기준에 해당하는 개인정보 처리자가 제17조 제1항 제1호에 따라 정보 주체 이외로부터 개인정보를 수집하여 처리하는 때에는 제1항 각 호의 모든 사항을 정보 주체에게 알려야 한다. 즉, 고객이 정보 출처와 목적을 원한다. 요구하지 않아도 개인정보의 종류와 규모가 크거나 상황에 따라서 모든 사항을 알려야 한다는 것이다. 다만, 개인정보 처리자가 수집한 정보에 연락처 등 정보 주체에게 알릴 수 있는 개인정보가 포함되지 아니한 경우에는 그렇지 않다. 〈신설 2016. 3. 29.〉

위 사항 중 개인정보 처리의 목적에 대하여 알리는 경우에 정보 주체에게 알리는 시기 · 방법 및 절차 등 필요한 사항은 대통령령으로 정한다. 〈신설 2016. 3. 29.〉

다만, 정보 주체에게 위 사항을 알림으로 인하여 다른 사람의 생명 · 신체를 해할 우려가 있거나 다른 사람의 재산과 그 밖의 이익을 부당하게 침해할 우려가 있는 경우에는 적용하지 않는다. 그러나 반드시 이법에 따른 정보 주체의 권리보다 명백히 우선하는 경우이다. 〈개정 2016. 3. 29.〉

▶ CCTV 설치(개인보호법 제 25조 영상정보 처리기기의 설치 · 운영 제한)

CCTV는 범죄 예방, 시설 안전, 화재 예방 목적으로만 설치하고, 설치 목적, 촬영 장소 · 범위, 관리책임자 연락처 등이 기재된 안내판을 설치한다.

※ www.privacy.go.kr → 안내광장 → 공지사항 → CCTV 안내판 양식 다운로드

CCTV는 설치 목적에 맞게 안전하게 관리한다. 녹음은 하지 않고, 설치 목적과 다르게 함부로 조작하거나 다른 곳을 비추지 않도록 한다.

CCTV 영상 정보는 관계없는 사람에게 보여주지 말고, 잠금장치를 마련하여 보관한다.

CCTV 운영관리 방침을 수립 및 공개한다. CCTV 운영관리 방침을 수립하여 공개한다.

(개인정보 처리방침에 포함 가능)

2.3.3 제22조 동의를 받는 방법

개인정보 처리자는 이 법에 따른 개인정보의 처리에 대하여 정보 주체(제5항에 따른 법정 대리인을 포함)의 동의를 받을 때에는 각각의 동의 사항을 구분하여 정보 주체가 이를 명확하게 인지할 수 있도록 알리고 각각 동의를 받아야 한다.

개인정보 처리자는 개인정보 보호법 제15조 제1항 제1호, 제17조 제1항 제1호, 제23조 제1항 제1호 및 제24조 제1항 제1호에 따라 개인정보의 처리에 대하여 정보 주체의 동의를 받을 때에는 정보 주체와의 계약 체결 등을 위하여 정보 주체의 동의 없이 처리할 수 있는 개인정보와 정보 주체의 동의가 필요한 개인정보를 구분하여야 한다. 기업 및 업체에서는 미리 개인정보를 수집하기에 앞서 동의가 필요한 경우와 그렇지 않은 경우를 명확히 구분하여 착오가 없도록 해야 한다. 이 경우 동의 없이 처리할 수 있는 개인정보라는 입증 책임은 개인정보 처리자가 부담한다. 〈개정 2016. 3. 29.〉

개인정보 처리자는 정보 주체에게 재화나 서비스를 홍보하거나 판매를 권유하기 위하여 개인정보의 처리에 대한 동의를 받으려는 때에는 정보 주체가 이를 명확하게 인지할 수 있도록 알리고 동의를 받아야 한다.

개인정보 처리자는 정보 주체가 선택적으로 동의할 수 있는 사항을 동의하지 않거나 제18조 제2항 제1호에 따른 동의를 하지 아니한다는 이유로 정보 주체에게 재화 또는 서비스의 제공을 거부해서는 안 된다.

개인정보 처리자는 만 14세 미만 아동의 개인정보를 처리하기 위하여 이 법에 따른 동의를 받아야 할 때에는 그 법정 대리인의 동의를 받아야 한다. 이 경우 법정 대리인의 동의를 받기 위하여 필요한 최소한의 정보는 법정 대리인의 동의 없이 해당 아동으로부터 직접 수집할 수 있다.

앞서 나열한 규정한 사항 외에 정보 주체의 동의를 받는 세부적인 방법 및 최소한의 정보의 내용에 관하여 필요한 사항은 개인정보의 수집 매체 등을 고려하여 대통령령으로 정한다.

2.4 개인정보 보호법에 근거한 고객 상담

2.4.1 고객 상담(Customer Consulting)

상담은 고객(정보 주체)과 상담자(개인정보 처리자)가 오프라인 혹은 온라인상에서 대화 과정을 통해 상호 협조하에 고객 개인의 변화를 초래하는 행위로 정의할 수 있으며 고객이 원하는 바를 찾고 이를 해결해 나가는 과정을 통해 긍정적 변화와 발전에 도움이 되는 것을 목표로 한다. 상담으로 인해 필요한 지식과 판단력, 그 외 심리적 효과를 비롯해 물리적인 이익이 결과로 나타난다. 고객의 상담 목적과 동기, 성향 등 상담에 필요한 정보를 정확하고 신속하게 확보하기 위하여 적절한 질문응답 패턴을 개발하여 활용하는 것이 효율적이다.

기업 및 업체에서는 상담 시 고객, 즉 정보 주체와 접하면서 다양하고 폭넓은 정보를 수집하고 파악하게 되는데 이와 관련하여 미리 숙지하고 확인하여 상담 전이나 후, 혹은 중간에 필요시나 고객이 요구할 시에는 고객에게 알려주거나 제시해 주어야 한다. 고객(정보 주체)는 자신의 개인정보 처리와 관련하여 다음 각호의 권리를 가진다.(개인정보 보호법 제4조 정보 주체의 권리)

▶ 정보 주체(고객)의 권리

- 개인정보의 처리에 관한 정보를 제공받을 권리
- 개인정보의 처리에 관한 동의 여부, 동의 범위 등을 선택하고 결정할 권리
- 개인정보의 처리 여부를 확인하고 개인정보에 대하여 열람(사본의 발급을 포함한다. 이하 같다)을 요구할 권리
- 개인정보의 처리 정지, 정정 · 삭제 및 파기를 요구할 권리
- 개인정보의 처리로 인하여 발생한 피해를 신속하고 공정한 절차에 따라 구제받을 권리

2.4.2 고객 상담과 고객정보 확인(Customer Consulting)

▶ 확인사항

- 고객정보 수집 시 동의를 받는다.

  회원 가입서 등에 개인정보를 받을 때에는 수집 항목, 보유기간, 수집 목적, 동의거부가 가능함을 알려주고 동의를 받는다.

- 고유 식별번호(주민등록, 운전면허, 외국인등록, 여권번호) 수집 시 별도의 동의를 받아야 한다.

  주민등록번호를 수집하는 경우 법령 근거가 있어야 수집이 가능하며, 그 외 고유식별정보(운전면허, 외국인등록, 여권번호) 수집 시 기존 양식에서 고유 식별번호 수집에 대한 별도의 동의를 받는다.

- 필수 정보만 수집하고 보유기간 만료 시 즉시 파기한다.

  업무 목적에 필요한 최소한의 고객정보만 수집하고, 보유기간이 만료된 개인정보는 삭제한다.

- 개인정보 처리방침을 만들어 공개한다.

  개인정보 처리방침을 만들고, 홈페이지(또는 사업장)에 게시한다.

  ※ www.privacy.go.kr → 개인정보 도우미 → 개인정보 처리방침 만들기

  (행정안전부 개인정보보호 종합 포털)

- 회원 가입서 등 문서는 잠금장치가 있는 곳에 보관한다.

chapter 02

화장품 제조 및 품질관리

1

화 · 장 · 품 · 제 · 조 · 및 · 품 · 질 · 관 · 리

화장품 원료의 종류와 특성

1.1 화장품 원료의 종류

화장품은 사용 목적이나 형태에 따라 수없이 많은 종류의 제품이 있고, 이 제품에 사용되는 원료도 수없이 많은 종류가 있다. 화장품이라는 하나의 가치를 지닌 상품을 만들기 위해서는 화장품 하나에 통상 20~50여 종의 화장품 원료들이 적절히 배합된다. 구성 성분의 특성과 그 배합률에 따라 다양한 종류의 화장품이 만들어지는데, 약 10,000여 종의 화장품 원료 가운데 사용 목적이나 사용 형태에 맞는 성분을 선별하여 제품을 개발하게 된다. 이러한 원료들은 크게는 천연물을 가공하거나 분리하여 얻는 것과 인위적인 합성을 통하여 얻는 것으로 나눌 수 있다.

과학 기술의 발전과 더불어 천연물, 합성물, 바이오 생산물 등 여러 부분에 걸쳐 새로운 화장품 원료들이 개발됨으로써 화장품의 품질 향상과 다양화를 도모하여 왔다.

화장품 원료로 쓰이는 천연과 합성의 원료는 크게 수성 원료와 유성 원료, 계면 활성제 등으로 분류할 수 있다. 수성 원료란 물에 녹는 성분을 뜻하며, 유성 원료란 기름에 녹는 성분을 말한다. 화장품 제조를 위해서는 수성 원료와 유성 원료를 적절히 섞을 수 있는 계면활성제가 필요하다. 또 색조 화장품의 기능과 색채를 부여하는 색소가 있다.

화장품은 물리적으로 볼 때 수성 원료와 유성 원료를 계면활성제를 이용하여 적절히 혼합하고 유효 성분 등을 첨가함으로써 사용 목적에 맞는 제품을 개발하여 알맞은 사용 형태로 상품화한 것이다.

화장품은 피부에 직접 바르거나 투여하는 등 인체와 관계되기 때문에 그 원료에 대해 법으로 규정하고 있다. 따라서 화장품에는 안전성이 확보된 원료를 사용하여야 하며, 사용에 제한이 있는 원료, 사용할 수 없는 원료 등을 정하고 있으므로 화장품 관련 법 규정을 확인해야한다.

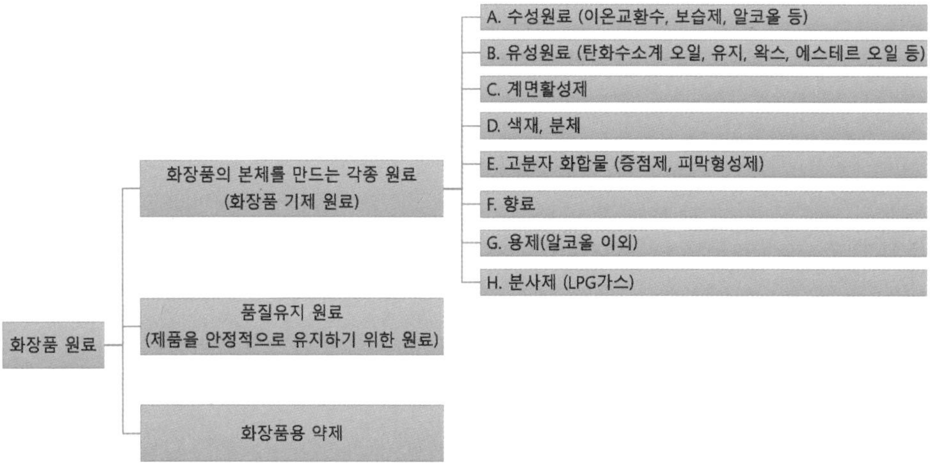

[그림 2-1] 화장품 원료 분류

1.2 화장품에 사용된 성분의 특성

예로부터 화장품 성분으로 천연물이 널리 사용되어 왔으며, 현재에도 많은 천연물이나 그 정제 · 가공품이 이용되고 있다. 천연물은 좋은 성질을 갖는 것들도 많으나 화장품을 만들기에는 좋지 않은 성질의 것도 있으므로 천연물의 단점을 제거하여 새롭고 유용한 성분을 만드는 것이 중요하다.

최근에는 바이오테크놀로지, 복합화 기술, 나노테크놀로지 등을 응용한 성분 개발도 이루어지고 있다.

앞에서도 이야기한 바와 같이 화장품 성분은 일상적으로 피부 등에 사용되는 것이며, 그러한 의미에서 화장품 성분 선택 시의 필요조건은 아래와 같다.

1) 안전성이 높을 것
2) 경시 안정성이 우수할 것
3) 사용 목적에 알맞은 기능, 유용성을 지닐 것
4) 성분이 시간이 흐르면서 냄새가 나거나 착색되지 않을 것, 맛이 나지 않을 것
5) 성분에 대한 법 규제(화장품 기준 등)를 조사할 것

6) 환경에 문제가 되지 않는 성분일 것

7) 안정적인 성분 공급이 가능할 것

8) 기타, 사용량에도 좌우되나 가격이 적정할 것

1.3 원료 및 제품의 성분 정보

화장품을 구성하고 있는 주요 원료는 유지, 왁스류, 에스테르유 등의 유성 원료, 유화, 가용화 등의 목적으로 사용되는 계면활성제, 보습제 점도 증가제, 피막 형성을 목적으로서 또는 그 자체 분말로써 사용되는 고분자 화합물, 자외선 흡수제, 산화방지제, 금속 이온 봉쇄제, 염료, 안료 등의 색재류 등외에 비타민류, 식물 추출물 등의 약제 그리고 향료를 들 수 있다.

화장품은 피부나 모발에 사용되는 것으로 그 기본을 구성하고 있는 원료의 사용선택에 있어서 고려해야 할 주요 조건으로는

① 사용 목적에 따른 기능이 우수하다

② 안전성이 양호하다

③ 산화 안정성 등의 안정성이 우수하다

④ 냄새가 적은 것 등 품질이 일정해야 하는 것을 들 수 있다.

이상은 화장품 원료로서 고려해야 하는 주요조건이다. 그 외에 고려해야 할 조건으로서 법규상의 규제가 있다(화장품과 법규의 항 참고). 현재 화장품원료는 약사법의 승인제도가 있기 때문에 신규 원료(미승인 원료)는 상기의 조건을 만족시키는 것만을 사용할 수 없으며, 그 원료의 규격을 정해서 안전성 등을 확인한 후에 식품의약안전처에 신청하여 승인을 얻어야 한다.

이미 승인된 원료의 대부분은 화장품 원료 기준 및 화장품 종별 배합 성분 규격에 약2,800성분이 수록되어 있다. 약사법의 규제 완화에 의하면, 원료를 보존제, 자외선 흡수제, 타르 색소의 특정 성분과 그 외의 일반 성분군으로 나눈다. 특정 성분군은 사

용 가능 원료에 대한 배합 가능 성분 리스트(positive list)를 작성하고, 미등록 특정 성분을 이용하는 경우에는 신청서를 내서 승인을 받도록 하고 있다. 일반 원료는 배합 금지 성분 리스트(negative list)와 배합 제한 성분 리스트(restricted list)를 정하여, 이러한 원료에 대하여 사용제한을 받는다.

이외의 일반 원료는 식품의약품안전처의 승인은 불필요하고 각 제조사 자체 책임을 기준으로 사용하는 것이 가능하다.

화장품 원료로 쓰이는 천연과 합성의 원료는 크게 수성 원료와 유성 원료, 계면활성제 등으로 분류할 수 있다.

수성 원료란 물에 녹는 성분을 뜻하며, 유성 원료란 기름에 녹는 성분을 의미하며, 색조 화장품의 기능과 색채를 부여하는 색소가 있다. 화장품을 제조하기 위해서는 수성 원료와 유성 원료를 적절히 섞을 수 있는 계면활성제가 필요하다. 계면활성제는 양자의 성질을 모두 가진 물질이다.

즉 화장품은 물리적으로 볼 때 수성 원료와 유성 원료를 계면활성제를 이용하여 적절히 혼합하고 유효 성분 등을 첨가함으로써 사용 목적에 맞는 제품을 개발하여 알맞은 사용 형태로 상품화한 것이다.

화장품은 피부에 직접 바르거나 투여하는 등 인체와 관계되기 때문에 그 원료에 대해 법으로 규정하고 있다. 따라서 화장품에는 안전성이 확보된 원료를 사용하여야 하며, 사용에 제한이 있는 원료, 사용할 수 없는 원료 등을 정하고 있으므로 화장품 관련 법 규정을 확인해야한다. 「화장품법」, 「화장품법 시행규칙」, 식약처 고시와 「화장품 원료 규격 가이드라인」 등의 법령 및 가이드라인을 식약처 의약품 안전나라 의약품 통합정보시스템에서 참고 할 수 있다.(https://nedrug.mfds.go.kr/index)

화장품 전성분 표시제 시행을 위해 현재 사용되고 있는 원료의 명칭을 표준화하여 통일된 명칭을 기재하도록 '화장품 성분 사전'이 만들어졌다. 이 성분 사전에 수록된 성분명은 대부분 INCI 명칭을 기준으로 한글명으로 번역, 소리 나는 대로 음역하거나 동 · 식물의 경우 관용명을 중심으로 한글명을 부여한 것이다.(대한화장품협회 화장품성분 사전(http://kcia.or.kr/cid/))

[표 2-1] 화장품 원료의 종류

원료	종류			
수성 원료	정제수, 에탄올, 폴리올(글리세린, 부틸렌글리콜, 프로필렌글리콜 등)			
유성 원료	액상 유성 성분	식물성 오일	동백유, 카놀라유, 올리브유	자연계
		동물성 오일	난황 오일, 밍크 오일	자연계
		광물성 오일	바세린, 유동파라핀	지연계
		실리콘	디메틸폴리실록산	합성계
		에스터류	이소프로필미리스테이트	합성계
		탄화수소류	석유계, 스쿠알란	합성계
	고형 유성 성분	왁스	칸델리라, 카나우바, 비즈왁스	자연계
		고급 지방산	스테아린산, 라우린산	합성계
		고급 알코올	세틸알코올, 스테아랄알코올	합성계
계면활성제	이온성(양이온, 음이온, 양쪽성), 비이온성, 천연			
고분자 화합물	폴리비닐알코올, 잔탄검, 카보머, 소듐카복시메틸셀룰로오스			
비타민	아스코빈산인산 에스터, 레티놀, 비타민E-아세테이트			
색소	염료		황색5호, 적색505호	
	레이크		적색201호, 적색204호	
	안료	유기 안료	법정타르 색소류, 천연 색소류	
		무기 안료	체질 안료, 착색 안료, 백색 안료	
		진주 광택 안료	옥시염화비스머스	
		고분자 안료	폴리에틸렌 파우더, 나일론 파우더	
	천연 색소		커큐민, 베타-카로틴, 카르사민	
향료		식물성	라벤더, 재스민, 로즈메리	
		동물성	시베트, 무스크, 카스토리움	
		합성	멘톨, 벤질아세테이트	
기능성 원료	유용성 감초 추출물, 알부틴, 레티놀, 아데노신, 자외선 차단제			

1.3.1 수성 원료

1) 정제수

화장품 제조에 있어 물은 가장 중요한 원료 중 하나이다. 피부 보습의 기초 물질로 일부 메이크업 화장품을 뺀 거의 모든 화장품에 사용된다. 화장품에 사용되는 물은 대부분 이온 교환 수지를 이용하여 정제한 이온 교환수를 자외선 램프로 살균하고, 일정한 pH를 유지하여 사용한다.

만약 물이 세균에 오염되었거나 칼슘, 마그네슘 등의 금속 이온이 함유되어 있다면 피부에 손상을 가져오고 모발을 끈적거리게 할 수 있다. 또 제품이 분리되거나 점도의 변화를 일으켜 제품의 품질이 떨어지는 요인이 되기도 한다.

2) 에탄올(Ethanol)

에틸알코올(Ethyl Alcohol)이라고도 하며, 화장품에서는 수렴, 청결, 살균제, 가용화제 등으로 이용되고 있다. 스킨 토너류 제품에는 에탄올이 함유되어 있는데 주로 수렴 효과와 청량감을 부여하고, 네일 제품에서는 가용화제로 사용하기도 한다. 에탄올은 배합량에 따라 효능·효과가 조금씩 차이가 있는데, 일반적으로 에탄올과 물의 비율이 7:3일 때 살균과 소독의 효과가 가장 우수하다.

화장품에 사용되고 있는 에탄올은 술을 만드는 데 사용할 수 없도록 변성제(폴리필렌글리콜, 부탄올)를 첨가하여 만든 변성 에탄올(SD-alcohol)인 SD-에탄올 40을 사용한다.

3) 폴리올(Polyol)

화장품에서 폴리올로 널리 쓰이는 원료는 글리세린(Glycerin), 프로필렌글리콜(Propylene Glycol), 부틸렌글리콜(1,3-Butylene Glycol) 등이며, 보습제 및 동결을 방지하는 원료로 사용된다.

1.3.2 유성 원료

유성원료는 화장품의 구성 성분으로서 널리 이용되고 있다. 피부로부터 수분의 증발을 억제하고, 사용 감촉을 향상시키는 등의 목적으로 사용된다.

유지(Oils and Fats)는 지방산과 글리세린의 트리에스테르(트리글리세리드)가 주성분이며, 동식물계에 널리 분포한다. 유지 중에 상온에서 액상인 것을 지방유, 고체인 것을 지방이라고 한다. 화장품 원료로서 유지는 천연에서 얻은 것을 탈색, 탈취 등 정제하여 사용하고, 경우에 따라서는 부분 또는 완전하게 수소 첨가해서 경화 유지로 사용하거나, 혹은 냉각해서 고체 유지를 제거한 다음 사용하는 경우도 있다. 유지는 동식물 및 미생물에 의하여 생산되므로 종류는 많지만, 화장품 원료로서는 비교적 그 종류가 제한되어 있다.

1) 식물성 오일

식물성 오일에는 올리브 오일(Olive Oil), 동백 오일(Camellia Oil), 피마자 오일(Castor Oil), 마카다미아 너트 오일(Macadamia Nut Oil), 아보카도 오일(Avocado Oil), 아몬드 오일, 메도우폼 오일(Meadowfoam oil), 로즈 힙 오일(Rose hips oil) 등이 있으며, 이 원료들은 수분 증발을 억제하고 사용감을 향상시킨다.

2) 동물성 오일

동물성 오일에는 밍크 오일, 바다거북 오일, 난황 오일 등이 있으며, 이러한 동물성 오일은 식물성 오일에 비해 생리 활성은 우수하지만 색상이나 냄새가 좋지 않고, 쉽게 산화되어 변질되므로 화장품 원료로 널리 이용되지는 않는다.

3) 광물성 오일

광물성 오일에은 유동 파라핀(Liquid paraffin), 바셀린(Vaseline) 등이 있으며, 대부분 원유에서 추출한 고급 탄화수소로 무색 투명하고, 냄새가 없으며, 산패나 변질의 문제가 없다. 하지만 유성감이 강하고 피부 호흡을 방해할 수 있어 보통 식물성 오일이나 다른 오일과 혼합하여 사용된다.

4) 실리콘 오일

실리콘이란 실록산 결합(-Si-O-Si-)을 가지는 유기 규소 화합물의 총칭이다. 실리콘은 화학적으로 합성되며 무색 투명하고, 냄새가 거의 없다. 실리콘 오일은 퍼짐성이 우수하고 가볍게 발라지며, 피부 유연성과 매끄러움, 광택을 부여한다. 색조 화장품의 내수성을 높이고, 모발 제품에 자연스러운 광택을 부여한다.

(1) 디메틸폴리실록산(Dimethylpolysiloxane)

실리콘 오일 중 가장 널리 또 오래전부터 사용된 것으로, 기초 및 메이크업 화장품에 부드러운 감촉을 주기 위해 사용되거나 샴푸 등 두발 화장품에서 모발에 윤기를 주기 위하여 사용된다. 소수성이 크며 매끄러운 감촉을 주므로 크림 등에 사용되고, 기포 제거성이 우수하므로 유화 제품 등에 소포제로도 이용된다.

(2) 메틸페닐폴리실록산(Methylphenylpolysiloxane)

에탄올에 용해되므로 향, 알코올 등과 사용성이 좋다. 특히 현탁 스킨의 제조에서 알코올에 향, 토코페롤 아세테이트, 에스테르 타입의 오일 등을 가용화제와 함께 용해하여 미세한 입자로 분산시켜 안정된 형태의 현탁 스킨을 제조한다.

(3) 사이클로메치콘(Cyclomethicone)

가볍고 매끄러운 사용감과 휘발성을 가진 오일로 끈적임이 전혀 없으므로 기초 및 메이크업 화장품에 널리 이용되고 있다. 사이클로메치콘 오일을 주 재료로 한 파운데이션은 친유성 타입으로 내수성이 우수할 뿐만 아니라, 끈적임이 거의 없는 장점이 있어 최근 대부분의 제품은 이러한 타입으로 만들어지고 있다.

5) 왁스류

왁스는 화학적으로 고급 지방산에 고급 알코올이 결합된 에스테르 화합물로 카르나우바 왁스(Carnauba Wax), 칸데릴라 왁스(Candelilla Wax) 등이 있다. 왁스류는 보통 70~80℃에서 녹는다.

(1) 비즈왁스(Bees Wax)

꿀벌의 벌집에서 꿀을 채취한 후 벌집을 열탕에 넣어 분리한 왁스이다. 비즈왁스(밀랍)는 붕사와 반응시켜 콜드크림의 제조에 천연 유화제로 사용되었으며, 현재도 일부 친유성 제품의 보조 유화제로 사용되고 있다. 크림의 사용감 증대나 립스틱의 경도 조절용으로 이용되고 있는 동물성 왁스 중 가장 많이 사용되고 있는 원료이다.

(2) 라놀린(Lanolin)

양의 털을 가공할 때 나오는 지방을 정제하여 얻으며, 피부에 대한 친화성과 부착성, 포수성이 우수하여 크림이나 립스틱 등에 널리 사용되었다. 그러나 피부 알레르기를 유발할 가능성과 무거운 사용감, 색상이나 냄새 등의 문제와 최근의 동물성원료 기피로 사용량이 감소하고 있으며, 일부 제품에 사용성 목적으로 쓰이고 있다.

(3) 호호바 오일(Jojoba oil)

미국의 남부나 멕시코 북부의 건조 지대에 자생하고 있는 호호바의 열매에서 얻은 액상의 왁스인데, 일반적으로 오일로 불린다. 인체의 피지와 유사한 화학 구조 물질을 함유하고 있어서 퍼짐성과 친화성이 우수하고 피부 침투성이 좋다.

6) 고급 지방산(Fatty acid)

지방산은 동물성 유지의 주성분이며, 일반적으로 R-COOH 등으로 표시되는 화합물로 천연의 유지와 비즈왁스 등에 에스터류로 함유되어 있다.

(1) 라우릭애씨드(Lauric acid)

야자유, 팜유를 비누화 분해해서 얻은 혼합 지방산을 분리하여 얻는다. 라우릭애씨드를 수산화나트륨이나 트리에탄올아민 등의 알칼리와 중화하여 얻어지는 비누는 수용성이 크고 거품이 풍부하게 생기므로 화장 비누, 클렌징 폼 등의 세안료에 사용된다.

(2) 미리스틱애씨드(Myristic acid)

팜유를 분해하여 얻은 혼합 지방산을 분리하여 얻는다. 세안료를 제외하면 화장품에 직접 이용되는 경우는 적다. 미리스틱애씨드 비누는 라우릭애씨드 비누에 비하여 거품량은 적으나 거품이 조밀하며 기포성도 비교적 우수한 편이므로 클렌징 폼 등에 라우릭애씨드와 적절한 비율로 혼합하여 사용된다.

(3) 팔미틱애씨드(Palmitic acid)

팜유나 우지 등을 비누화하여 고압하에서 가수 분해하여 얻는다. 스테아릭애씨드와 함께 알칼리로 비누화하여 보조 유화제로 사용하거나 크림류의 사용감을 개선할 목적으로 사용된다.

(4) 스테아릭애씨드(Stearic acid)

우지나 팜유를 가수 분해하여 얻는다. 고급 지방산 중 화장품에 가장 널리 사용되는 원료이며, 알칼리로 중화하여 보조 유화제로 쓰거나, 또는 안료의 분산력이 우수하므로 안료의 분산제로 사용되고 있다.

7) 고급 알코올(Fatty Alcohol)

탄소 원자 수가 6 이상인 알코올을 고급 알코올이라고 한다.

[표 2-2] 알코올의 종류 및 특징

구분	내 용
세틸알코올 (Cetylalcohol, Cetanol)	백색을 띠는 고급 알코올로 세탄올이라고도 한다. 크림류 등의 유화 제품에 경도를 주거나 유화의 안정화를 위하여 사용한다.
스테아릴알코올 (Stearyl alcohol)	대부분 유화 제품에 세틸알코올과 혼합 사용되며, 사용 목적은 세틸알코올과 동일하게 유화 안정화를 위해 사용된다. 그 밖에 립스틱 등의 스틱 제품에 일부 이용되기도 한다.
이소스테아릴알코올 (Isostearyl alcohol)	스테아릴알코올의 액체로, 열 안정성과 산화 안정성이 우수하므로 알코올로 보다는 유성 원료로서 사용된다. 그리고 다른 오일과 상용성이 좋으며, 에탄올에 용해되고, 유화 제품에 보조 유화제로 사용할 수 있는 장점도 있다.
세토스테아릴알코올 (Cetostearyl alcohol)	화장품에서 가장 많이 사용되는 고급 알코올이며 세틸알코올과 스테아릴알코올이 약 1 : 1의 비율로 섞인 혼합물이다.

1.3.3 계면활성제(Surfactants)

계면활성제란 한 분자 내에 물과 친화성을 갖는 친수기(Hydrophilic group)와 오일과 친화성을 갖는 친유기(Lipophilic group, 소수기)를 동시에 갖는 물질로서, 계면에 흡착하여 계면 장력 등 계면의 성질을 현저히 바꾸어 주는 물질이다. 즉 계면의 자유 에너지를 낮추어 주는 물질을 말한다.

화장품에 사용되는 계면활성제는 크림이나 로션과 같이 물과 기름을 혼합하기 위한 유화제, 향과 에탄올 등 물에 용해되지 않는 물질을 용해시키기 위하여 사용되는 가용화제, 안료를 분산시키기 위하여 사용되는 분산제, 세정을 목적으로 하는 세정제 등이 있다. 계면활성제는 그 종류가 수없이 많으며, 각각의 구조에 따라 특이한 성질을 가지고 있다. 화학 구조별, 합성 방법별, 성능별, 용도별 등 다양한 방법으로 분류할 수 있으나, 가장 일반적인 분류 방법은 계면활성제가 물에 용해되었을 때 해리되는 이온 성질에 따른 분류이며 양이온, 음이온, 양쪽성 이온, 비이온 계면활성제로 분류한다.

[표 2-3] 계면활성제의 종류 및 특징

종류	특징	사용
양이온 계면활성제	살균제로 이용되며, 알킬기의 분자량이 큰 경우 모발과 섬유에 흡착성이 커서 헤어 린스 등의 유연제 및 대전 방지제로 주로 활용된다.	헤어 린스 등의 유연제 및 대전 방지제, 샴푸, 헤어 토닉
음이온 계면활성제	세정력과 거품 형성 작용이 우수하여 화장품에서 주로 클렌징 제품에 활용된다.	보디 클렌징, 클렌징 크림, 샴푸, 치약 등
양쪽성 이온계면활성제	한 분자 내에 양이온과 음이온을 동시에 가진다. 알칼리에서는 음이온, 산성에서는 양이온의 효과를 지니며, 다른 이온성 계면 활성제에 비하여 피부 안전성이 좋고 세정력, 살균력, 유연 효과를 지닌다.	저자극 샴푸, 어린이용 샴푸 등
비이온 계면활성제	이온성 계면활성제보다 피부 자극이 적어 피부 안전성이 높고, 유화력, 습윤력, 가용화력, 분산력 등이 우수하여 세정제를 제외한 대부분의 화장품에서 사용된다.	대부분의 화장품
천연 계면활성제	천연 물질로 가장 널리 이용되고 있는 것은 리포솜 제조에 사용되는 레시틴이다. 이 밖에 미생물을 이용한 계면 활성제와 직접 천연물에서 추출한 콜레스테롤, 사포닌 등도 일부 화장품에 응용된다.	

1.3.4 보습제(Humectants)

피부의 수분 함량은 피부 탄력과 밀접한 관계를 가지고 있다. 따라서 화장품 제조에 사용되는 어떤 성분이 피부의 수분 함량을 증가시켜 줄 것인가를 결정짓는 것은, 즉 보습제의 적절한 사용은 화장품의 품질을 결정하는 중요한 요소가 된다.

현재 화장품에 널리 사용되고 있는 보습제로는 흡습력이 있는 폴리올류, 천연 보습 인자 성분 및 수분을 함유할 수 있는 고분자 물질 등이 널리 사용되고 있다.

1) 글리세린(Glycerin)

폴리올류로 가장 널리 사용되는 보습제이다. 보습력이 다른 폴리올류에 비해 우수하나 많이 사용 할 경우 끈적임이 심하게 남는 단점이 있다.

현재 화장품에 사용되는 글리세린은 3종류가 있으며, 가장 널리 사용되는 것은 비누를 제조할 때 부산물로 얻어지는 것을 탈수・탈취하여 얻은 것으로 냄새 및 색상 등에서 우수하다. 이외에도 천연 유지로부터 고온, 고압에서 수소 첨가하여 지방산을 제조할 때 얻어지는 글리세린도 널리 이용되고 있지만, 비록 정제하더라도 비누를 정제할 때 얻어지는 글리세린에 비하여 냄새적인 측면에서 품질이 떨어진다.

2) 히알루로닉 애씨드(Hyaluronic acid)

고분자 물질로서 보습제로 널리 사용된다.

콘드로이친설페이트와 함께 포유동물의 결합 조직에 널리 분포되어 세포 간에 수분을 보유하게 하는 역할을 한다. 초기에는 탯줄이나 닭 볏으로부터 추출하여 사용하여 고가였으나 최근 미생물로부터 생산하여 비교적 싼 가격에 가장 널리 사용되고 있는 고분자 보습 성분이다.

3) 세라마이드 유도체 및 합성 세라마이드(Ceramide)

세라마이드 자체는 보습제는 아니지만 세라마이드가 다른 계면 활성제와 복합물을 이루면서 피부 표면에 라멜라 상태로 존재하여 피부에 수분을 유지시켜 주는 역할을 한다.

피부 방어 수단의 중요한 인자로 작용하는 것으로 최근 연구 결과가 보고되고 있으며, 화장품에 있어서 중요한 원료로 인식되고 있다.

1.3.5 고분자 화합물(Polymers)

화장품에 고분자 화합물을 사용하는 이유는 히알루로닉애씨드나 콜라겐과 같이 보습 등의 어떤 특징적인 기능을 부여하기 위해 사용되는 경우도 있지만, 대개는 제품의 점성을 높이거나, 사용감을 개선하거나, 피막을 형성하기 위한 목적으로 이용된다.

특히 유화 제품에서 적절한 고분자를 사용하면 유화 안정성을 크게 향상시키고, 화장수 등에서 적절한 고분자 물질을 사용하면 특이한 사용감을 갖게 할 수 있다.

네일 에나멜, 마스카라 등의 제품에서의 필름 형성제의 적절한 선택은 제품의 품질과 직결된다. 화장품에 사용되는 많은 고분자 화합물 중 점성을 나타내는 점증제와 피막 형성제를 중심으로 살펴본다.

1) 점증제(Thickening agents)

화장품에서 점증제로 주로 사용되는 것은 대개 수용성 고분자 물질이다.

이러한 수용성 고분자 물질은 크게 유기계와 무기계로 나눌 수 있고, 유기계는 다시 천연 물질에서 추출한 것과 이러한 천연 물질의 유도체로 만든 것, 완전히 합성한 것으로 대별할 수 있다.

(1) 천연 물질

주로 사용하는 구아검, 아라비아검, 로커스트빈검, 카라기난 전분 등의 식물에서 추출한 것과 잔탄검(Xanthan gum), 덱스트란 등 미생물에서 추출한 것, 젤라틴, 콜라겐 등의 동물에서 추출한 것들이 사용되나 최근에는 동물에서 추출한 원료는 가급적 화장품에 사용하지 않고 있다.

이러한 천연물은 대부분 생체 적합성이 좋으며, 특이한 사용감을 갖는 등 장점이 많다. 그러나 채취 시기 및 지역에 따라 물성이 변하고 안전성이 떨어지는 경우도 있으며, 미생물에 오염되기 쉽고, 공급이 불안정 하다는 단점이 있다.

(2) 반합성 천연 고분자 물질

주로 셀룰로오스 유도체가 사용되며 화장품에 가장 널리 사용되는 것으로는 메틸셀룰로오스(Methyl Cellulose), 에틸셀룰로오스(Ethyl Cellulose), 카복시메틸셀룰로오스(Carboxy Methyl Cellulose) 등을 들 수 있다.

이러한 셀룰로오스 유도체들은 비교적 안정성이 우수하여 사용이 용이하다는 장점이 있어 널리 사용되고 있다.

(3) 합성 점증제

종류는 여러 가지 있으나 이 중에서 적은 양으로 높은 점성을 얻을 수 있는 카복시비닐폴리머(Carboxy Vinyl Polymer)가 가장 널리 이용되는 점증제이다.

2) 필름 형성제

필름 형성제는 고분자의 필름 막을 화장품에 이용하기 위하여 사용되는 것으로, 제품의 종류에 따라 여러 가지 다른 형태의 필름 형성제가 이용될 수 있다.

이러한 필름 형성제 외에 점증제도 다량 사용하면 모두 필름을 형성하는 성질이 있으므로 필름 형성제로 사용이 가능하다. 일부 제품에서는 필름 형성제와 점증제를 혼합하여 이용하여 제품의 사용성과 필름의 성질을 바꾸는 목적으로도 쓴다.

특히 폴리비닐알코올(PolyVinyl Alcohol)은 폴리비닐아세테이트를 검화하여 제조하며 주로 필오프(Peel-off) 타입의 팩 제조에 사용된다.

[표 2-4] 피막제 고분자의 용도와 원료

피막제의 용해성	제품명	대표적 원료
물, 알코올 용해성	팩	폴리비닐알코올
	헤어 스프레이, 헤어 세팅젤	폴리비닐피롤리돈, 메타크릴레이트 공중합체
	샴푸, 린스	양이온성 셀룰로오스, 폴리염화디메틸메틸렌피페리듐
수계 에멀젼	아이라이너, 마스카라	폴리아크릴레이트 공중합체, 폴리비닐아세테이트
비 수용성	네일 에나멜	니트로셀룰로오스
	모발 코팅제	고분자 실리콘
	선오일, 액상 파운데이션	실리콘 레진

1.3.6 비타민

비타민은 영양학적인 관점에서 발견되어 이들의 기능과 결핍증에 관해서는 이미 많이 알려져 있다. 비타민은 크게 비타민 A, D, E, F 등과 같은 지용성 비타민으로 나누어지며, 이들은 생체 내에서 저장 및 분해 등의 대사 경로가 다르다. 특히 지용성 비타민인 경우, 과도한 섭취는 오히려 부작용을 초래한다는 보고도 있다.

비타민 A가 의약품으로써 레티노익산을 사용한 제품이 피부의 잔주름을 감소시키는 것이 임상학적으로 입증되고, 비타민 E(토코페롤)가 피부 노화 방지에 도움을 줄 수 있으며, 비타민 C(아스코빅애씨드)가 각질 박리 효과와 아울러 피부 세포의 증식 촉진 및 콜라겐 생합성에 도움을 줄 수 있다는 보고들이 제출되면서 화장품에서 비타민을 사용하려는 연구와 노력이 새롭게 이루어지고 있다.

1) 비타민 A(레티놀)

레티놀이라고도 하며, 지용성 비타민으로 영양학적으로 성장 촉진과 야맹증 등에 효과가 있다. 화장품에서는 피부 세포의 신진대사 촉진과 피부 저항력의 강화, 피지 분비의 억제 효과 등이 있는 것으로 알려져 있다. 즉, 화장품에서 피부 분화의 촉진,

자외선 등에 효과가 있는 것으로 알려지고 있으며, 대략 사용량은 1,000~5,000 IU/g 정도이다.

비타민 A는 극히 불안정한 물질로 변질되기 쉬우므로 과거에는 주로 레티닐팔미테이트의 유도체로 사용되었으나, 이 물질 역시 안정도가 나쁘며 피부에 효과가 적어서 최근에는 비타민 A 자체를 사용하려는 경향으로 바뀌고 있다. 비타민 A 자체도 보관 중 비타민 A의 활성은 점차 감소하는 것으로 알려져 있다.

2) 비타민 C

비타민 C는 수용성 비타민으로 영양학적으로 가장 널리 알려진 비타민이다. 결핍되면 신체 면역력이 떨어지고 괴혈병이 생기는 것으로 알려져 있다.

화장품에서도 강력한 항산화 작용과 콜라겐 생합성을 촉진하는 것으로 알려져 미백 제품 등에 널리 사용된다. 그러나 강력한 항산화 작용으로 자체는 쉽게 산화되는 단점이 있어 비타민 C 자체를 화장품에 사용하기는 극히 어렵다. 그러므로 이를 지용화한 아스코빌팔미테이트가 개발되어 사용되었고, 이후 아스코빌포스페이트 마그네슘염이라는 비교적 안정된 수용성 비타민 C 유도체가 합성되어 사용되었다.

최근에는 비타민 C에 글루코오스(포도당)가 결합된 형태가 개발되어 있다.

3) 비타민 E

수용성 비타민으로 가장 널리 이용되고 있는 것이 비타민 C라면, 지용성 비타민으로 가장 널리 이용되고 있는 것은 비타민 E일 것이다. 비타민 E가 결핍되면 임신을 못하는 것으로 알려져 있지만, 지용성 물질의 강한 항산화 효과 때문에 지질 물질의 과산화 생성 예방에 대하여 더 많은 관심을 가지고 있다.

화장품에서는 비타민 E의 불안정 때문에 주로 토코페릴아세테이트의 유도체 형태로 사용되고 있으며, 화장품에는 피부 유연 및 세포의 성장 촉진, 항산화 작용 등이 사용 목적이다.

1.3.7 색소(Coloring Material)

화장품에 사용되는 색소(Coloring Material)는 화장품에 배합되어 채색하기도 하고 피복력을 갖게 하거나 자외선을 방어하기도 한다. 주로 메이크업 화장품에 다량 배합되어 피부를 적당히 피복하거나 색체를 부여하여 건강하고 매력적인 용모를 만든다. 피부의 기미나 주근깨 등을 감추어 원하는 색상을 주고, 피지 등의 피부 분비물을 흡수해서 얼굴에 유분이 흐르는 것을 막아 주어 아름답게 보이게 한다.

화장품에 쓰이는 색소는 식약처 고시 「화장품의 색소 종류와 기준 및 시험 방법」(식약처 고시 제2014-105호. 2014년 3월 21일 개정)에 따른다.

색소로 쓰이는 염료, 레이크, 안료나 천연 색소는 유기 합성 색소, 무기 안료, 진주광택 안료, 고분자 안료, 천연 색소로 구분할 수 있다. 염료(Dyes)는 물이나 기름, 알코올 등에 용해되고, 화장품 기제 중에 용해 상태로 존재하며 색을 부여할 수 있는 물질을 뜻한다.

안료(Pigment)는 물이나 오일 등에 모두 녹지 않는 불용성 색소로, 무기 물질로 된 무기 안료(Inorganic Pigment)와 유기물로 된 유기 안료(Organic Pigment)로 구분할 수 있다. 염료는 물이나 오일에 녹기 때문에 메이크업 화장품에 거의 사용하지 않고 화장수, 로션, 샴푸 등의 착색에 사용된다.

[그림 2-2] 화장품용 색재의 분류

1) 유기 합성 색소

화장품에 쓰이는 유기 합성 색소는 염료, 레이크, 안료의 3종류가 있다. 염료는 물에 녹는 수용성 염료와 기름이나 알코올 등에 녹는 유용성 염료로 구분할 수 있다. 수용성 염료는 화장수, 로션, 샴푸 등의 착색에 사용되고, 유용성 염료는 헤어 오일 등 유성 화장품의 착색에 사용된다.

유기 안료는 물이나 기름 등의 용제에 용해되지 않는 유색 분말로 색상이 선명하고 화려하여 제품의 색조를 조정한다.

레이크(Lake)는 물에 녹기 쉬운 염료를 칼슘 등의 염이나 황산 알루미늄, 황산 지르코늄 등을 가해 물에 녹지 않도록 불용화시킨 것이다. 레이크 안료와 염료 레이크의 2가지 종류가 있으나 사용상 엄밀한 구분 없이 립스틱, 블러셔, 네일 에나멜 등에 안료와 함께 사용한다. 레이크를 안료와 구분하지 않고 안료라고 부르기도 한다.

유기 합성 색소(Organic Synthetic Coloring Agent)는 석탄의 콜타르에 함유된 벤젠, 톨루엔, 나프탈렌, 안트라센 등 여러 종류의 방향족 화합물을 원료로 하여 합성한 색소이므로 유기 합성 색소라고 명명한다. 그런데 원료가 콜타르에서 발단되었으므로 콜타르 색소(일명 타르 색소)라고 하는데, 화장품에는 과거부터 수많은 타르 색소(염료, 안료)가 사용되어 오고 있다. 또한, 화장품 사용의 안전을 위해 안전성이 확인된 품목만을 화장품에 사용할 수 있도록 허가하므로, 이를 법정 색소라고 한다.

미국의 경우 눈 주위에 사용되는 화장품에는 유기 합성 색소를 사용할 수 없다. 이는 일본이나 EU와는 크게 다른 것이다. 미국에서 판매되는 제품에는 FDA에서 허가받은 색소(Certified Color)를 이용해야 하는 규제가 있다. EU의 경우에는 일본이나 미국과 비교하여 허가된 색소의 수가 훨씬 많은데, 이와 같이 나라별로 허가되어 사용되는 색소가 다르다.

2) 무기 안료

무기 안료는 광물성 안료라고 한다. 예전에는 천연에서 생산되는 광물을 분쇄하여 안료로 사용해 왔다. 그러나 이들 물질은 불순물을 함유하거나 색상도 선명하지 못하고 품질도 안정되지 않아 현재는 합성한 무기 화합물을 주로 이용한다.

무기 안료는 색상의 화려함이나 선명도는 유기 안료에 비해 떨어지지만 빛이나 열에 강하고 유기 용매에 녹지 않으므로 화장품용 색소로 널리 사용된다. 립스틱과 같이 선명한 색상이 필요한 경우 유기 안료가 이용되고, 마스카라의 색소는 무기 안료가 주로 사용되고 있다. 무기 안료는 체질 안료, 착색 안료, 백색 안료 등으로 구분할 수 있다.

메이크업 화장품에서 안료는 유기 안료나 무기 착색 안료는 제품의 색소를 조정하고, 백색 안료는 색조 외에 피복력을 조정하기 위해 사용된다. 체질 안료나 그 밖의 분말은 안료의 희석제로 색조를 조정함과 함께 제품의 유연성, 부착성, 광택 또는 그 제품의 제형을 유지할 목적으로 사용된다.

[표 2-5] 무기 안료의 분야별 특징

구분	특징
백색 안료	이산화티타늄, 산화아연
착색 안료	황색산화철, 흑색산화철, 적색산화철, 군청
체질 안료	탤크, 카올린, 마이카, 탄산칼슘, 탄산마그네슘, 무수규산
진주 광택 안료	티타네이티드마이카, 옥시염화비스머스
특수 기능 안료	질화붕소, 포토크로믹 안료, 미립자 티타늄다이옥사이드

(1) 체질 안료(Extender pigment)

체질 안료는 착색이 목적이 아니라 제품의 적절한 제형을 갖추게 하기 위해 이용되는 안료이다.

제품의 양을 늘리거나 농도를 묽게 하기 위하여 다른 안료에 배합하고, 제품의 사용성, 퍼짐성, 부착성, 흡수력, 광택 등을 조성하는 데 사용되는 무채색의 안료이다.

체질 안료란 바탕이 되는 안료, 즉 베이스(Base)가 되는 안료라는 뜻으로 이해하면 된다. 즉 그림을 그리는 데 있어서 스케치북에 해당된다고 이해하면 된다. 마이카, 세리사이트, 탤크, 카올린 등의 점토 광물과 무수규산 등의 합성 무기 분체 등이 대표적인 체질 안료이다.

[표 2-6] 체질 안료의 특징

종류	내용
마이카(운모)	탄성이 풍부하기 때문에 사용감이 좋고 피부에 대한 부착성도 우수하다. 특히 뭉침 현상(Caking)을 일으키지 않고, 자연스러운 광택을 주기 때문에 파우더류 제품에 많이 사용된다. 백운모가 대표적이다.
탈크(활석)	매끄러운 감촉이 풍부하기 때문에 활석이라고도 한다. 매끄러운 사용감과 흡수력이 우수하여 베이비 파우더와 투웨이 케이크 등 메이크업 제품에 많이 사용된다.
카올린(고령토)	피부에 대한 부착성, 땀이나 피지의 흡수력이 우수하지만 매끄러운 느낌은 탤크에 비해 떨어진다.

(2) 착색 안료(Coloring Pigment)

유기 안료에 비해 색이 선명하지는 않지만 빛과 열에 강하여 색이 잘 변하지 않는 장점이 있어 메이크업 화장품에 많이 사용된다. 산화철이 대표적인데 적색, 황색, 흑색의 3가지 기본 색조가 있으며, 주로 3가지 색조를 혼합하여 사용한다.

(3) 백색 안료(White Pigment)

백색 안료는 피복력이 주된 목적이며, 티타늄다이옥사이드과 징크옥사이드가 있다. 티타늄다이옥사이드는 굴절률이 높고, 입자경이 작기 때문에 백색도, 은폐력, 착색력 등이 우수하고, 빛이나 열 및 내약품성도 뛰어나다.

(4) 진주 광택 안료(Pearlescent pigment)

진주와 비슷한 광택이나 금속성의 광택을 주는 안료를 뜻하는 것으로, 운모에 티타늄다이옥사이드를 코팅한 티타네이티드마이카가 개발되어 있고, 현재는 티타네이티드마이카 펄 외 다른 방법에 의한 펄도 합성되어 사용되고 있다.

1.3.8 기능성화장품 원료

기능성화장품은 피부의 미백에 도움을 주는 기능성 화장품, 피부의 주름 개선에 도움을 주는 기능성 화장품, 자외선으로부터 피부를 보호하는 데 도움을 주는 기능성 화장품 등으로 구성되어 있는데, 「기능성 화장품 기준 및 시험 방법」(식약처 고시)과 「기능성 화장품 심사에 관한 규정」(식약처 고시)에 원료와 그 시험 방법에 대한 규정이 상세히 기술되어 있다. 이러한 기능성 화장품 원료는 다른 원료와 달리 함량이 정해져 있으므로 정확히 원료를 파악하고 칭량해야 한다.

[그림 2-3] 기능성화장품 범위

1) 미백제

피부의 미백에 도움을 주는 제품을 말하며, 성분 및 함량은 [표 2-7]과 같다.

[표 2-7] 미백화장품 식약처 고시 원료

No.	성분명	함량
1	닥나무 추출물	2 %
2	알부틴	2 ~ 5 %
3	에칠아스코빌에텔	1 ~ 2 %
4	유용성 감초 추출물	0.05 %
5	아스코빌글루코사이드	2 %
6	마그네슘아스코빌포스페이트	3 %
7	나이아신아마이드	2 ~ 5 %
8	알파-비사보롤	0.5 %
9	아스코빌테트라이소팔미테이트	2 %

2) 자외선 차단제

피부를 곱게 태워 주거나 자외선으로부터 피부를 보호하는 데 도움을 주는 제품을 말하며, 성분 및 함량은 [표 2-8]과 같다.

[표 2-8] 자외선 차단제 식약처 고시 원료

No.	성분명	함량
1	드로메트리졸	0.5 % ~ 1 %
2	디갈로일트리올리에이트	0.5 % ~ 5 %
3	4-메칠벤질리덴캠퍼	0.5 % ~ 4 %
4	멘틸안트라닐레이트	0.5 % ~ 5 %
5	벤조페논-3	0.5 % ~ 5 %
6	벤조페논-4	0.5 % ~ 5 %
7	벤조페논-8	0.5 % ~ 3 %
8	부틸메톡시디벤조일메탄	0.5 % ~ 5 %
9	시녹세이트	0.5 % ~ 5 %
10	에칠헥실트리아존	0.5 % ~ 5 %
11	옥토크릴렌	0.5 % ~ 10 %
12	에칠헥실디메칠파바	0.5 % ~ 8 %
13	에칠헥실메톡시신나메이트	0.5 % ~ 7.5 %
14	에칠헥실살리실레이트	0.5 % ~ 5 %
15	페닐벤즈이미다졸설포닉애씨드	0.5 % ~ 4 %
16	호모살레이트	0.5 % ~ 10 %
17	징크옥사이드	25 %(자외선차단성분으로 최대 함량)
18	티타늄디옥사이드	25 %(자외선차단성분으로 최대 함량)
19	이소아밀p-메톡시신나메이트	~ 10 %
20	비스-에칠헥실옥시페놀메톡시페닐트리아진	~ 10 %
21	디소듐페닐디벤즈이미다졸테트라설포네이트	~ 10 %(산으로)
22	드로메트리졸트리실록산	~ 15 %
23	디에칠헥실부타미도트리아존	~ 10 %
24	폴리실리콘-15(디메치코디에칠벤잘말로네이트)	~ 10 %
25	메칠렌비스-벤조트리아졸릴테트라메칠부틸페놀	~ 10 %
26	테레프탈릴리덴디캠퍼설포닉애씨드 및 그 염류	~ 10 %(산으로)
27	디에칠아미노하이드록시벤조일헥실벤조에이트	~ 10 %

3) 주름 개선제

피부의 주름 개선에 도움을 주는 제품을 말하며, 성분 및 함량은 [표 2-9]와 같다.

[표 2-9] 주름개선화장품 식약처 고시 원료

No.	성분명	함량
1	레티놀	2,500 IU/g
2	레티닐팔미테이트	10,000 IU/g
3	아데노신	0.04 %
4	폴리에톡실레이티드레틴아마이드	0.05 ~ 0.2 %

4) 모발의 색상 변화

모발의 색상을 변화시키는데 도움을 주는 제품을 말하며, 화학적 작용으로 변화시키는 제품만이 해당된다. 이에 해당하는 식약처 고시성분은 [표 2-10]과 같다.

[표 2-10] 모발 색상 변화제 식약처 고시 원료

No	성분명	No	성분명
1	강암모니아수(Strong Ammonia Solution)	38	m-페닐렌디아민(m-Phenylenediamine)
2	과붕산나트륨일수화물(Sodium Perborate, Monohydrate)	39	N-페닐-p-페닐렌디아민(N-Phenyl-p-Phenylenediamine)
3	과붕산나트륨사수화물(Sodium Perborate tetrahydrate)	40	p-페닐렌디아민(p-Phenylenediamine)
4	과산화수소수 35%(Hydrogen Peroxide Solution 35 %)	41	페닐메칠피라졸론(Phenyl Methyl Pyrazolone)
5	과산화수소수 50%(Hydrogen Peroxide Solution 50 %)	42	피로갈롤(Pyrogallol)
6	과탄산나트륨(Sodium Percarbonate)	43	피크라민산(Picramic Acid)
7	과황산나트륨(Sodium Persulfate)	44	피크라민산나트륨(Sodium Picramate)
8	과황산암모늄(Ammonium Persulfate)	45	헤마테인(Hematein)
9	과황산칼륨(Potassium Persulfate)	46	헨나엽가루(Henna Leaf Powder)
10	α-나프톨(α-Naphthol)	47	황산 1-히드록시에칠-4,5-디아미노피라졸(1-Hydroxyethyl-4,5-Diaminopyrazole Sulfate)
11	니트로-p-페닐렌디아민(Nitro-p-Phenylenediamine)	48	황산 2-아미노-5-니트로페놀(2-Amino-5-nitrophenol Sulfate)
12	p-니트로-o-페닐렌디아민(p-Nitro-o-Phenylenediamine)	49	황산 5-아미노-o-크레솔(5-Amino-o-Cresol Sulfate)
13	2, 6-디아미노피리딘(2,6-Diaminopyridine)	50	황산 m-아미노페놀(m-Aminophenol Sulfate)

14	1,5-디히드록시나프탈렌(1,5-Dihydroxynaphthalene)	51	황산 o-아미노페놀(o-Aminophenol Sulfate)
15	레조시놀(Resorcinol)	52	황산 p-아미노페놀(p-Aminophenol Sulfate)
16	2-메칠레조시놀(2-Methylresorcinol)	53	황산 m-페닐렌디아민(m-Pheylenediamine sulfate)
17	2-메칠-5-히드록시에칠아미노페놀 (2-Methyl-5-Hydroxyethylaminophenol)	54	황산 N,N-비스(2-히드록시에칠)-p-페닐렌디아민 (N,N-Bis(2-hydroxyethyl)-p-phenylenediamine Sulfate)
18	모노에탄올아민(Monoethanolamine)	55	황산 o-클로로-p-페닐렌디아민(o-Chloro-p-pheylenediamine Sulfate)
19	몰식자산(Gallic Acid)	56	황산 p-니트로-o-페닐렌디아민(p-Nitro-o-Phenylenediamine Sulfate)
20	수산화나트륨(Sodium Hydroxide)	57	황산 p-메칠아미노페놀(p-Methylaminophenol Sulfate)
21	스테아트리모늄염화물(Steartrimonium Chloride)	58	황산 p-페닐렌디아민(p-Phenylenediamine Sulfate)
22	2-아미노-4-니트로페놀(2-Amino-4-nitrophenol)	59	황산철수화물(Ferrous Sulfate Hydrate)
23	2-아미노-5-니트로페놀(2-Amino-5-nitrophenol)	60	황산 톨루엔-2, 5-디아민(Toluene-2,5-diamine Sulfate)
24	2-아미노-3-히드록시피리딘(2-Amino-3-hydroxypyridine)	61	히드록시벤조모르포린(Hydroxybenzomorpholine)
25	5-아미노-o-크레솔(5-Amino-o-Cresol)	62	N-(2-히드록시에칠)-2-니트로-p-페닐렌디아민 N-(2-hydroxyethyl)-2-nitro-p-phenylenediamine
26	m-아미노페놀(m-Aminophenol)	63	6-히드록시인돌(6-Hydroxyindole)
27	o-아미노페놀	64	과황산나트륨 · 과황산암모늄 · 과황산칼륨 분말 Sodium Persulfate and Ammonium Persulfate and Potassium Persulfate Powder
28	p-아미노페놀	65	과황산암모늄 분말 Ammonium Persulfate powder
29	염산 2,4-디아미노페녹시에탄올	66	과황산암모늄 · 과황산나트륨 분말 Ammonium Persulfate and Sodium Persulfate Powder
30	염산 2,4-디아미노페놀(2,4-Diaminophenol Hydrochloride)	67	과황산암모늄 · 과황산칼륨 분말 Ammonium Persulfate and Potassium Persulfate Powder
31	염산 m-페닐렌디아민(1,3-Benzenediamine Hydrochloride)	68	p-페닐렌디아민 · 과붕산나트륨사수화물 분말 p-Phenylenediamine and Sodium Perborate Tetrahydrate Powder
32	염산 p-페닐렌디아민(p-Phenylenediamine Hydrochloride)	69	황산p-페닐렌디아민 · 황산m-페닐렌디아민 · 황산m-아미노페놀 · 황산o-아미노페놀 · 과붕산나트륨일수화물분말 Compound p-Phenylenediamine Sulfate, m-Phenylenediamine Sulfate, m-Aminophenol Sulfate, o-Aminophenol Sulfate and Sodium Perborate Monohydrate Powder
33	염산 톨루엔-2,5-디아민(Toluene-2, 5-diamine Hydrochloride)	70	2제형 산화 염모제
34	염산 히드록시프로필비스(N-히드록시에칠-p-페닐렌디아민)	71	2제형 산화 염모제의 제1제
35	인디고페라엽가루(Powdered Indigofera Tinctoria Leaf)	72	산화염모제, 탈색 · 탈염제의 산화제
36	카테콜(Catechol)	73	1제형 탈색제
37	톨루엔-2, 5-디아민(Toluene-2,5-diamine)	74	2제형 탈색제

5) 체모 제거제

체모를 제거하는 데 도움을 주는 제품을 말하며, 화학적 작용으로 변화시키는 제품만이 해당된다. 이에 해당하는 고시성분은 [표 2-11]와 같다.

[표 2-11] 체모 제거제 식약처 고시 원료

No.	성분명
1	치오글리콜산 80 % Thioglycolic Acid 80 %
2	치오글리콜산 80% 크림제 Thioglycolic Acid 80% Cream

6) 여드름 피부 완화제

여드름을 완화하는 데 도움을 주는 제품을 말하며, 씻어내는 제품에만 해당이 된다. 이에 해당하는 성분은 살리실릭애씨드(Salicylic acid)이다.

7) 탈모 증상 완화제

탈모 증상의 완화에 도움을 주는 제품을 말하며 이에 해당하는 성분은 [표 2-12]과 같다.

[표 2-12] 탈모 증상 완화제 식약처 고시 원료

No.	성분명
1	덱스판테놀(Dexpanthenol)
2	비오틴(Biotin)
3	엘-멘톨(l-Menthol)
4	징크피리치온(Zinc Pyrithione)
5	징크피리치온액(50 %) Zinc Pyrithione Solution(50 %)

TIP 원료 코드 기재 방법

화장품의 원료는 종류가 다양하여 원료 관리를 원활하게 하고자 화장품 원료에 코드를 부여하여 관리하고 있다. 회사마다 코드 방법은 다르지만 일반적인 방법은 다음과 같다. 예를 들면 CO-12345의 형식으로 만든다. 여기서 CO는 회사 이름을, 맨 앞자리 1은 화장품 원료의 종류로 1은 미용 성분, 2는 색소 분체 파우더, 3은 액제/오일 성분, 4는 향, 5는 보존제, 6은 점증제(폴리머), 7은 기능성화장품 원료, 8은 계면활성제, BS BASE 원료로 회사 자체적으로 혼합하여 만든 원료들, BS99999는 물(정제수)이며, 다음 자리 2345는 원료가 들어온 순으로 계속하여 순번을 매기면 된다.

2

화 · 장 · 품 · 제 · 조 · 및 · 품 · 질 · 관 · 리

화장품의 기능과 품질

2.1 화장품의 효과

2.1.1 기초화장품 원료의 효과

1) 세안용 화장품(세안제)

세안용 화장품은 주로 얼굴의 피부표면에 부착되어 있는 피지나 그 산화물, 각질층의 파편, 땀에 의한 더러움과 같은 피부 생리 대사물이나 공기 중의 먼지, 미생물, 피부에 남은 화장품 잔여물 등의 제거를 목적으로 하는 것이다.

화장을 하지 않은 피부라도 일광(자외선)에 의하여 피지(특히 스쿠알렌)가 산화되어 과산화지질이 발생하고, 이것을 방치하게 되면 피부에 이상을 초래하는 것으로 알려져 있으므로 반드시 그날 중에 세안하여야 한다. 세안은 피부를 아름답게 유지하기 위해서도 중요하다.

최근에는 워터프루프 타입의 파운데이션이나 마스카라 등을 쉽게 지우고자 하는 요구에 의해 메이크업 세안용의 화장품이 개발되었으며, 세정력의 차이에 따라서 세안제는 계면활성형 세안제와 용제형 세안제(메이크업 클렌징)의 2타입으로 분류된다. 세안용 화장품의 세정력(더러움을 씻어내는 힘)도 제품에 따라 다르므로 피부 상태나 사용 목적을 고려하여 자신의 피부에 맞는 제품을 선택하는 것이 중요하다.

(1) 계면활성제형 세안제

계면활성제형 세안제는 계면활성제를 비교적 많이 배합한 것으로 사용 시에 물을 가해 거품을 내서 사용하는 타입이며 이들 제품에 대해 설명하도록 하겠다.

① 세안용 비누(화장비누)

비누는 유지를 검화(비누화)하여 만들어지는 지방산나트륨 등으로 만들어지며 오래 전부터 세안에 이용되어 왔다. 비눗물은 염기성이기 때문에 세안 후 피부가 뻣뻣해 지거나 피부가 알칼리에 약하여 사용을 피하는 사람들도 있으나, 씻어낸 후의 산뜻한 감촉으로 사랑받고 있다.

② 세안용 크림, 세안용 폼

세안용 크림은 지방산 비누나 그 밖의 계면활성제(트리에탄올아민형 계면활성제, 아실글루탐산나트륨, 비이온성 POE 글리세롤지방산에스테르, 양이온성 세정제 등)를 목적에 알맞게 선택한 후 유연제(유분), 보습제, 정제수 등을 배합한 것으로써, 사용 시에 물을 가하여 손바닥에서 거품을 내거나 세안용 폼을 그대로 사용한다. 사용 후에 비누 사용 시와 같은 당김이 없으며 산뜻하게 씻긴다. 타입으로서는 거품 타입과 크림 타입이 대표적이나 로션, 스킨 타입도 있다. 또한, 스크럽제를 배합하여 세정력을 높인 제품도 있다.

(2) 용제형 세안제(메이크업 클렌징)

세안용 크림으로는 워터프루프 타입의 파운데이션, 유성의 마스카라 등은 잘 지워지지 않는다. 그래서 용제형의 세안제를 사용하여 피부상의 제품이나 더러움을 세안제 속의 유성 성분에 용해 혹은 분산시켜 닦아내거나 씻어냄으로써 제거하는 것이다. 필요에 따라서는 이중 세안이라고 하여 세안용 폼으로 한 번 더 세안하는 경우도 있다. 아래에 이들 제품에 대하여 나타내었다.

① 클렌징크림

이 타입에는 비유화 타입과 유화 타입이 있다. 전자는 유성 성분(주로 유동파라핀, 바셀린, 고형파라핀)으로 구성되며 유성의 메이크업이나 무대용 메이크업(도란)을 지우는 데에 적합하다. 이러한 제품은 리퀴파이닝크림이라고도 불린다.

후자의 유화 타입의 것으로는 수중유형(O/W형)과 유중수형(W/O형)이 있는데, 사용감이 촉촉하고 물로 씻을 수 있는 수중유형이 주로 사용된다.

② 클렌징젤

비이온성 계면활성제와 다가알코올을 이용한 액정기제에 다량의 유분을 첨가한 것으로서 유성의 더러움을 재빠르게 용해시킬 뿐 아니라 물로 씻어내는 것만으로도 메이크업 화장품을 피부에서 쉽게 제거할 수 있다. 클렌징젤은 메이크업 리무버의 주류를 이루고 있다.

③ 클렌징오일

클렌징오일은 미네랄오일과 같은 유성기제에 그것을 유화시켜 씻어내기 위하여 안전성 및 유화력이 높은 비이온성 계면활성제가 배합된다. 현재 겔 타입을 대체하는 오일 타입이 증가하고 있다. 그 이유로 마스카라의 사용률의 증가를 들 수 있으며 이 때문에 세정력이 충분한 오일 타입이 선택되고 있다.

이 타입은 사용 시 물을 혼입하여 유화시키는데 세정력 저하로 인하여 젖은 손으로는 사용이 불가능하지만 기름 속으로 물을 다량으로 가용화함으로써 물이 혼입되어도 세정력이 저하되지 않는 클렌징오일이 개발되고 있다.

이 때문에 비이온성 계면활성제로는 높은 수가용화능 발현을 위하여 HLB 밸런스 조정과 OH기와 같은 소유성(疎油性)이 높은 수산기를 갖는 활성제의 조합(라우린산 PEG-12, 2쌍 올레인산모노글리세라이드)가 사용된다.

④ 클렌징밀크, 클렌징워터

로션, 스킨 타입의 클렌징에는 수중유형이 많다. 크림에 비하여 세정력이 약간 떨어지지만 피부에 순하다. 스킨 타입에는 마이크로에멀션을 이용한 것도 있다.

2) 스킨(화장수)

피부를 청결하게 하고 수분과 보습 성분을 보급하여 피부를 건강하게 유지시키는 기초화장품이다. 대부분 투명한 수용액이며 가용화법으로 만들어진다. 그 밖에도 마이크로에멀션법으로 만들어지는 반투명한 것이나 분말이 들어 있는 스킨도 있다. 화장수의 타입에 대해서 정리하자면 아래와 같다.

① 유연화장수(소프트닝 로션)

각질층에 수분, 보습 성분을 공급하여 피부를 유연하고 윤기가 있으며 부드럽고 촉촉하게 만들어주는 스킨이다.

과거에는 유연성을 부여하기 위하여 약알칼리성으로 만들었으나 최근에는 피부의 pH에 가까운 약산성 타입의 스킨이 많으며 보습제로 글리세린, 트레할로스, 아미노산계의 성분이 사용되고 있다. 처방으로서 가용화계가 주를 이루나 마이크로에멀션법을 이용하여 소량의 유분을 고압으로 유화함으로써 피부를 더욱 촉촉하게 하는 타입의 반투명 스킨도 탄생하였다.

② 수렴 화장수(아스트린젠트 로션, 토닝 로션)

각질층에 수분, 보습 성분을 공급할 뿐 아니라 피부에 긴장감을 주어 과도한 피지나 발한을 억제하고 피부를 정상적으로 유지하기 위한 스킨으로서 사용 감촉도 산뜻하여 지용성 피부나 여름철용으로서도 적합하다. 피부에 긴장감을 부여하는 성분(수렴제)로서 구연산이나 술포석탄산염 등이 이용된다. 여름철용이나 T존(이마나 코 주변)용으로서는 에탄올의 배합량을 많게 함으로써 보다 산뜻한 사용 감촉을 지닌 것이 많다.

③ 세정용 화장수(닦아내는 화장수)

클렌징크림 등으로 화장을 지우고 티슈페이퍼로 닦아낸 후에 피부에 남아 있는 유분을 닦아내는 스킨으로서 가벼운 화장을 지울 때에도 이용된다. 세정 효과를 높이기 위하여 비이온성 계면활성제와 에탄올을 배합하며 사용 촉감도 산뜻한 것이 많고 프레시너라고도 불린다.

④ 2층(또는 다층)식 화장수

수층과 분말층, 수층과 유층 등 2층으로 구성된 스킨이 많으며 그 이상의 층으로 이루어진 것도 있다. 이들 스킨은 흔들어서 사용하며 각 층에 함유된 성분의 효과를 피부에 부여하도록 처방되어 있다.

수층과 분말층의 스킨는 카밍로션(카라민로션이라고도 한다)이라고도 불리며 일광화상을 입은 피부의 화끈거림을 진정시키기 위하여 산화아연, 장뇌 등이 함유되어 있어서 여름철에 이용되는 경우가 많다.

⑤ 무알코올 화장수

스킨에는 사용 감촉을 산뜻하게 하거나 향료 등을 가용화하기 쉽게 하기 위하여 에탄올이 배합되는데 피부가 알코올에 약한 사람도 있어서 알코올을 배합하지 않은 스킨도 있으며 이 타입을 넌알코올 화장수라고 한다.

3) 크림

크림은 스킨과 함께 오래전부터 범용되어 온 기초화장품으로서 피부에 수분과 유분을 공급하여 보습 효과나 유연 효과를 부여한다.

피부표면에는 피지선에서 나온 피지가 있으며 각질층 속에는 세포간지질과 천연보습인자가 존재하는데 이들과 수분은 피부의 보습을 지키는 중요한 역할을 한다. 그러나 연령이나 계절, 스트레스, 체질 등에 따라서 피지나 지질, 천연보습인자의 양이 감소하여 보습의 균형이 무너지고 각질층의 방벽 기능이 저하되면 피부가 거칠어진다는 것이 알려져 있으므로 이러한 성분들을 보충해 주어야 한다.

따라서 피지, 지질, 천연보습인자와 유사한 유성 원료나 보습제를 선택하여야 하며, 이들을 이용한 유화기제(크림)로 방벽기능이 저하된 피부가 개선된다는 것이 실증되었다.

스킨을 사용하고 잠시 둔 후 크림을 사용함으로써 피부의 개폐 효과를 통해 수분의 증산을 방지하고 피부 보습을 촉진할 수 있다.

크림은 물과 기름 성분처럼 서로 섞이지 않는 두 개의 상을 안정된 상태로 분산시킨 에멀션으로서 각종 유화법을 통하여 만들어진다. 크림은 약제 등을 효과적으로 피부에 공급 가능한 기제이다. 각각 제품의 특징을 아래에 나타내었다.

① 비유성 크림(넌오일 크림)

유분을 전혀 사용하지 않으며 수용성 폴리머(셀룰로오스유도체, 폴리아크릴산유도체 등)와 물을 주성분으로 하는 크림. 사용 감촉이 매우 산뜻하며 물에 녹는 약제의 사용이 가능하다.

② 약유성 크림

유분이 적어서 사용감이 산뜻한 크림이 많다. 대표적인 것으로서는 배니싱크림이 있으며 이것을 피부에 도포하여 문지르면 크림이 사라지는(vanish) 것처럼 보이기 때문에 이러한 이름이 붙여졌다.

스테알린산과 수산화칼륨을 배합한 스테알린산칼륨을 유화제로 하여 유화시키면 크림의 pH는 약알칼리성이 된다. 현재에는 크림의 pH를 중성에 가깝게 하기 위하여 비이온성 계면활성제를 중심으로 소량의 비누를 병용함으로써 사용감을 산뜻하게 한다. 배니싱크림은 남성이 면도 후에 바르는 크림으로서도 이용되고 있다.

③ O/W형 중유성 크림(유연 크림)

유연 크림이라고 지칭하는 것의 대부분의 타입이 여기에 속하며 영양크림, 나이트크림, 수분크림이 여기에 해당된다. 유성과 약유성 사이로 중유성이라는 이름이 붙여졌다. 사용감이 적당히 산뜻하며 지용성, 수용성 약제의 배합이 가능하여서 이 타입을 통해 보다 폭넓은 용도의 크림을 만들 수 있게 되었다.

④ W/O형 중유성 크림(콜드크림, 마사지크림 등)

콜드크림이 대표적이라고 할 수 있다. 콜드크림은 피부에 도포하였을 때에 차가운 느낌을 주기 때문에 이러한 이름이 붙여졌다.

예전에는 비즈왁스(밀랍) 속의 유리지방산(세로트산 등)과 붕사로 비누를 만든 다음 여기에 유화제와 유동파라핀을 섞어서 크림을 만들었다. 이 유분이 많은 크림은 끈적임, 유분기 때문에 사용 감촉으로는 사랑받지 못하였다. 현재에는 새로운 유화법(아미노산 겔 유화법이나 유기변성 점토광물 겔 유화법)에 의해서도 W/O형이지만 사용감이 비교적 산뜻한 크림이 제조되고 있다.

⑤ O/W형 유성 크림(마사지크림)

마사지를 할 때 사용되는 크림으로서 피부의 혈액순환을 좋게 하고 신진대사를 활발하게 하여 피부 전체의 기능을 향상시키는 작용을 한다.

예전에는 비누계의 콜드크림이 이용되었으나 잘 펴발라지지 않고 사용감도 나쁘기 때문에 현재에는 잘 발리고 사용감도 깔끔한 O/W형 크림이 이용되고 있다.

- O/W/O형, W/O/W형 멀티플 크림

  1단계 유화법이나 2단계 유화법으로 만들어지는 멀티플 크림은 O/W, W/O형 크림과는 사용감이 다르며, 산뜻하고도 촉촉한 W/O/W형 크림도 개발되었다. 이 기술을 이용하여 약제의 안정성이나 향료의 서방 효과(내용 성분이 서서히 방출되어 지속적으로 효과가 발생)를 갖는 크림도 만들 수 있다.

- 기타 크림(마이크로캡슐 내장 크림)

  크림 속에 작은 마이크로캡슐을 혼합한 것이다. 그 한 예로는 향료를 마이크로캡슐에 넣은 다음 크림에 혼합하여서 사용 시에 마이크로캡슐을 손바닥 위에서 파괴하여 사용하는 타입의 크림이 있다. 일반적인 크림에 비하여 신선한 향을 사용 시마다 즐길 수 있다. 향료 이외에도 약제를 마이크로캡슐에 감싸 안정화시켜 이용할 수도 있다.

4) 로션

로션은 스킨과 크림의 중간적인 성질을 갖는 것으로서 구성 성분은 크림과 유사한 것이 많지만 고형 유분이나 왁스류의 사용 비율이 크림에 비해 매우 적으며 유동성이 있는 에멀션이다. 타입에는 크림과 마찬가지로 O/W형과 W/O형의 로션이 있으며 사용감이 산뜻한 O/W형이 대부분을 차지한다.

피부에 대한 로션의 기능, 효과는 크림과 같지만 크림보다 잘 발라지고 잘 스며드는 O/W형은 사용감이 더욱 산뜻하므로 지성피부나 여름철용의 로션으로서 적합하다. 또한, 세정 · 메이크업 리무버, 미백화장품, 자외선 차단 화장품의 기제로서 로션이 사용된다.

5) 겔

수성겔과 유성겔로 분류되며 전자는 수분을 다량 함유하기 때문에 피부에 수분을 공급하여 보습 효과나 청량 효과를 주는 제품의 기제로서 이용된다. 또한, 사용감도 촉촉하고 산뜻하며 청량감도 있으므로 여름철용이나 지성피부용 제품으로 이용된다. 후자는 유분을 다량 함유하므로 피부에 유분을 공급하여 피부의 건조를 방지하는 제품의 기제로서 또 메이크업 리무버의 기제로서 이용된다.

6) 에센스(미용액)

에센스는 스킨과 달리 점성이 있으며 보습 기능과 더불어 유연 기능도 지니므로 피부가 거칠어지는 것을 방지하고 피부를 건강하게 유지한다. 이와 같은 기능 외에도 기미, 주근깨를 방지하기 위한 미백 효과, 자외선으로부터 피부를 지키는 자외선 차단 효과, 그리고 나이가 들면서 발생하는 잔주름 개선 등 다양한 효과, 기능을 겸비한 에센스가 있다.

① 보습 에센스(메이크업 베이스용 에센스)

일반적인 스킨에 비해 보습제의 배합량을 많게 하여 보습 효과를 높인 투명 또는 반투명 액상 타입의 에센스이며 증점제를 첨가하여 겔 상태으로 만든 타입도 있다. 최근에는 히알루론산이나 콜라겐을 배합한 에센스도 많아지고 있다.

② 일광화상으로 인한 기미, 주근깨 방지용 에센스

미백제를 배합하여 일광화상으로 인한 기미, 주근깨를 예방하는 에센스이다.

③ 자외선 차단용 에센스

자외선 차단제나 항산화제를 배합하여 일광화상으로부터 피부를 지키는 에센스이다.

7) 팩

피부에 대한 팩의 효과로는 다음의 3가지를 들 수 있다.

(1) 제품이 지닌 보습, 유연 효과와 더불어 얼굴이나 피부 위에서 팩의 폐쇄 효과를 통해 수분 증발을 막고 보습을 촉진한다.(Occlusion 효과)

(2) 팩 속의 분말을 통하여 흡착작용을 하거나 건조시킨 후 팩을 떼어낼 때 피부표면의 오래된 각질층이나 더러움을 제거하여 피부를 청정하게 한다.

(3) 팩이 건조되는 과정에서는 피부에 긴장감을 부여함으로써 떼어낸 후에 피부의 혈액순환을 좋게 한다.

① 닦아내거나 씻어내는 타입(워시 타입) (1), (2)의 효과

피부에 도포하고 약 30분간 방치한 후 닦아내거나 씻어내는 타입의 팩이다. 이러한 타입에는 피막 형성 성분은 배합되어 있지 않은 것이 많고 피부에 긴장감을 부여하는 효과는 없으나 폐쇄 효과를 통하여 수분의 증발을 막아서 보습을 촉진하고 피부의 혈액순환을 좋게 하는 작용을 한다.

이러한 타입에는 거품 타입, 클레이 타입(진흙팩), 겔 타입 등이 있다.

② 떼어내는 타입(필오프 타입) (1), (2), (3)의 효과

피부에 도포하여 건조시킨 후 피막을 떼어내는 타입의 팩으로 그의 대부분은 투명한 젤리 상태이지만 분체 성분을 배합한 불투명 타입도 있다. 피지 등의 흡착 효과가 있어서 지성피부용으로도 사용된다.

③ 석고팩(고화 후 떼어내는 타입) (1), (2), (3)의 효과

구운 석고를 주성분으로 하는 분말상의 제품으로서 사용 시에 물에 녹여서 페이스트상으로 만든 다음 얼굴에 도포하고 얼굴 위에서 굳힌 후 박리한다.

④ 붙이는 타입 주로 (1)의 효과

부직포에 겔이나 스킨 등을 흡수시킨 타입으로서 휴대가 편리하며 사용도 간단하다.

8) 미백화장품

크게 나누어서 자외선으로 인한 멜라닌 색소 생성 억제, 멜라닌 색소의 환원, 멜라닌 색소의 배출을 촉진시키는 작용을 하는 화장품으로서 기미, 주근깨의 발생을 방지하는 효과가 있는 화장품을 미백화장품이라고 한다. 또한, 이와 같은 효과가 있는 성

분을 미백제라고 한다. 이하에 대표적인 미백제를 열거하였다.

① 멜라닌 생성을 억제하는 것

비타민 C와 그 유도체, 알부틴, 엘라그산, 루시놀, 글루타티온, 캐모마일 추출물, t-AMCHA(트라넥섬산) 등

② 멜라닌을 환원시키는 것

비타민 C와 그 유도체

③ 멜라닌 배출을 촉진하는 것

비타민 C와 그 유도체, 유황, 젖산, 글리콜산, 리놀산 등 미백화장품에는 미백스킨, 에센스, 크림, 로션, 팩 등이 있으며 목적에 따라 상기의 미백 성분이 배합된다.

9) 자외선 차단 화장품(UV케어 화장품)

인체(특히 피부)에 나쁜 영향을 주는 태양광선 속의 자외선(UVB, UVA)으로부터 피부를 지키는 화장품이다. 자외선 차단 화장품은 선스크린 화장품과 선탠 화장품으로 나뉜다.

아래에 사용 목적별로 제품과 그 특징을 나타내었다.

① 선스크린 화장품

자외선 흡수제와 자외선 산란제를 조합하여 태양광선 속의 UVB, UVA의 두 영역을 방지하는 효과를 나타내는 화장품이다. 제품의 타입으로서는 로션, 크림, 에센스, 거품 타입에 더하여 메이크업 화장품인 파운데이션에 자외선 차단제를 배합한 것이 이용되고 있다. 자외선 차단의 지표로서는 UVB를 차단하는 정도를 나타내는 수치인 SPF값과 UVA에 대한 차단 효과를 나타내는 PA 분류가 표시되고 있다.

사용 도중 땀이나 물, 피지로 인하여 선블럭 화장품이 피부에서 지워지지 않는 것이 중요하며 이를 위해 내수성이나 내유성이 있는 기제가 이용된다. 사용 감촉이 나빠지지 않도록 주의를 기울여야 하며 저점도의 실리콘 오일이나 수지 등이 배합된다.

최근에는 피부 항산화제를 배합한 제품도 있다.

② 선탠 화장품

선탠 화장품은 UVB로 인한 홍반이나 수포 등을 방지하여 균일하고 아름다운 색으로 태닝할 수 있게 하는 화장품이다.

제품의 형태로서는 오일 상태가 일반적이나 여름 해변에서 사용하는 경우가 많으므로 끈적이지 않고 모래가 피부에 달라붙지 않도록 깔끔한 저점도의 실리콘 오일이 사용되는 경우가 많다. 오일 타입 외에도 유화 타입, 겔 타입, 스킨 타입 역시 제품화 되었다. 최근에는 피부 항산화제를 배합한 제품도 있다.

이 밖에 다른 자외선 관련 제품으로는 다음과 같은 것이 있다.

10) 선케어 관련 제품

① 셀프태닝 제품

유해한 자외선을 조사하지 않고 피부를 갈색으로 만드는 화장품이다. 외용으로 피부를 갈색으로 하는 약제로는 디하이드록시아세톤(DHA)이 있으며 이것은 피부케라틴의 아미노산이나 아미노그룹과 반응하여 갈색의 화합물을 생성한다.

수상측에 DHA를 5% 첨가하여 O/W형의 크림으로 만든 것이 이용된다.

② 애프터선 화장품

자외선을 받은 피부를 관리하기 위해 사용하는 화장품이다. 일광화상을 입은 피부의 화끈거림을 진정시키기 위해서 산화아연이나 항염증제를 배합한 카밍로션이나 수성의 겔이 사용된다. 이밖에 미백화장품으로 사용된다.

11) 여드름 완화 화장품

여드름을 예방하거나 악화되는 것을 방지하기 위한 화장품이나 의약외품이다. 기능성 화장품에 포함되는 여드름 억제 화장품으로는 세정제만 가능하다.

여드름 방지 화장품은 모공을 막는 과도한 피지를 제거하는 피지분비 억제제, 모공을 막고 있는 각주를 제거하는 각질층 박리용해제, 여드름을 자극하여 악화시키는 여드름 갈균 등의 증식을 막는 살균제, 여드름의 염증을 막는 항염증제가 여드름 방지 화장품에 배합된다.

각각의 대표적인 성분은 다음과 같다.

① 피지 분비 억제제: 비타민 B6
② 각질층 박리 용해제: 유황, 글리콜산, 살리실산 등
③ 살균제: 염화벤젤코니움 등
④ 항염증제: 알란토인, 글리실리신산류

여드름 방지 화장품의 종류는 세안제(여드름용 약용 비누, 세안용 폼), 팩(클레이팩), 스킨, 크림, 로션 외에도 파운데이션, 가루분 등 품종이 다양하다.

2.1.2 메이크업화장품 원료의 효과

메이크업화장품은 베이스 메이크업과 포인트 메이크업으로 분류되며 그 기능과 종류는 다음과 같다.

1) 베이스 메이크업

[표 2-13] 베이스 메이크업 화장품의 종류

베이스 메이크업	
피부를 외부의 자극으로부터 보호하며 피부의 색이나 질감을 바꾸고 얼굴에 입체감을 부여하며 피부의 결점을 커버함으로써 얼굴을 아름답게 만드는 화장품	
베이스 메이크업 화장품의 종류	① 가루분, 고형분 ② 메이크업 베이스 (프라이머, 언더 메이크업, 컨트롤 컬러) ③ 파운데이션

(1) 가루분, 고형분

분은 화장 후 피부의 질감을 변화시키며 시간이 지나서 땀이나 피지로 인해 발생하

는 광택(번들거림)을 억제하여 화장이 번지는 것을 막고 화장을 오래 지속시키는 효과가 있으며 결이 고운 자연스러운 피부색으로 완성하는 화장품이다.

화장이 번지고 뭉치거나 피부가 칙칙해졌을 때에 수정을 하기 위해서도 사용된다. 분에는 분체를 주체로 한 가루분(루스파우더, 페이스파우더)과 이에 수량의 유분을 결합제로 사용하여 압축 성형으로 고형화함으로써 휴대가 간편하여 외출지에서도 수정 화장에 사용할 수 있는 고형분(프레스드파우더, 컴팩트파우더)이 있다.

이 밖에도 지백분이나 수백분, 연백분도 있다.

(2) 메이크업 베이스(언더 메이크업, 프라이머, 컨트롤 컬러)

메이크업 베이스는 언더 메이크업, 프라이머라고도 하며 파운데이션 아래에 사용함으로써 파운데이션의 발림이나 부착, 화장 지속을 좋게 하는 메이크업 화장품이다. 또한, 보색 효과로 붉은 얼굴을 감추기 위하여 녹색의 메이크업 베이스나 얼굴을 하얗게 하는 노란색의 메이크업 베이스도 있으며 이들을 컨트롤 컬러라고 한다.

(3) 파운데이션

파운데이션은 피부색을 원하는 색으로 바꾸어주며 광택, 투명감과 같은 질감 수정, 기미나 주근깨, 주름 커버, 피부의 요철 등의 보정, 자외선과 같은 외부 자극으로부터의 보호, 보습, 트리트먼트 등 많은 기능을 겸비한 메이크업 화장품이다. 파운데이션은 형태, 사용 특성에 따라서 케이크, 양용, 유성 타입 등 다양한 타입으로 나뉜다.

2) 포인트 메이크업

[표 2-14] 포인트 메이크업의 종류

포인트 메이크업	
눈 주위, 입술 또는 손톱에 색을 입히고 질감을 바꾸어 아름답고 매력적으로 만드는 화장품	
눈가의 메이크업	① 아이라이너 ② 아이섀도 ③ 마스카라 ④ 아이브로우 (눈썹연필)

입술, 볼의 메이크업	① 립컬러, 립스틱 등 ② 볼연지
손발톱의 메이크업	① 네일 에나멜 (네일 컬러) ② 네일 관련 제품

(1) 입술연지(립컬러, 립스틱)

입술은 피부와는 달리 각질이 극히 얇고 피지선도 거의 없으며 천연 보습인자(NMF: Natural Moisturizing Factors)도 적은 부위이다. 따라서 입술의 수분량은 적으며 수분 증산 속도는 빨라서 매우 쉽게 거칠어지는 부위이다. 또한, 멜라닌의 양도 적어서 자외선의 영향을 받기 쉽다.

입술에 아름답고 매력적인 색을 입히고 외부 자극으로부터 입술을 보호하며 입술이 거칠어지는 것을 방지하는 메이크업 화장품이 입술연지이다. 예전에는 홍화에서 추출한 색소 등이 사용되었으나 일본 내에서 처음으로 스틱 타입의 입술연지가 개발된 것은 1917년이며, 핑크계열의 입술연지 발매는 1958년이었다.

입술연지는 스틱 타입이 많으나 이 밖에 팔레트식의 것, 입술의 윤곽을 그리는 립펜슬이나 액상이나 크림 타입으로 입술을 적셔서 윤기와 광택을 부여하는 립글로즈, 그리고 거칠어짐 방지용 립크림이 있다.

① 스틱 타입 입술연지

일반적으로 입술연지(립컬러)라고 하는 것은 유성으로서 유기 허가안료, 백색안료와 허가 염료가 배합된 스틱상의 제품으로서 사용하는 타입이다.

② 투톤 립스틱(투톤 입술연지)

입술연지의 외관색이 오렌지색이고 입술에 도포하면 핑크색으로 변화하는 스틱타입의 립스틱으로서 투톤 입술연지라고 불리며, 색이 변하기 때문에 변색 입술연지라고도 한다.

③ 립펜슬(립라이너)

입술의 윤곽을 그릴 목적으로 사용하며 입술연지가 입술라인으로 번지는 것을 방지하거나 입술연지와의 색조 균형을 잡기 위하여 사용한다.

심은 고형 유성원료와 색재로 이루어지며 심을 나무로 보호한 연필 타입과 수지축 타입이 있다. 수지축 타입은 립펜슬의 효과와 립스틱으로도 사용 가능하다.

④ 립크림(립포마드)

액상유분과 고형유분을 융해시켜 서칠어짐을 방지하거나 드리드먼드 효과 주는 약재 등을 첨가하여 성형한 스틱이나 크림상의 것이다.

메이크업 제품이라고 하기보다는 립케어의 역할을 지닌 제품이다.

⑤ 립글로스

입술이 젖은 듯한 윤기와 펄의 광택을 주는 액상이나 크림상의 제품으로서 입술에 입체감을 주는 제품이다. 끈적이지 않고 입술을 윤기 있게 하는 유분(고점도 에스테르유 등)이나 보습 성분에 색재(입술연지용 안료와 펄제)를 첨가하여 분산시킨 것이다.

(2) 볼연지

볼에 도포하여 안색을 건강하게 하고 음영을 만들어 입체감을 내기 위해 사용하는 메이크업화장품으로서 치크컬러나 치크 블러셔라고도 한다.

제형으로서는 고형 타입, 크림 타입, 스틱 타입이 있으나 구성 성분이나 제법은 같은 타입의 제품(앞서 설명)과 거의 비슷하다. 자연스럽게 완성하기 위하여 피복력은 파운데이션에 비하여 적고 입술연지와는 달리 염료는 피부에 부착되므로 사용하지 않는다.

(3) 아이 메이크업

입술연지와 함께 아이 메이크업 화장품은 포인트 메이크업의 대표적인 제품군으로서 최근에는 젊은 사람들 및 매우 폭넓은 연령층에서 사용되는 패션성이 높은 화장품이다.

아이 메이크업 화장품으로는 아이라이너, 마스카라, 아이섀도, 아이브로우 제품이 있으며 이들을 지우기 위한 리무버(세안용 화장품 항목 참고)도 관련 제품이다.

① 아이라이너

속눈썹이 자라난 선을 따라서 가는 붓으로 가늘게 라인을 그려서 눈의 인상을 변화시키고 매력을 주는 화장품이다. 제형으로서는 액상의 것과 고형의 것이 있으며 [그림 2-4]와 같이 각각의 타입으로 나뉜다.

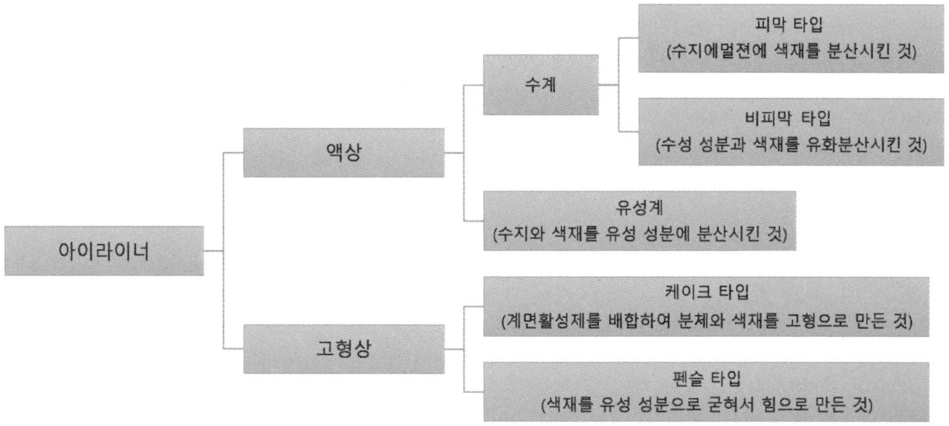

[그림 2-4] 아이라이너의 제형별 분류

아이라이너의 요구 품질 중에서도 특히 주의할 점은 눈가에 바르는 제품이므로 자극이 없고 오래 사용하여도 미생물로 인한 오염이 없고 안전한 것이 제일이며, 타입에 따라 차이는 있으나 내수성이 좋은 것이 발랐을 때에 깨끗하다. 그리기 좋고 깨끗하게 완성되는 것은 모든 타입에서 공통적이다.

② 마스카라

속눈썹을 진하고 길게 하며 컬을 주어 눈가를 아름답게 하는 화장품이다. 마스카라를 제형별로 분류하면 [그림 2-5]와 같다.

완성별로 살펴보면 마스카라에 섬유를 함유시켜 속눈썹을 길어 보이게 하는 롱래쉬 타입과 속눈썹에 마스카라가 잘 붙는 타입으로 두껍고 진하여 양이 많아 보이는 볼륨 타입, 그리고 왁스나 수지가 속눈썹의 컬을 유지시켜 고정하는 컬 타입이 있다. 마스카라의 주요 요구 품질로서는 균일하게 발릴 것, 속눈썹을 진하고 길어 보이게 할 것, 컬을 만드는 효과가 있을 것, 완성 후 눈 아래에 붙거나 눈물 등으로 지워지지 않을 것, 미생물 오염이 없을 것을 들 수 있다.

마스카라에는 스크류 브러시, 컴, 프로키 브러시 등 수 종의 브러시가 있어서 속눈썹의 모양이나 완성에 따라서 나누어 사용한다.

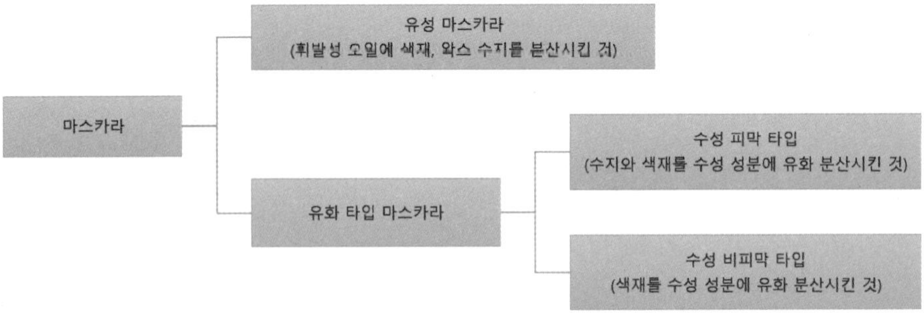

[그림 2-5] 마스카라의 제형별 분류

③ 아이섀도

눈꺼풀이나 눈 주위에 도포하여 입체감을 내고 눈의 아름다움을 강조하기 위하여 사용하는 화장품으로 제형별 분류는 [그림 2-6]과 같다. 아이섀도용의 색재로서는 무기안료(이산화티타늄, 군청, 산화철 등), 유기 허가안료, 운모티탄계의 펄제가 사용된다. 아이섀도로서는 안전성이 높고, 사용성으로서는 그라데이션을 하기 쉽고, 또 밀착성이 좋으며 화장 지속이 좋은 것이 주요 요구 품질이 된다.

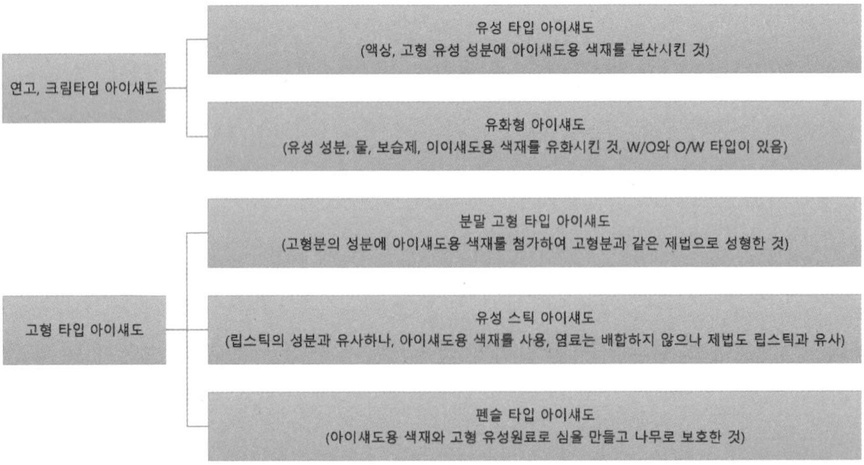

[그림 2-6] 아이섀도의 제형별 분류

④ 아이브로우

눈썹을 전용 가위(아이브로우 시저스)로 모양을 정돈한 후 원하는 형태로 라인을 그리거나 눈썹을 진하게 하여 얼굴 이미지에 변화를 주고 매력적으로 하는 화장품이다.

제품으로서는 펜슬 타입의 것이 가장 많이 사용되고 있으나 고형 파우더 타입도 있다. 펜슬 타입은 고형과 액상의 유분에 안료를 첨가하고 반죽하여 심을 성형하고 목축 등으로 보호한 것이다.

아이브로우의 요구 품질로는 피부에 부드럽고 섬세하게 그려지며 땀이나 피지에 잘 번지지 않고 화장이 번지지 않을 것을 들 수 있다.

(4) 네일 에나멜

손톱은 하드케라틴이라고 하는 단백질로 이루어져 있으며 각질층의 케라틴(하드케라틴)에 비하여 외부로부터의 자극에 대한 저항력이 강하지만 손톱의 수분량은 습도에 영향을 받기 쉬우며 특히 겨울철에는 수분량이 저하되어 딱딱해지고 깨지기 쉽다. 이러한 손톱을 강인하고 유연한 도막으로 보호하는 동시에 아름다운 색조나 광택으로 손톱을 장식하는 화장품이 네일 에나멜, 네일 컬러이다.

네일 에나멜은 주로 피막형성제인 니트로셀로스, 막에 밀착성, 광택을 부여하는 수지류, 유연성을 부여하는 가소제, 각종 용제, 침전을 방지하여 틱소트로피성을 부여하는 겔화제, 펄제를 비롯한 색재로 이루어진다.

이 밖에 네일 에나멜 관련 제품으로서는 네일 에나멜을 제거하는 에나멜 리무버나 손톱뿌리쪽을 정리하는 큐티클 리무버 등이 있으며 손톱의 케어 제품으로서 손톱에 유분, 보습 성분 등을 공급하여 트리트먼트하는 네일 크림이나 네일 에나멜을 도포하기 전에 미리 손톱 위에 발라서 손톱이 깨지는 것을 강화하고 네일 에나멜의 접착성을 강화하는 베이스코트 등이 있다.

2.1.3 모발용 화장품 원료의 효과

두피나 모발에는 일상생활 속에서 다양한 더러움이 부착된다. 더러움에는 피지선에서 분비되는 피지나 땀, 그리고 각질층의 박리로 인한 비듬, 먼지, 미생물, 그리고 화장품도 포함된다. 이들 더러움은 두피 등에 있는 상재균에 의하여 분해되어서 발생한 자극물질이 두피를 자극하여 가려움을 유발하고 비듬증의 원인이 된다. 또한, 자외선에 의하여 피지 속의 스쿠알렌에서 과산화피지가 생성되며 이를 방치하면 피부를 자극하게 된다. 이와 같은 더러움이나 자극물을 두피와 두발로부터 씻어내고 청결하게 하는 것은 헤어케어에서 필수적인 일이다. 이 세정에 사용되는 화장품이 샴푸이며 샴푸 후에 사용하는 린스를 합하여 인배스 화장품이라고도 한다.

1) 샴푸

두발과 두피에 부착된 더러움을 씻어내고 비듬이나 가려움을 방지하며 두발과 두피를 청결하게 유지하기 위한 세정용 화장품이다.

샴푸의 기능으로는 다음과 같은 것을 들 수 있다.

① 불필요한 피지류는 씻어내고 피부에 필요한 피지는 남기는 선택 세정성이 우수할 것
② 거품이 곱고 크리미하며 풍부할 것
③ 물로 씻어내기 쉽고 머리카락이 엉키지 않을 것
④ 머리를 감은 후 모발에 자연스러운 윤기와 적당한 유연성을 부여할 것
⑤ 눈이나 두피에 자극이 없고 머리를 감을 때 모발 손상 방지 효과가 높을 것

샴푸의 주요 배합 성분을 나타내면 [그림 2-7]과 같다.

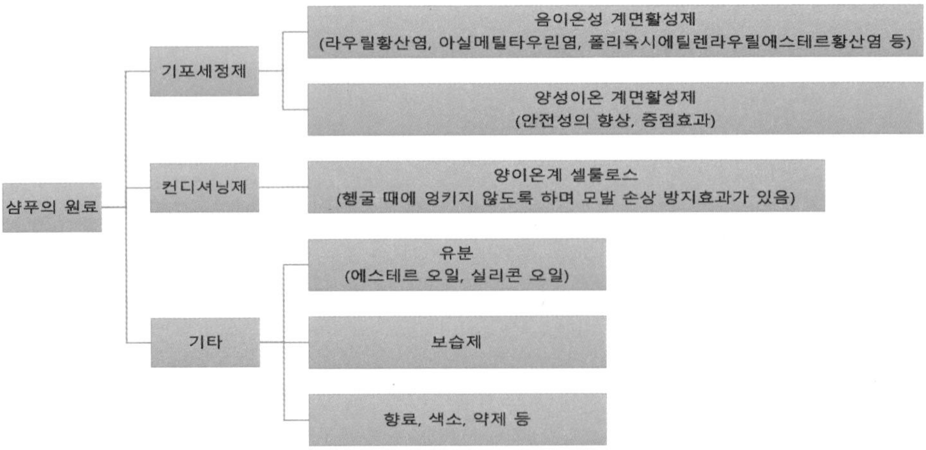

[그림 2-7] 샴푸의 주요한 배합 성분

(1) 샴푸의 분류

샴푸는 기능별, 외관별 등 다양하게 분류되며 주요한 제품은 다음과 같다.

① 기능별 분류

- 오일 샴푸(유분을 첨가한 샴푸로서 건성두피, 두발에 적합한 타입)
- 토닉 샴푸(멘톨 등을 배합하여 청량감이 있는 샴푸)
- 비듬관리 샴푸(징크피리디온 등을 배합한 비듬 방지용 샴푸)
- 컬러 샴푸(산성 염료 등을 배합하여서 샴푸를 반복 사용하면 흰머리가 서서히 염색되는 샴푸)
- 컨디셔닝 샴푸(린스 성분을 배합하여 린스를 사용하지 않는 샴푸)
- 드라이 샴푸(물이 없는 곳에서도 샴푸를 할 수 있는 제품. 두피, 두발에 스프레이하여 마사지한 후 닦아내는 타입의 제품. 물, 알코올, 비이온성 계면활성제 등으로 이루어진다.)

② 외관별 분류

- 투명 샴푸(외관이 투명하고 비교적 세정력이 높은 것이 많으며 많이 사용되고 있는 타입)
- 펄 샴푸(에틸렌글리콜지방산에스테르 등을 배합하여 진주광택을 낸 샴푸)

2) 린스(헤어린스, 헤어트리트먼트)

샴푸 후 두발에 사용하며 두발에 손가락이나 빗이 잘 지나갈 수 있게 하며 두발을 유연하게 하고 자연스러운 광택을 부여하는 씻어내는 타입의 화장품이다.

린스의 기능은 샴푸 후 마이너스로 대전된 모발 표면에 린스의 주성분인 양이온성 계면활성제의 플러스로 대전된 부분이 흡착되어 마찰계수를 낮춤으로써 손가락이 잘 지나가게 하고 모발의 표면을 매끄럽게 하는 것이다. 또한, 건조 후에도 빗이나 브러시로 잘 빗기게 하고 정전기를 방지하며 두발이 엉키지 않게 하고 자연스러운 윤기를 부여한다.

린스의 종류는 모발의 질(부드러움, 뻣뻣함, 건성, 지성), 손상 정도에 따라서 배합 성분의 종류나 농도를 달리한다. 다음에 린스의 종류에 대하여 나타내었다.

린스의 주요 배합 성분(정제수를 제외)
• 양이온성 계면활성제(빗질을 좋게 하는 것으로 염화알킬트리메틸암모늄 등) • 유분(매끄러움과 윤기를 부여하는 것으로 세틸알코올, 탄화수소오일, 에스테르오일, 실리콘오일 등) • 보습제(촉촉함을 부여하는 것으로 글리세린, 프로필렌글리콜 등)

(1) 크림 린스

크림상의 린스로서 대부분의 린스가 이 타입이며, 양이온성 계면활성제와 세틸알코올로 겔을 만들고 이 기제에 유분 등을 첨가하여 유화하면 크림상의 린스가 된다.

① 린스인샴푸

린스와 샴푸를 혼합하면 침전이 발생하여 어느 한쪽의 기능도 하지 못하지만 샴푸를 하는 것만으로 린스의 효과까지 얻을 수 있는 편리한 제품이 개발되었다. 이것을 린스인샴푸(컨디셔너 샴푸, Two in one shampoo)라고 한다.

이 타입의 배합 성분은 양성이온 계면활성제, 음이온-양이온 복합 체계, 또는 양이온성 계면활성제, 유분 등으로 이루어진다.

② 컬러 린스

린스 기제에 산성 염료나 염기성 염료를 배합한 것으로서 린스를 반복하여 사용함으로써 모발에 색을 입히는 제품이다. 흰머리를 서서히 검게 만드는 제품이 많다.

③ 헤어팩

손상된 모발에 유분이나 보습제를 공급하는 제품이다.

3) 스타일링제(헤어스타일링제)

모발에 윤기와 촉촉함을 부여하여 머리 모양을 정돈하기 쉽게 하고 유지시키는 화장품이다.

제형으로는 액상, 크림, 겔, 고형, 거품, 에어로졸 타입 등 많은 제품군이 있다. 이들 제품은 머리를 감은 후에 사용하는 것으로서 아웃배스 화장품이라고도 한다. 스타일링제의 제형별 분류로는 [그림 2-8]과 같다.

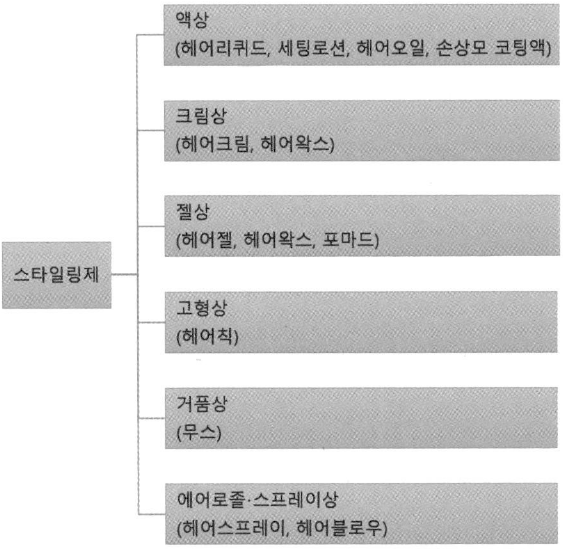

[그림 2-8] 스타일링제의 제형별 분류

4) 퍼머넌트 웨이브용제(퍼머제)

모발 케라틴 속의 이황화결합(-S-S-)을 환원제로 부분적으로 절단한 다음 산화제로 재결합시켜서 모발에 웨이브를 만들어 변형시키는 것을 퍼머넌트 웨이브라고 한다. 시술 시에는 모발을 로트에 말고 1액(환원제 용액)을 발라서 소정의 시간 동안 방치한다. 그 후 물로 씻고 타월 드라이하여 2액(산화제액)을 바르고 소정의 시간 동안 방치한다. 최종적으로 컬의 상태를 조사한 다음 물로 씻고 로트를 빼낸다.

(1) 치오글리콜산을 주성분으로 하는 퍼머넌트 웨이브용제

1액의 환원제로서 치오글리콜산 또는 그 염류가 사용되며 그 밖에 알칼리제, 계면활성제, 안정제 등이 배합된다. 2액의 산화제에는 브롬산나트륨, 과산화수소수 등이 사용된다.

알칼리제를 사용한 치오글리콜산계 퍼머제는 강한 웨이브력을 지니지만, 그 대신 어느 정도의 모발 손상을 수반하므로 모발의 성질을 조사하여 강한 웨이브가 필요한 경우에 사용된다. 알칼리제를 쓰지 않은 것은 산성 퍼머(콜드웨이브)라고 하며 웨이브 형성력은 약하다. 그러나 손상 모발에도 사용 가능하므로 시술 시 고려하여야 한다.

(2) 시스테인류를 주성분으로 하는 퍼머넌트 웨이브용제(시스테인 퍼머제)

1액의 환원제로서 시스테인을 사용한 퍼머제로 치오글리콜산계의 퍼머제에 비하여 모발 손상은 적으나 강한 웨이브력을 내지 못한다.

2액의 산화제는 치오글리콜산계와 같다.

(3) 티오젖산 퍼머넌트 웨이브용제

1액의 환원제로서 티오젖산을 사용한 퍼머제이다. 이 퍼머제는 강한 웨이브력을 얻을 수 있을 뿐 아니라 모발 손상이 적은 장점을 지닌다.

(4) 스트레이트 퍼머제

곱슬머리를 화학적 작용으로 곧게 만들기 위해 사용하는 퍼머제로서 스트레이트퍼머제라고 한다.

이 퍼머제의 1액, 2액에 쓰이는 환원제나 산화제는 티오글리콜산 퍼머제와 같지만, 다른 점은 스트레이트 퍼머제의 1액, 2액 모두 점성이 있는 크림상 기제라는 점이다. 이것은 곱슬머리를 곧게 펴기 쉽게 하기 위해서이다.

스트레이트 퍼머제는 곱슬머리로 고민하는 사람에게는 효과적이지만 모발 손상을 입기 쉬우므로 시술 시 잡아당기는 등 모발에 무리하게 힘을 가하지 않도록 주의하여야 한다.

5) 헤어컬러

두발을 물들이기 위하여 사용하는 화장품을 헤어컬러라고 한다. 헤어컬러는 영구 염모제, 반영구 염모제 그리고 일시적 염모제로 나뉜다.

헤어컬러의 종류, 성분, 염모 메커니즘, 특징을 나타내면 [표 2-15]와 같다.

[표 2-15] 헤어컬러의 종류

종류			주요 성분	상품 형태	염모 메커니즘	색상 지속 기준
일시적 염모제 (모발착색제)			카본블랙 안료	스프레이 타입 매직잉크 타입 마스카라 타입 스틱 타입(크레용)	모발 표면에 부착	1회의 샴푸로 색상 소실
반영구 염모제 (산성염모제)			산성염료 (법정색소)	젤리 타입 크림 타입	모발 단백질과 산성염료의 이온결합	약 2~3주 지속
영구 염모제	산성 염모제	산성산화 염모제	산화염료 (파라페닐렌디아민 등)	분말 타입 액상 타입 크림 타입(튜브) 스프레이 타입	산화 염료가 모발 속에서 산화 중합하여 색소를 생성	약2~3개월 지속
		알칼리성 산화 염모제				
	비산화 염모제	비산화 염모제	제일철이온다가페놀	액체 2제 타입 스프레이 1제 타입 크림 1제 타입	제일철이온과 다가페놀에 의하여 모발 속에서 흑색색소를 생성	2제타입의 경우 약 1개월 지속

(1) 영구 염모제(산화염모제)

산화염료를 쓰기 때문에 산화염모제라고도 하며 1제와 2제로 구성된다. 1제에는 산화염료, 알칼리제, 계면활성제 등이 배합되며, 2제에는 산화제로서 과산화수소, 안정제, pH 조정제 등이 배합된다.

사용 시 1제와 2제를 혼합한 후 솔에 묻혀 모발에 도포하면 [그림 2-9]와 같은 현상이 모발 내부에서 벌어지게 된다.

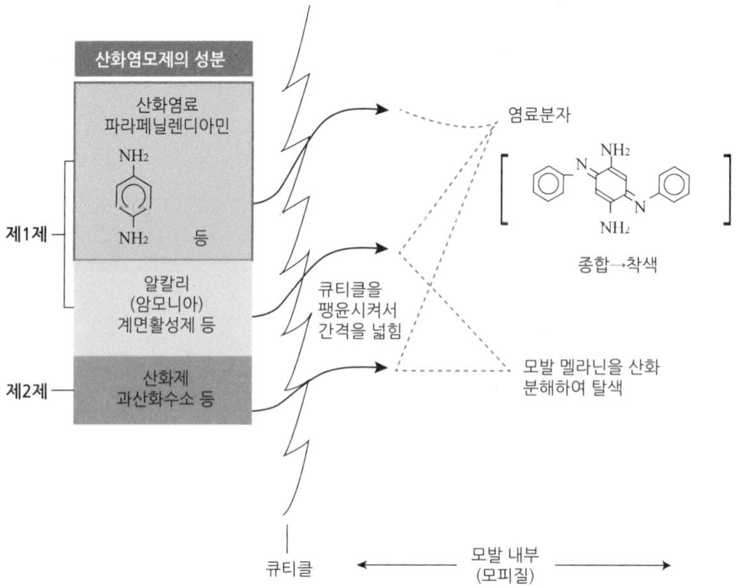

[그림 2-9] 산화 염모제의 착색 원리

알칼리제(암모니아수)가 모발의 큐티클을 팽윤시켜 넓힘으로써 산화염료가 들어가기 쉽게 하고, 알칼리에 의해 분해가 촉진된 과산화수소가 모발 속의 멜라닌을 탈색한다. 그리고 이와 동시에 산화염료를 중합시켜서 큰 분자를 만들고 모피질의 단백질을 염색하여 오래가는 헤어컬러가 된다.

산화염료 속의 염료 중간체와 커플러를 조합하여 다양한 종류의 색조를 얻을 수 있으며 멋내기 염색으로도 사용된다.

이 산화염료는 사용자의 체질에 따라 알러지 반응을 일으키는 경우도 있으므로 사용 전에는 반드시 패치 테스트를 하는 것이 의무이다.

이밖에 금속성 염모제와 식물성 염모제가 있다.

(2) 반영구 염모제

산성 염모제, 산성 헤어컬러, 헤어메니큐어라고도 불리는 염모제로서 아조계의 산성 염료가 착색제로서 사용되며 염색성을 높이기 위하여 침투제로서 벤질알코올이 배합되고 또 산성일수록 염색이 잘 되므로 구연산이 배합된다.

염색 원리는 산성으로 플러스 전하를 띤 모발단백질의 아미노기와 마이너스 전하를 갖는 산성 염료의 설폰기와의 이온결합이다.

이 염모제의 색상 지속(색이 빠지는 정도)은 영구 염모제보다 떨어지지만, 알러지 걱정이 없고 모발의 손상이 적으므로 퍼머를 한 직후에 산성 염모제 사용이 가능하다. 이 염모제의 단점은 피부에 대한 오착으로서 헤어라인에 묻지 않도록 주의할 필요가 있다.

최근에는 염기성 염료 등도 사용되고 있는데, 산성 염료에 비해 염색성은 약간 떨어지지만 피부로의 오착(汚着)이 적은 장점 때문에 염색성 향상을 위한 연구가 진행되고 있다.

(3) 일시적 염모제

모발의 표면에 착색제(카본블랙이나 착색안료, 법정색소)를 물리적으로 피복하는 염모제이다.

모발 표면에 안료가 부착되어 있는 형태로서 샴푸로 간단히 씻어낼 수도 있으며 염색성은 나쁘나 일시적으로 모발의 색을 바꿀 때에 적당하다. 헤어라인의 흰머리를 감추거나 모발에 부분적으로 색을 입힐 때에도 적당하다.

제형으로서는 마스카라 타입, 헤어스틱 타입, 컬러스프레이, 헤어왁스 타입 등이 제품화되어 있다.

(4) 헤어 블리치(모발 탈색제)

모발 내의 멜라닌 색소를 분해하여 모발의 색을 밝게 하는 것을 탈색제라고 한다.

모발을 갈색으로 하기 위해 사용하거나, 보이고 싶지 않은 털을 탈색하여 눈에 잘 띄지 않게 하는 데에도 이용된다.

5) 육모제

알코올 수용액에 혈액순환 촉진제와 같은 약용 성분, 보습제 등을 첨가한 외용제이다. 두피에 사용하여 헤어 사이클 기능의 정상화를 돕고 혈액순환을 원활하게 하며 모공의 기능을 향상시킴으로써 육모를 촉진하거나 탈모를 방지하고 아울러 비듬이나 가려움을 방지하는 제품이다.

육모제의 성분으로는 혈액순환 촉진제, 국소 자극제, 모모세포 부활제, 항남성호르몬제, 항지루제, 각질층 용해제, 살균제, 항염증제, 보습제, 영양제, 비듬 억제제, 침투 촉진제 등을 들 수 있다[표 2-16].

[표 2-16] 육모제의 성분

기능	성분명
모유두세포의 활성화, 혈관 확장	미녹시딜, t-플라바논
혈액순환 촉진제	당약추출물, 염화카프로늄 등
국소 자극제	고추틴크, 멘톨, 니코틴산벤질 등
모모세포 부활제	판토텐산 및 그 유도체, 펜타데칸산글리세리드 등
항남성호르몬제	에스트라디올, 에티닐에스트라디올
항지루제	염산피리독신, 유황 등
각질층 용해제	살리실산, 레조르신
살균제	염화벤질코늄, 히노키티올
항염증제	Dipotassium Glycyrrhizinate, 글리실리진산 등
보습제	글리세린, 히알루론산 등
영양제	비타민, 아미노산 등

6) 제모제

손발이나 겨드랑이 아래처럼 보이고 싶지 않은 털을 제거하는 것을 목적으로 하는 제품이다. 제거 방법으로는 2가지 타입이 있으며 물리적으로 잔털을 제거하는 제모제와 화학적 작용으로 제거하는 제모제가 있다.

(1) 물리적 제모제

약사법에 기초한 상품 분류에서는 잡화가 된다. 물리적 제모제는 잔털을 잡아당겨 모근까지 뽑아내는 것으로서 효과는 비교적 오래 지속되나 사용 시 다소 통증을 동반하는 단점이 있다.

제형으로서는 제모 왁스, 젤, 테이프가 있다.

① 제모 왁스

로진과 같은 수지, 비즈왁스, 파라핀 등에 산화방지제를 배합한 것이다.

사용 시 제모 왁스를 가열 용해시켜서 제모하고 싶은 부분에 솔로 도포하고 고화되면 강하게 잡아당겨서 왁스와 함께 잔털까지 제거하는 타입이다.

② 제모 겔

수지류, 당, 이온교환수 등으로 이루어진 겔 상태의 제품으로서 피부에 도포한 후 그 위에 부직포와 같은 얇은 시트를 붙여서 시트와 겔과 함께 잔털을 제거하는 것으로서, 제모 효과는 제모 왁스보다는 조금 떨어진다.

③ 제모 테이프

합성수지 점착제를 부직포에 도포한 테이프로서 접착 면을 잔털이 있는 곳에 붙인 후 한 번에 떼어내서 제모한다. 간편하지만 피부에 부담이 가해지는 것이 단점이다.

(2) 화학적 제모제

환원제인 치오글리콜산을 함유한 크림으로 이루어진 기능성화장품이다. 잔털 위에 도포하여 털의 시스틴 결합을 환원제로 화학적으로 절단하여 제모한다.

환원제의 작용을 효과적으로 하기 위하여 pH는 11~13 정도의 염기성으로 설정되어 있는 경우가 많다. 사용 시 피부에도 부착되므로 사람에 따라서는 염증을 유발하는 경우도 있기 때문에 사용상 주의를 잘 읽고 사용하는 것이 중요하다.

2.1.4 바디케어 화장품 원료의 효과

바디케어 화장품이란 다양한 목적에 따라 신체를 케어하는 화장품을 일컫는다. 바디케어 화장품이 종류를 부위 및 목적별로 정리하면 [표 2-17]과 같다.

[표 2-17] 바디케어 화장품의 종류

부위	목적	제품명
전신	세정	비누, 바디샴푸
	트리트먼트	스킨, 로션, 크림
	자외선 차단	자외선 차단화장품, 선탠화장품
	슬리밍	슬리밍화장품(로션)
	향수	코롱, 파우더
	모기 기피	모기기피제
손, 손가락	거칠어짐 방지, 개선	핸드크림, 약용크림
겨드랑이 아래	방취, 제한	방취, 제한로션, 스프레이, 스틱
팔꿈치, 무릎	유연	각질유연로션
다리	붓기 방지	레그로션, 크림
발	탈색, 제모, 방취	디스컬러, 제모크림, 방취로션

1) 비누

일상적으로 사용하는 비누는 고급 지방산의 알칼리염으로 만들어지며, 그 기원은 오래전으로 거슬러 올라가서 기원전부터 사용되어 왔다. 비누는 음이온성 계면활성제에 속하며 그 수용액은 표면장력 및 계면장력을 저하시키는 작용을 하고 세정성과 기포성이 있다. 세정작용은 비누의 수용액이 더러움과 피부 사이에 침투하여 양자 간의 부착력을 약화시키고 더러움을 수용액 속으로 유화 · 분산시키는 것이다.

비누는 예전부터 얼굴을 비롯한 신체의 세정에 사용되었다. 비누의 장점은 거품이 잘 나고 씻어낸 후의 산뜻한 느낌으로서 널리 사용되어 왔다. 그러나 수용액이 염기성이기 때문에 세안 후 사람에 따라서는 얼굴이 당기거나 피부가 염기성에 약한 등의 이유로 비누를 사용하지 않는 사람도 있다.

2) 기타 바디케어 화장품

(1) 액체 바디 세정제(바디샴푸)

피부 표면의 더러움을 씻어내고 청결하게 유지하기 위하여 사용하는 액상의 바디

세정제이다. 액체 상태나 겔 상태이기 때문에 타월, 스펀지 등에 즉시 흡수되고 풍부한 거품으로 피부를 세정할 수 있으며 샤워를 하는 빈도가 증가하는 등의 이유로 비누 대신 보급되어 있는 세정제이다.

주성분은 기포 세정제와 보조제, 안정제이며 제품의 분류로는 비누계의 바디샴푸, 비누 이외의 음이온성 계면활성제를 주체로하는 타입(신데드 타입), 민감성 피부용의 타입이 있다.

(2) 바디로션

피부에 촉촉함을 부여하는 스킨이다. 보습 성분, 유분을 배합한 약산성 타입의 스킨이 많다.

(3) 바디크림

피부에 유분, 보습 성분을 공급하여 촉촉함과 유연성을 부여하는 것으로서 O/W형 타입의 산뜻한 감촉의 크림이 이용된다.

(4) 슬리밍 화장품

바디에 사용하여 목적 부위의 사이즈를 줄이는 효과를 내는 화장품으로서 살 빠지는 화장품이라고도 한다.

제형으로서는 스킨, 에센스, 젤이 주류이며 신체에 사용되기 때문에 끈적이지 않아야 한다. 최근에는 시트 제제도 나오고 있다.

사용 목적은 과식, 운동 부족, 연령 증가로 인하여 증대된 피하지방(중성지방)을 감량하는 것으로서 지방은 효소 리파아제를 통해 분해되므로 이 리파아제 활성을 높이는 슬리밍 성분이 화장품에 배합된다.

그 효과는 피하지방의 감량, 사이즈 다운으로 확인된다. 또한, 슬리밍 화장품은 셀룰라이트(울퉁불퉁한 피하지방)의 방지에도 도움이 된다.

(5) 핸드크림

손이 거칠어지는 원인은 생리기능에 관계된 것(아토피 등)과 세제와 같은 외부 요인을 고려할 수 있다.

손이 거칠이지는 것을 예방 또는 개선하기 위한 거칠어짐 개선제로서 보습제, 항염증제, 수렴제, 비타민 등을 배합한 약용 핸드크림이 사용된다[표 2-18].

[표 2-18] 손의 거칠어손의 거칠어짐은 초기단계에서 케어하는 것이 중요하다.

분류	성분명	기능 · 작용
보습제	글리세린, 아미노산, 솔비톨, 젖산나트륨, 요소, 히알루론산나트륨, 필로리돈카르본산나트륨, 뮤코다당류 등	피부 속의 수분 유출 방지
항염증제	β-글리시레틴산, 아줄렌, 알란토인, ε-아미노카프로산, 하이드로코르티손 등	외부 환경으로부터의 자극이나 약한 염증 방지
수렴제	산화아연, 환산아연, 염화알루미늄, 알란토인하이드록시알루미늄, 구연산, 탄닌산, 젖산 등	피부에 긴장감을 부여하고 정돈하는 기능
기타	비타민 (비타민 A, 비타민 B군, 비타민 D, 비타민 E 등), 트리클로산, 스멕타이트, 호르몬 (에스르론, 에스트라디올, 코르티손 등) 등 살균제	피부의 생리기능 유지 피부의 항상성 유지 피부의 방어벽기능 강화 피부를 청결하게 유지

3) 제한 · 데오도런트(deodorant) 화장품

체취를 억제하기 위한 목적으로 사용되는 화장품으로서 방취화장품이라고도 한다. 제형으로는 액상, 분상, 에어로졸, 고형 분말, 스틱상, 롤온타입 등 각종 제품이 있으나 분말을 함유한 에어로졸제(파우더스프레이)가 가장 일반적이다.

체취에는 땀 냄새, 겨드랑이 땀 냄새, 발 냄새 등이 있으며 냄새의 원인은 땀(에크린선, 특히 아포크린선)에 들어 있는 지방이나 단백질이 피부상재균(건강한 사람의 피부 표면에 통상적으로 존재하는 균으로서 표피 포도구균이나 아크네균, 효모 등)이 효소 리파아제 등에 의하여 분해되면서 불쾌한 냄새가 발생하는 것으로 알려져 있다.

제한 · 데오도런트 화장품은 체취가 발생하는 과정을 고려하여 다음과 같은 기능을 한다.

① 땀을 억제하는 제한 기능

② 피부상재균의 증식을 억제하는 항균 기능

③ 발생한 체취를 억제하는 탈취 기능

④ 향기를 통한 마스킹 기능

발한을 억제하기 위해서는 제한제가 사용되며 그 중에서도 클로로하이드록시알루미늄이 많이 사용되고 있다.

피부상재균의 활성을 억제하기 위해서는 염화벤젤코늄과 같은 살균제를 사용한다. 그리고 발생한 체취를 억제하기 위해서는 냄새 성분(저급지방산)을 금속염으로 변화시킨 산화아연이나 제올라이트의 미세한 구멍 속으로 냄새를 흡착시키는 방법이 이루어지고 있다. 이러한 기능과 더불어 체취를 마스킹하는 향료도 배합된다.

4) 입욕제

입욕 시 따뜻한 물에 풀어 사용하는 제품으로서 은은한 향기를 내며 비누 거품이 나는 것을 도와 주기도 한다. 건강과 피부미용, 심리적 안정, 피로회복 등의 목적으로 사용된다.

5) 배스오일

각종 액상 유성 원료가 주성분으로 입욕 후 피부로부터 수분이 증발되는 것을 억제하며 피부를 유연하고 매끄럽게 하는 것이 목적이다.

사용 시 유분의 상태에 따라서 4가지의 타입으로 나뉜다.

① 기름방울이 따뜻한 물의 표면에 뜨는 타입

② 기름막으로 퍼지는 타입

③ 유분이 고운 입자가 되어 따뜻한 물에 분산되는 타입

④ 유분이 따뜻한 물속에서 유상으로 바뀌어 백탁분해되는 타입

이 중에서 타입 4는 끈적이지 않고 산뜻하여서 그 감촉이 선호되고 있으며 젤라틴으로 된 연질 캡슐에 담겨 있는 것도 제품화되었다.

배스오일 중에서도 향을 즐기는 것을 주목적으로 하는 것은 샤워코롱 또는 배스퍼퓸이라고 한다

2.1.5 향 화장품 원료의 효과

향수 화장품은 향료(향기)가 주체인 화장품으로서, 액상의 향수는 향료의 함유량(%)에 따라서 퍼퓸, 오드퍼퓸, 오드뜨왈렛, 오드코롱, 샤워코롱으로 분류된다. 향의 지속성은 향조에 따라 차이가 있으나 일반적으로는 [표 2-19]와 같다.

이외에도 고체 향수(부향률 5~10%), 방향 파우더(부향률 1~2%), 향수비누(부향률 1.5~4%)가 있다.

[표 2-19] 향수 화장품의 종류

종류	향료 함유량(부향률)%	지속시간
퍼퓸	15~30	5~7
오드퍼퓸	7~15	4~6
오드트왈렛	5~10	3~4
오드코롱	2~5	2~3
샤워코롱	1~2	1~2

1) 퍼퓸

퍼퓸은 향료를 에틸알코올에 녹인 것으로서 약 95%의 알코올이 사용된다. 이 밖의 제품에는 같거나 그 이하의 농도의 알코올이 사용된다.

향수는 향기의 예술품이라고도 일컬어지며 첨단 기술을 통해 만들어진 합성 향료와 천연의 꽃 등에서 추출한 천연 향료를 사용하여 조향사에 의해 만들어진다.

좋은 향수의 요건으로는,

① 아름다운 향이 나며 세련되고 격조 높은 향일 것
② 향에 특징이 있을 것
③ 향의 조화가 잡혀 있을 것
④ 향의 확산성이 좋을 것
⑤ 향이 적당하게 강하고 지속성이 있을 것을 들 수 있다.

지금까지 많은 향수가 탄생되고 사용되었으며 제각기 고유의 향을 갖고 있다. 화학 구조의 분류에 따른 향기의 타입을 분류하면 [표 2-20]으로 나타낼 수 있다.

[표 2-20] 대표적 합성 향료의 종류

화학 구조 분류		향료명	향기의 타입
탄화수소	모토테르펜	α-리모넨	오렌지의 향기
	세스키테르펜	β-칼리오필렌	우디의 향기
알코올	지방족알코올	시스-3-헥사놀	신록의 어린잎의 향기
	모노테르펜알코올	리나롤	은방울꽃의 향기
	세스키테르펜알코올	팔네솔	그린노트로 플로럴 향기
	방향족알코올	β-페닐에틸알코올	로즈의 향기
알데히드	지방족알데히드	2, 6-노나제날	제비꽃, 오이의 향기
	테르펜알데히드	시트랄	레몬의 향기
	방향족에스테르	α-헥실신나믹알데히드	재스민의 향기
케톤	지환식케톤	β-이오논	희석하면 제비꽃의 향기
	테르펜케톤	L-칼본	스페어민트의 향기
	대환상케톤	시크로펜타데카논	머스크의 향기
에스테르	테르펜계에스테르	리나릴아세테이트	베르가모트, 라벤더의 향기
	방향족에스테르	벤질벤조에이트	약한 발삼의 향기
락톤		γ-언데카락톤	피치의 향기
페놀		오이게놀	정향의 향기
옥사이드		로즈옥사이드	그린, 플로럴의 향기
아세타르		페닐아세트알데히드디메틸아세타르	은은한 히아신스의 향기

(1) 향수의 효과

향수는 몸에 뿌린 후 시간이 흐르면서 향이 변화한다. 이것은 향료의 휘발성으로 인한 것으로서 그 향기를 탑 노트, 미들 노트, 라스팅 노트라고 한다.

① 탑 노트

피부에 뿌린 후 약 10분 동안 나는 향으로서 향의 첫인상이기 때문에 중요하다(알코올이 날아간 후의 냄새).

주요 향료: 레몬, 오렌지, 베르가못과 같은 시트러스 노트, 라벤더, 일랑일랑, 히아신스와 같은 플라워 노트, 그린 노트

② 미들 노트

10~30분 정도의 향기. 그 향수의 가장 중심이 되는 향기이다.

주요 향료: 재스민, 장미, 은방울꽃과 같은 플로럴 노트, 바질, 시나몬과 같은 스파이스 노트나 알데히드 노트

③ 라스팅 노트(잔향)

피부에 뿌린 후 30분 정도 지나서 체취와 섞여 그 사람만의 독자적인 향기가 된 것을 말한다.

주요 향료: 샌들우드, 오크모스와 같은 우디 노트, 앰버 또는 발사믹계의 향기

향의 변화를 어떻게 즐길까에 따라서 이들 향기를 잘 조합하여 향수가 만들어진다.

2) 고체 향수

에스테르 오일, 탄화수소 오일에 왁스를 가열 용해한 기제에 5~10%의 향료를 첨가하여 고형화한 향수이다.

컴팩트 용기에 담긴 것이 많으며 휴대가 편리하여 손끝이나 귓등에 소량 사용한다.

3) 방향제, 탈취제, 방향 탈취제

공간에 향기를 부여하는 것을 방향제라고 하며, 냄새를 화학적인 반응(중화반응과 산화환원반응)이나 감각적인 작용 '마스킹법과 중화법(냄새를 향기의 구성 성분에 결합시킴으로써 전체적으로는 좋은 향기로 바꾸는 탈취법)' 등으로 제거 또는 완화하는 것을 탈취제라고 한다.

최근 경향으로 방향제의 향기도 플로럴이나 프루트(그레이프프루트나 오렌지 등)를 베이스로 한 달콤한 향기가 많아졌다. 한편, 방향제는 축소 경향이 있으며, 탈취제에 방향 성분을 배합한 방향 탈취제가 대부분을 차지하게 되었다.

제품 형태는 겔, 리퀴드, 에어로졸이 주를 이루며 용도는 거실용, 화장실용, 현관용, 자동차용 등으로 구성된다. 이들은 약사법상 잡화로 취급된다.

방향 탈취제의 방향 성분에도 천연 정유나 꽃향기, 삼림의 향기가 사용된다. 이들을 분석한 결과 악취 성분이 섞여 있더라도 좋은 향기로 느껴진다는 것이 밝혀졌다.

따라서 악취를 제거한 향기를 처방함으로써 악취가 가해지더라도 방향 성분과 조화를 이루어 악취에 대한 느낌이 한층 줄어드는 중화법이 이용되고 있다.

방향 탈취제의 제제별 분류를 나타내면 [그림 2-10]과 같다.

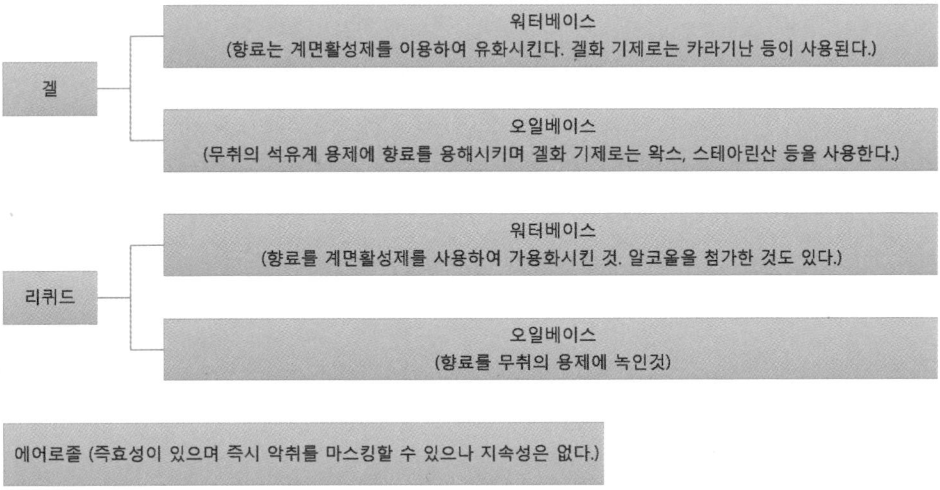

[그림 2-10] 방향 탈취제

2.2 판매 가능한 맞춤형화장품 구성

2.2.1 맞춤형화장품 내용물의 범위

1) 맞춤형 화장품의 혼합에 사용할 목적으로 화장품책임판매업자로부터 제공받은 것으로 다음 중 어느 하나일 수 있다.

(1) 벌크제품: 충전(1차 포장) 이전의 제조 단계까지 끝낸 화장품

(2) 반제품: 원료 혼합 등의 제조공정 단계를 거친 것으로 벌크제품이 되기 위하여 추가 제조공정이 필요한 화장품

2) 맞춤형화장품 혼합에 사용되는 내용물은 「화장품법」 시행규칙 제8조의2 (맞춤형화장품조제관리사 자격시험 등)에 따라 관리한다.

(1) 유통화장품 안전관리기준에 적합해야 한다.

(2) 반제품(그 자체로 사용되지 않는 내용물)의 경우 최종 맞춤형화장품이 '사용 제한 필요한 원료 사용기준'에 따라 사용 제한 원료를 함유하지 않고, '유통화장품 안전관리기준'에 적합하면 된다.

3) 맞춤형화장품 원료와 내용물의 관계 원료는 맞춤형화장품의 내용물의 범위에 해당하지 않으며, 원료와 원료를 혼합하는 것은 맞춤형화장품의 혼합이 아닌 화장품 제조 행위로 판단된다.

2.2.2 맞춤형화장품 혼합에 사용되는 원료

1) 맞춤형화장품 혼합에 사용할 수 있는 원료의 인정 범위

맞춤형화장품 내용물에 추가 혼합하여 조제되는 원료는 화장품책임판매업자로부터 제공받은 원료(화장품 법령에 적합)를 사용해야 하며, 아래 기술된 경우 외의 원료는 기업의 책임하에 맞춤형화장품 혼합에 사용할 수 있다.

2) 맞춤형화장품 혼합에 사용할 수 없는 원료 조건

(1) '화장품에 사용할 수 없는 원료' 리스트에 포함된 경우

(2) '화장품에 사용상의 제한이 필요한 원료' 리스트에 포함된 경우

(3) 식약처장이 고시한 기능성 화장품의 효능 · 효과를 나타내는 원료 리스트에 포함된 경우

단, 예외적으로 맞춤형화장품을 기능성화장품으로 인정받아 판매하려는 경우는 사용이 허용된다.

맞춤형화장품을 기능성화장품으로 인정받아 판매하려는 경우
맞춤형화장품판매업자에게 원료를 공급하는 화장품책임판매업자가 「화장품법」 제4조에 따라 1) 해당 원료를 포함하여 기능성화장품에 대한 심사를 받거나 보고서를 제출한 경우 2) 대학 · 연구소 등이 품목별 안전성 및 유효성에 관하여 식약처장의 심사를 받은 경우

맞춤형화장품으로 제조될 수 있는 화장품 제품군은 4장 [표 4-2] 맞춤형화장품으로 제조될 수 있는 화장품 제품군과 같다.

2.3 내용물 및 원료의 품질성적서 구비

2.3.1 화장품 품질의 특성

화장품의 품질은 제품을 사용하는 사람의 만족도에 의해 결정된다. 그러나 객관적인 입장에서 각 제품의 품질을 평가하는 것은 보는 각도에 따라 많은 차이가 있을 수 있다.

예를 들어 정부에서는 화장품의 내용물이 표시량만큼 들어 있는지, 또는 사용할 수 없는 원료가 사용된 것은 아닌지, 화장품의 기재 사항이 정확한지 등 법적인 기준에 의해 품질의 수준을 결정할 수밖에 없을 것이다. 제조자의 입장에서는 유화입자의 크기, 냄새, 향, 미생물 등 물리적, 화학적 또는 생물학적으로 측정할 수 있는 범위를 정하고 생산된 제품이 이러한 규정에 적합한지 여부에 따라 품질을 정하게 된다. 소비자

의 입장에서 화장품의 품질 기준은 가격, 구매의 편의성, 서비스, 신뢰성, 효능 등 여러 가지 요소가 있겠으나 제품적인 측면에서만 살펴보면 우선 용기의 모양이나 외관, 향취, 사용성 등이 1차적인 판단 기준이 될 것이다.

사용감은 각 제품의 특성에 따라 기준이 달라진다. 예를 들면 마사지 크림인 경우 얼마나 손놀림을 부드럽게 할 수 있느냐가 기준이 될 것이며, 분말제품이라면 가루날림, 밀착력, 지속성, 자연스러운 색상표현, 끈적임 없는 부드러운 사용감 등이 평가 기준이 될 수 있다.

[표 2-22] **화장품 품질의 특성**

안정성	변질, 변식, 변취, 미생물 오염 등이 없을 것
안전성	피부자극성, 감작성, 경구 독성, 이물 혼입, 파손 등이 없을 것
사용성	사용감 (피부친화성, 촉촉함, 부드러움 등) 사용 편리성 (형상, 크기, 중량, 기구, 기능성, 휴대성 등) 기호성 (향, 색, 디자인 등)
유효성	보습 효과, 자외선 방어 효과, 세정 효과 색채 효과 등

그러나 화장품에 있어 무엇보다 중요한 것은 안전성이다. 화장품은 거의 매일, 평생을 사용하는 상품이기 때문이다. 이와 더불어 화장품이 갖는 기능, 즉 피부 노화의 지연, 자외선 차단, 미백, 보습, 색감 표현 등의 효과가 얼마나 우수한가가 화장품의 품질을 평가하는 가장 기본적인 기준이 되어야 할 것으로 생각된다. 특히 피부의 생리적인 작용이 강조된 제품, 즉 기능성 제품은 목적하는 효과를 높이기 위해 피부 생리활성 물질이 사용되고, 이러한 물질이 생체에 적극적으로 작용해 어떤 생리적 기능을 발휘할 수 있으므로 피부에 대한 안전성이 매우 중요하다.

2.3.2 화장품 원료의 품질성적서 기준

(1) 제조 및 품질관리의 적합성을 보장하는 기본 요건들을 충족하고 있음을 보증하기 위하여 다음 각 항에 따른 제품표준서, 제조관리기준서, 품질관리기준서 및 제조위생관리기준서를 작성하고 보관하여야 한다.

(2) 제품표준서는 품목별로 다음 각호의 사항이 포함되어야 한다.

① 제품명

② 작성연월일

③ 효능 · 효과(기능성 화장품의 경우) 및 사용상의 주의사항

④ 원료명, 분량 및 제조단위당 기준량

⑤ 공정별 상세 작업내용 및 제조공정흐름도

⑥ 공정별 이론 생산량 및 수율관리기준

⑦ 작업 중 주의사항

⑧ 원자재 · 반제품 · 완제품의 기준 및 시험방법

⑨ 제조 및 품질관리에 필요한 시설 및 기기

⑩ 보관조건

⑪ 사용기한 또는 개봉 후 사용기간

⑫ 변경이력

⑬ 다음 사항이 포함된 제조지시서

- 제품표준서의 번호
- 제품명
- 제조번호, 제조 연월일 또는 사용기한(또는 개봉 후 사용기간)
- 제조단위
- 사용된 원료명, 분량, 시험번호 및 제조단위당 실 사용량
- 제조 설비명
- 공정별 상세 작업내용 및 주의사항
- 제조지시자 및 지시연월일

⑭ 그 밖에 필요한 사항

3) 제조관리기준서는 다음 각호의 사항이 포함되어야 한다.

① 제조공정관리에 관한 사항

- 작업소의 출입 제한
- 공정검사의 방법
- 사용하려는 원자재의 적합판정 여부를 확인하는 방법
- 재작업방법

② 시설 및 기구 관리에 관한 사항

- 시설 및 주요 설비의 정기적인 점검방법
- 작업 중인 시설 및 기기의 표시방법
- 장비의 교정 및 성능점검 방법

③ 원자재 관리에 관한 사항

- 입고 시 품명, 규격, 수량 및 포장의 훼손 여부에 대한 확인방법과 훼손되었을 경우 그 처리방법
- 보관 장소 및 보관방법
- 시험결과 부적합품에 대한 처리방법
- 취급 시의 혼동 및 오염 방지대책
- 출고 시 선입선출 및 칭량된 용기의 표시사항
- 재고관리

④ 완제품 관리에 관한 사항

- 입 · 출하 시 승인판정의 확인방법
- 보관 장소 및 보관방법
- 출하 시의 선입선출방법

⑤ 위탁제조에 관한 사항

- 원자재의 공급, 반제품, 벌크 제품 또는 완제품의 운송 및 보관방법
- 수탁자 제조기록의 평가방법

(4) 품질관리기준서는 다음 각호의 사항이 포함되어야 한다.

① 다음 사항이 포함된 시험지시서
- 제품명, 제조번호 또는 관리번호, 제조 연월일
- 시험지시번호, 지시자 및 지시 연월일
- 시험항목 및 시험기준

② 시험검체 채취방법 및 채취 시의 주의사항과 채취 시의 오염방지대책

③ 시험시설 및 시험기구의 점검(장비의 교정 및 성능점검 방법)

④ 안정성시험

⑤ 완제품 등 보관용 검체의 관리

⑥ 표준품 및 시약의 관리

⑦ 위탁시험 또는 위탁 제조하는 경우 검체의 송부방법 및 시험 결과의 판정방법

⑧ 그 밖에 필요한 사항

(5) 제조위생관리기준서는 다음 각호의 사항이 포함되어야 한다.

① 작업원의 건강관리 및 건강상태의 파악 · 조치방법

② 작업원의 수세, 소독방법 등 위생에 관한 사항

③ 작업복장의 규격, 세탁방법 및 착용 규정

④ 작업실 등의 청소(필요한 경우 소독을 포함한다. 이하 같다) 방법 및 청소 주기

⑤ 청소상태의 평가방법

⑥ 제조시설의 세척 및 평가
- 책임자 지정
- 세척 및 소독 계획
- 세척방법과 세척에 사용되는 약품 및 기구

- 제조시설의 분해 및 조립 방법
- 이전 작업 표시 제거방법
- 청소상태 유지방법
- 작업 전 청소상태 확인방법

⑦ 곤충, 해충이나 쥐를 막는 방법 및 점검 주기

⑧ 그 밖에 필요한 사항

제조 공정의 모든 단계를 통하여, 추적성(traceability)을 제공함으로써, 완제품이 목표하는 품질 수준을 만족하고 규정된 모든 요건을 충족시킨다는 것을 보장하기 위한 문서화된 절차서, 작업 지시서 및 규격서와 함께 생산관리 방법이 확립되어야 한다.

화장품 제조공정은 제조번호 지정부터 시작하여, 제조지시서 발행, 원료 불출, 제조설비 및 기구의 청소 상태 확인, 제조 작업 개시 등의 순서로 진행되고 사용한 원료를 재보관 하는 등 많은 작업공정이 조합되어 이루어진다. 일반적인 화장품의 제조공정은 아래와 같다. 이들 작업의 내용을 이해하고 자사 제품에 적합한 제조공정을 구축할 필요가 있다.

- 제조번호 지정
- 제조지시서 발행
- 제조기록서 발행
- 원료 불출
- 공정표
- 작업시작 전 점검
- 공정관리 작업
- 제조기록서 완결
- 벌크제품
- 원료 재보관

제조지시서는 제조공정 중의 혼돈이나 착오를 방지하고 작업이 올바르게 이루어지도록 하기 위하여 제조단위(배치)별로 작성, 발행되어야 한다. 제조기록서는 별도로 작성하지 않고 제조지시서와 제조기록서를 통합하여 제조지시 및 기록서로 운영하여도 무방하다. 제조지시서는 제조 시 작업원의 주관적인 판단이 필요하지 않도록 작업 내용을 상세하게 공정별로 구분하여 작성하여야 한다.

공정 관리가 적절하다는 것을 보장하기 위하여, 관련 문서는 각각의 제조 작업 단계에서 이용 가능해야 하며, 제조 작업은 문서화된 공정 순서에 따라 수행되어야 한다. 다음은 제조 작업을 위한 문서관리의 예를 나타내었다. 이를 통해, 각 배치가 규정된 방식으로 제조되어 배치와 배치 사이의 균일성이 보장 받게 된다.

화장품 제조는 제조지시서의 발행으로 시작하고 배치기록서의 보관으로 끝난다. 제조에 관한 문서의 흐름을 이해하고, 자사의 특징을 더해서 독자적인 제조문서체계를 구축할 것을 권장한다.

제조지시서에 따라 제조를 개시한다. 제조지시서는 일단 발행하면 내용을 변경해서는 안 된다. 부득이하게 재발행할 때에는 이전에 발행되어진 제조지시기록서는 폐기한다. 제조지시서는 제조 작업을 끝낼 때까지는 "가장 책임 있는 문서"이며, 제조지시서의 내용에 어긋나는 제조를 해서는 안 된다.

제조지시서에 제조 작업자가 제조를 시작하는데 있어서 필요한 정보를 기재한다. 책임 있는 지시를 하기 위해서는 상세한 내용의 지시서를 발행해야 한다. 기입이 끝나면 발행 제조부서 책임자가 서명을 한다.

제조지시서는 제조기록서와 함께 배치기록서 내에 보관하는 것을 권장한다.

제조지시서에 따라 제조기록서를 발행한다. 제조에 관한 기록은 모두 제조기록서에 기재한다. 제조 개시 전에 제조 설비 및 기구의 청소 상태를 확인하고 제조 설비 및 기구의 청소완료라벨을 기록서에 부착하거나 청소 상태를 확인하는 기록란이 기록서에 있어야 한다. 설비 세척 상태의 기록란을 마련해 둔다.

모든 제조 작업을 시작하기 전 작업시작 시 확인사항(start-up)점검을 수행하는 것이 일반적인 지침이다. 관련 문서가 제조 작업에 이용 가능하고, 모든 원료가 사용 가능하다는 것을 보장하기 위해 이러한 점검은 필수적이다. 또한 이를 통해, 설비가 적절히 위생 처리되고 생산할 준비가 완료되었으며, 제조 작업에 불필요한 포장재 및 표시 라벨 등의 혼합을 제거하기 위해 작업 구역 및 제조라인 정리가 수행되었음을 확인한다.

제조된 벌크의 각 배치들에는 추적이 가능하도록 제조번호가 부여되어야 한다. 벌크에 부여된 특정 제조번호는 완제품에 대응하는 제조번호와 반드시 동일할 필요는 없다. 하지만 어떤 벌크 배치와 양이 완제품에 사용되었는지 정확히 추적할 수 있는 문서가 존재하여야 한다.

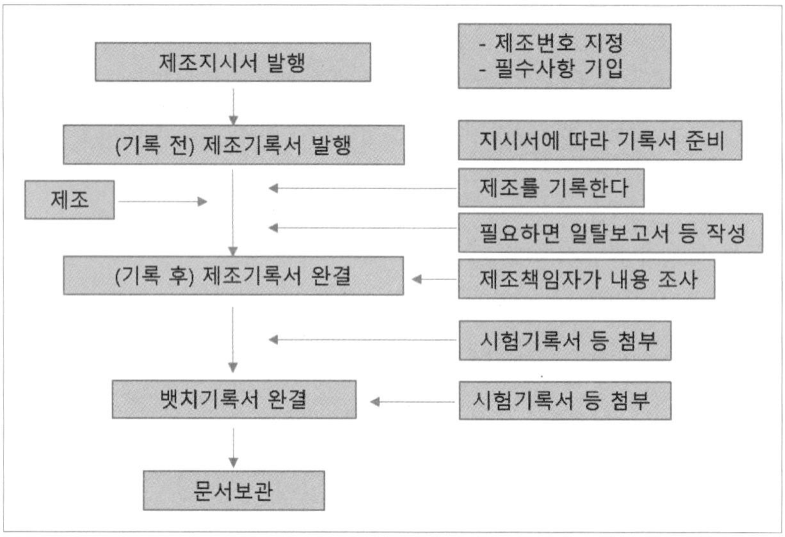

[그림 2-11] 배치 제조 문서의 흐름 예시

화장품 사용 제한 원료

3.1. 화장품에 사용되는 사용 제한 원료의 종류 및 사용 한도

1) '화장품에 사용할 수 없는 원료' 리스트에 포함된 경우

「화장품 안전기준 등에 관한 규정」에 의해 [별표 1] 사용할 수 없는 원료에서 참고가 가능하다.

2) '화장품에 사용상의 제한이 필요한 원료' 리스트에 포함된 경우

「화장품 안전기준 등에 관한 규정」 [별표 2] 사용상의 제한이 필요한 원료에서 참조가 가능하다.

3.2. 착향제(향료) 성분 중 알러지 유발 물질

화장품제조업체에서 향 첨가 시 '향료'로만 표기했었기 때문에 알레르기를 유발하는 물질인지 아닌지의 여부를 확인하기에 어려움이 있었다. 하지만 식품의약품안전처에서 2020년 1월 1일부터 화장품 제조 시 착향제로 사용되는 원료 중에서 알레르기를 유발하는 성분 25가지를 고시하여 이 중 향료로 사용한 성분은 구체적인 명칭을 포장지에 표기해야 한다고 밝혔다. 단, 사용 후 씻어내는 제품에는 0.01% 초과, 사용 후 씻어내지 않는 제품에는 0.001% 초과 함유하는 성분의 경우에 한한다.

[표 2-23] 착향제 구성 성분 중 알레르기 유발 성분

No	성분명	CAS No.
1	나무이끼추출물	CAS No 90028-67-4
2	리날룰	CAS No 78-70-6
3	리모넨	CAS No 5989-27-5
4	메칠2-옥티노에이트	CAS No 111-12 6
5	벤질벤조에이트	CAS No 120-51-4
6	벤질살리실레이트	CAS No 118-58-1
7	벤질신나메이트	CAS No 103-41-3
8	벤질알코올	CAS No 100-51-6
9	부틸페닐메틸프로피오날	CAS No 80-54-6
10	시트랄	CAS No 5392-40-5
11	시트로넬롤	CAS No 106-22-9
12	신나밀알코올	CAS No 104-54-1
13	신남알	CAS No 104-55-2
14	아니스에탄올	CAS No 105-13-5
15	아밀신나밀알코올	CAS No 101-85-9
16	아밀신남알	CAS No 122-40-7
17	알파-이소메칠이오논	CAS No 127-51-5
18	유제놀	CAS No 97-53-0
19	이소유제놀	CAS No 97-54-1
20	제라니올	CAS No 106-24-1
21	참나무이끼추출물	CAS No 90028-68-5
22	쿠마린	CAS No 91-64-5
23	파네솔	CAS No 4602-84-0
24	하이드록시시트로넬알	CAS No 107-75-5
25	헥실신남알	CAS No 101-86-0

표시 · 기재 관련 세부 지침은 다음과 같다.

우선 알레르기 유발성분의 표시 기준 사용 후 씻어내는 제품에서 0.01%, 사용 후 씻어내지 않는 제품에서 0.001%의 산출은 해당 알레르기 유발성분이 제품의 내용량에서 차지하는 함량의 비율로 계산해야 한다. 즉, 사용 후 씻어내지 않는 제품인 바디로션(250g)에 리모넨이 0.05g 포함 시 0.02%의 비율로 기준 수치 0.001%를 초과하므로 반드시 표기해야 하는 것이다.

알레르기 유발성분 함량에 따른 표기 순서를 별도로 정하고 있지는 않다. 하지만 전성분 표시 방법을 적용을 권장하며 [그림 2-12]와 같다.

현재
A, B, C, D, 향료

→ 알레르기 유발성분인 리모넨, 리날룰이 포함된 경우

개선	
1안	A, B, C, D, 향료, 리모넨, 리날룰
2안	A, B, C, D, 리모넨, 향료, 리날룰
3안	A, B, 리모넨, C, D, 향료, 리날룰 (함량 순으로 기재)
4안	~~A, B, C, D, 향료(리모넨, 리날룰)~~
5안	~~A, B, C, D, 향료, 리모넨, 리날룰~~ ~~(알레르기 유발성분)~~

* 1~3안은 가능하며, 4~5안은 소비자 오해 · 오인 우려로 불가함

[그림 2-12] 알레르기 유발성분 표기 개선안

식약처에서는 알레르기가 있는 소비자들의 안전을 확보하기 위하여 전성분에 표시된 성분 외에도 향료 성분에 대한 정보를 하고자 총 25종의 알레르기 유발 성분을 발표하여 별도로 표시하도록 하였다. 다만, 소비자들이 별도로 표시한 성분만 알레르기를 유발하는 것으로 오인할 우려가 있어 전성분 표시제의 표시대상 범위로만 확대한 것이고 사용 시의 주의사항에 기재될 사항은 아니라고 발표하였다. 따라서 전성분에 표기하는 향료 중에 포함된 알레르기 유발성분의 표시에 대해 소비자들이 위험한 물질로 오해할 필요는 없다.

내용량이 10ml(g) ~ 50ml(g) 정도 되는 소용량 화장품은 기존 규정과 동일한 전성분 표시 · 기재로 면적이 부족할 경우 생략이 가능하다. 하지만 해당 정보는 홈페이지 등에서 확인할 수 있도록 하여야 하고, 소용량 화장품일 지라도 표시 면적이 충분할 경우에는 해당 알레르기 유발 성분을 표시해야 한다. 그리고 식물의 꽃, 잎, 줄기 등에서 추출한 에센셜 오일 또는 추출물이 착향의 목적으로 사용된 경우, 해당 성분이 착향제의 특성이 있는 경우에는 알레르기 유발성분을 표시 · 기재하야 한다.

화장품법 시행규칙에서 '화장품 사용 시의 주의사항 · 알레르기 유발성분 표시에 관

한 규정 '착향제의 구성 성분 중 알레르기 유발성분'(개정 2019.12.16., 시행 2020.1.1.)에 근거한 화장품 향료 중 알레르기 유발물질 표시 지침이 나왔다 [표 2-23]. 2020년 01월 01일 부터 제조 · 수입 하는 화장품에 적용하는 이 지침은,

1) 착향제는 '향료'로 표시할 수 있다.
2) 착향제 구성 성분 중 식약처장이 고시한 알레르기 유발성분 (화장품 사용 시의 주의사항 · 알레르기 유발성분 표시에 관한 규정에서 정한 25종)이 있는 경우에는 향료로만 표시할 수 없다.
3) 추가로 해당 성분의 명칭을 기재해야 한다.

또한, 해당 25종 성분의 경우,

1) 사용 후 씻어내는 제품에서 0.01% 초과 시
2) 사용 후 씻어내지 않는 제품에서 0.001% 초과 시

반드시 기재해야 한다.

식약처에서는 이 같은 내용 '화장품 향료 중 알레르기 유발물질 표시 지침'을 발표하면서 경과조치로 2020년 1월 1일 전의 규정에 따라 기재 · 표시된 화장품의 포장은 시행일로부터 1년 동안 사용 가능하다고 발표하였다. 즉, 2020년 이전에 제조한 제품은 해당 제품의 사용기한까지 유통판매가 가능하기 때문에 경과조치 유예기간 종료 후인 2021년에도 유통 · 판매할 수는 있다는 뜻이다. 다만, 식약처에서는 소비자 건강보호라는 이 제도의 취지를 고려할 때 '오버-레이블링(Over-labeling)' 등을 활용해 알레르기 유발 성분을 표시 · 유통할 것을 권장했다.

4

화 · 장 · 품 · 제 · 조 · 및 · 품 · 질 · 관 · 리

화장품 관리

4.1 화장품의 취급 방법

4.1.1 시설기준

화장품 생산 시설(facilities, premises, buildings)이란 화장품을 생산하는 설비와 기기가 들어있는 건물, 작업실, 건물 내의 통로, 갱의실, 손을 씻는 시설 등을 포함하여 원료, 포장재, 완제품, 설비, 기기를 외부와 주위 환경 변화로부터 보호하는 것이다.

화장품 생산에 적합하며, 직원이 안전하고 위생적으로 작업에 종사할 수 있는 시설이 갖추어져야 한다.

화장품 생산 시설은 화장품의 종류, 양, 품질 등에 따라 변화하므로 각 제조업자는 화장품 관련 법령이나 해설서 등을 참고하여 업체 특성에 맞는 적합한 제조시설을 설계하고 건축해야 한다.

4.1.2 안전용기·포장 등

1) 화장품책임판매업자 및 맞춤형화장품판매업자는 화장품을 판매할 때에는 어린이가 화장품을 잘못 사용하여 인체에 위해를 끼치는 사고가 발생하지 아니하도록 안전용기·포장을 사용하여야 한다.

2) 제1항에 따라 안전용기·포장을 사용하여야 할 품목 및 용기·포장의 기준 등에 관하여는 총리령으로 정한다.

(1) 대상

① 단백질 용해가 가능한 아세톤을 함유하는 네일 에나멜 리무버 및 네일폴리시 리무버

② 어린이용 오일(대부분 미네랄오일 99.5) 등 개별 포장당 탄화수소화합물을 10% 이상 함유하고 운동점도가 21센티스톡스(40℃ 기준) 이하인 비에멀젼 타입의 액상 제품

③ 개별 포장당 메틸살리실레이트를 5% 이상 함유하는 액상 제품

(2) 제외사항

1회용 제품, 펌프 또는 방아쇠로 작동되는 분무용기 제품과 압축 분무용기 제품은 대상에서 제외한다.

(3) 안전용기의 요건

성인이 개봉하기는 어렵지 않아도 만 5세 미만의 어린이가 개봉하는 것은 어렵게 된 것이어야 한다.

4.2 화장품의 보관 방법

모든 완제품은 포장 및 유통을 위해 불출되기 전, 해당 제품이 규격서를 준수하고, 지정된 권한을 가진 자에 의해 승인된 것임을 확인하는 절차서가 수립되어야 한다. 또한 절차서는 보관, 출하, 회수 시, 완제품의 품질을 유지할 수 있도록 보장해야 한다. 완제품 관리 항목은 보관, 검체 채취, 보관용 검체, 제품 시험, 합격 · 출하, 판정, 출하, 재고 관리, 반품 등의 순으로 이루어지며 보관방법은 다음과 같다.

1) 완제품은 적절한 조건하의 정해진 장소에서 보관하여야 하며, 주기적으로 재고 점검을 수행해야 한다.

2) 완제품은 시험결과 적합으로 판정되고 품질보증부서 책임자가 출고 승인한 것만을 출고하여야 한다.

3) 출고는 선입선출방식으로 하되, 타당한 사유가 있는 경우에는 그러지 아니할 수 있다.

4) 출고할 제품은 원자재, 부적합품 및 반품된 제품과 구획된 장소에서 보관하여야 한다. 다만 서로 혼동을 일으킬 우려가 없는 시스템에 의하여 보관되는 경우에는 그러하지 아니할 수 있다.

제품 관리를 충분히 실시하기 위해서는 제품에 관한 기초적인 검토 결과를 기재한 CGMP 문서, 작업에 관계되는 절차서, 각종 기록서, 관리 문서가 필요하다. 시장 출하 전에는 모든 완제품은 설정된 시험 방법에 따라 관리되어야 하고, 합격판정기준에 부합하여야 한다. 배치에서 취한 검체가 합격 기준에 부합했을 때만 완제품의 배치를 불출할 수 있다. 완제품의 적절한 보관, 취급 및 유통을 보장하는 절차서가 수립되기 위한 절차서는 다음 사항을 포함해야 한다.

① 적절한 보관 조건(예: 적당한 조명, 온도, 습도, 정렬된 통로 및 보관 구역 등)

② 불출된 완제품, 검사 중인 완제품, 불합격 판정을 받은 완제품은 각각의 상태에 따라 지정된 물리적 장소에 보관하거나 미리 정해진 자동 적재 위치에 저장되어야 한다.

- 수동 또는 전산화 시스템은 다음과 같은 특징을 가진다.
- 재질 및 제품의 관리와 보관은 쉽게 확인할 수 있는 방식으로 수행된다.
- 재질 및 제품의 수령과 철회는 적절히 허가되어야 한다.
- 유통되는 제품은 추적이 용이해야 한다.
- 달리 규정된 경우가 아니라면, 재고 회전은 선입선출 방식으로 사용 및 유통되어야 한다.

③ 파레트에 적재된 모든 재료(또는 기타 용기 형태)는 다음과 같이 표시되어야 한다.

• 명칭 또는 확인 코드
• 제조번호
• 제품의 품질을 유지하기 위해 필요할 경우, 보관 조건
• 불출 상태

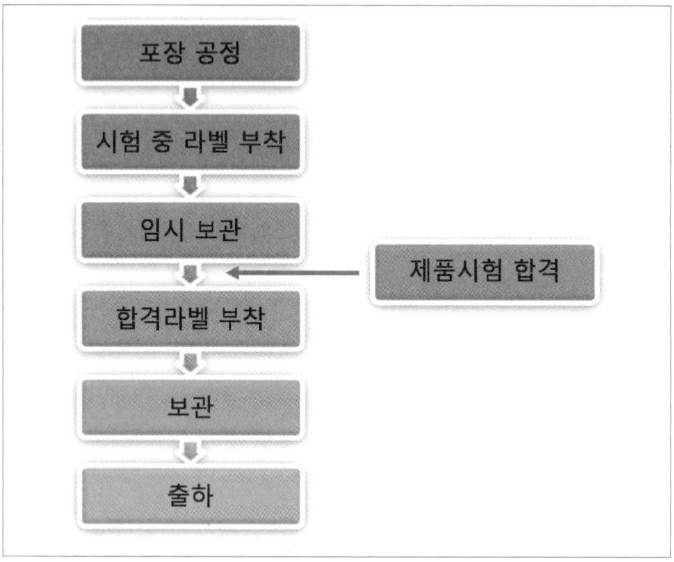

[그림 2-13] 제품의 입고, 보관 및 출하

제품 보관 시 필요한 환경 항목을 아래에 제시하였다. 보관 온도, 습도는 제품의 안정성 시험 결과를 참고로 해서 설정하며, 안정성 시험은 화장품의 보관 조건이나 사용기한과 밀접한 관계가 있다.

제품의 보관 환경
① 출입 제한 ② 오염 방지: 시설 대응과 동선 관리가 필요 ③ 방충 · 방서 대책 ④ 온도 · 습도 · 차광 - 필요한 항목 설정 - 안정성시험결과, 제품표준서 등을 토대로 제품마다 설정

4.3 화장품의 사용 방법

화장품이란 화장품법 제2조에 따라 인체를 청결 · 미화하여 매력을 더하고 용모를 밝게 변화시키거나 피부 · 모발의 건강을 유지 또는 증진하기 위하여,

- 인체에 바르고
- 문지르거나
- 뿌리는 등

이와 유사한 방법으로 사용되는 물품을 말한다.

이처럼 화장품법에서도 언급하듯 인체에 바르고 문지르거나 뿌리는 등의 방법을 이용하여 제품을 사용할 수 있다.

4.3.1 기초화장품 사용 방법

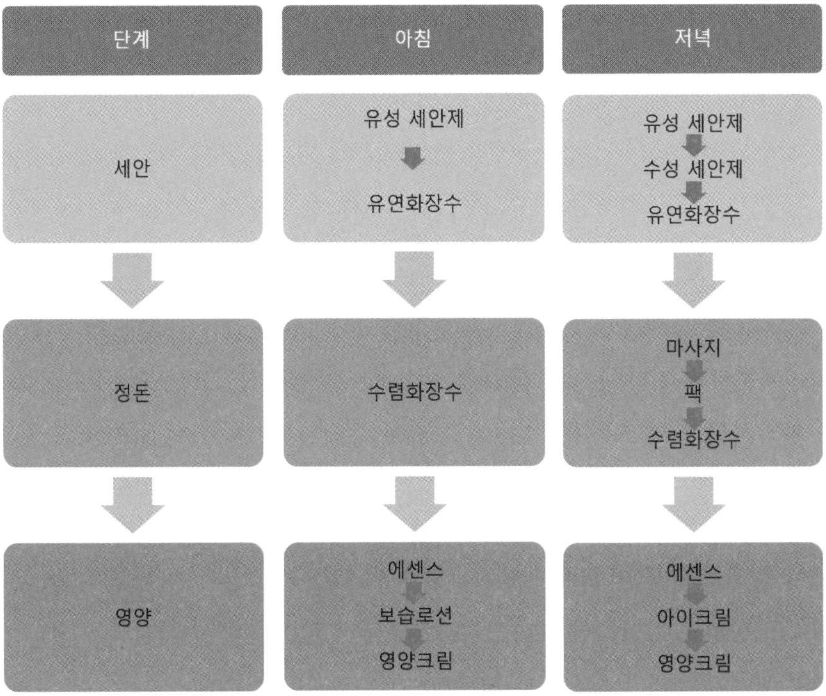

[그림 2-14] 기초 화장품 사용 순서

기초화장품의 사용 단계는 세안, 정돈, 영양으로 나눌 수 있으며 아침과 저녁에 따라 제품의 사용이 달라질 수 있다[그림 2-13].

1) 세안 단계

(1) 유성 세안제

클렌징은 피부 세정하기 위하여 피지, 먼지, 각질이나 색조 화장품의 유성 성분을 깨끗이 제거하는데 그 목적이 있다.

(2) 수성 세안제

수성 세안제는 일반 비누보다 자극이 적으며 보습제, 영양오일, 고단백질, 보호제 등이 함유되어 있어 세안 후 피부 당김을 방지하는 데 도움을 준다. 유성 세안제의 잔여물을 깨끗하게 제거하는 역할을 한다.

(3) 세정용 화장수

세안 제품의 잔여물을 제거하고 유연 효과를 부여하는데 도움을 준다. 화장솜에 적당량을 덜어서 피부결의 방향으로 닦아낸다.

2) 정돈 단계

(1) 마사지크림

손으로 피부를 마찰하여 혈액 순환과 신진대사를 촉진시켜 피부에 영양을 공급하고 피로를 완화시키는 데 도움을 준다.

① 피부를 청결히 한다.
② 3~5g 정도로 충분한 양의 마사지크림을 이용한다.
③ 피부결 방향으로 안쪽에서 바깥쪽으로 원을 그리며 마사지한다.
④ 피부 상태에 따라 3~5분 정도 적용한다.

⑤ 미용 화장지를 이용하여 가볍게 닦아 낸다.

(2) 팩

피부 표면에 적당한 두께로 도포하고 일정 시간 후 제거하는 제품으로 수분 공급, 혈행 촉진과 이물질 제거 등의 효과를 준다.

① 기초화장에서 마사지 다음 단계에 적용한다.
② 온도가 낮은 곳에서 높은 부위로 바른다(양볼 → 턱 → 코 → 이마).
③ 위에서 아래 방향으로 제거한다.
④ 주 1~2회 적용한다.

(3) 수렴 화장수

마사지와 팩 이후 이완된 모공을 축소시키고 피부결을 다듬어 지나친 피지와 땀을 분비하는 것을 조절한다. 화장솜에 충분량을 적셔 두드리는 바른다.

3) 영양 단계

(1) 에센스

피부에 친화력을 증진시키는 제품이다. 보습, 유연, 기능 성분 등 농축 영양 성분이 다량 함유된 다목적용 제품으로 빠른 효과를 볼 수 있다.

(2) 보습 유액

수분, 유분, 보습제로 구성되어 있고, 피부의 정상적인 균형을 유지시켜 준다.

(3) 아이크림

얼굴 중 가장 민감한 눈 주위에 사용하는 전용 크림으로 눈가의 잔주름을 예방하는 데 도움을 준다.

(4) 영양크림

피부에 영양 공급 및 피부 보호막을 형성하여 수분이 날아가는 것을 억제하고 피부를 보호하는 데 도움을 준다.

4.3.2 색조 화장품 사용 방법

[그림 2-15] 색조 화장품 사용 순서

1) 메이크업 베이스

피부색을 자연스럽게 보정하여 깨끗한 피부를 표현할 수 있도록 하며 파운데이션의 밀착감과 지속력을 높이는 역할을 한다. 진주알 정도의 크기를 얼굴 전체에 고르게 펴 바른 후 30초 정도 건조시킨다.

2) 파운데이션

피부의 기미, 주근깨, 잡티 등 결점을 커버하고, 피부톤을 고르게 하여 피부를 아름답게 표현하는 데 도움을 준다. 피부색에 어울리는 색상을 선택하고 퍼프를 이용하여 가볍게 두드리듯이 발라준다. 두 가지 색을 조색하여 사용하면 더욱 효과적이다.

3) 페이스 파우더

유분기를 제거하는 데 탁월하고 깨끗하고 차분해 보이는 피부로 표현해 준다. 또한 파운데이션의 지속력을 높여준다. 분첩에 적당량을 묻혀 분첩을 비벼주어 내용물을 조절하고 손등에서 다시 한 번 조절한 후 피지 분비가 적은 곳부터 눌러주듯이 펴 바른다.

4) 눈썹

얼굴의 형태과 개성에 맞게 눈썹을 그려주고 모발의 색과 유사한 색감으로 표현해 준다.

5) 아이섀도

아름다운 색감과 음영을 통해 눈에 입체감을 주고 개성과 분위기에 따라 인상적인 눈매를 표현한다.

① 눈 주위를 깨끗하게 해 준다.

② 색의 표현이 잘 되도록 화이트 색상처럼 밝은색을 베이스로 깔아준다.

③ 섀도 팁이나 브러시를 이용하여 밝은 색 → 어두운 색 순으로 펴 발라 준다. 단, 색과 색 사이에 경계선이 생기지 않도록 손등에서 여러 번 조절하여 그라데이션을 주면서 밀착감 있고 섬세하게 펴 바른다.

6) 아이라이너

눈매를 또렷하고 선명하게 하여 보다 크고 아름답게 연출한다.

① 액상 형태

- 브러시에 내용물을 묻힌 후 용기 입구에서 적당히 조절한다.
- 먼저 눈 중앙에서 눈꼬리까지 그린 후 다시 눈머리에서 눈꼬리까지 자연스럽게 그려준다.

② 펜슬 형태

- 눈꼬리에서 눈머리를 향해 점막을 채워가며 가늘게 그려준다.

7) 마스카라

속눈썹을 길고 풍성하게 보이도록 하여 더욱 깊이감 있는 눈매를 연출한다.

① 위 속눈썹

속눈썹의 윗면을 마스카라 브러시로 쓸어준 후 다시 아래에서 위로 속눈썹을 지그재그로 쓸어올린다.

② 아래 속눈썹

아래 속눈썹을 좌우로 3~4회 쓸어준 후 다시 위에서 아래로 내려준다.

8) 볼 화장

얼굴에 색감을 주어 건강하고 혈색 있는 피부로 만들고 윤곽이나 명암 등을 표현하여 얼굴에 입체감을 준다. 브러시에 내용물을 묻혀 손등에 조절한 후 광대뼈를 기준으로 자연스럽게 펴 발라 준다.

9) 입술 화장

입술에 유분과 윤기를 부여하여 입술을 보호하며 트는 것을 예방하고 입술에 색감을 주어 아름다움과 세련됨을 표현해 준다. 립 브러시에 내용물을 묻혀 입술 라인을 따라 윤곽을 그린 후 안을 메꾼다.

10) 손톱 화장

네일 에나멜은 분위기, 계절, 의상, 메이크업, 피부색 등을 고려하여 적절한 색상을 선택한다. 베이스코트를 바르고 네일 에나멜을 바른 후 탑코트로 마무리한다.

4.4 화장품의 사용상 주의사항

화장품의 1차 포장이나 2차 포장에는 화장품법 제10조에 따른 필수 기재 문구 사항이 있다. 제품명, 제조업자, 제조판매업자, 사용기한, 제조번호, 전성분, 용량 등과 더불어 '사용할 때의 주의사항' 역시 필수 기재 사항이다. 이 사항은 화장품 법령에서 정하고 있는 필수 내용 기재를 요구한다.

먼저 모든 화장품에 공통적으로 포함되는 문구 사항으로,

1) 공통사항

(1) 화장품 사용 시 또는 사용 후 직사광선에 의하여 사용 부위가 붉은 반점, 부어오름 또는 가려움증 등의 이상 증상이나 부작용이 있는 경우 전문의 등과 상담할 것

(2) 상처가 있는 부위 등에는 사용을 자제할 것

(3) 보관 및 취급 시의 주의사항

① 어린이의 손이 닿지 않는 곳에 보관할 것

② 직사광선을 피해서 보관할 것

2) 개별사항

(1) 미세한 알갱이가 함유되어 있는 스크러브 세안제

알갱이가 눈에 들어갔을 때에는 물로 씻어내고, 이상이 있는 경우에는 전문의와 상담할 것

(2) 팩

눈 주위를 피하여 사용할 것

(3) 두발용, 두발염색용 및 눈 화장용 제품류

눈에 들어갔을 때에는 즉시 씻어낼 것

(4) 모발용 샴푸

① 눈에 들어갔을 때에는 즉시 씻어낼 것
② 사용 후 물로 씻어내지 않으면 탈모 또는 탈색의 원인이 될 수 있으므로 주의할 것

(5) 퍼머넌트 웨이브 제품 및 헤어스트레이트너 제품

① 두피 · 얼굴 · 눈 · 목 · 손 등에 약액이 묻지 않도록 유의하고, 얼굴 등에 약액이 묻었을 때에는 즉시 물로 씻어낼 것
② 특이체질, 생리 또는 출산 전후이거나 질환이 있는 사람 등은 사용을 피할 것
③ 머리카락의 손상 등을 피하기 위하여 용법 · 용량을 지켜야 하며, 가능하면 일부에 시험적으로 사용하여 볼 것
④ 섭씨 15도 이하의 어두운 장소에 보존하고, 색이 변하거나 침전된 경우에는 사용하지 말 것
⑤ 개봉한 제품은 7일 이내에 사용할 것(에어로졸 제품이나 사용 중 공기 유입이 차단되는 용기는 표시하지 아니한다)
⑥ 제2단계 퍼머액 중 그 주성분이 과산화수소인 제품은 검은 머리카락이 갈색으로 변할 수 있으므로 유의하여 사용할 것

(6) 외음부 세정제

① 정해진 용법과 용량을 잘 지켜 사용할 것
② 만 3세 이하 어린이에게는 사용하지 말 것
③ 임신 중에는 사용하지 않는 것이 바람직하며, 분만 직전의 외음부 주위에는 사용하지 말 것
④ 프로필렌글리콜(Propylene glycol)을 함유하고 있으므로 이 성분에 과민하거나 알

레르기 병력이 있는 사람은 신중히 사용할 것(프로필렌글리콜 함유 제품만 표시한다)

(7) 손 · 발의 피부연화 제품(요소제제의 핸드크림 및 풋크림)

① 눈, 코 또는 입 등에 닿지 않도록 주의하여 사용할 것

② 프로필렌글리콜(Propylene glycol)을 함유하고 있으므로 이 성분에 과민하거나 알레르기 병력이 있는 사람은 신중히 사용할 것(프로필렌글리콜 함유 제품만 표시한다)

(8) 체취 방지용 제품

털을 제거한 직후에는 사용하지 말 것

(9) 고압가스를 사용하는 에어로졸 제품[무스의 경우 ①부터 ④까지의 사항은 제외한다]

① 같은 부위에 연속해서 3초 이상 분사하지 말 것

② 가능하면 인체에서 20센티미터 이상 떨어져서 사용할 것

③ 눈 주위 또는 점막 등에 분사하지 말 것. 다만, 자외선 차단제의 경우 얼굴에 직접 분사하지 말고 손에 덜어 얼굴에 바를 것

④ 분사가스는 직접 흡입하지 않도록 주의할 것

⑤ 보관 및 취급상의 주의사항

- 불꽃길이시험에 의한 화염이 인지되지 않는 것으로서 가연성 가스를 사용하지 않는 제품
  - 섭씨 40도 이상의 장소 또는 밀폐된 장소에 보관하지 말 것
  - 사용 후 남은 가스가 없도록 하고 불 속에 버리지 말 것
- 가연성 가스를 사용하는 제품
  - 불꽃을 향하여 사용하지 말 것
  - 난로, 풍로 등 화기 부근 또는 화기를 사용하고 있는 실내에서 사용하지 말 것
  - 섭씨 40도 이상의 장소 또는 밀폐된 장소에서 보관하지 말 것

- 밀폐된 실내에서 사용한 후에는 반드시 환기를 할 것
- 불 속에 버리지 말 것

(10) 고압가스를 사용하지 않는 분무형 자외선 차단제

얼굴에 직접 분사하지 말고 손에 덜어 얼굴에 바를 것

(11) 알파-하이드록시애시드(α-hydroxyacid, AHA)(이하 "AHA"라 한다) 함유 제품

(0.5퍼센트 이하의 AHA가 함유된 제품은 제외한다)

① 햇빛에 대한 피부의 감수성을 증가시킬 수 있으므로 자외선 차단제를 함께 사용할 것(씻어내는 제품 및 두발용 제품은 제외한다)

② 일부에 시험 사용하여 피부 이상을 확인할 것

② 고농도의 AHA 성분이 들어 있어 부작용이 발생할 우려가 있으므로 전문의 등에게 상담할 것(AHA 성분이 10퍼센트를 초과하여 함유되어 있거나 산도가 3.5 미만인 제품만 표시한다)

(12) 염모제(산화염모제와 비산화염모제)

① 다음 분들은 사용하지 마십시오. 사용 후 피부나 신체가 과민 상태로 되거나 피부 이상 반응(부종, 염증 등)이 일어나거나, 현재의 증상이 악화될 가능성이 있습니다.

- 지금까지 이 제품에 배합되어 있는 '과황산염'이 함유된 탈색제로 몸이 부은 경험이 있는 경우, 사용 중 또는 사용 직후에 구역, 구토 등 속이 좋지 않았던 분(이 내용은 '과황산염'이 배합된 염모제에만 표시한다)
- 지금까지 염모제를 사용할 때 피부 이상 반응(부종, 염증 등)이 있었거나, 염색 중 또는 염색 직후에 발진, 발적, 가려움 등이 있거나 구역, 구토 등 속이 좋지 않았던 경험이 있었던 분
- 피부시험(패취테스트, patch test)의 결과, 이상이 발생한 경험이 있는 분
- 두피, 얼굴, 목덜미에 부스럼, 상처, 피부병이 있는 분

- 생리 중, 임신 중 또는 임신할 가능성이 있는 분
- 출산 후, 병중, 병후의 회복 중인 분, 그 밖의 신체에 이상이 있는 분
- 특이체질, 신장질환, 혈액질환이 있는 분
- 미열, 권태감, 두근거림, 호흡곤란의 증상이 지속되거나 코피 등의 출혈이 잦고 생리, 그 밖에 출혈이 멈추기 어려운 증상이 있는 분
- 이 제품에 첨가제로 함유된 프로필렌글리콜에 의하여 알레르기를 일으킬 수 있으므로 이 성분에 과민하거나 알레르기 반응을 보였던 적이 있는 분은 사용 전에 의사 또는 약사와 상의하여 주십시오(프로필렌글리콜 함유 제제에만 표시한다)

② 염모제 사용 전의 주의

- 염색 전 2일전(48시간 전)에는 다음의 순서에 따라 매회 반드시 패취 테스트(patch test)를 실시하여 주십시오. 패취 테스트는 염모제에 부작용이 있는 체질인지 아닌지를 조사하는 테스트입니다. 과거에 아무 이상이 없이 염색한 경우에도 체질의 변화에 따라 알레르기 등 부작용이 발생할 수 있으므로 매회 반드시 실시하여 주십시오. (패취 테스트의 순서 ①~ ④를 그림 2- 등을 사용하여 알기 쉽게 표시하며, 필요 시 사용 상의 주의사항에 "별첨"으로 첨부할 수 있음)
  - 먼저 팔의 안쪽 또는 귀 뒤쪽 머리카락이 난 주변의 피부를 비눗물로 잘 씻고 탈지면으로 가볍게 닦습니다.
  - 다음에 이 제품 소량을 취해 정해진 용법대로 혼합하여 실험액을 준비합니다.
  - 실험액을 앞서 세척한 부위에 동전 크기로 바르고 자연 건조시킨 후 그대로 48시간 방치합니다.(시간을 잘 지킵니다)
  - 테스트 부위의 관찰은 테스트액을 바른 후 30분 그리고 48시간 후 총 2회를 반드시 행하여 주십시오. 그때 도포 부위에 발진, 발적, 가려움, 수포, 자극 등의 피부 등의 이상이 있는 경우에는 손 등으로 만지지 말고 바로 씻어내고 염모는 하지 말아 주십시오. 테스트 도중, 48시간 이전이라도 위와 같은 피부 이상을 느낀 경우에는 바로 테스트를 중지하고 테스트액을 씻어내고 염모는 하지 말아 주십시오.

- 48시간 이내에 이상이 발생하지 않는다면 바로 염모하여 주십시오.

- 눈썹, 속눈썹 등은 위험하므로 사용하지 마십시오. 염모액이 눈에 들어갈 염려가 있습니다. 그 밖에 두발 이외에는 염색하지 말아 주십시오.
- 면도 직후에는 염색하지 말아 주십시오.
- 염모 전후 1주간은 파마 · 웨이브(퍼머넨트웨이브)를 하지 말아 주십시오.

③ 염모 시의 주의

- 염모액 또는 머리를 감는 동안 그 액이 눈에 들어가지 않도록 하여 주십시오. 눈에 들어가면 심한 통증을 발생시키거나 경우에 따라서 눈에 손상(각막의 염증)을 입을 수 있습니다. 만일, 눈에 들어갔을 때는 절대로 손으로 비비지 말고 바로 물 또는 미지근한 물로 15분 이상 잘 씻어 주시고 곧바로 안과 전문의의 진찰을 받으십시오. 임의로 안약 등을 사용하지 마십시오.
- 염색 중에는 목욕을 하거나 염색 전에 머리를 적시거나 감지 말아 주십시오. 땀이나 물방울 등을 통해 염모액이 눈에 들어갈 염려가 있습니다.
- 염모 중에 발진, 발적, 부어오름, 가려움, 강한 자극감 등의 피부 이상이나 구역, 구토 등의 이상을 느꼈을 때는 즉시 염색을 중지하고 염모액을 잘 씻어내 주십시오. 그대로 방치하면 증상이 악화될 수 있습니다.
- 염모액이 피부에 묻었을 때는 곧바로 물 등으로 씻어내 주십시오. 손가락이나 손톱을 보호하기 위하여 장갑을 끼고 염색하여 주십시오.
- 환기가 잘 되는 곳에서 염모하여 주십시오.

④ 염모 후의 주의

- 머리, 얼굴, 목덜미 등에 발진, 발적, 가려움, 수포, 자극 등 피부의 이상 반응이 발생한 경우, 그 부위를 손으로 긁거나 문지르지 말고 바로 피부과 전문의의 진찰을 받으십시오. 임의로 의약품 등을 사용하는 것은 삼가 주십시오.
- 염모 중 또는 염모 후에 속이 안 좋아 지는 등 신체 이상을 느끼는 분은 의사에게 상담하십시오.

⑤ 보관 및 취급상의 주의

- 혼합한 염모액을 밀폐된 용기에 보존하지 말아 주십시오. 혼합한 액으로부터 발생하는 가스의 압력으로 용기가 파손될 염려가 있어 위험합니다. 또한 혼합한 염모액이 위로 튀어 오르거나 주변을 오염시키고 지워지지 않게 됩니다. 혼합한 액의 잔액은 효과가 없으므로 잔액은 반드시 바로 버려 주십시오.
- 용기를 버릴 때는 반드시 뚜껑을 열어서 버려 주십시오.
- 사용 후 혼합하지 않은 액은 직사광선을 피하고 공기와 접촉을 피하여 서늘한 곳에 보관하여 주십시오.

(13) 탈염 · 탈색제

① 다음 분들은 사용하지 마십시오. 사용 후 피부나 신체가 과민상태로 되거나 피부이상 반응을 보이거나, 현재의 증상이 악화될 가능성이 있습니다.

- 두피, 얼굴, 목덜미에 부스럼, 상처, 피부병이 있는 분
- 생리 중, 임신 중 또는 임신할 가능성이 있는 분
- 출산 후, 병중이거나 또는 회복 중에 있는 분, 그 밖에 신체에 이상이 있는 분

② 다음 분들은 신중히 사용하십시오.

- 특이체질, 신장질환, 혈액질환 등의 병력이 있는 분은 피부과 전문의와 상의하여 사용하십시오.
- 이 제품에 첨가제로 함유된 프로필렌글리콜에 의하여 알레르기를 일으킬 수 있으므로 이 성분에 과민하거나 알레르기 반응을 보였던 적이 있는 분은 사용 전에 의사 또는 약사와 상의하여 주십시오.

③ 사용 전의 주의

- 눈썹, 속눈썹에는 위험하므로 사용하지 마십시오. 제품이 눈에 들어갈 염려가 있습니다. 또한, 두발 이외의 부분(손발의 털 등)에는 사용하지 말아 주십시오. 피부에 부작용(피부 이상 반응, 염증 등)이 나타날 수 있습니다.

• 면도 직후에는 사용하지 말아 주십시오.
• 사용을 전후하여 1주일 사이에는 퍼머넌트웨이브 제품 및 헤어스트레이트너 제품을 사용하지 말아 주십시오.

④ 사용 시의 주의
• 제품 또는 머리 감는 동안 제품이 눈에 들어가지 않도록 하여 주십시오. 만일 눈에 들어갔을 때는 절대로 손으로 비비지 말고 바로 물이나 미지근한 물로 15분 이상 씻어 흘려 내시고 곧바로 안과 전문의의 진찰을 받으십시오. 임의로 안약을 사용하는 것은 삼가 주십시오.
• 사용 중에 목욕을 하거나 사용 전에 머리를 적시거나 감지 말아 주십시오. 땀이나 물방울 등을 통해 제품이 눈에 들어갈 염려가 있습니다.
• 사용 중에 발진, 발적, 부어오름, 가려움, 강한 자극감 등 피부의 이상을 느끼면 즉시 사용을 중지하고 잘 씻어내 주십시오.
• 제품이 피부에 묻었을 때는 곧바로 물 등으로 씻어내 주십시오. 손가락이나 손톱을 보호하기 위하여 장갑을 끼고 사용하십시오.
• 환기가 잘 되는 곳에서 사용하여 주십시오.

⑤ 사용 후 주의
• 두피, 얼굴, 목덜미 등에 발진, 발적, 가려움, 수포, 자극 등 피부 이상 반응이 발생한 때에는 그 부위를 손 등으로 긁거나 문지르지 말고 바로 피부과 전문의의 진찰을 받아 주십시오. 임의로 의약품 등을 사용하는 것은 삼가하십시오.
• 사용 중 또는 사용 후에 구역, 구토 등 신체에 이상을 느끼시는 분은 의사에게 상담하십시오.

⑥ 보관 및 취급상의 주의
• 혼합한 제품을 밀폐된 용기에 보존하지 말아 주십시오. 혼합한 제품으로부터 발생하는 가스의 압력으로 용기가 파열될 염려가 있어 위험합니다. 또한, 혼합한 제품이 위로 튀어 오르거나 주변을 오염시키고 지워지지 않게 됩니다. 혼합

한 제품의 잔액은 효과가 없으므로 반드시 바로 버려 주십시오.

• 용기를 버릴 때는 뚜껑을 열어서 버려 주십시오.

(14) 제모제(치오글라이콜릭애씨드 함유 제품에만 표시함)

① 다음과 같은 사람(부위)에는 사용하지 마십시오.

• 생리 전후, 산전, 산후, 병후의 환자
• 얼굴, 상처, 부스럼, 습진, 짓무름, 기타의 염증, 반점 또는 자극이 있는 피부
• 유사 제품에 부작용이 나타난 적이 있는 피부
• 약한 피부 또는 남성의 수염 부위

② 이 제품을 사용하는 동안 다음의 약이나 화장품을 사용하지 마십시오.

• 땀 발생 억제제(Antiperspirant), 향수, 수렴 로션(Astringent Lotion)은 이 제품 사용 후 24시간 후에 사용하십시오.

③ 부종, 홍반, 가려움, 피부염(발진, 알레르기), 광 과민 반응, 중증의 화상 및 수포 등의 증상이 나타날 수 있으므로 이러한 경우 이 제품의 사용을 즉각 중지하고 의사 또는 약사와 상의하십시오.

④ 그 밖의 사용 시 주의사항

• 사용 중 따가운 느낌, 불쾌감, 자극이 발생할 경우 즉시 닦아내어 제거하고 찬물로 씻으며, 불쾌감이나 자극이 지속될 경우 의사 또는 약사와 상의하십시오.
• 자극감이 나타날 수 있으므로 매일 사용하지 마십시오.
• 이 제품의 사용 전후에 비누류를 사용하면 자극감이 나타날 수 있으므로 주의하십시오.
• 이 제품은 외용으로만 사용하십시오.
• 눈에 들어가지 않도록 하며 눈 또는 점막에 닿았을 경우 미지근한 물로 씻어내고 붕산수(농도 약 2%)로 헹구어 내십시오.

- 이 제품을 10분 이상 피부에 방치하거나 피부에서 건조시키지 마십시오.
- 제모에 필요한 시간은 모질(毛質)에 따라 차이가 있을 수 있으므로 정해진 시간 내에 모가 깨끗이 제거되지 않은 경우 2~3일의 간격을두고 사용하십시오.

(15) 그 밖에 화장품의 안전정보와 관련하여 기재 · 표시하도록 식품의약품안전처장이 정하여 고시하는 사용 시의 주의사항

[표 2-24] 화장품의 함유 성분별 사용 시의 주의사항 표시 문구(제2조 관련)

No.	대상 제품	표시 문구
1	과산화수소 및 과산화수소 생성물질 함유 제품	눈에 접촉을 피하고 눈에 들어갔을 때는 즉시 씻어낼 것
2	벤잘코늄클로라이드, 벤잘코늄브로마이드 및 벤잘코늄사카리네이트 함유 제품	눈에 접촉을 피하고 눈에 들어갔을 때는 즉시 씻어낼 것
3	스테아린산아연 함유 제품(기초화장용 제품류 중 파우더 제품에 한함)	사용 시 흡입되지 않도록 주의할 것
4	살리실릭애씨드 및 그 염류 함유 제품 (샴푸 등 사용 후 바로 씻어내는 제품 제외)	만 3세 이하 어린이에게는 사용하지 말 것
5	실버나이트레이트 함유 제품	눈에 접촉을 피하고 눈에 들어갔을 때는 즉시 씻어낼 것
6	아이오도프로피닐부틸카바메이트(IPBC) 함유 제품 (목욕용제품, 샴푸류 및 바디클렌저 제외)	만 3세 이하 어린이에게는 사용하지 말 것
7	알루미늄 및 그 염류 함유 제품 (체취방지용 제품류에 한함)	신장 질환이 있는 사람은 사용 전에 의사, 약사, 한의사와 상의할 것
8	알부틴 2% 이상 함유 제품	알부틴은 「인체적용시험자료」에서 구진과 경미한 가려움이 보고된 예가 있음
9	카민 함유 제품	카민 성분에 과민하거나 알레르기가 있는 사람은 신중히 사용할 것
10	코치닐추출물 함유 제품	코치닐추출물 성분에 과민하거나 알레르기가 있는 사람은 신중히 사용할 것
11	포름알데하이드 0.05% 이상 검출된 제품	포름알데하이드 성분에 과민한 사람은 신중히 사용할 것
12	폴리에톡실레이티드레틴아마이드 0.2% 이상 함유 제품	폴리에톡실레이티드레틴아마이드는 「인체적용시험자료」에서 경미한 발적, 피부건조, 화끈감, 가려움, 구진이 보고된 예가 있음
13	부틸파라벤, 프로필파라벤, 이소부틸파라벤, 또는 이소프로필파라벤 함유 제품(영 · 유아용 제품류 및 기초화장용 제품류(만 3세 이하 어린이가 사용하는 제품) 중 사용 후 씻어내지 않는 제품에 한함)	만 3세 이하 어린이의 기저귀가 닿는 부위에는 사용하지 말 것

4.5 기능성화장품 사용 시의 주의사항

4.5.1 탈모 증상의 완화에 도움을 주는 기능성화장품의 사용 시의 주의사항

1) 모발용 샴푸(wash-off)

1. 화장품 사용 시 또는 사용 후 직사광선에 의하여 사용 부위가 붉은 반점, 부어오름 또는 가려움증 등의 이상 증상이나 부작용이 있는 경우 전문의 등과 상담할 것
2. 상처가 있는 부위 등에는 사용을 자제할 것
3. 보관 및 취급 시의 주의사항
   가. 어린이의 손이 닿지 않는 곳에 보관할 것
   나. 직사광선을 피해서 보관할 것
4. 눈에 들어갔을 때 즉시 씻어낼 것
5. 사용 후 물로 씻어내지 않으면 탈모 또는 탈색의 원인이 될 수 있으므로 주의할 것

2) 모발용 샴푸 외 두발용 제품 (leave-on)

1. 화장품 사용 시 또는 사용 후 직사광선에 의하여 사용 부위가 붉은 반점, 부어오름 또는 가려움증 등의 이상 증상이나 부작용이 있는 경우 전문의 등과 상담할 것
2. 상처가 있는 부위 등에는 사용을 자제할 것
3. 보관 및 취급 시의 주의사항
   가. 어린이의 손이 닿지 않는 곳에 보관할 것
   나. 직사광선을 피해서 보관할 것
4. 눈에 들어갔을 때 즉시 씻어낼 것
5. 알레르기 증상이 나타난 적이 있는 사람은 사용하기 전에 의사 및 약사와 상의할 것 (살리실산을 함유하는 제품은 다음의 사항을 추가할 것)
6. 만 3세 이하 어린이에게는 사용하지 말 것
7. 살리실산에 과민증이 있거나 당뇨병, 혈액순환장애, 신부전장애, 감염, 발적 등이 있는 사람, 생리 중, 임신 중 또는 임신할 가능성이 있는 사람은 사용 후 피부나 신체가 과민 상태로 되거나 피부 이상 반응(부종, 염증 등)이 일어나는 등 현재의 증상이 악화될 가능성이 있으므로 사용을 피할 것

4.5.2 여드름성 피부를 완화하는 데 도움을 주는 기능성화장품의 사용 시의 주의사항

1. 화장품 사용 시 또는 사용 후 직사광선에 의하여 사용 부위가 붉은 반점, 부어오름 또는 가려움증 등의 이상 증상이나 부작용이 있는 경우 전문의 등과 상담할 것
2. 상처가 있는 부위 등에는 사용을 자제할 것
3. 보관 및 취급 시의 주의사항
   가. 어린이의 손이 닿지 않는 곳에 보관할 것
   나. 직사광선을 피해서 보관할 것
4. 눈에 들어갔을 때에는 물로 씻어내고, 이상이 있는 경우에는 전문의 등과 상담할 것

(살리실산을 함유하는 제품은 다음의 사항을 추가할 것)

5. 만 3세 이하 어린이에게는 사용하지 말 것
6. 대량을 광범위한 부위에 적용하거나 장기간 사용하는 경우 부작용이 나타나기 쉬우므로 주의해서 사용할 것
7. 살리실산에 과민증이 있거나 당뇨병, 혈액순환장애, 신부전장애, 감염, 발적 등이 있는 사람, 생리 중, 임신 중 또는 임신할 가능성이 있는 사람은 사용 후 피부나 신체가 과민 상태로 되거나 피부 이상 반응(부종, 염증 등)이 일어나는 등 현재의 증상이 악화될 가능성이 있으므로 사용을 피할 것

5

화 · 장 · 품 · 제 · 조 · 및 · 품 · 질 · 관 · 리

위해 사례 판단 및 보고

5.1 위해 여부 판단

5.1.1 화장품 안전의 일반사항

화장품 안전의 일반사항은 제품 설명서나 표시사항 등에 따라 정상적으로 사용하거나 예측이 가능한 사용 조건에 따른 사용에서 인체에 안전하여야 한다. 화장품은 소비자뿐만 아닌 화장품을 직업적으로 하는 미용사나 피부미용사 등 전문가들에게도 안전해야 한다. 특히, 화장품은 피부에 직접적으로 적용하기 때문에 피부 자극이나 감작이 우선적으로 고려될 수 있고, 빛에 의한 광감각 등의 광자극 역시 고려될 수 있다. 두피나 안면에 적용하는 제품들은 눈에 들어가 안점막을 자극하는 상황도 고려될 수 있다.

또한, 립스틱이나 스프레이 등 사용방법에 따라 피부 흡수 또는 예측이 가능한 경구 섭취, 흡입 독성에 의한 전신독성이 고려될 수 있기 때문에 화장품 안전의 확인은 화장품 원료를 선정하는 것부터 화장품을 사용하는 기한까지 전반적인 접근이 요구된다. 각각의 제품에 따라 제품에 대한 위해평가는 달라질 수 있지만 일반적인 화장품의 위험성은 각 원료 성분의 독성 자료를 기반으로 한다. 하지만, 모든 원료 성분에 대한 과학적 관점의 독성 자료가 필요하지는 않다. 현재 활용 가능한 자료를 우선적으로 검토하여 개인별 화장품 사용에 대한 편차를 고려하고 일반적으로 일어날 수 있는 최대 사용 환경에서 화장품 성분 위해평가는 이뤄진다. 따라서 화장품제조업자는 사용하는 성분에 대한 안전성 자료를 확보하기 위한 최대의 노력을 기울여야 하고 최대한 활용될 수 있도록 해야 한다.

독성 자료는 OECD 가이드라인 등 국제적으로 인정된 프로토콜에 따라 우선적으로 고려할 수 있고, 과학적으로 알려진 타당한 방법으로 수행된 자료뿐만 아니라 국제적

으로 입증된 동물대체시험법을 활용한 자료도 가능하다. 위해평가는 화장품 성분의 특성에 따라 과학적인 방법으로 평가하는 것이 바람직하다.

화장품법 제17조에 따르면 화장품 원료 등의 위해평가는 다음과 같다.

(1) 법 제8조 제3항에 따른 위해평가는 다음 각호의 확인 · 결정 · 평가 등의 과정을 거쳐 실시한다.

① 위해요소의 인체 내 독성을 확인하는 위험성 확인 과정

② 위해요소의 인체노출 허용량을 산출하는 위험성 결정 과정

③ 위해요소가 인체에 노출된 양을 산출하는 노출평가 과정

④ 제1호부터 제3호까지의 결과를 종합하여 인체에 미치는 위해 영향을 판단하는 위해도 결정 과정

(2) 식품의약품안전처장은 제1항에 따른 결과를 근거로 식품의약품안전처장이 정하는 기준에 따라 위해 여부를 결정한다. 다만, 해당 화장품 원료 등에 대하여 국내외의 연구 · 검사기관에서 이미 위해평가를 실시하였거나 위해요소에 대한 과학적 시험 · 분석 자료가 있는 경우에는 그 자료를 근거로 위해 여부를 결정할 수 있다.

(3) 제1항 및 제2항에 따른 위해평가의 기준, 방법 등에 관한 세부 사항은 식품의약품안전처장이 정하여 고시한다.

제17조의2에 따르면 지정 · 고시된 원료의 사용기준의 안전성 검토는 다음과 같다.

(1) 법 제8조 제5항에 따른 지정 · 고시된 원료의 사용기준의 안전성 검토 주기는 5년으로 한다.

(2) 식품의약품안전처장은 법 제8조 제5항에 따라 지정 · 고시된 원료의 사용기준의 안전성을 검토할 때에는 사전에 안전성 검토 대상을 선정하여 실시해야 한다.

5.1.2 화장품 성분

(1) 화장품 성분은 화학물질이거나 천연물 등일 수 있고, 경우에 따라 단독으로 쓰이거나 혼합물로 사용될 수 있다. 원료 성분의 안전성이 확보되어야 최종 제품의 안전성을 확보할 수 있다.

(2) 사용하고자 하는 성분은 사용한도에 적합하고 화장품의 제조에 사용 불가한 원료로 식약처장이 지정고시한 것이 아니어야 한다.

(3) 미량의 중금속이나 불순물 등, 제조공정이나 보관 중에 생길 수 있는 비의도적 오염물질을 최대한 줄이기 위한 충분한 조치를 취하여야 한다. 그럼에도 불구하고 오염물질이 존재할 경우 그 안전성은 노출량 등을 고려하여 사안별(case by case)로 검토되어야 한다.

(4) 화장품 성분의 화학구조에 따라 물리적, 화학적 및 생물학적 반응이 결정되며 조성 내 다른 성분들과의 상호작용, 화학적 순도 및 피부 투과 등에 의해 효능과 안전성 및 안정성에 영향을 미칠 수 있다.

(5) 니트로스아민의 형성과 같은 불순물 간의 상호작용 가능성과 식물 유래 및 동물에서 추출한 성분에 살충제, 농약, 금속물질 및 전염성 해면상 뇌병증(transmissible spongiform encephalopathy, TSE) 유발 물질 등의 생물학적으로 해를 끼칠 수 있는 인자가 함유되어 있을 가능성에 특히 주의를 기울여야 한다.

(6) 화장품 성분이 피부를 투과하면 국소 및 전신 작용에도 영향을 미칠 수 있다. 다른 성분이 해당 성분의 피부 투과에 영향을 줄 수 있고, 그 성분 자체만이 아니라 매질 등도 감작성 평가 영향을 미칠 수 있다.

(7) 노출 조건에 따라 화장품 성분의 안전성은 달라질 수 있다. 노출조건은 화장품의 형태, 농도, 햇빛의 영향, 접촉 빈도 및 기간, 관련 체표 면적 등에 따라 달라질 수 있기 때문에 위해평가는 예측 가능한 다양한 노출 조건, 고농도 및 고용량 등 최악의 노출 조건까지 고려해야 한다.

5.1.3 최종 제품

(1) 최종 제품은 적절한 조건에서 보관할 때 사용기한이나 유통기한 동안 안전하여야 한다.

(2) 제품의 안전성은 각 성분의 독성학적 특징, 신물질의 함유 여부나 유사한 조성의 제품을 사용한 경험 등을 참고하여 전반적으로 검토한다.

(3) 최종 제품의 안전성 평가는 성분 평가가 원칙이다. 하지만 제품의 제조, 또는 유통과 사용 시 발생할 수 있는 미생물의 오염에 대해서도 고려할 필요가 있다.

5.2 위해 사례 보고

5.2.1 위해평가의 정의

위해평가란 화장품에 존재하는 위해요소로부터 인체가 노출되었을 때 발생 가능한 유해 영향과 발생 확률을 과학적으로 예측하는 과정으로 4단계인 위험성 확인, 위험성 결정, 노출 평가, 그리고 위해도 결정의 단계에 따라 수행된다.

(1) 위험성 확인(Hazard Identification)은 위해요소에 노출되면서 발생 가능한 독성의 정도와 영향의 종류 등 을 파악하는 과정이다.

(2) 위험성 결정(Hazard Characterization)은 동물 실험결과 등으로 나타나는 독성 기준값을 결정하는 과정이다.

(3) 노출 평가(Exposure Assessment)는 화장품 사용으로부터 위해요소에 노출되는 양이나 노출수준을 정량적 또는 정성적으로 산출하는 과정이다.

(4) 위해도 결정(Risk Characterization)은 위해요소와 이를 함유한 화장품 사용으로부터 발생하는 건강상 영향을 인체 노출 허용량(독성기준값)과 노출 수준을 고려하여 인간에게 미치는 위해의 정도와 발생 빈도 등을 정량적으로 예측하는 과정이다.

5.2.2 위해평가 필요성

[표 2-25] 위해평가 필요성

위해평가 필요한 경우	위해평가 불필요한 경우
• 위해성에 근거하여 사용금지를 설정 • 안전역을 근거로 사용한도를 설정 (보존제 성분 등) • 현 사용한도 성분의 기준 적절성 • 비의도적 오염물질의 기준 설정 • 화장품 안전 이슈 성분의 위해성 • 위해관리 우선순위를 설정 • 인체 위해의 유의한 증거가 없음을 검증	• 불법으로 유해물질을 화장품에 혼입한 경우 • 안전성 , 유효성이 입증되어 기허가된 기능성 화장품 • 위험에 대한 충분한 정보가 부족한 경우

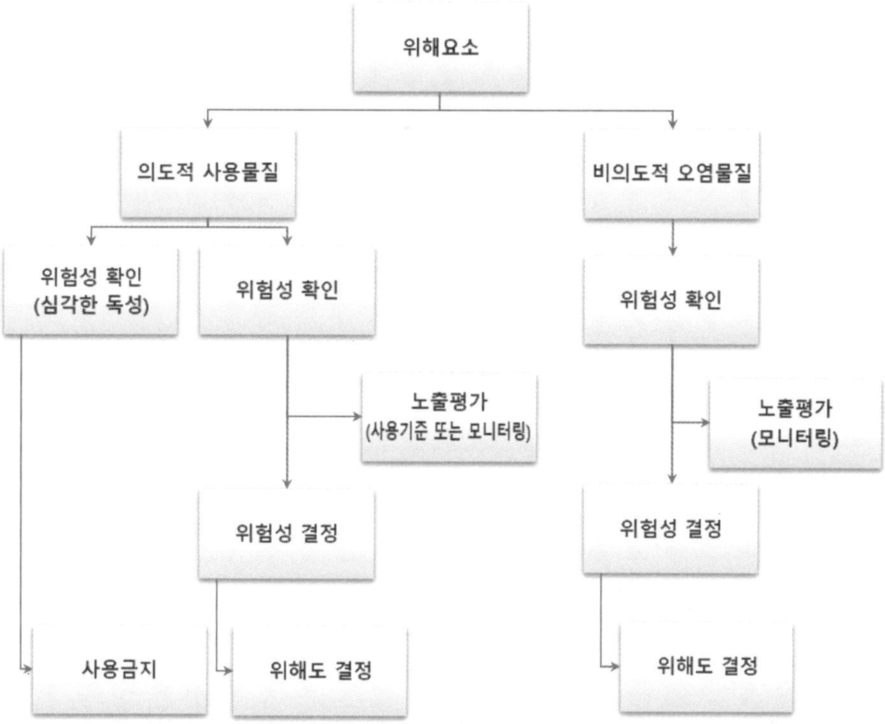

[그림 2-16] 위해요소별 위해평가 유형

5.2.3 위해평가 방법

1) 위해평가 사전 검토사항

(1) 위해평가 단계별 책임자 및 담당자 지정 등 역할을 분담한다.

(2) 위해평가의 목적을 결정한다.

(3) 위해평가에 필요한 정보를 확인한다.

① 문제는 무엇인가?
② 문제는 왜 발생되었는가?
③ 문제는 어떻게 확인되었는가?
④ 문제의 심각성은 어느 정도인가?
⑤ 과거 유사한 문제가 있었는가? 또는 새로운 문제인가?
⑥ 인체 건강에 어떤 영향을 주는가?
⑦ 인체 건강에 미치는 심각성은 어느 정도인가?
⑧ 노출집단과 노출 정도가 확인 가능한가?
⑨ 노출기간은 단기 또는 만성인가? 얼마나 자주 노출되었는가?
⑩ 현재 우리나라 또는 외국에서의 규제 또는 안전관리 기준이 있는가?

(4) 위해평가의 대상을 결정한다.

① 주요 노출집단(어린이 등 민감집단, 고 노출집단, 주요 노출집단 등)을 검토하고 대상범위를 결정
② 위해평가 가이드라인을 참고하여 전략 수립

(5) 위해평가의 범위를 결정한다.

① 위해평가는 비발암위해평가와 발암위해평가로 구분되며 물질의 발암성 여부에 따라 평가방법을 결정

② 대상 제품의 사용방법에 따라 시나리오를 결정

③ 위해평가 결과에 따라 제안 가능한 조치를 파악

(6) 위해평가 소요기간을 정하고 위해관리자에게 소요기간에 대해 통보한다.

(7) 위해평가 시 요구되는 관련 자료 등에 대해 검토한다.

① 화장품 사용량은 위해요소의 특성과 위해평가의 목적, 평가대상에 적합한 자료를 활용한다.(붙임3 참고)

② 인체 노출량 산출에 사용하는 체중은 노출평가를 수행하는 대상 인구집단의 평균체중을 활용한다.

성인평균체중 (19세 이상, 60 kg)

③ 적합한 자료가 없는 경우, 평가의 제한점이나 문서 안에서의 충분한 설명과 함께 과거 자료도 사용 가능하다.

④ 유해물질 모니터링 자료는 다음 사항을 고려한다.

- 위해평가를 목적으로 생산된 자료를 활용하는 것이 가장 좋으나, 기존의 자료들도 활용할 수 있다.
- 개별적으로 실시한 여러 시험결과를 하나의 위해평가에 활용할 경우에는 시험목적, 시료채취범위, 전처리방법, 분석기기, 정량한계 등을 고려하여 동질성이 인정된 값만 활용한다.
- 정량한계(Limit of Quantification, LOQ) 이하 값인 경우 시료 수와 LOQ 이하 값의 분포에 따라 0 또는 LOQ/2 로 처리한다.
- 특정 목적으로 수행된 분석 자료는 일반적인 노출평가를 위한 자료에서 제외한다.

2) 위해평가 세부 수행절차

(1) 배경 및 목적

문제가 발생한 배경 등에 대하여 설명한다.

(2) 위해평가 수행

위해평가는 위험성 확인, 위험성 결정, 노출 평가, 위해도 결정 등 4단계로 수행되며, 단계별 목적, 평가방법 및 결과분석에 대한 내용을 서술한다.

(3) 보고서 작성 및 관리대안 제시

수행된 위해평가 결과 등을 보고서 양식에 따라 문서화하며, 필요시 관리대안을 제시한다.

(4) 전문가 검토

위해평가 과정에서 필요한 경우 관계 전문가의 의견을 청취할 수 있다.

3) 위험성 확인

(1) 위험성 확인은 평가대상 물질에 대하여 최근까지 보고된 국내외 자료들을 조사 · 분석하여 위험성을 확인하는 과정이다.

(2) 평가대상 물질의 독성자료는 현재 가능한 모든 자료를 고려해야 한다. IN VITRO, IN VIVO 및 임상자료, 가능하면 역학자료도 고려하며, 이들 자료는 반드시 출처가 명시되어야 한다.

(3) 임상 및 역학자료는 동양인, 더 바람직하게는 한국인의 연구 결과를 우선 사용한다.

(4) 독성학적 자료의 출처와 수집 방식은 보다 자세히 기술되어 있는 붙임 4) "화장품 위해평가 독성자료 수집법"을 참고할 수 있다.

[표 2-26] 위험성 확인 방법

<table>
<tr><th>주요 내용</th><th>검토 방법</th><th>비고</th></tr>
<tr><td>물리화학적 성질, 사용용도, 사용량, 사용현황 등 조사</td><td rowspan="4">국제기구(WHO, FAO, IPCS, IARC) 및 관련기관 (EPA, FDA, EU집행위, 일본후생성 등)에서 발간된 보고서 등

외국의 SCI급 논문 등</td><td rowspan="4">임산부, 어린이 등 민감집단에 노출 우려시 더욱 신중하게 자료를 검토해야 함</td></tr>
<tr><td>ADME 자료(흡수, 분포, 대사, 배설, 체내 축적성), 피부흡수율 자료 조사</td></tr>
<tr><td>독성자료 조사
• 단기독성, 장기독성, 발암성, 유전독성, 생식독성, 면역독성 등
• 발암성이 있는 경우, 임상 및 동물실험결과 등을 검토하여 발암성 판단 근거자료를 확보</td></tr>
<tr><td>인체역학연구 결과, 독성동태자료 등</td></tr>
</table>

4) 위험성 결정

(1) 위험성 결정은 평가대상 물질의 인체 또는 동물 독성자료 등을 토대로 위해도 결정시 활용되는 독성기준값(NOAEL, NESIL, BMDL)을 설정하는 단계이다.

(2) 화장품 사용에 따른 노출 경로와 같은 자료를 우선으로 고려할 수 있으나, 피부 독성자료가 없을 경우 경구 독성 자료를 활용할 수 있다.

(3) 아래 표와 같이 독성자료를 활용하여 피부 노출에 필요한 위험성 결정 자료를 구할 수 있다.

(4) 피부 노출 상황에 상응하는 독성자료의 활용

[표 2-27] 독성자료 활용

노출기간	독성자료(용량-반응평가 자료)	비고
급성	Acute Dermal Toxicity(24시간)	1일 또는 1회 노출 시 적용
단기	Short-term Dermal Toxicity 또는 Oral Toxicity(21일~28일 → NOAEL 확인	1일~2주 노출 시 적용
아만성	Subchronic Dermal Toxicity 또는 Oral Toxicity(90일) → NOAEL 확인	2주~13주 노출 시 적용
만성	Chronic Dermal NOAEL 또는 Oral Toxicity → NOAEL 확인	2년 이상 노출 시 적용

아래의 방법은 국제기구 및 신뢰성 있는 국내·외 위해평가기관 등에서 평가한 위험성 결정 방법을 인용한 것으로 이를 참고할 수 있다.

[표 2-28] 위험성 결정 방법

주요 내용	검토 방법
물질에 대한 NOAEL, NESIL, LOAEL, BMDL 등 조사	WHO, 미국, 일본, 호주, 캐나다 등 선진국 자료 활용
ㅇ 인체독성시험자료 또는 동물독성시험 자료를 활용하여 독성값(NOAEL, BMDL 등) 산출 - 동물실험자료를 이용하여 사람으로 외삽 적용 시 불확실성계수 10~10,000의 범위에서 적용 - 가장 타당한 독성시험으로부터 가장 민감한 독성 종말점 선택	ㅇ 불확실성 계수 적용 - 동물과 사람 1~10, 사람 간 민감도 1~10을 기본적으로 고려한다. 그 외 다음과 같은 경우에 불확실성 계수를 추가적으로 고려할 수 있다. 최소 독성량 (LOAEL, Lowest observed adverse effect level)을 NOAEL 대신 사용할 경우, 계수 3을 고려하거나, 아만성독성시험(90일) 미만의 시험기간 자료만 있을 경우에도 계수 3을 추가적으로 고려할 수 있다. 단, 이는 사례별(case-by-case)로 결정되며 추가적인 계수는 1~10을사용한다 ㅇ 독성 종말점 선택은 체중 감소, 장기무게 감소, 조직학적 변화, 그 밖의 독성시험결과 및 인체역학결과 등을 활용
ㅇ 완전 발암물질은 아니나, NOAEL 설정을 위한 자료가 부족한 경우 BMDL을 이용한 평가 권장 ㅇ 유전독성, 발암성 유무에 따라 평가방법이 달라질 수 있음 - 유전독성, 발암성이 있어 NOAEL 값이 없는 경우 LOAEL 또는 BMDL값 사용 - 발암물질의 경우 평생발암위험도 (Lifetime Cancer Risk), BMDL10을 통한 안전역 등 산출	ㅇ 평생발암위험도(Lifetime Cancer Risk) 접근법에 기초하여 산출 - T25는 그 동물종의 평균수명기간 사이의 자연 발생적 발암률을 보정한 후에 실험동물 중 25 %에서 특정 조직 부위에 종양이 발생하는 만성용량 비율임 ㅇ BMDL는 용량 반응 모델링에 기초하여 산출 - BMD의 lower 95% 신뢰구간에 해당하는 양을 BMDL이라 함 - 동물실험결과로부터 외삽된 그래프에서 통상 control로부터 10% (BMDL10) 종양발생률을 나타내는 양을 산출 (EFSA; 2005, 2009, SCCS/1564/15)
ㅇ 노출경로가 피부가 아닌 경구일 경우 피부 자료로 변환하여 사용	ㅇ 경구 투여 시 생체이용률(Bioavailability)을 고려하여 적용 가능

5) 노출평가

(1) 노출평가는 화장품 사용량, 피부흡수율 등의 관련 자료를 토대로 가상의 시나리오를 설정하여 이에 따른 인체노출량을 정량적으로 산출하는 과정이다.

(2) 화장품의 유형은 다양하며 그 유형에 따라 사용방법도 다양하므로 화장품 위해 평가는 화장품 유형별 사용방법을 고려한 노출 시나리오를 설정하여 노출평가를 하는 것을 권고하고 있으며, 노출 시나리오는 아래의 수행방법 등을 참고한다.

- 예를 들어 립스틱과 같은 입술 또는 입 주위에 사용되는 제품은 어느 정도의 경구 노출을 고려할 수 있으며, 아이섀도와 같이 눈 주위에 사용하는 제품은 결막과의 접촉을 고려할 수 있다.
- 샴푸, 린스 등은 사용 시 물에 희석된 형태로 사용되고, 적용범위는 넓지만 사용 후 신속하게 씻어내는 점을 고려할 수 있다.
- 바디로션 등은 신체의 넓은 범위에 적용되어 피부와 접촉한 상태로 잔류할 가능성이 있음을 고려할 수 있다.

[표 2-29] 노출 시나리오

주요 내용	수행 방법
노출 시나리오 작성	위험에 노출된 대상이 누구이며, 어떻게 노출되었는지에 대해 보다 명확한 판단을 하기 위해 노출 시나리오를 설정하고 노출량을 평가 - 단일 또는 함께 사용할 경우의 인체노출량을 제품별 특성에 따라 경구, 피부노출 경로를 고려하여 시나리오 설정 - 인체피부노출량 계산 시에는 제품 사용 시 접촉할 수 있는 피부 면적 (예; 입술, 손톱, 목 등)을 고려 - 유해 성분의 오염도 자료는 제품의 종류, 제품 사용량을 고려하여 노출량 산출
노출 시나리오 작성 시 고려 사항	- 1일 사용횟수 - 1일 사용량 또는 1 회 사용량 - 피부흡수율 - 소비자 유형(예, 어린이) - 제품접촉 피부면적 - 적용방법(예, 씻어내는 제품, 바르는 제품 등)

6) 피부로 노출된 전신노출량 (systemic exposure dosage, SED) 산출

- 피부로 노출된 경우의 전신노출량(SED) 산출은 다음과 같다

- 전신노출량은 일정 시간 후에 흡수된 물질의 단위면적당 피부흡수량 또는 제품

중 적용물질의 양을 기초로 한 흡수율로부터 구할 수 있다. 흡수비율을 이용할 경우 결과수치는 피부에 적용되는 용량 및 면적에 따라 좌우된다. 아래의 두가지 방법이 있다(SCCS/1564/15)

(1) 단위면적당 피부흡수량 (μg/cm2)을 기초로 한 전신노출량 산출

$$SED = \frac{DAa(\mu g/cm2) \times 10\text{-}3mg/\mu g \times SSA(cm2) \times F(day\text{-}1)}{60\ kg}$$

SED (mg/kg bw/day) : 전신노출량(Systemic Exposure Dosage)
SAa (μg/cm2) : 평가대상 물질의 피부흡수량
SSA (cm2) : 평가 대상 물질이 함유된 화장품을 도포한 피부 표면적
(제형에 따른 skin surface ares (SSA) 수치는 [표 2-30]을 참고)
F (day-1) : 평가 대상 물질이 함유된 화장품의 사용 빈도
60 kg : 성인 평균 체중

전신노출량 산출 시 잔류지수(RF)를 고려할 수 있다.

(2) 평가대상 물질의 제품 중 함유 양(%)을 기초로 한 전신노출량 산출

$$SED = \frac{A(g/day) \times 1000mg/g \times C(\%)/100 \times DAp(\%)/100}{60\ kg}$$

SED (mg/kg bw/day) : 전신노출량(Systemic Exposure Dosage)
A (g/day) : 화장품의 1일사용량 (붙임 화장품 제형에 따른 1일 사용량 참고)
C (%) : 화장품 중 평가 대상 물질의 농도
DAp(%) : 평가 대상 물질의 피부 흡수율
60 kg : 성인 평균 체중

- 화장품 전유형 및 보존제에 대한 통합 일일 사용량은 16.9 g/day를 적용할 수 있다.
- 유형별로 화장품을 평가할 경우 [표 2-33]에 따라 화장품 유형별 사용량을 고려하여 평가할 수 있다.
- 피부흡수율은 문헌에 보고된 값이나 실험값 중 신뢰성 있는 값을 선택하여 적용함. 다만, 자료가 없는 경우 보수적으로 50%로 적용할 수 있다.

• 피부 단위면적당 노출량을 평가할 경우 체표면적은 [표 2-30], [표 2-31]에서 제시된 값을 적용할 수 있다.

[표 2-30] 화장품 노출 인자 (피부 표면적) *

제품형태	피부 표면적(RIVM)		EPA 등적표면적 (㎠)
	표면적 (㎠)	매개변수	
모발 관리 (Hair care)			
샴푸	1440	양손 면적 + 1/2 머리 면적	1430
헤어 컨디셔너			
헤어 스프레이	565	여성의 1/2 머리 면적	555
헤어 스타일링 젤	1010	1/2 양손 면적, 1/2 머리 면적	1010
헤어 스타일링 무스			
반영구형 염모제 (로션)	580	1/2 머리 면적	590
산화성/영구적 염모제			
모발 탈색제			
모발 고정용 로션			
목욕 및 샤워 (Bathing, showering)			
손세척용 액상 비누	860	양손 면적	840
손세척용 고형 비누			
샤워용 액상 비누	17500	총 신체 면적	19400
샤워용 고형 비누			
목욕용 거품제	16340	신체면적 - 머리 면적	
목욕용 염제			
목용용 오일			
피부 관리 (Skin care)			
얼굴용 크림	565	여성의 1/2 머리 면적	555
바디 로숀	45670	신체 면적- 여성의 머리 면적	
핸드 크림	860	양손 면적	840
벗기는/문지르는 젤	565	여성의 1/2 머리 면적	555
얼굴 팩	565	여성의 1/2 머리 면적	555
바디 팩	45670	신체 면적- 여성의 머리 면적	
피부 미백 크림	565	1/2 머리 면적, 여성	555
메이크업 및 손톱 관리 (Make-up and nail care)			
액체 파운데이션	565	여성의 1/2 머리 면적	555
메이크업 리무버			
아이섀도	24		

마스카라	1.6		
아이라이너	3.2		
아이 메이크업 리무버	50		
손톱 광택제	4		
손톱 광택제 제거제	11		
립스틱, 입술크림	4.8	cf) Ferrario et al. 2000	
방취제 (Deodorant)			
데오도런트 스틱형/롤러형	200	양쪽 겨드랑이	
데오도런트 스프레이			
발관리 (Foot care)			
제한용 풋크림	1170	양발 면적	1120
향균용 풋크림			

* 여기서는 피부노출만 고려된다.

[표 2-31] 화장품 노출 인자 (피부 표면적) *

제품형태	피부 표면적(RIVM)		EPA 등적표면적 (㎠)
	표면적 (㎠)	매개변수	
방향제 (Fragrances)			
EPA 등적표면적	200		
(㎠)	100		
남성용 화장품 (Men's cosmetics)			
면도용 크림	305	남성의 1/4 머리 면적	325
에프터쉐이브			
햇빛 관리 화장품 (Sun care cosmetics)			
햇빛 차단용 로숀	17500	총 신체면적	19400
햇빛 차단용 크림			
아기용품 (Baby care)			
베이비 크림	190		
베이비 오일			
베이비 파우더			
기타 (Miscellaneous)			
탈모용 크림	5530	여성의 다리 면적	5460
마사지용 정유	16340	신체 면적- 머리 면적	
목욕용 정유			
소아용 얼굴 물감	475	1/2 소아 머리 면적 (4.5세)	496
성인용 얼굴 물감	580	2/1 머리 면적	650

* 잔류지수 (retention factor)는 것은 피부나 머리카락에 제품 (샤워 젤, 샴푸 등)을 사용함으로써 발생하는 세척 및 희석 효과를 보정하기 위해 SCCNFP에 의해 사용된 지수임 [SCCNFP/0321/00]

[표 2-32] 한국인의 화장품 사용량

제품 유형	추정 일일 사용량 (g/day)(90%)	체중 당 일일 사용량 (mg/kg bw/day)	잔류 진수 (Retention factor	계산된 일일 사용량 (g/day)	계산된 체중 당 일일 사용량 (mg/kg bw/day)
목욕, 샤워 및 인체세정 제품					
샤워 젤	10.40	161.55	0.01	0.10	1.62
손 세척 비누	24.04	382.15	0.01	0.24	3.82
물휴지	4.57	71.15	1.0	4.57	71.15
모발 케어 (남녀)					
샴푸	9.25	151.84	0.01	0.09	1.52
헤어 컨디셔너	6.10	102.88	0.01	0.06	1.03
헤어스타일링제품 (남녀)	2.76	40.05	0.1	0.28	4.0
피부관리 (남녀)					
바디로션	5.48	92.23	1.0	5.48	92.23
얼굴크림	1.76	29.14	1.0	1.76	29.14
핸드 크림	1.38	23.59	1.0	1.38	23.59
메이크업 (여성)					
액체 파운데이션	0.30	5.28	1.0	0.30	5.28
메이크업 리무버 (클렌징 크림/오일)	2.14	36.95	0.1	0.21	3.70
아이섀도	0.02	0.29	1.0	0.02	0.29
마스카라	0.03	0.50	1.0	0.03	0.50
립스틱, 입술보호제	0.05	0.87	1.0	0.05	0.87
데오도런트(남녀)					
비분무형 데오도런트	2.33	36.12	1.0	2.33	36.12

[표 2-33] 한국인의 화장품 사용으로 인한 보존제 통합 노출 계산

노출 유형	제품	g/day	mg/kg bw/day
사용 후 씻어내는 피부 및 모발 클렌징 제품	샤워 젤	0.10	1.62
	손 세척 비누	0.24	3.82
	샴푸	0.09	1.52
	헤어 컨디셔너	0.06	1.03

사용 후 씻어내지 않는 피부 및 모발 관리 제품	바디로션	5.48	92.23
	얼굴 크림	1.76	29.14
	핸드크림	1.38	23.59
	비 분무형 데오도런트	2.33	36.12
	헤어 스타일링	0.28	4.0
	물휴지	4.57	71.15
메이크업 제품	액체 파운데션	0.30	5.28
	메이크업 리무버	0.21	3.70
	아이 메이크업	0.02	0.29
	마스카라	0.03	0.50
	립스틱	0.05	0.87
	아이라이너	0.01	0.23
Total		±16.9	275

(3) 영 · 유아 및 소아용 제품의 노출량은 다음의 사항을 고려할 수 있다. (Renwick, 1998, SCCS/1564/15)

① 모든 영 · 유아 및 소아용 제품: 체중 대비 피부 표면적의 비율을 고려할 수 있다

- 출생 시 신생아의 경우 성인보다 2.3배 높음
- 출생 후 6개월 후에는 1.8배 높음
- 출생 후 12개월 후에는 1.6배 높음
- 출생 후 5년 후에는 1.5배 높음
- 출생 후 10년 후에는 1.3배 높음

② 엉덩이에 사용할 가능성이 높은 제품: 체계적 노출 용량을 계산할 때, 엉덩이는 민감한 부분임을 고려하여, 100% 피부흡수율을 적용할 수 있다.

③ 엉덩이 도포용이 아닌 모든 제품: 피부 흡수에 대한 데이터를 이용할 수 없거나 모델링을 통한 예측만 존재하는 경우 100% 피부흡수율을 적용할 수 있다.

④ '씻어내는'제품: 사용법에 따라 씻어내는 제품은 잔류지수 (RF)을 측정할 수 있으며, 잔류인자를 이용할 수 없는 경우 10%의 잔류지수를 적용할 수 있다.

⑤ 일반적으로 10세 이하의 영·유아 및 소아에 대한 불확실성 계수의 추가는 이미 사람 간 변동성에서 고려되었으므로 필요가 없다.

7) 피부흡수율 평가

화장품 성분의 인체 노출은 주로 피부를 통해서 이뤄진다. 혈관과 림프관을 통하여 순환하기 위하여 화장품 성분은 흡수율 결정층(rate-determining layer)으로 고려되는 각질층의 피부 세포층을 통과하여야 한다. 이 과정에서 이들 화장품 성분의 분자량 및 전하량, 제형의 친유성, 각질의 두께 및 구성 성분(신체 부위에 의존적임), 노출 기간, 피부 적용량, 적용 농도, 노출방법(차폐 또는 비차폐), 수용체와 같은 다양한 요소들이 중요한 역할을 한다(SCCS/1564/15, 2016).

피부 흡수 과정은 물질이 피부를 통과하는 일련의 과정을 설명하는 국제적인 용어로 이들 과정은 세 단계로 나눠진다(WHO, 2006).

- 통과(penetration)는 각질층으로 성분 물질이 들어가는 것처럼 물질이 특정 층이나 구조로 들어가는 것을 말한다.
- 침투(permeation)는 한 층에서 다른 층으로 통과하는 것을 말하며 이때 두 개의 층은 기능 및 구조적으로 다르다.
- 흡수(resorption)는 물질이 전신(lymph and/or blood vessel)으로 흡수되는 것을 말한다.

(1) 피부흡수율 대한 가이드라인

피부흡수율은 원칙적으로 생체내 또는 생체외 실험을 통해 얻어진다. 실험은 공식적인 식약처 생체외 피부흡수시험 가이드라인을 따르거나, EU 와 OECD 시험방법(EC, 2008; OECD, 2004a, b)을 따를 수 있다. 화장품 성분에 대한 생체외 피부흡수율 연구를 수행할 때 식약처 생체외 피부흡수시험 가이드라인과 SCCS의 기준(SCCS/1358/10)과 함께 EU와 OECD의 가이드라인을 고려할 수 있다.

생체 내 연구의 경우 피부 적용에 따른 생체이용률(Bioavailability) 산출이 가장 바람직한 연구 방법이나 필요에 따라, 피부흡수율 산정을 위한 과학적인 적용 방법도 가능하다.

(2) 피부흡수율에 대한 고려사항

피부흡수율을 고려할 때 제형이 성분들의 생체이용률에 영향을 줄 수 있는가에 대해 아는 것이 중요하다. 특정 성분의 피부흡수를 용이하게 하기 위하여 많은 흡수강화제와 첨가제(리포좀 등)를 화장품 제형에 첨가하고 있다.

그와 같은 제형에서 심층적인 연구가 부재한 성분의 경우 피부흡수율을 생체이용률 50%로 추정하여 적용할 수 있다. 이러한 보수적인 피부흡수율(50%)은 피부흡수율 자료가 없거나 기존에 보고된 자료가 적합하지 않을 경우 적용할수 있다(SCCS/1564/15, 2016).

표피(각질 제외), 진피, 수용액에서 측정된 양을 피부에 흡수된 것으로 고려하고, 추가적인 수치를 산출을 하는데 있어 참작할 수 있다. 매우 낮은 피부흡수율을 나타내고 제한적으로 피부에 침투(permeation)하는 물질의 경우, 피부(skin reservoir)에서 수용액으로 이동하지 않는 것이 증명되면 표피에서 측정된 양을 제외할 수 있다 (Yourick et al., 2004; WHO, 2006). 불순물이 아닌 활성물질에 대한 생체외 피부흡수율 연구에서 물에 거의 녹지 않는 물질을 적절하게 수용액에서 검출하는 것이 중요하다. 나노물질의 경우, 그 물질이 피부를 통해 나노입자로 흡수되는지 화학적으로 용해된 상태로 흡수되는지 확인하는 것이 중요하다.

연구가 식약처의 모든 기본요건을 충족하였을 때, 일반적으로 평균값 + 2×표준편차를 인체노출량 계산에 사용할 수 있다 평균값을 사용하지 않는 이유는 생체외 피부흡수율 분석 시 가변성이 크기 때문이다.

(3) 피부흡수율이 매우 낮은 물질 (SCCS/1564/15, 2016)

유럽 소비자안전과학위원회(SCCS)는 2000~2014년까지 평가한 화장품 성분의 피부흡수율을 검토한 결과 피부흡수율이 매우 낮은 화장품 성분의 경우 일반적으로 다음과 같은 물리·화학적 성질을 갖는다고 평가하였다.

- 분자량 MW 〉 500 Da
- 높은 수준의 이온화(High degree of ionisation)

- Log Pow ≤-1 또는 ≥4
- Topological polar surface area (TPSA) 〉120 Å2
- 녹는점 (MP) 〉 200 ° C

이와 반대로 피부흡수율이 높은 경향을 보이는 화장품 성분에 대한 물리화학적 특성은 다음과 같다.

- 분자량 MW 〈 180 Da
- log P ≥ 0.3
- 녹는점 mp 〈 100 ℃
- TPSA 〈 40 Å2

매우 낮은 생체이용률을 가진 화장품 원료 물질의 안전성 평가방법은 다음 자료들이 이용될 수 있다.

- 실험적으로 평가된 물리 · 화학적 데이터
- 국소독성
- 유전독성
- 식약처 가이드라인에 따른 고품질의 생체외 피부흡수 연구 결과

8) 위해도 결정

(1) 위험성 결정과 노출평가 결과 얻어진 노출량을 비교하여 노출에 따른 사람에서 위해 영향의 발생 가능성을 추정하는 과정이다.

(2) 화장품 사용으로 인한 평가대상 물질의 노출로 위해 영향을 야기할 가능성은 안전역 (MOS, Margin of Safety)으로 나타낸다. (SCCS/1564/15)

안전역(MOS) = NOAEL/SED

* SED = Systemic Exposure Dosage, 전신노출량

(3) 일반적으로 안전역(MOS)을 계산한 값이 100 이상이면 위해 영향이 발생할 가능성이 낮다고 판정할 수 있다.

(4) 발암물질의 위해도는 T25를 사용한 평생발암위험도(Lifetime Cancer Risk) 또는 BMDL10을 이용한 MOE(Margin of exposure) 방법을 이용하여 평가한다. (SCCS/1564/15)

(5) 위해도 평가를 위한 안전역의 산출을 위한 일반적 방식은 붙임 2) "화장품성분의 위해평가를 위한 안전역(Margin of Safety)과 평생발암위험도 (Lifetime Cancer Risk)의 산출을 위한 일반원칙"의 예시에 따른다

(6) 강한 감작성 물질로 알려진 경우 정량적 피부감작평가(QRA)를 통해 위해도를 결정할 수 있다

피부감작 안전역 (MOSQR) = AEL/CEL 1 이상이면 안전

* AEL; Acceptable Exposure Level, 수용 가능한 노출 수준

* CEL; Consumer Exposure Level, 소비자 노출 수준

화장품 위해평가를 위한 안전역 (Margin of Safety)과 평생발암위험도 (Lifetime- Cancer Risk)의 산출을 위한 일반사항

아래의 방법은 국제기구 및 신뢰성 있는 국내 · 외 위해평가기관 등에서 평가한 위험성 확인 방법을 인용한 것으로 이를 참고하여 업체 품목 및 성분의 특성에 따라 자율적으로 평가할 수 있다.

화장품 성분의 독성자료 수집과 용량-독성관계 파악이 이루어진 후 노출도를 평가한다.

독성자료 수집 방식은 붙임자료 4에 기술되었고 이를 통해 용량-반응 분석이 이루어진다. 노출도의 결정을 위해서는 화장품 위해평가 가이드라인에 기술된 노출에 영향을 미치는 다양한 인자를 고려하여 실제 소비자의 화장품 사용으로 인한 유해물질 노출 정도를 결정한다.

다음으로 아래의 방식에 따라 화장품 사용에 의한 유해물질 노출량을 특정 독성 종말점과 비교하여 유의한 안전상의 문제를 야기하는지의 여부를 파악 (안전계수의 산출과 안전도 결정)하는 과정을 수행한다.

1) 정의 (Definition)

용량 (Dose) : 투여된 시험물질의 양.

투여량 (Dosage) : 용량과 투여간격 및 투여기간을 고려한 일반적인 용어.

최대무독성량 (NOAEL) : 최대무독성량 (No Observed Adverse Effect Level)은 랫드, 마우스, 토끼, 개 등에서의 28일 독성시험, 90일 독성시험과 만성독성시험, 발암성시험, 최기형성시험, 생식독성시험 등과 같은 장기간의 독성연구의 결과 유해 작용이 관찰되지 않는 최대 투여량.

최대무독성량은 mg/kg body weight/day로 나타내며 대부분의 경우 독성 관련 문헌 조사를 통해 확보할 수 있다.

전신 노출량 (SED) : 화장품 원료의 전신노출량 (Systemic Exposure Dosage)은 하루에 체중 당 혈류로 들어가서 전신적으로 작용할 것이 예상되는 양으로서 mg/kg body weight/day로 표현한다. 이 정의에서 사람의 평균체중 60kg이 일반적으로 사용된다. 화장품 위해 평가 시 피부노출량 또는 피부전신노출량이라 통칭한다.

2) 안전역 (Margin of Safety)

위해도 특성 규명에서, 화장품 원료의 위해평가를 하는 마지막 단계로 안전역(MOS)을 구한다. 일반적으로 물질의 안전역(MOS)은 최대무독성량(NOAEL)을 전신노출량 (SED)으로 나눈 값이다.

$$MOS = \frac{NOAEL}{SED}$$

일반적으로 안전역이 100 이상이면 안전한 것으로 평가하며 이는 동물과 사람간의 종간 차이 계수 10과 사람 개인 간 차이를 나타내는 계수 10을 곱한 값이다.

한편 일부의 독성자료는 최대무독성량을 기준으로 참고용량 (RfD)을 산출하여 나타내며 이 경우에는 비확실성 인자들이 이미 포함되어 있으므로 MOS를 따로 산출하지 않고 RfD와 SED를 직접 비교하여 SED가 RfD보다 작은 경우 안전한 것으로 평가할 수 있다.

화장품의 피부흡수율 자료가 없거나 적합하지 않을 경우에는 보수적으로 50%가 흡수된 것으로 가정하여 SED를 구할 수 있다. 이 경우 실제 위험도는 이를 통해 산출한 위험보다 훨씬 적을 것이다. 특정한 경우에는 투과계수를 통해 피부흡수율을 예측할 수 있으며 이러한 예측치를 사용할 경우에는 위해평가에 특별히 더 주의를 기울여야 할 것이다.

안전역의 계산 상 최대무독성량에 비교하여 매일 사용하지 않는 물질의 경우 실제 위험도는 더 낮을 가능성이 있으므로 근거가 있는 경우 이러한 점도 안전역 계산과 평가에 고려할 수 있다.

반면 새로운 연구 결과에 따라 이전에 사용되지 않던 낮은 용량의 최대무독성량이 제시될 수 있으며 이는 안전역의 변동을 야기할 수 있으며 이는 위해성 판정에 있어서도 유의해야 한다.

일부의 독성 자료는 독성용량 지표로 BMDL, BMCL을 이용한다. Benchmark Dose (BMD) 또는 Concentration (BMC)는 대조군에 비해 일정한 정도의 유해반응을 일으키는 유해물질의 용량 또는 농도를 의미하며 이는 대개 대조군에 비해 5~10% 이상의 반응을 일으키는 정도를 의미하기도 한다. 경우에 따라 최대무독성량대신 BMDL이나 BMCL을 이용하여 안전역의 산출을 시도할 수 있다. 경우에 따라 (특히 미국 환경청 자료 등) BMDL 및 BMCL은 RfD (또는 RfC)를 구하는데 사용되기도 한다. 이러한 경우에는 안전역의 계산보다 다양한 변동계수가 RfD (RfC)의 도출에 사용되며 이 경우에는 RfD (RfC)와 SED를 직접비교함으로써 위해성 여부를 판정할 수도 있다.

감작성 물질에 대해 정량적 피부감작평가를 이용하여 위해도를 평가할 경우 피부감작 안전역 (MOSQR)은 수용 가능한 노출수준(AEL)을 소비자 노출수준(CEL)로 나눈 값이다.

$$MOS = \frac{AEL}{CEL}$$

일반적으로 안전역이 1 이상이면 안전한 것으로 평가하며, 수용 가능한 노출수준(AEL)은 최대무감작 유도용량(NESIL)을 피부감작평가계수(Sensitization Assessment Factor)로 나눈 값이다.

3) 전신노출량 (SED) 산출 시 피부흡수의 고려

전신 노출량은 물질이 노출된 일정 시간 후에 단위면적당 피부흡수량 또는 제품 중 적용물질의 양에 비례한 흡수율로부터 구할 수 있다. 흡수율을 이용할 경우 결과수치는 피부에 적용되는 용량 및 면적에 따라 좌우된다.

대부분의 경우 실제 사용하는 화장품의 양과 적용 면적이 (1 mg/cm²) 피부 흡수시험에 사용되는 면적 및 양보다 (고체의 경우 1-5 mg/cm² , 액체의 경우 10 μL/cm²) 적은데 이렇게 실제 사용량보다 높은 용량의 화장품 성분을 사용한 in vitro 시험결과 얻어진 흡수량을 이용하여 전신노출량을 결정할 경우 실제보다 전신노출량이 더 적게 산출될 것이다. 따라서 피부 흡수를 퍼센트로 나타낼 때에는 in vitro 시험에 의해 얻어진 흡수량을 실제 사용에 의한 용량의 %로 나타내야 한다.

실제 조건에서 적용되는 용량은 제품의 사용량과 제품 형태별 사용되는 피부 표면적(SSA)의 기준치 [표 2-30], [표 2-31]로부터 예측할 수 있다.

이와 같은 시험을 통해 전신노출량을 산출하는 방법에는 화합물의 피부흡수 경로에 따라 두 가지 방법이 있다.

3-1) 단위면적당 피부흡수량 (μg/cm2)을 기초로 한 전신노출량 산출

전신노출량을 산출하기 위해, 연구 중인 원료를 포함한 최종생산단계의 화장품을 피부표면에 처리한 후 관찰할 때는 처리한 표면적뿐 아니라 노출빈도와 체류율(retention factor)도 고려해야 한다. 다른 모든 변수들도 피부흡수 연구 실험설계 시 고려되어야 한다 [SCCNFP/0750/03].

$$\text{SED} = \frac{\text{DAa}(\mu g/cm2) \times 10\text{-}3mg/\mu g \times \text{SSA}(cm2) \times \text{F}(day\text{-}1)}{60\ kg}$$

SED (mg/kg bw/day) = 전신노출량 (Systemic Exposure Dosage)
DAa (μg/cm2) = 피부 흡수량
SSA (cm2) = 최종생산단계의 화장품을 처리한 피부 표면적 (제형에 따른 skin surface ares (SSA) 수치는 [표 2-30], [표 2-31]을 참고)
F (day-1) = 최종생산단계의 화장품을 노출시킨 빈도
60kg = 기준 (default) 사람 체중

3-2) 제품 중 적용물의 양 (%)을 기초로 한 전신노출량 산출

제품 중 적용물의 양 (%)을 기초로 한 피부 흡수율은 실제사용 한도를 넘지 않는 유사한 (mimicking) 용량으로 한 in vitro 연구에서 계산된 것만이 가치가 있다. 보다 높은 고농도 피부흡수시험은 피부 침투력을 과소평가하는 결과를 초래할 수 있다.

전신노출량의 산출공식은 다음과 같다 :

$$\text{SED} = \frac{\text{A}(g/day) \times 1000mg/g \times \text{C}(\%)/100 \times \text{DAp}(\%)/100}{60\ kg}$$

SED (mg/kg bw/day) = 전신노출량 (Systemic Exposure Dosage)
A (g/day) = 화장품의 1일 사용량 : 붙임 화장품 제형에 따른 1일 사용량 참고
C (%) = 최종생산단계 화장품을 사용하는 부위에서 화장품 원료의 농도
DAp (%) = 실제 사용조건에서 사용한다고 가정한 시험용량의 백분율로 표현되는 피부 흡수율
60kg = 기준 (default) 사람 체중

만일 적용방식이 원래 제품 형태에 따른 적용방식과 다르다면, 전신노출량은 그에 맞게 적절히 조정해야 한다.

피부 흡수를 고려할 때 합성구조가 그 화합물 구성물질의 생체이용률에 영향을 미칠 수 있는지 아는 것은 중요하다. 특정 원료의 피부흡수를 촉진시키기 위해 화장품에 특별히 첨가하는 흡수촉진제와 부형제(리보솜 등)가 있다. 피부흡수율에 대한 자료가 없는 경우 피부 흡수 디폴트 값은 50 %로 가정할 수 있다. 이용할 수 있는 흡수데이터가 존재하지 않을 경우나 부적절한 경우에도 이 수치를 사용할 수 있다(SCCS, 2016).

유럽 소비자안전과학위원회(SCCS)는 2000~2014년 동안 평가한 화장품 성분 중 피부흡수율이 매우 낮은 화장품 성분의 경우 일반적으로 다음과 같은 물리화학적 성질을 갖는다고 평가하였다(SCCS, 2016).

- MW(분자량 〉 500 Da)
- High degree of ionisation(높은이온화)
- Log Pow≤ −1 또는 ≥4
- Topological polar surface area(위상극성표면적 〉 120 Å2)
- Melting point(녹는점 〉 200 ℃)

이와 반대로 피부흡수율이 높은 경향을 보이는 화장품 성분에 대한 물리화학적 특성은 다음과 같다(Ates et al., 2016).

- MW(분자량 〈 180 Da)
- Log P≥ 0.3
- Topological polar surface area(위상극성표면적 〈 40 Å2)
- Melting point(녹는점 〈 100 ℃)

일반적으로 정상피부 상태일 때는 소아에게 불확실 계수 (uncertainty factor)를 추가하는 것은 불필요하다 [SCCNFP/0557/02].

독성학적 관심 역치 (The Threshold of Toxicological Concern, TTC): 예를 들어 미국 FDA는 식이 농도로서 1.5㎍/kg/day는 공중보건을 위협하지 않는 충분히 무시할 수 있는 것으로 받아들이고 있다. 과학적인 근거에 의해 이러한 TTC 개념이 위해평가에도 적용될 수 있다.

4) 평생발암위험도 (Lifetime Cancer Risk)

평생발암 위험성의 판정을 위해서는 T25 또는 벤치마크 용량 (BMDL10, Benchmark Dose)법 등을 이용하여 평생 발암 위험률을 계산할 수 있다. 예를 들어 T25는 그 동물종의 평균수명기간 사이의 자연발생적 발암률을 보정한 후에 실험동물 중 25%에서 특정조직 부위에 종양이 발생하는 만성용량 비율로 정의한다.

T25를 결정하는 방법은 EC 1999와 Dybing et al. [1997]에 자세히 설명되어 있다. 동물의 용량 (T25)은 상대적 대사속도에 기초하여 다음의 공식에 따라 사람 용량 (HT25)으로 전환된다 [Sanner et al. 2001].

$$HT25 = \frac{T25}{(\text{사람체중}/\text{동물체중})^{0.25}}$$

1일 용량에 기초하여 평생발암위험도는 다음의 공식에 따라 선형 외삽법에 의해 산출된다.

$$\text{평생발암위험도(LCR)} = \frac{\text{SED}}{\text{HT25/0.25}}$$

전신노출량(SED)의 단위는 mg/kg bw/day 이다.

T25 방법을 이용하여 평생발암위험도(LCR)를 평가할 경우 일부국가 및 국제기구에서 10-5 미만이면 일반적으로 위해 우려가 되지 않는다고 평가할수 있다(SCCS/1486/12). REACH에서는 '잠재적발암위해도indicative tolerable cancer risk level)'를인구집단의10-6 미만으로 판정한다(ECHA 2012a). EFSA에서는 BMDL10 방법으로 평가할 경우 MOS 또는 MOE(Margin of exposure)가 10000 이상이면 일반적으로 위해 우려가 되지 않는다고 평가하고, T25를 기반으로 할 경우 25000 이상을 기준으로 한다(EFSA, 2005).

5.2.4 위해도 결과 보고서 작성

결과보고서는 체계적으로 명확하게 전체적인 위해평가 절차를 문서화한다. 문서에는 위해평가에 대한 상세한 자료와 종합의견이 포함되고, 절차에 따라 또는 결론사항에서 가정하여 전문가의 판단과 불확실성, 한계점 또는 취약점에 대하여 기술한다. 문서의 상세한 자료는 다음 [표 2-34]와 같다.

[표 2-34] 위해평가 필요성

결과 보고서	비고
위해평가보고서 양식에 따라 작성하되 자료 선택의 타당성, 불확실성 및 한계점 등을 명확히 기술	위해평가 요약, 목적, 범위, 지침, 내용, 방법, 결론 및 참고문헌 등 작성하고 관련정보 첨부
	위해의 특성과 발생 가능성에 대한 시나리오 및 활용된 자료 선택의 타당성을 가급적 명확하고 간략하게 기술
	결과에 영향을 미치는 불확실성, 한계점 및 선택된 가정과 이에 따라 예상되는 영향도 기술
	과학적 정보와 불확실성 등을 고려하여 정량적 또는 정성적으로 위해성을 명시하되, 과학적으로 가능한 범위 내에서 정량화
평가결과를 근거로 충분한 안전역을 확보하는 수준으로 관리 기준(안) 또는 관리대책을 제안	외국 선진국들의 기준치 비교

chapter 03

유통화장품 안전관리

화장품 안전기준 등에 관한 규정은 화장품 법 제8조에 의거하여 화장품의 제조 또는 수입 및 안전관리에 적정을 기하기 위한 목적으로 고시(식품의약품안전처고시 제2019-93호, 2019. 10. 17.)되어 있다. 이 규정은 국내에서 제조, 수입 또는 유통되는 모든 화장품에 대하여 적용하는 것으로 화장품의 안전성을 보장하기 위한 중요한 법적 요구사항인 것이다. 국내 제조 수입 또는 유통되는 모든 화장품은 유통화장품의 안전관리 기준에서 정한 비의도적 검출 허용한도 미생물 한도 및 내용량에 적합하여야 하고 화장품의 유형별로 pH, 기능성화장품인 경우 주원료의 함량, 퍼머넌트웨이브용 및 헤어스트레이트너 제품인 경우 개별 기준에 추가적으로 적합하여야 한다. 또한, 식약처는 화장품법 제18조 제2항(2018. 3. 13 신설, 2019. 3. 14 시행)에 따라 소비자 화장품 안전관리감시원을 시범 운영한다. 소비자 화장품 안전관리감시원은 화장품법 제18조 제1항과 제2항에 따른 관계 공무원이 하는 출입 · 검사 · 질문 · 수거 업무 등을 지원하며 정기 · 수시 감사 등에 적극 활용될 예정이다.

화장품의 주성분은 물과 기름이고 여러 가지 요소에 의하여 영향을 받을 수 있기 때문에 제조 및 유통과정 중에 오염된 미생물이 화장품에서 증식할 가능성이 있다. 화장품 오염 경로를 크게 구분하면 원재료, 작업자, 작업장 환경의 3가지로 구별할 수 있다. 따라서 미생물의 오염 또는 증식이 될 수 있는 환경 요소를 점검하여 화장품의 안전성을 보장할 수 있도록 노력해야 한다. 이 장에서는 유통 화장품 안전관리 방안을 작업장 위생관리와 작업자의 위생관리, 설비 및 기구의 관리, 내용물 원료 및 포장재 관리 등으로 세분하여 화장품 안전기준 등에 관한 규정과 우수 화장품 제조 및 품질관리기준(이하, CGMP라고 칭함) 해설서, 그리고 국가직무능력표준(NCS, National Competency Standards)의 구체적 직무 내용을 토대로 정리해 보기로 한다.

1

유 · 통 · 화 · 장 · 품 · 안 · 전 · 관 · 리

작업장 위생관리

작업장의 오염 요소로는 전 작업의 잔류물, 공기, 분진, 작업장 발생 쓰레기, 생물체(곤충, 쥐 등) 및 미생물 등 여러 가지를 들 수 있다. 오염 요소를 방지하고 무균 제품을 확보하기 위해서는, 무균 원료들만이 아니라 청정하고 청결한 설비의 제조 시설과 함께 적절한 위생관리가 필요하다. 특히 작업장 환경에 대해서는 공기의 무균성이 요구되며 이를 위하여 청정도 관리에 기초한 환경 모니터링(EM, Environment Monitoring)이 중요하다.

1.1 작업장의 위생기준

1.1.1 작업장 위생을 위한 법령상의 기준

1) 작업장은 우수화장품 CGMP 제8조(시설) 1항에 의거하여 다음 사항에 적합하여야 한다.

(1) 제조하는 화장품의 종류 · 제형에 따라 적절히 구획 · 구분되어 있어 교차 오염 우려가 없어야 한다.

(2) 바닥, 벽, 천장은 가능하면 청소하기 쉽게 매끄러운 표면을 지니고 소독제 등의 부식성에 저항력이 있어야 한다.

(3) 환기가 잘되고 청결해야 한다.

(4) 외부와 연결된 창문은 가능하면 열리지 않도록 해야 한다.

(5) 세척실과 화장실은 접근이 쉬워야 하나 생산 구역과 분리되어 있어야 한다.

(6) 작업장 전체에 적절한 조명을 설치하고, 조명이 파손될 경우 제품을 보호할 수

있는 조치를 취해야 한다.

(7) 제품의 오염을 방지하고 적절한 온도 및 습도를 유지할 수 있는 공기 조화 시설 등 적절한 환기 시설을 갖추어야 한다.

(8) 각 제조 구역별 청소 및 위생관리 절차에 따라 효능이 입증된 세척제 및 소독제를 사용해야 한다.

(9) 제품의 품질에 영향을 주지 않는 소모품을 사용해야 한다.

2) 우수 화장품 CGMP 제9조(작업소의 위생)에서는 다음과 같이 규정하고 있다.

(1) 곤충, 해충이나 쥐를 막을 수 있는 대책을 마련하고 정기적으로 점검 · 확인하여야 한다.

(2) 제조, 관리 및 보관 구역 내의 바닥, 벽, 천장 및 창문은 항상 청결하게 유지되어야 한다.

(3) 제조시설이나 설비의 세척에 사용되는 세제 또는 소독제는 효능이 입증된 것을 사용하고 잔류하거나 적용하는 표면에 이상을 초래하지 아니하여야 한다.

(4) 제조시설이나 설비는 적절한 방법으로 청소하여야 하며, 필요한 경우 위생관리 프로그램을 운영하여야 한다.

1.1.2 작업장 청결을 위한 용어의 이해

분리란 별개의 건물이거나 동일 건물일 경우, 벽에 의해 별개의 장소로 구별되어 공기조화 장치가 별도로 되어 있는 상태이다. 구획이란 벽, 칸막이, Air Curtain에 의해 나누어져 교차 오염이나 혼입이 방지될 수 있는 상태를 말하며, 구분이란 선이나 간격을 두어서 혼동이 되지 않도록 구별하여 관리할 수 있는 상태를 말한다.

제조장이란 칭량된 원료를 가지고 제조 설비로 포장 전 내용물을 만드는 장소이고, 반제품 보관소란 제조 작업실에서 제조된 내용물을 보관하는 장소이며, 충전, 포장실은 제조된 내용물을 가지고 완제품을 생산하는 장소이다.

제품 보관소란 충전, 포장이 완료된 제품을 보관하는 장소를 말하고, 포장재 보관소는 제품 충전 및 포장을 위한 포장재를 보관하는 장소이며, 원료 보관소는 제조하기 위한 원료를 보관하는 장소이다.

공기 조절이란 공기의 온도, 습도, 공중 미립자, 풍량, 풍향, 기류의 전부 또는 일부를 자동적으로 제어하는 일을 말하고, 낙하균이란 각 제조장의 공기 중에 서식하면서 제품에 낙하하여 오염을 야기할 수 있는 세균 및 진균류이다.

1.2 작업장의 위생 상태

작업장은 제품의 오염을 방지하고 적절한 온도 및 습도를 유지할 수 있는 공기 조화 시설 등 적절한 환기 시설을 갖추어 작업장의 청결을 유지하여야 한다.

1.2.1 작업장 위생을 위한 기본 관리

1) 작업장의 온도 및 습도 기준을 설정하고 관리한다.

(1) 온습도 관리 담당자는 회사 내 작업장의 청정도, 재실 인원, 작업의 난이도 등을 고려하여 온습도 기준을 설정한다.

(2) 온습도 관리 담당자는 공무 부서 책임자에게 온습도 관리 기준을 승인받는다.

(3) 각 부서 책임자, 공무 부서 책임자, QA 부서 책임자는 온도 및 습도 관리 기준을 고려하여 온도 및 습도 관리 대상 지역을 선정한다.

(4) 온도 및 습도를 기록한다. 자동 모니터링 및 제어 시스템으로 관리되는 작업장은 온습도 관리 담당자가 관련 기록을 매일 자동 온도 습도 관리 기록서에 기록한다. 자동으로 제어되지 않는 작업장은 해당 지역에 대해 매일 오전, 오후 2회 온도 및 습도를 측정하고 기록한다.

2) 청정 등급을 설정한 구역(작업장, 실험실, 보관소 등)은 설정 등급의 유지 여부를 정기적으로 모니터링하여 설정 등급을 벗어나지 않도록 관리한다. 청정도 기준에 제시된 청정도 등급 이상으로 관리 기준을 설정한다.

[표 3-1] 청정도 등급 및 관리 기준

청정도 등급	대상 시설	해당 작업실	청정 공기 순환	구조 조건	관리 기준	작업 복장
1	청정도 엄격 관리	Clean Bench	20회/h 이상 또는 차압 관리	Pre-filter, Med-filter, HEPA-filter, Clean Bench /Booth, 온도 조절	낙하균: 10개/h 또는 부유균: 20개/㎥	작업복, 작업모, 작업화
2	화장품 내용물이 노출되는 작업실	제조실, 성형실, 충전실, 내용물 보관소, 원료 칭량실, 미생물 시험실	10회/h 이상 또는 차압 관리	Pre-filter, Med-filter(필요시 HEPA-filter), 분진 발생실 주변 양압, 제진 시설	낙하균: 30개/h 또는 부유균: 200 개/㎥	작업복, 작업모, 작업화
3	화장품 내용물이 노출 안 되는 곳	포장실	차압 관리	Pre-filter 온도 조절	옷 갈아입기, 포장재의 외부 청소 후 반입	작업복, 작업모, 작업화
4	일반 작업실 (내용물 완전 폐색)	포장재 보관소, 완제품 보관소, 관리품 보관소, 원료 보관소 탈의실, 일반 실험실	환기 장치	환기 (온도 조절)	-	-

3) 공기 조화 장치는 청정 등급 유지에 필수적이고 중요하므로 그 성능이 유지되고 있는지 주기적으로 점검 · 기록한다. 공기 조절에는 많은 투자가 따르고 그 관리에도 비용이 소요되므로 필요 최소한의 공기 조절 시설로 해야 할 것이다.

[표 3-2] 공기 조절의 4요소

번호	4대 요소	대응 설비
1	청정도	공기 정화
2	실내 온도	열 교환기
3	습도	가습기
4	기류	송풍기

4) 필터의 종류별 관리 방법을 파악한다.

(1) 어느 공기 조절 방식을 채택하더라도 에어 필터를 통하여 외기를 도입하거나 순환시킨다.

(2) 화장품 제조에 사용할 수 있는 에어 필터의 종류, 설치 장소, 취급 방법 등을 확인한다. 화장품 제조를 위한 작업장이라면 적어도 중성능 필터를 설치한다. 고도의 환경 관리가 필요한 경우에는 고성능 필터(HEPA필터)의 설치하고 정해진 관리 및 보수를 실시한다.

(3) 초고성능 필터를 설치했을 경우에는 정기적인 포집 효율 시험이나 필터의 완전성 시험 등이 필요하게 되고 제대로 관리가 되지 않으면 오히려 작업 장소의 환경이 나빠진다. 목적에 맞는 필터를 선택해서 설치하는 것이 중요하다.

(4) 공기 조절기를 설치하면 작업장 실압을 관리하고, 외부와의 차압을 일정하게 유지 하도록 차압 기준을 설정하고 관리한다.

1.2.2 작업장 구역별 위생 상태의 확인

1) 보관 구역

(1) 통로는 적절하게 설계되어야 한다.

(2) 통로는 사람과 물건이 이동하는 구역으로서 사람과 물건의 이동에 불편함을 초래하거나, 교차오염의 위험이 없어야 된다.

(3) 손상된 팔레트는 수거하여 수선 또는 폐기한다.

(4) 매일 바닥의 폐기물을 치워야 한다.

(5) 동물이나 해충이 침입하기 쉬운 환경은 개선되어야 한다.

(6) 용기(저장조 등)들은 닫아서 깨끗하고 정돈된 방법으로 보관한다.

2) 원료 취급 구역

(1) 원료 보관소와 칭량실은 구획되어 있어야 한다.

(2) 엎지르거나 흘리는 것을 방지하고 즉각적으로 치우는 시스템과 절차들이 시행되어야 한다.

(3) 모든 드럼의 윗부분은 필요한 경우 이송 전에 또는 칭량 구역에서 개봉 전에 검사하고 깨끗하게 하여야 한다.

(4) 바닥은 깨끗하고 부스러기가 없는 상태로 유지되어야 한다.

(5) 원료 용기들은 실제로 칭량하는 원료인 경우를 제외하고는 적합하게 뚜껑을 덮어 놓아야 한다.

(6) 원료의 포장이 훼손된 경우에는 봉인하거나 즉시 별도 저장조에 보관한 후에 품질상의 처분 결정을 위해 격리해 둔다.

3) 제조 구역

(1) 모든 호스는 필요시 청소 또는 위생 처리를 한다. 청소 후에 호스는 완전히 비워져야 하고 건조되어야 한다. 호스는 정해진 지역에 바닥에 닿지 않도록 정리하여 보관한다.

(2) 모든 도구와 이동 가능한 기구는 청소 및 위생처리 후 정해진 구역에 정돈 방법에 따라 보관한다.

(3) 제조 구역에서 흘린 것은 신속히 청소한다.

(4) 탱크의 바깥 면들은 정기적으로 청소되어야 한다.

(5) 모든 배관이 사용될 수 있도록 설계되어야 하며 우수한 정비 상태로 유지되어야 한다.

(6) 표면은 청소하기 용이한 재료질로 설계되어야 한다.

(7) 페인트를 칠한 지역은 우수한 정비 상태로 유지되어야 한다. 벗겨진 칠은 보수되어야 한다.

(8) 폐기물(예, 여과지, 개스킷, 폐기 가능한 도구들, 플라스틱 봉지)은 주기적으로 버려야 하며 장기간 모아놓거나 쌓아 두어서는 안 된다.

(9) 사용하지 않는 설비는 깨끗한 상태로 보관되어야 하고 오염으로부터 보호되어야 한다.

4) 포장 구역

(1) 포장 구역은 제품의 교차오염을 방지할 수 있도록 설계되어야 한다.

(2) 포장 구역은 설비의 팔레트, 포장 작업의 다른 재료들의 폐기물, 사용되지 않는 장치, 질서를 무너뜨리는 다른 재료가 있어서는 안 된다.

(3) 구역 설계는 사용하지 않는 부품, 제품 또는 폐기물의 제거를 쉽게 할 수 있어야 한다.

(4) 폐기물 저장통은 필요하다면 청소 및 위생 처리되어야 한다.

(5) 사용하지 않는 기구는 깨끗하게 보관되어야 한다.

1.2.3 작업장 환경 미생물 평가 시험 방법

1) 작업장 환경 미생물 평가 시험 방법

공기 중 미생물 측정 샘플링 위치 선정은 완제품의 품질에 악영향을 미칠 수 있는 장소를 선정하며, 제조에 사용되는 압축 공기뿐 아니라 작업장 내의 여러 환경에 대해 다양한 방법을 사용하여 공중 미생물을 측정할 수 있다. 작업장의 환경 미생물 평가는 공기 중 미생물 평가 시험과 표면 부착 미생물(표면 균) 시험이 있으며, 각 시험의 샘플링 방법은 [표 3-3]과 같다.

[표 3-3] 작업장 환경 미생물 평가 시험의 샘플링법

대 상	주요 측정 방법	
공기 중 미생물 샘플링 방법	낙하 균 측정법	
	충돌법	Slit to Agar Sampler법 Impinger Sampler법 Andersen Sampler법 원심형 Sampler법
	여과형 샘플러법	
표면 부착 미생물의 샘플링법	Swab Test Contact Plate법	

3. 유통 화장품 안전관리

(1) 시료 채취 장치의 기본 조건(실내 공기질 공정 시험 방법 2004. 6 환경부)

시료 채취 장치는 측정하고자 하는 대상 실내 공간 및 측정 방법에 따라 채취하고자 하는 부유 세균의 종류, 채취 과정에 대한 부유 세균의 민감도, 부유 세균의 예상 농도, 실내 공간의 예상 농도, 채취 대상 공간에 대한 접근성 및 실내 공기 상태, 측정 한계, 채취 시간 및 기간, 채취의 정확성과 효율성, 부유 세균의 배양 방법과 검출 및 평가 방법을 고려하여 선택해야 한다.

(2) Setting Plates법(낙하 균 측정법 또는 Koch법)

적당한 배지가 든 배양 접시를 채취할 장소에 놓고 배양 접시의 뚜껑을 연 다음 일정 시간 동안 방치한 후에 배양하여 균 집락 수를 세는 방법이다.

(3) 막여과법(Membrane Filter법)

여과막을 통해 공기를 포집한 후 그 여과막을 배지가 들어 있는 배양 접시에 올려놓고 적당한 시간 배양 후 여과막 표면에 배양된 균 집락 수를 측정하는 방법이다.

(4) 유리 공기 포집기(All-Glass Impringer)법

유리 공기 포집기법는 공기 포집기의 튜브를 통해 빨아들인 공기를 액체 배지에 통과시키고, 그 액체 배지를 적당히 희석하여 평판 배지에 접종 배양하여 균 수를 측정하는 방법이다.

(5) Andersen Sieve법

Andersen Sieve법은 6개의 평판배지가 수직으로 들어 있는 기계를 통과하면서 각각 다른 크기의 입자가 내려앉게 되며, 각 단계의 평판 배지에서 나온 미생물 수를 계수하여 어떤 크기의 입자까지 미생물이 있는지를 알 수 있는 방법이다.

(6) 원심 분리형 공기 채취(Centrifugal Air Sample)법

압축기를 이용하여 공기를 바깥쪽으로 뿌려 주면 그 공기는 바깥쪽에 있던 가늘고 긴 조각 형태의 한천 배지에 부딪히게 된다. 그 배지를 배양한 후 일정 공기 안에 들어 있는 미생물 수를 측정하는 방법이다.

1.3 작업장의 위생 유지관리 활동

작업장은 물 동선 및 인 동선의 흐름을 고려하고 청소와 유지관리가 용이하게 되어야 한다. 또한, 제품의 이동, 취급, 보관 및 원료와 자재의 보관이 용이해야 한다. 교차오염을 예방하고 인위적 과오를 줄여 제품의 안전과 위생을 향상시킬 수 있도록 시설·설비 시스템들을 배치(layout)해야 하며, 해충 방지와 관리를 위한 적절한 프로그램들을 규정하는 등 효과적인 관리 규정을 정해 두어야 한다.

1.3.1 교차오염 방지를 위한 작업장의 동선 계획

1) 작업장은 제조 작업실, 포장 작업실, 반제품 저장실, 세척실, 상품 창고 및 반제품 창고, 원료 창고, 자재 창고, 기타(작업장 내 복도, 샤워장, 화장실, 복지관) 등으로 구분하였는지 확인한다.
2) 혼동 방지와 오염 방지를 위해 사람과 물건의 흐름 경로를 교차오염의 우려가 없도록 적절히 설정한다.
3) 교차가 불가피할 경우 작업에 '시간 차'를 둔다.
4) 공기의 흐름을 고려한다.

1.3.2 작업장 위생 유지를 위한 일반적인 건물관리

1) 작업장의 출입구는 해충, 곤충의 침입에 대비하여 보호되어야 하며 정기적으로 모니터링되어야 하고, 모니터링 결과에 따라 적절한 조치를 취하여야한다.(필요한

경우에 방충 전문 회사에 의뢰하여 진단과 조치를 받을 수 있다)

2) 배수관은 냄새의 제거와 적절한 배수를 확보하기 위해 건설되고 유지되어야 한다.
3) 바닥은 먼지 발생을 최소화하고 흘린 물질의 고임이 최소화되도록 하고, 청소가 쉽도록 설계 및 건설되어야 한다.
4) 화장품 제조에 적합한 물이 공급되어야 한다. (공정서, 화장품 원료 규격 가이드라인 정제수 기준 등에 적합하여야 하고, 정기적인 검사를 통하여 적합한 물이 사용되는지 확인하여야 한다)
5) 강제적 기계상의 환기 시스템(공기조화장치)은 제품 또는 사람의 안전에 해로운 오염물질의 이동을 최소화시키도록 설계되어야 한다. 필터들은 점검 기준에 따라 정기(수시)로 점검하고 교체 기준에 따라 교체되어야 하고 점검 및 교체에 대해서는 기록되어야 한다.
6) 관리와 안전을 위해 모든 공정, 포장 및 보관 지역에 적절한 조명을 설치한다.

1.3.3 방충·방서를 위한 관리

화장품 제조와 관련된 작업소 및 보관소는 건축 단계에서 벌레나 쥐 등이 출입하지 못하는 구조를 갖도록 설계 및 시공이 되어야 한다. 추가적으로 벌레나 쥐가 작업소 및 보관소로 들어오지 못하도록 방충 시설과 방서 시설을 설치하는 등 적절한 조치를 취하여야 한다. 방충은 건물 외부로부터 곤충(하루살이, 나방, 모기 등)류의 해충 침입을 방지하고, 건물 내부의 곤충류를 구제하는 것을 의미한다. 방서는 건물 외부로부터 쥐의 침입을 방지하고 건물 내부의 쥐를 박멸하는 것을 뜻한다. 방충 · 방서는 작업장, 보관소 및 부속 건물 내외에 해충과 쥐의 침입을 방지하고, 이를 방제 혹은 제거함으로써 작업원 및 작업장의 위생 상태를 유지하고 우수 화장품을 제조하는 데 그 목적이 있다.

1) 방충 · 방서 담당자는 곤충, 설치류 및 조류의 침입이 가능한 곳을 모두 파악한다.
2) 건물이 외부와 통하는 구멍이 나 있는 곳에는 방충망을 설치하고, 외부에서 날벌레 등이 건물에 들어올 수 있는 곳에는 유인등을 설치한다. 방충망의 규격은 30메시 이상의 것으로 설치하여 깔따구 등의 작은 크기의 비래해충의 침입에 대비

해야 한다.

3) 건물 내부로 들어올 수 있는 문은 가능하면 자동으로 닫힐 수 있게 만들어 건물 내부로의 해충, 곤충, 쥐의 침입을 방지한다. 또한, 침입 및 서식 흔적이 있는지 정기적으로 점검한다.

4) 공장 출입구에 에어 샤워(air shower)나 에어 커튼(air curtain)을 설치하여 외부로부터의 해충 또는 쥐의 침입을 막는 방법, 벌레 유인등을 설치하는 방법, 쥐약, 쥐덫 또는 초음파 퇴서기를 놓는 방법 등이 있다.

5) 실내에서의 해충 제거를 위하여 내부의 적절한 장소에 포충등을 설치한다.

6) 벽, 천장, 창문, 파이프 구멍에 틈이 없도록 하고 가능하면 개방할 수 있는 창문을 만들지 않는다. 개폐되는 창문의 경우 방충망을 이용하여 해충의 침입을 막아야 하며, 설치는 외부에서 창문틀 전체를 설치하는 것이 이상적이다.

7) 창문은 차광하고 야간에 빛이 밖으로 새어나가지 않게 한다. 문 하부에는 스커트를 설치한다.

8) 배기구, 흡기구에 필터를 달고 폐수구에는 트랩을 단다.

9) 골판지, 나무 부스러기를 방치하지 않는다.(벌레의 집이 된다)

10) 실내압을 외부(실외)보다 높게 한다.(공기조화장치)

11) 청소와 정리 정돈을 잘하고 해충, 곤충의 조사와 구제를 실시한다.

1.3.4 기타 관리사항(작업장 위생 유지를 위한 청소 등)

작업장을 깨끗하고 정돈된 상태로 유지하기 위해 필요할 때 청소가 수행되어야 하고, 그러한 직무를 수행하는 모든 사람은 적절하게 교육되어야 한다.

1) 천장, 머리 위의 파이프, 기타 작업 지역은 필요할 때 모니터링하여 청소되어야 한다.

2) 제품 또는 원료가 노출되는 제조 공정, 포장 또는 보관 구역에서의 공사 또는 유

지관리 보수 활동은 제품 오염을 방지하기 위해 적합하게 처리되어야 한다.

3) 제조 공장의 한 부분에서 다른 부분으로 먼지, 이물 등을 묻혀가는 것을 방지하기 위해 주의하여야 한다.

4) 공조 시스템에 사용된 필터, 물질 또는 제품 필터들은 규정에 의해 청소되거나 교체되어야 한다.

5) 물 또는 제품이 유출되거나 고인 곳 그리고 파손된 용기는 지체 없이 청소 또는 제거되어야 한다.

6) 제조 공정 또는 포장과 관련되는 지역에서의 청소와 관련된 활동이 기류에 의한 오염을 유발해 제품 품질에 위해를 끼칠 것 같은 경우에는 작업 동안에 청소를 해서는 안 된다.

7) 청소에 사용되는 용구(진공청소기 등)은 정돈된 방법으로 깨끗하고, 건조된 지정된 장소에 보관되어야 한다.

8) 오물이 묻은 걸레는 사용 후에 버리거나 세탁해야 하고, 오물이 묻은 유니폼도 세탁될 때까지 적당한 컨테이너에 보관되어야 한다.

9) 제조 공정과 포장에 사용한 설비 그리고 도구들은 세척해야 한다. 적절한 때에 도구들은 계획과 절차에 따라 위생 처리되어야 하고 기록되어야 한다. 적절한 방법으로 보관되어야 하고, 청결을 보증하기 위해 사용 전 검사되어야 한다.(청소완료 표시서)

1.4 작업장 위생 유지를 위한 세제 및 소독제의 사용

작업장 위생 유지를 위하여 적절한 청소와 위생 처리 프로그램이 준비되어 있어야 한다.

청결한 화장품 제조를 위해 제조 설비의 세척과 소독은 매우 중요한 과정으로 문서화된 절차에 따라 수행하고, 관련 문서는 잘 보관해야 하며, 세척 및 소독된 모든 장비는 건조시켜 보관하는 것이 제조 설비의 오염을 방지할 수 있다. 세척과 소독 주기는 주어진 환경에서 수행된 작업의 종류에 따라 결정되므로, 자격을 갖춘 담당자가 각 구역을 정기적으로 점검해야 한다. 세척과 청소 일정은 조정할 수 있으며, 필요에 따라 개선 조치를 할 수 있다. 청소하는 동안 공기 중의 먼지를 최소화하도록 주의하며, 쏟은 원료나 제품은 즉시 완벽하게 청소하도록 한다.

작업장별 청소 방법 및 점검 주기 예시는 다음 [표 3-4]와 같다.

[표 3-4] 작업장별 청소 방법 및 점검 주기 예시

시설 기구	청소 주기	세제	청소 방법	점검 방법	청소 담당
원료 창고	수시	상수	작업 종료 후 비 또는 진공청소기로 청소하고 물걸레로 닦는다.	육안	보관 담당자
	1회/월	상수	진공청소기 등으로 바닥, 벽, 창, Rack, 원료통 주위의 먼지를 청소하고 물걸레로 닦는다.	육안	보관 담당자
칭량실	작업 후	상수, 70% 에탄올	원료통, 작업대, 저울 등을 70% 에탄올을 묻힌 걸레 등으로 닦는다. 바닥은 진공청소기로 청소하고 물걸레로 닦는다.	육안	계량 담당자
	1회/월	중성 세제, 70% 에탄올	바닥, 벽, 문, 원료통, 저울, 작업대 등을 진공청소기, 걸레 등으로 청소한다. 걸레에 전용 세제 또는 70% 에탄올을 묻혀 찌든 때를 제거한 후 깨끗한 걸레로 닦는다.	육안	계량 담당자
제조실, 충전실, 반제품 보관실 및 미생물 실험실	수시(최소 1회/일)	중성 세제, 70% 에탄올	작업 종료 후 바닥 작업대와 테이블 등을 진공청소기로 청소하고 물걸레로 깨끗이 닦는다. 작업 전 작업대와 테이블, 저울을 70% 에탄올로 소독한다. 클린 벤치는 작업 전, 작업 후 70% 에탄올을 거즈에 묻혀서 닦아낸다.	육안	각 작업 및 실험 담당자
	1회/월	중성 세제, 70% 에탄올	바닥, 벽, 문, 작업대와 테이블 등을 진공청소기로 청소하고, 상수에 중성 세제를 섞어 바닥에 뿌린 후 걸레로 세척한다. 작업대와 테이블을 70% 에탄올을 거즈에 묻혀서 닦아낸다.	육안	각 작업 및 실험 담당자

1.4.1 세제(세정제)의 조건과 작용 기능

세정제는 접촉면에서 바람직하지 않은 오염 물질을 제거하기 위해 사용하는 화학물질 또는 이들의 혼합액으로 용매, 산, 염기, 세제 등이 주로 사용되며, 환경 문제와 작업자의 건강 문제로 인해 수용성 세정제가 많이 사용된다. 세포의 단백질을 응고 시키거나 결합, 세포막 파괴로 세포의 기능장애를 초래하거나 산화, 효소의 저해작용 등으로 세포에 영향을 미쳐 세정작용을 일으킨다. 세정제별 작용 기능을 살펴보면 다음과 같다.

[표 3-5] 세정제별 작용 기능

종류	작용 기능
알코올, 페놀, 알데하이드, 아이소프로판올, 포르말린	단백질 응고 또는 변경에 의한 세포 기능장해
할로겐 화합물, 과산화수소, 과망간산칼륨, 아이오딘, 오존	산화에 의한 세포 기능장해
옥시시안화수소	원형질 중의 단백질과 결합하여 세포 기능장해
계면활성제, 클로르헥사이딘	세포벽과 세포막 파괴에 의한 세포 기능장해
양성 비누, 붕산, 머큐로크로뮴 등	효소계 저해에 의한 세포 기능장해

1.4.2 작업장의 청소 및 소독에 대한 관리 원칙

1) 작업장을 수시로 청소하여 청결하게 유지하고, 적절한 소독제를 사용하여 수시로 소독한다.
2) 이동 설비의 소독을 위하여 세척실은 UV 램프를 점등하여 세척실 내부를 멸균하고, 이동 설비는 세척 후 세척 사항을 기록한다.
3) 포장 라인 주위에 부득이하게 충전 노즐을 비치할 경우 보관함에 UV 램프를 설치하여 멸균 처리한다.
4) 청소, 소독 시에는 눈에 보이지 않은 곳, 수행하기 힘든 곳 등에 특히 유의하여 세밀하게 시행하도록 한다.
5) 물청소 후에는 물기를 제거하여 오염원을 제거한다. 청소 도구는 사용 후 세척하

여 건조 또는 필요시 소독하여 오염원이 되지 않도록 한다. 대걸레 등은 건조한 상태로 보관하고, 건조한 상태로 보관이 어려울 때는 소독제로 세척 후 보관한다.

6) 소독 시에는 기계, 기구류, 내용물 등에 오염되지 않도록 한다.

7) 세균 오염 또는 세균수 관리의 필요성이 있는 작업실은 정기적인 낙하균 시험을 수행하여 확인한다. 각 제조 작업실, 칭량실, 반제품 저장실, 포장실이 해당된다.

8) 작업장 및 보관소별 관리 담당자는 오염 발생 시 원인 분석 후 이에 적절한 시설 또는 설비의 보수, 교체나 작업 방법의 개선 조치를 취하고 재발 방지토록 한다.

1.4.3 소독제의 조건과 고려사항

소독제란 병원미생물을 사멸시키기 위해 인체의 피부, 점막의 표면이나 기구, 환경의 소독을 목적으로 사용하는 화학물질의 총칭으로, 기구 등에 부착한 균에 대해 사용하는 약제를 말한다. 작업장의 환경 상태는 소독제의 효과에 영향을 미칠 수 있으므로 소독제 선택 시 고려되어야 하며 이상적인 소독제의 조건은 다음과 같다.

1) 이상적인 소독제의 조건

(1) 사용 기간 동안 활성을 유지해야 한다.

(2) 경제적이어야 한다.

(3) 사용 농도에서 독성이 없어야 한다.

(4) 제품이나 설비와 반응하지 않아야 한다.

(5) 불쾌한 냄새가 남지 않아야 한다.

(6) 광범위한 항균 스펙트럼을 가져야 한다.

(7) 5분 이내의 짧은 처리에도 효과를 보여야 한다.

(8) 소독 전에 존재하던 미생물을 최소한 99.9 % 이상 사멸시켜야 한다.

(9) 쉽게 이용할 수 있어야 한다.

2) 소독제의 효과에 영향을 미치는 요인

(1) 사용 약제의 종류나 사용 농도, 액성(pH) 등

(2) 균에 대한 접촉 시간(작용 시간) 및 접촉 온도

(3) 실내 온도, 습도

(4) 다른 사용 약제와의 병용 효과, 화학 반응

(5) 단백질 등의 유기물이나 금속 이온의 존재

(6) 흡착성, 분해성

(7) 미생물의 종류, 상태, 균 수

(8) 미생물의 성상, 약제에 대한 저항성, 약제 자화성 등의 유무

(9) 미생물의 분포, 부착, 부유 상태

(10) 작업자의 숙련도

1.4.4 소독 및 소독제의 종류와 사용 방법

1) 물리적 소독의 유형과 사용 방법

작업장의 소독에 사용될 수 있는 물리적 방법으로는 물을 이용하여 스팀을 사용하거나 뜨거운 물을 사용하는 방법, 전기 가열 테이프를 사용하여 온도를 높이는 방법을 들 수 있다. 이에 대한 사용 농도 및 시간, 장 · 단점은 다음 [표 3-6]과 같다.

[표 3-6] 물리적 소독방법

유형	설명	사용 농도/시간	장점	단점
스팀	100 ℃ 물	30분 (장치의 가장 먼 곳까지 온도가 유지되어야 한다.)	제품과의 우수한 적합성 용이한 사용성 효과적임. 바이오 필름 파괴 가능	보일러나 파이프에 잔류물 남음. 체류 시간이 길다. 고에너지 소비 소독 시간 길다. 습기 다량 발생

온수	80 ~ 100 ℃ (70 ~ 80 ℃)	30분 (2시간)	제품과의 우수한 적합성 사용이 용이하고 효과적임. 긴 파이프에 사용 가능 부식성 없음. 출구 모니터링이 간단함.	많은 양이 필요함. 체류 시간이 길. 습기 다량 발생 고에너지 소비
직열	전기 가열 테이프	다른 방법과 같이 사용	다루기 어려운 설비나 파이프에 효과적	일반적인 사용 방법이 아님.

2) 화학적 소독제의 종류와 사용 방법

작업장의 소독에 많이 사용되는 화학적 소독제의 종류로는 70% 에탄올, 크레졸수(3%), 페놀수(3%), 차아염소산나트륨액, 벤잘코늄클로라이이드(benzalkonium chloride, 10%), 글루콘산클로르헥시딘(chlorhexidine gluconate, 5%) 등이 있다. 에탄올은 가연성이 있으며 크레졸과 페놀은 특이취를 가지고 있다. 각각의 조제방법은 다음과 같다.

(1) 70% 에탄올: 에탄올 735mL+정제수 265mL (Ethanol 순도 95%의 경우)
(2) 크레졸수(3%): 크레졸 30mL에 정제수를 가하여 1,000mL으로 만든다.
(3) 페놀수(3%): 페놀 30g에 정제수를 가하여 1,000mL으로 만든다.
(4) 차아염소산나트륨액: 물 1000mL+락스5mL 로 만든다. (금속 부식성 있음)
(5) 벤잘코늄클로라이이드(benzalkonium chloride) 10%를 20배 희석해서 사용한다.
(6) 글루콘산클로르헥시딘(chlorhexidine gluconate) 5%를 10배 희석해서 사용한다.

1.4.5 소독제의 관리 방법

소독제는 각각의 특성에 따라 선택하고 적정한 농도로 희석하여 사용해야 한다. 작업장에서 사용 시 실내에는 분무하면 되고 고정 비품이나 천정, 벽면 등에는 거즈에 묻혀서 닦아낸다. 소독 시에는 기계, 기구류, 내용물 등에 오염되지 않도록 한다. 이러한 화학적 소독제를 사용함에 있어 작업장에서의 관리 방법은 다음과 같다.

(1) 소독제 기밀 용기에는 소독제의 명칭, 제조일자, 사용기한, 제조자를 표시한다.

(2) 소독제 사용기한은 제조(소분)일로부터 1주일 동안 사용한다.

(3) 소독제별로 전용 용기를 사용한다.

(4) 소독제에 대한 조제 대장을 운영한다.

2 작업자 위생관리

화장품 제조에 있어서 작업자에 의한 제품의 오염은 중요한 사항이다. 작업자가 내용물을 다루는 과정에서 각종 미생물들로 인해 제품이 오염되는 주요 원인이 되는 것으로 파악되고 있다. 따라서 많은 기업에서 오염을 방지하기 위하여 다양한 방법과 기준을 정해 놓고 운영하고 있다. 하지만 아무리 좋은 방법과 지침이 있다 하더라도 작업자들이 준수하지 않으면 아무런 의미가 없다. 작업자들이 개인위생을 잘 지킬 수 있도록 철저하게 관리하는 것이 매우 중요하다.

작업장 내의 모든 직원이 위생관리 기준 및 절차를 준수할 수 있도록 위생관리 기준 및 절차를 마련하고 이에 대한 교육훈련을 실시해야 한다. 신규 직원에 대하여 위생교육을 실시하며, 기존 직원에 대해서도 정기적으로 교육을 실시한다.

2.1 작업장 내 직원의 위생 기준 설정

작업자의 위생과 관련하여 우수 화장품 제조 및 품질관리기준(이하, CGMP라고 칭함) 제6조(직원의 위생)에서는 다음이 같이 규정하고 있다. 직원의 위생관리 기준 및 절차에는 직원의 작업 시 복장, 작업자의 건강 상태 확인, 작업자에 의한 제품의 오염 방지에 관한 사항, 작업자의 손 씻는 방법, 작업 중 주의사항, 방문객 및 교육훈련을 받지 않은 작업자의 위생관리 등이 포함되어야 한다. 이러한 기준을 준수함으로써 작업자는 개인위생을 잘 유지하고 작업자로부터 제품에 미생물 오염이나 이물질이 오염되는 것을 막을 수 있게 되는 것이다.

제6조 (직원의 위생)
① 적절한 위생관리 기준 및 절차를 마련하고 제조소 내의 모든 직원은 이를 준수해야 한다.
② 작업장 및 보관소 내의 모든 직원은 화장품의 오염을 방지하기 위해 규정된 작업복을 착용해야 하고 음식물 등을 반입해서는 아니 된다.
③ 피부에 외상이 있거나 질병에 걸린 직원은 건강이 양호해지거나 화장품의 품질에 영향을 주지 않는다는 의사의 소견이 있기 전까지는 화장품과 직접적으로 접촉되지 않도록 격리되어야 한다.
④ 제조 구역별 접근 권한이 있는 작업원 및 방문객은 가급적 제조, 관리 및 보관 구역 내에 들어가지 않도록 하고, 불가피한 경우 사전에 직원 위생에 대한 교육 및 복장 규정에 따르도록 하고 감독하여야 한다.

2.1.1 작업장 내 직원의 복장 기준

1) 작업장 및 보관소 내의 모든 직원은 화장품의 오염을 방지하기 위해 규정된 작업복을 착용하고, 음식물 등을 반입해서는 안 된다.

2) 작업자는 작업 중의 위생 관리상 문제가 되지 않도록 청정도에 맞는 적절한 작업복(위생복), 모자와 신발을 착용하고 필요할 경우는 마스크, 장갑을 착용한다.

(1) 작업복 등은 목적과 오염도에 따라 세탁하고 필요에 따라 소독한다. 작업 복장은 주 1회 이상 세탁함을 원칙으로 하고 원료 칭량, 반제품 제조 및 충전 작업자는 수시로 복장의 청결 상태를 점검하여 이상 시 즉시 세탁된 깨끗한 것으로 교환 착용한다.

(2) 각 부서에서는 주기적으로 소속 인원 작업복을 일괄 회수하여 세탁 의뢰한다. 사용한 작업복의 회수를 위해 회수함을 비치하고 세탁 전에는 훼손된 작업복을 확인하여 선별 폐기한다.

(3) 작업복은 완전 탈수 및 건조시키도록 하며 세탁된 작업복은 커버를 씌워 보관한다.

3) 작업자는 다음 방법에 따라 작업복을 착용하도록 한다.

(1) 제조 및 포장 작업에 종사하는 작업자는 남녀로 구분된 탈의실에서 지정된 작업복으로 갈아입는다.

(2) 탈의실에서 작업화로 갈아 신고 Air Shower를 거친 다음 청정도 3, 4급지에서 근

무하는 작업자는 작업실로 입장한다.

(3) 청정도 1, 2급지에서 근무하는 작업자는 작업장 입구에 설치된 탈의실에서 지정된 작업복 및 작업화를 착용한 후 작업실로 입장한다.

(4) 세척, 청소 및 필요한 경우 고무장화와 고무장갑 및 앞치마를 착용한다.

[표 3-7] 작업자의 작업 복장 기준

종류	형 태	작업 내용	대상 작업자
방 진 복	전면 지퍼, 긴 소매, 긴 바지, 주머니 없음. - 손목, 허리, 발목: 고무줄 - 모자: 챙이 있고 머리를 완전히 감싸는 형태	특수 화장품 제조실	특수 화장품의 제조/충전자
작 업 복	상하의가 분리된 것 - 모자: 머리를 완전히 감싸는 형태	제조 작업, 원료 칭량 작업 원료, 자재, 반제품 및 제품의 보관, 입출고 관련 업무 제조 설비류의 보수 · 유지 관리 업무	제조 작업자, 원료 칭량실 인원, 자재 보관 관리자 제조 시설 관리자
실 험 복	백색 가운으로 전면 양쪽 주머니	가운이 필요한 실험실 및 간접 부문	실험실 인원, 기타 필요 인원
신 발	안전화(또는 운동화)		

2.1.2 제조 구역별 접근 권한 기준 설정

제조 구역별 접근 권한이 있는 작업자 및 방문객은 가급적 생산, 관리 및 보관 구역 내에 들어가지 않도록 하고, 불가피한 경우 사전에 직원 위생에 대한 교육 및 복장 규정에 따르도록 하고 감독하여야 한다.

1) 방문객 또는 안전 위생의 교육 훈련을 받지 않은 직원이 화장품 생산, 관리, 보관 구역으로 출입하는 일은 피해야 한다.

2) 영업상의 이유, 신입 사원 교육 등을 위하여 안전 위생의 교육 훈련을 받지 않은 사람들이 생산, 관리, 보관 구역으로 출입하는 경우에는 안전 위생의 교육 훈련 자료를 미리 작성해 두고 출입 전에 교육 훈련을 실시한다. 교육 훈련의 내용은

직원용 안전 대책, 작업 위생 규칙, 작업복 등의 착용, 손 씻는 절차 등이다.

3) 방문객과 훈련받지 않은 직원이 생산, 관리 보관 구역으로 들어가면 반드시 안내자가 동행한다. 방문객은 적절한 지시에 따라야 하고, 필요한 보호 설비를 갖추어야 하며, 회사는 방문객이 혼자서 돌아다니거나 설비 등을 만지거나 하는 일이 없도록 해야 한다.

4) 방문객이 생산, 관리, 보관 구역으로 들어간 것을 반드시 기록서에 기록한다. 방문객의 성명과 입·퇴장 시간 및 자사 동행자에 대한 기록이 필요하다.

2.2 작업장 내 직원의 위생 상태 판정

작업자의 위생 상태는 제품의 품질뿐만 아니라 작업자의 보건적인 측면에서도 중요하다. 청결 및 위생에 대한 기준을 지도하고 기업이 정한 준수사항을 반드시 지킬 수 있도록 사전 교육시킨다. 작업자들로 하여금 위생 기준을 지킬 수 있도록 습관화시키는 것이 중요하다.

2.2.1 위생 상태 판정을 위한 주관 부서의 활동

주관 부서는 작업자의 건강 상태를 다음과 같이 정기 및 수시로 파악하여야 한다.

1) 주관 부서는 「근로기준법」 관계 법규에 의거 연 1회 이상 의사에게 정기 건강진단을 받도록 한다.

2) 작업자는 정기적인 진단 외에도 필요한 경우에 의료 기관에 의뢰하여 적절한 조치를 취할 수 있도록 한다. 작업 중에 발생하는 건강 이상에 대해 작업자는 즉시 인근 진료소에서 진료를 받아야 하고, 주관 부서는 이에 필요한 모든 편의를 제공한다.

3) 신입 사원 채용 시 종합병원의 건강 진단서를 첨부하여야 하며, 제조 중에 화장품을 오염시킬 수 있는 질병(전염성 포함) 또는 업무 수행을 할 수 없는 질병이 있어서는 안 된다.

4) 주관 부서는 정기 및 수시 진단 결과 이상이 있는 작업자에 한해 그 결과를 해당 부서(팀)장에 통보하여 조치토록 하여야 한다.

5) 주관 부서는 작업자의 일상적인 건강관리를 위하여 양호실을 설치하고, 다음과 같이 운영한다.

① 양호실에는 각종 구급 비상 약품과 기구, 비품을 비치한다.

② 작업자의 작업 중 건강에 이상이 발생하면 즉시 해당 부서장에게 보고하고, 필요시 인근 진료소에서 적절한 진료를 받고 안정을 취하도록 한다.

2.2.2 위생 상태 판정을 위한 해당 부서의 활동

해당 부서는 질병에 걸린 자가 생산에 임함으로 인해 제품의 오염 및 제조 중 안전사고 발생 등의 방지를 위하여 다음과 같이 건강 상태를 파악하여야 한다.

1) 작업자는 제품 품질에 영향을 미칠 수 있다고 판단되는 질병에 걸렸거나 외상을 입었을 때, 즉시 해당 부서장에게 그 사유를 보고하여야 한다.

2) 해당 부서장은 신고된 사항에 대하여 이상이 인정된 작업자에 대해 종업원 건강관리 신고서에 의거 주관 부서(팀)장의 승인을 받는다.

3) 해당 부서(팀)장은 신고된 건강 이상의 중대성에 따라 필요시 주관 부서(팀)장에 통보한 후 작업 금지, 조퇴, 후송, 업무 전환 등의 조치를 취한다.

4) 작업자의 질병이 법정 전염병일 경우에는 관계 법령에 의거, 의사의 지시에 따라 격리 또는 취업을 중단시켜야 한다.

5) 생산 부서장은 매일 작업 개시 전에 작업자의 건강 상태를 점검하고, 피부에 외상이 있거나 질병에 걸린 직원은 건강이 양호해지거나 화장품의 품질에 영향을 주지 않는다는 의사의 소견이 있기 전까지는 화장품과 직접 접촉되지 않도록 격리시켜야 한다.

6) 다음과 같이 건강상의 문제가 있는 작업자는 귀가 조치 또는 질병의 종류 및 정도에 따라 화장품과 직접 접촉하지 않는 작업을 수행하도록 조치한다.

① 전염성 질환의 발생 또는 그 위험이 있는 자(예, 감기, 감염성 결막염, 결핵, 세균성 설사, 트라코마 등)

② 콧물 등 분비물이 심하거나 화농성 외상 등에 의하여 화장품을 오염시킬 가능성이 있는 자

③ 과도한 음주로 인한 숙취, 피로 또는 정신적인 고민 등으로 작업 중 과오를 일으킬 가능성이 있는 자

2.2.3 작업자의 손 세척 및 손 소독

화장품 원료의 혼합 전 · 후에는 손 소독 및 세척을 철저히 해야 한다. 우리 손에는 보이지 않는 많은 미생물이 존재한다. 황색포도상구균(화농균)은 독소형 식중독을 일으키는 균으로 잘 알려져 있는데, 상처나 화상을 입은 손으로 제품을 취급하면 제품을 오염시킬 수 있다. 따라서 잘 씻고 소독한 건강한 손에도 황색포도상구균이 존재할 수 있으므로 맨손으로 제품을 취급하는 것을 금지해야 한다. 또 대장균은 건강한 사람의 분변에도 존재하며 체외로 배출된다. 두루마리 휴지는 흡입력이 좋아 대변 속의 미생물을 손으로 전달할 수 있으며, 용변 후 물을 내릴 때 변기 속 미세 물방울이 공기로 확산되어 문 손잡이, 물 내리는 밸브 등을 오염시키므로 간접적으로 손에 오염될 수 있다. 그러므로 화장실 이용 후 반드시 손을 씻어야 한다.

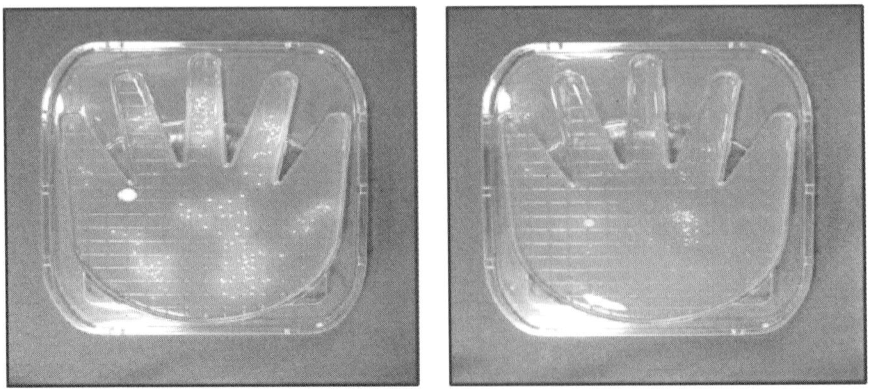

[그림 3-1] 세척 전(왼쪽)과 세척 후(오른쪽)의 손에 있는 미생물 상태(황색포도상구균 배지)

1) 손 씻기 6단계 방법

물과 비누를 이용한 손 씻기는 미지근한 물로 손을 적시고 적정량의 제제를 사용하여 손과 손가락을 40~50초 동안 아래의 방법대로 손을 씻어야 한다. 세척 순서는 경우에 따라 다소 변동이 있을 수 있지만, 닦는 부위는 빠지지 않아야 한다.

(1) 1단계: 손바닥과 손바닥을 마주 대고 문지른다.

(2) 2단계: 손등과 손바닥을 마주 대고 문지른다.

(3) 3단계: 손깍지를 끼고 문지른다.

(4) 4단계: 손가락을 반대쪽 손바닥에 놓고 문지르며 손톱 밑을 깨끗이 한다.

(5) 5단계: 엄지손가락을 다른 쪽 손바닥으로 돌려주면서 문지른다.

(6) 6단계: 손바닥에 손톱 끝을 문지른다.

2) 손 씻기를 할 때 유의사항

(1) 비누 거품을 충분히 내어 손과 팔목을 꼼꼼히 문질러 닦고, 미지근하고 깨끗한 물로 헹군다.

(2) 손가락 끝, 손가락 사이를 유의해서 깨끗이 씻어야 하며, 손톱 밑을 씻을 때에는 손톱용 브러시를 사용하는 것이 바람직하다.

(3) 일회용 종이타월이나 손 건조기를 이용하여 물기를 건조시킨다.

(4) 손씻기에 따른 세균의 제거 효과는 흐르는 물로만 씻어도 상당한 제거 효과가 있으나 비누를 사용하여 흐르는 물로 20초 이상 씻었을 때에는 99.8%의 세균 제거 효과가 있다.

[그림 3-2] 손 세척 절차 및 방법

2.3 혼합·소분 시 위생관리 규정

화장품은 일반적으로 기름이나 수분을 주성분으로 하며 추가적으로 당이나 단백질 등도 배합되는 등 식품과 마찬가지로 미생물이 생육하기 쉬운 환경이다. 따라서 화장품을 혼합하거나 소분하면서 발생할 수 있는 미생물 오염이나 교차감염이 발생할 수 있으므로 주의를 기울여야 한다. 또한, 혼합 · 소분 시 위생관리 규정을 만들고 작업자는 이를 준수하도록 한다.

2.3.1 혼합·소분 시 작업자의 위생관리 규정

1) 화장품을 혼합하거나 소분하기 전에는 손을 소독, 세정하거나 일회용 장갑을 착용해야 한다.
2) 혼합 · 소분 시에는 위생복과 마스크를 착용해야 한다.
3) 피부에 외상이나 질병이 있는 경우는 회복되기 전까지 혼합과 소분 행위를 금지해야 한다.

4) 작업대나 설비 및 도구(교반봉, 주걱 등)는 소독제(에탄올 등)를 이용하여 소독한다,
5) 대상자에게 혼합 방법 및 위생상 주의사항에 대해 충분히 설명한 후 혼합한다.
6) 혼합 후 층 분리 등 물리적 현상에 대한 이상 유무 확인 후 판매한다.
7) 혼합 시 도구가 작업대에 닿지 않도록 주의한다,
8) 작업대나 작업자의 손 등에 용기 안쪽 면이 닿지 않도록 주의하여 교차오염이 발생하지 않도록 주의한다.

2.4 작업자의 위생 유지를 위한 세제 및 소독제의 종류와 사용법

세척 과정만 거쳐도 청결 유지가 가능하나 단지 세척만으로 위생적이 되는 것은 아니다. 간혹 청결한 상태로 보이나 유해 미생물이 다량으로 잔재되어 있는 경우도 있으므로, 이러한 경우는 적절한 소독을 통해 미생물을 제거함으로써 위생적으로 유지할 수 있다. 개인은 개인위생 처리규정을 준수해야 하고 건강한 습관을 가져야 한다. 손은 모든 제품 작업 전 또는 생산 라인에서 작업하기 전에 청결히 하여야 한다.

2.4.1 작업자의 손 위생을 위한 세제 및 소독제

1) 일반 비누

비누는 지방산과 수산화나트륨 또는 수산화칼륨을 함유한 세정제로, 고체 비누, 티슈 형태, 액상 비누 등이 있다. 비누의 세정력은 손에 묻은 지질과 오염물, 유기물을 제거하는 세정제의 성질에 따라 다르다. 항균 성분이 없는 일반 비누의 경우에는 일시적 집락균을 제거할 수 있는데, 15초간 물과 비누로 손을 씻을 경우 0.6~1.0g 정도가 감소한다. 그러나 많은 연구에서 일반 비누를 이용한 손씻기는 병원성 세균 제거를 하지 못하고, 오히려 세균의 수를 증가시키기도 하는데, 이는 피부 자극과 건조 때문인 것으로 보인다.

2) 알코올

알코올은 단백질 변성 기전으로 소독 효과를 나타낸다. 알코올 손위생 제제는 에탄올, 아이소프로판올 또는 엔프로판올로 한 가지나 두 가지가 포함되어 있나. 세균에 대한 효과는 좋지만, 세균의 포자, 원충의 난모세포, 비피막(비지질) 바이러스에 대해서는 효과가 떨어진다.

알코올은 피부에 적용 시 신속한 살균 효과를 가져오지만, 잔류 효과가 없다. 그러나 알코올 제제 사용 후에는 미생물이 다시 자라는 속도가 느리다. 알코올 제제 사용량이 너무 적으면 효과가 일반 비누보다 낮다. 손을 골고루 문질렀을 때 보통 10~15초 후 건조되는 정도의 양이 적당하다. 알코올 함유 티슈의 경우 알코올 함량이 적어서 물과 비누보다 효과가 낮다.

3) 클로르헥시딘(CHG, chlorhexidine glyconate)

클로르헥시딘은 양이온 항균제(bisbiguanide)로 세포질막의 파괴와 세포 성분의 침전을 유발하여 소독 효과를 나타낸다. 클로르헥시딘은 즉각적인 효과는 알코올에 비해 느리며, 그람양성균에 효과가 좋고, 그람음성균과 진균에는 다소 효과가 떨어지며, 결핵균에 대해서는 최소 효과만 가진다. 아포에는 효과를 발휘하지 못한다.

0.5%, 0.75%, 1% 클로르헥시딘 제제는 일반 비누보다 소독 효과가 좋지만, 4%보다는 효과가 떨어진다. 2%는 4%에 비하여 다소 효과가 떨어지며, 4% 클로르헥시딘은 7.5% 포비돈 아이오딘에 비하여 세균 감소 효과가 매우 높다.

4) 아이오딘/아이오도퍼(iodine/iodophors)

아이오딘 분자는 미생물 세포벽을 뚫고 아미노산과 불포화지방산의 결합을 통해 세포를 불활성화시켜 단백질 합성 저해와 세포막 변성에 의한 소독 작용을 한다. 아이오도퍼는 아이오딘과 아이오다이드 또는 트리아이오다이드와 폴리머케리어 원소 혼합물로 분자량이 크다. 아이오딘 분자량이 아이오도퍼의 소독력을 결정한다.

손 소독용으로 흔히 사용하는 것은 포비돈아이오딘이다. 5~10% 포비돈아이오딘은 FDA TFM에서 Category I (의료진의 손 위생 제제로 안전하고 효과적임)로 분류하였다. 아이오딘은 그람양성균, 그람음성균, 몇몇 아포형성 세균에 우수한 효과를 보이며, 항산균, 바이러스, 진균에도 효과가 좋다. 그러나 상용으로 사용되는 아이오도퍼 농도에서는 아포를 살균할 수 없다.

2.4.2 작업복의 세탁을 위한 세제의 종류와 사용 방법

작업자가 사용한 작업복은 목적과 오염도에 따라 세탁하고 필요에 따라 소독한다. 작업복의 재질은 먼지, 이물 등을 유발시키지 않는 재질이어야 하고, 작업하기에 편리한 형태로 각 작업장의 제품, 청정도에 따라 용도에 맞게 구분 사용되어야 한다. 작업복 세탁을 위한 세제의 종류와 사용 방법은 [표 3-8]과 같다.

[표 3-8] 작업복 세탁을 위한 세제의 종류와 사용 방법

세척제/ 소독제	종류	표준 사용량	사용 방법
세탁용 합성세제 (수퍼타이 등)	알칼리성	물 30L+세제 30g	세제를 물에 충분히 녹인 후, 세탁물에 넣는다.
섬유유연제 (피죤 등)		물 60L+세제 40mL	마지막 헹굼 시, 피죤 등을 넣고 2회 이상 충분히 헹군 후 탈수시킨다.
주방용 합성세제 (트리오 등)		물 1L+세제 2g	물에 1분 이상 세탁물을 담가두었다가 2회 이상 헹군다.
락스 (차아염소산나트륨액)	염소계 (소독, 표백)	물 5L+락스 25mL	세탁 후, 락스액에 10~20분 담가두었다가 헹군다.

2.5 작업자 위생관리를 위한 복장 청결 상태 판단

위생관리 주관 부서는 직접 생산 작업에 근무하는 작업자들의 위생관리를 위하여 복장 청결 상태에 대한 규정을 다음과 같이 만들고 이를 준수하도록 고지하며, 해당 부서장은 이의 이행 여부를 생산 작업 직전에 점검한다. 또한, 각 공정의 책임자 등에 의해 상시 작업자의 복장 청결 준수 상태를 확인하고 문제 발견 시에는 시정 요구가 즉시 이루어지도록 조치한다.

2.5.1 작업자의 청결 상태 확인사항

1) 생산, 관리 및 보관 구역에 들어가는 모든 직원은 화장품의 오염을 방지하기 위한 규정된 작업복을 착용하고, 일상복이 작업복 밖으로 노출되지 않도록 한다. 각 청정도별 지정된 작업복과 작업화, 보안경 등을 착용하고, 착용 상태로 외부 출입을 하는 것은 금지한다.
2) 반지, 목걸이, 귀걸이 등 생산 중 과오 등에 의해 제품 품질에 영향을 줄 수 있는 것은 착용하지 않는다. 손톱 및 수염 정리를 하고 파운데이션 등 분진을 떨어뜨릴 염려가 있는 화장은 금한다.
3) 개인 사물은 지정된 장소에 보관하고, 작업실 내로 가지고 들어오지 않는다.
4) 생산, 관리 및 보관 구역 내에서는 먹기, 마시기, 껌 씹기, 흡연 등을 해서는 안 되며, 또 음식, 음료수, 흡연 물질, 개인 약품 등을 보관해서는 안 된다.
5) 생산, 관리 및 보관 구역 또는 제품에 부정적 영향을 미칠 수 있는 기타 구역 내에서는 비위생적 행위들을 금지한다.
6) 작업 장소에 들어가기 전에 반드시 손을 씻는다. 필요시에는 작업 전 지정된 장소에서 손 소독을 실시하고 작업에 임한다. 손 소독은 70% 에탄올을 이용한다.
7) 운동 등에 의한 오염(땀, 먼지)을 제거하기 위해서는 작업장 진입 전 샤워 설비가 비치된 장소에서 샤워 및 건조 후 입실한다.
8) 화장실을 이용한 작업자는 손 세척 또는 손 소독을 실시하고 작업실에 입실한다.
9) 각 공정 책임자 등에 의한 상시 작업자의 준수 상태 확인 및 시정 요구가 실시되도록 한다.

3

설비 및 기구 관리

화장품의 생산에는 많은 설비가 사용된다. 분체 혼합기, 유화기, 혼합기, 충전기, 포장기 등의 제조 설비뿐만 아니라, 냉각장치, 가열장치, 분쇄기, 에어로졸 제조장치 등의 부대설비와 저울, 온도계, 압력계 등의 계측기기가 사용된다. 이들을 통합하여 "화장품 생산 설비"라고 한다. 제조하는 화장품의 종류, 양, 품질에 따라 사용하는 생산 설비는 다양하게 사용될 수 있다.

생산시설에 사용되는 설비와 기구의 관리 목적은 설비 및 기구의 기능 향상과 보전 관리를 통해 상품의 생산성을 높이고 품질의 균질성을 유지하며 생산 원가를 절감하려는 여러 활동을 통하여 상품의 경쟁력 향상을 도모하는 것이다. 이를 위하여 일정한 주기별로 생산설비와 장비의 제조 설계 사양을 기준으로 예방 점검 시기, 항목, 방법, 내용, 후속조치 요건들을 설정하여 지속적인 관리가 필요하다.

자동화 시스템을 포함한 제조 등 화장품에 사용되는 모든 설비와 용구는 의도된 목적에 적합하도록 깨끗하게 유지되어야 하며, 계획적이어야 하고 적절하게 유지되고 검정되어야 한다. 이를 위하여 설비 세척과 소독에 대한 표준 지침을 만들어 작업자가 동일하게 세척과 소독을 할 수 있게 해야 한다.

3.1 설비·기구의 위생 기준 설정

설비의 유지관리란 설비의 기능을 유지하기 위하여 실시하는 정기 점검이다. 유지관리는 예방적 활동(Preventive activity), 유지보수(maintenance), 정기 검교정(Calibration)으로 나눌 수 있다. 예방적 활동(Preventive activity)은 주요 설비(제조 탱크, 충전 설비, 타정기 등) 및 시험 장비에 대하여 실시하며, 정기적으로 교체하여야 하는 부속품들에 대하여 연간 계획을 세워서 시정 실시(망가지고 나서 수리하는 일)를 하지 않는 것이 원칙이다. 유지보수(maintenance)는 고장 발생 시의 긴급 점검이나 수리를 말하며, 작업을 실시할 때, 설비의 개인, 변경으로 기능이 변화해도 좋으나, 기능의 변화와 점검 작업 그 자체가 제품 물질에 영향을 미쳐서는 안 된다. 또한, 설비가 불량해져서 사용할 수 없을 때는 그 설비를 제거하거나 확실하게 사용 불능 표시를 해야 한다.

설비의 개선은 적극적으로 실시하고 보다 좋은 설비로 제조를 행하도록 한다. 이 때, 그 개선이 제품 물질에 영향을 미치지 않는 것을 확인한다는 것은 말할 것도 없다. 개선이 변경이 되는 일도 있다. 설비 점검은 체크 시트를 작성하여 실시하는 것이 좋다. 설비의 유지관리에 대하여 우수 화장품 제조 및 품질관리 기준(이하, CGMP라고 칭함) 제10조(유지관리)에서는 다음이 같이 규정하고 있다.

제10조(유지관리) ① 건물, 시설 및 주요 설비는 정기적으로 점검하여 화장품의 제조 및 품질관리에 지장이 없도록 유지 · 관리 · 기록하여야 한다. ② 결함 발생 및 정비 중인 설비는 적절한 방법으로 표시하고, 고장 등 사용이 불가할 경우 표시하여야 한다. ③ 세척한 설비는 다음 사용 시까지 오염되지 아니하도록 관리하여야 한다. ④ 모든 제조 관련 설비는 승인된 자만이 접근 · 사용하여야 한다. ⑤ 제품의 품질에 영향을 줄 수 있는 검사 · 측정 · 시험장비 및 자동화 장치는 계획을 수립하여 정기적으로 교정 및 성능 점검을 하고 기록해야 한다. ⑥ 유지관리 작업이 제품의 품질에 영향을 주어서는 안 된다.

3.1.1 설비·기구의 유지관리 시 주의사항

1) 예방적 실시(Preventive Maintenance)가 원칙이다.

2) 설비마다 절차서를 작성한다.

3) 계획을 가지고 실행한다. (연간계획이 일반적)

4) 책임 내용을 명확하게 한다.

5) 유지하는 "기준"은 절차서에 포함한다.

6) 점검 체크 시트를 사용하면 편리한다.

7) 점검 항목: 외관검사(더러움, 녹, 이상소음, 이취 등), 작동 점검(스위치, 연동성 등), 기능 측정(회전수, 전압, 투과율, 감도 등), 청소(외부 표면, 내부), 부품 교환, 개선(제품 품질에 영향을 미치지 않는 일이 확인되면 적극적으로 개선한다)

8) 설비는 생산 책임자가 허가한 사람 이외의 사람이 가동시켜서는 안 된다. 담당자 이외의 사람이나 외부자가 접근하거나 작동시킬 수 있는 상황을 피한다. 이를 위하여 입장 제한, 가동 열쇠 설치, 철저한 사용 제한 등을 실시한다.

9) 설비의 제어에 있어 컴퓨터를 사용한 자동 시스템을 사용하는 경우 액세스 제한 및 고쳐쓰기 방지에 대한 대책을 시행한다. 선의든 악의든 관계없이 제조 조건이나 제조 기록이 마음대로 변경되는 일이 없도록 해야 하고, 설비의 가동 조건을 변경했을 때는 충분한 변경 기록을 남긴다.

3.1.2 설비·기구에 대한 관리 지침

1) 사용 목적에 적합하고, 청소가 가능하며, 필요한 경우 위생 · 유지관리가 가능하여야 한다. 자동화 시스템을 도입한 경우도 또한 같다.

2) 사용하지 않는 연결 호스와 부속품은 청소 등 위생관리를 하며, 건조한 상태로 유지하고, 먼지나 얼룩 또는 다른 오염으로부터 보호한다.

(1) 모든 호스는 필요시 청소 또는 위생 처리를 한다. 청소 후에 호스는 완전히 비우도록 하고 건조한다. 호스는 정해진 지역에 바닥에 닿지 않도록 정리하여 보관한다.

(2) 모든 도구와 이동 가능한 기구는 청소 및 위생 처리 후 정해진 지역에 정돈 방법에 따라 보관한다.

3) 설비 등은 제품의 오염을 방지하고 배수가 용이하도록 설계, 설치하며, 제품 및 청소 소독제와 화학 반응을 일으키지 않아야 한다.

(1) 설비의 표면은 청소하기 용이한 재료로 설계해야 한다.

(2) 페인트를 칠한 지역은 우수한 정비 상태로 유지하고, 벗겨진 칠은 바로 보수해야 한다.

4) 설비 등의 위치는 원자재나 직원의 이동으로 인하여 제품의 품질에 영향을 주지 않도록 한다.

5) 용기는 먼지나 수분으로부터 보호한다. 제품 용기들(반제품 보관 용기 등)은 환경의 먼지와 습기로부터 보호해야 한다.

6) 제품과 설비가 오염되지 않도록 배관 및 배수관을 설치하며, 배수관은 역류되지 않아야 하고, 항상 청결을 유지한다.

7) 시설 및 기구에 사용되는 소모품은 제품의 품질에 영향을 주지 않도록 한다. 소모품을 선택할 때는 그 재질과 표면이 제품과의 상호작용을 검토하여 신중하게 고른다.

3.1.3 설비·기구의 세척 절차에 대한 지침

제조에 필요한 설비 등은 다음 사항에 적합한지 확인한다. 설비 · 기구 세척에 대한 절차서를 수립하여 세척 기준과 세척제에 대한 사용을 표준화할 필요가 있다. 세척 절차 문서에는 다음 사항을 포함한다.

1) 세척을 실시하는 자의 요건(교육 및 훈련 사항 등)
2) 세척 주기 설정(필요한 경우 소독 주기 포함)
3) 세척용 세척제의 희석을 포함한 세척 방법 및 사용 약품에 관한 설명
4) 적절한 세척을 위한 각 설비의 해체와 조립에 관한 설명
5) 사용하기 전까지 세척된 설비를 오염으로부터 보호하기 위한 방법
6) 청소 완료 후, 청소 유효기간(1~2주) 설정

3.2 설비·기구의 위생 상태 판정

안정적인 품질의 청결한 화장품을 제조하기 위해 제조 설비의 세척과 소독은 매우 중요한 과정으로 문서화된 절차에 따라 수행하고, 관련 문서는 잘 보관해야 한다. 칭량, 제조, 포장 공정에서 사용되어 세척이 필요한 설비 및 기구류에 대해 적용하고, 세척 또는 소독된 모든 장비는 건조시켜 보관하는 것이 오염을 방지할 수 있다.

세척 대상 및 확인 방법은 다음과 같다.

3.2.1 세척 대상 물질의 구분

1) 화학물질(원료, 혼합물), 미립자, 미생물
2) 동일 제품, 이종 제품
3) 쉽게 분해되는 물질, 안정된 물질
4) 세척이 쉬운 물질, 세척이 곤란한 물질
5) 불용 물질, 가용 물질
6) 검출이 곤란한 물질, 쉽게 검출할 수 있는 물질

3.2.2 세척 대상 설비의 종류 구분

1) 설비, 배관, 용기, 호스, 부속품
2) 단단한 표면(용기 내부), 부드러운 표면(호스)
3) 큰 설비, 작은 설비
4) 세척이 곤란한 설비, 용이한 설비

3.2.3 설비 세척의 원칙

1) 위험성이 없는 용제(물이 최적)로 세척한다.
2) 가능하면 세제를 사용하지 않는다.

3) 증기 세척은 좋은 방법이다.

4) 브러시 등으로 문질러 지우는 것을 고려한다.

5) 분해할 수 있는 설비는 분해해서 세척한다.

6) 세척 후에는 반드시 '판정'한다.

7) 판정 후의 설비는 건조 · 밀폐해서 보존한다.

8) 세척의 유효기간을 만든다.

3.3 오염 물질 제거 및 소독 방법

설비 및 기구의 세척은 제조하는 화장품의 종류, 양, 품질에 따라 다르다. 제조하는 제품의 전환시 뿐만 아니라, 연속해서 제조하고 있을 때에도 적절한 주기로 제조 설비를 세척해야 한다. 언제 어떻게 설비를 세척하는지의 판단은 생산 책임자의 중요한 업무 중 하나이다. 설비 · 기구 세척에 대한 절차서를 수립하고 세척 기준과 세척제에 대한 사용 방법을 표준화하여 직원들이 수월하게 수행할 수 있도록 하는 것이 좋다. 제조 설비 · 기구 세척 및 소독 관리 표준서 예시는 [표 3-9]와 같다.

설비 및 기구의 세척은 물 또는 증기만으로 세척하는 것이 가장 좋으나 브러시 등의 세척 기구를 적절히 사용해서 세척하는 것도 좋다. 세제(계면활성제)를 사용한 설비 세척 시에는 설비 내벽에 세제가 남기 쉬우므로 철저하게 닦아내야 한다. 또한, 잔존한 세척제는 제품에 악영향을 미칠 수 있으므로 잘 확인해야 한다. 물로 제거하도록 설계된 세제라도 세제 사용 후에는 문질러서 지우거나 세차게 흐르는 물로 헹구지 않으면 세제를 완전히 제거할 수 없다. 설비 및 기구의 세척은 제조 설비 및 도구에 따라 다음과 같이 진행한다.

3.3.1 설비·기구 세척 및 소독 관리 표준서 예시

[표 3-9] 제조 설비 · 기구 세척 및 소독 관리 표준서

적용 기계 및 기구류	- 호모지나이저, 믹서, 펌프, 필터, 카트리지 필터
세척 도구	- 스펀지, 수세미, 솔, 스팀 세척기
세제 및 소독액	- 일반 주방 세제(0.5 %), 70 % 에탄올

세척 및 소독 주기	- 제품 변경 또는 작업 완료 후 - 설비 미사용 72 시간 경과 후, 밀폐되지 않은 상태로 방치 시 - 오염 발생 혹은 시스템 문제 발생 시
세척 방법	- 호모지나이저, 믹서, 필터 하우징은 장비 매뉴얼에 따라 분해한다. - 제품이 잔류하지 않을 때까지 호모지나이저, 믹서, 펌프, 필터, 카트리지 필터를 온수로 세척한다. - 스펀지와 세척제를 이용하여 닦아 낸 다음 상수와 정제수를 이용하여 헹군다. - 필터를 통과한 깨끗한 공기로 건조시킨다. - 잔류하는 제품이 있는지 확인하고, 필요에 따라 위의 방법을 반복한다.
소독 방법	- 세척이 완료된 설비 및 기구를 70 % 에탄올에 10분간 담근다. - 70 % 에탄올에서 꺼내어 필터를 통과한 깨끗한 공기로 건조하거나 UV로 처리한 수건이나 부직포 등을 이용하여 닦아 낸다. - 세척된 설비는 다시 조립하고, 비닐 등을 씌워 2차 오염이 발생하지 않도록 보관한다.
점검 방법	- 점검 책임자는 육안으로 세척 상태를 점검하고, 그 결과를 점검표에 기록한다. - 품질관리 담당자는 매 분기별로 세척 및 소독 후 마지막 헹굼 수를 채취하여 미생물 유무를 시험한다.

3.3.2 설비·기구 대상별 세척 및 소독 방법

1) 세척 대상 제조 설비 및 도구를 확인하고 각각의 특성에 맞추어 세척을 실시한다.

(1) 원료 칭량통 및 기구를 확인하고 세척을 실시한다.

① 사용된 원료 칭량통을 세척실로 이송한다.

② 온수(60℃)로 칭량통 내부 잔류물을 세척한다.

③ 세척 솔을 이용하여 세제로 세척한다. 이때 사용하는 세제는 클렌징폼, 중성 세제, DWC-1000이 사용된다.

④ 다시 온수(60 ℃)를 사용하여 세제를 깨끗하게 제거한다.

⑤ 이후 정제수를 이용하여 칭량통 내부를 세척한다.

⑥ UV(Ultraviolet, 자외선)로 멸균시킨 마른 수건으로 물기를 완전히 제거한다.

⑦ 지정 대차로 이동하여 UV등이 켜진 보관 장소에 보관한다.

(2) 제조 설비를 확인하고 세척을 실시한다.

① 유화조에서 내용물 배출 후, 설비 내 잔류량 여부를 확인하고 세척 공정을 수행하기 시작한다.

② 유화조에 세척수 투입 후 70 ℃까지 교반하여 가온하고, 용해조에 세척수 투입 후 80 ℃까지 교반하여 가온한다.

③ 가온 후 세제를 투입하여 균일하게 교반한다. 이때 사용하는 세제는 클렌징폼, 중성 세제, DWC-1000이 사용된다.

④ 유화조 배출 호스를 냉각기에 연결하여 세척수를 배출한다. 배출된 세척수는 냉각기를 거쳐 하수구로 배출시키고, 용해조 배출수는 바로 하수구로 배출한다.

⑤ 유화조, 용해조에 정제수 투입 후 교반하여 세척한다.

⑥ 세척수 배출 후, 정제수를 분사하여 잔류물을 세척한다. 배출되는 세척수를 채취하여 이물질 및 색상 등 세척 상태를 확인한다. 세척 상태가 불량할 경우 정제수를 투입하여 추가 세척한다.

⑦ 유화조, 용해조 덮개 등을 조립하여 밀폐한다. 단, 배출 밸브 개방 후, 배출 호스를 거치대에 설치하고 설비 상부의 에어벤트를 개방한다.

(3) 내용물 저장통을 확인하고 세척을 실시한다.

① 사용된 저장통을 저장통 세척실로 이송한다.

② 내용물 저장통, 저장통 덮개를 온수(60 ℃)로 세척한다.

③ 세척 솔을 이용하여 세제로 세척한 후 온수(60 ℃)를 사용하여 세제를 제거한다. W/O (Water-in-Oil) 제형의 경우 세제 세척하고 O/W 제형은 세제 세척을 생략해도 된다. 이때 사용하는 세제는 클렌징폼, 중성 세제, DWC-1000이 사용된다.

④ 정제수를 이용하여 내용물 저장통, 저장통 덮개를 세척한다.

⑤ UV로 멸균시킨 마른 수건으로 물기를 완전히 제거한다.

⑥ 70% 에탄올을 기벽에 분사하고 마른 수건으로 닦는다.

⑦ 세척 및 건조 상태를 확인하고, 저장통과 덮개를 조립한다.

⑧ 세척 소독한 저장통을 UV등이 켜진 보관실로 이동하여 보관한다.

(4) 포장 설비(충전기, 펌프, 호스)를 확인하고 세척을 실시한다.

① 작업 완료된 포장 설비(펌프/충전기)를 세척실로 이송한다.

② 충전기를 분해하고 펌프와 함께 온수(60 ℃)로 세척한다.

③ 세척 솔을 이용하여 세제로 세척한 후 온수(60 ℃)를 사용하여 세제를 제거한다. W/O 제형의 경우 세제 세척하고, O/W 제형은 세제 세척을 생략해도 된다. 이때 사용하는 세제는 클렌징폼, 중성 세제, DWC-1000이 사용된다.

④ 충전기 분해 부품 및 펌프를 정제수를 이용하여 세척한다.

⑤ UV로 멸균시킨 마른 수건으로 물기를 완전히 제거한다.

⑥ 70% 에탄올을 기벽에 분사하고 마른 수건으로 닦는다.

⑦ 세척 소독한 저장통을 UV등이 켜진 보관실로 이동하여 보관한다.

(5) 필터, 여과기 및 체를 확인하고 세척을 실시한다.

① 사용된 필터, 여과기 및 체를 세척실로 이송한다.

② 온수(60 ℃)로 세척한다.

③ 세척 솔을 이용하여 세제로 세척한 후 온수(60 ℃)를 사용하여 세제를 제거한다. W/O 제형의 경우 세제 세척하고, O/W 제형은 세제 세척을 생략해도 된다. 이때 사용하는 세제는 클렌징폼, 중성 세제, DWC-1000이 사용된다.

④ 정제수를 이용하여 다시 세척한다.

⑤ UV로 멸균시킨 마른 수건으로 물기를 완전히 제거한다.

⑥ 70% 에탄올을 분사하고 마른 수건으로 닦는다.

⑦ 세척 및 건조 상태를 확인한다.

⑧ 세척 소독한 기구를 UV등이 켜진 보관실로 이동하여 보관한다.

2) 세척이 종료되면 세척 상태를 확인한다.

(1) 육안으로 확인한다.

(2) 천으로 문질러 부착물로 확인한다.

(3) 린스액의 화학 분석을 실시한다.

3) 세척과 관련된 사항을 기록한다.

(1) 사용한 기구를 기록한다.

(2) 세제를 기록한다.

(3) 날짜를 기록한다.

4) 세척 상태를 확인한 이후 다시 오염되지 않도록 보관하고, 청결을 보증하기 위해 관리 점검표 양식을 활용하여 사용 전 검사한다.

3.4 설비·기구의 구성 재질(Materials of Construction) 구분

화장품 생산 시설(facilities, premises, buildings) 중 화장품을 생산하는 설비와 기기의 구성 재질은 매우 중요하다. 화장품의 제조 시 제품, 또는 제품 제조 과정, 설비 세척, 또는 유지관리에 사용되는 다른 물질이 스며들면 안 된다. 또한, 세제 및 소독제와 반응해서도 안 되며, 다른 설비 부품들 사이에 전기화학 반응이 최소화되도록 하는 재질로 사용되어야 한다. 각 설비 및 기구별 구성 재질에 대하여 살펴보면 다음과 같다.

3.4.1 탱크(TANKS)

탱크(tanks)의 구성 재질(Materials of Construction)은 온도/압력 범위가 조작 전반과 모든 공정 단계의 제품에 적합해야 한다. 제품에 해로운 영향을 미쳐서는 안 되며, 제품(포뮬레이션 또는 원료 또는 생산공정 중간 생산물)과의 반응으로 부식되거나 분해를 초래하는 반응이 있어서는 안 된다.

현재 대부분 원료와 포뮬레이션에 대해 스테인리스스틸은 탱크의 제품에 접촉하는 표면 물질로 일반적으로 선호된다. 구체적인 등급으로는 유형번호 304와 더 부식에 강한 번호 316 스테인리스스틸이 가장 광범위하게 사용된다. 어떤 경우에, 미생물학적으로 민감하지 않은 물질 또는 제품에는 유리로 안을 댄 강화유리섬유 폴리에스터와 플라스틱으로 안을 댄 탱크를 사용할 수 있다. 퍼옥사이드 같은 어떠한 민감한 물질/제품은 탱크 제작 전문가들 또는 물질 공급자와 함께 탱크의 구성 물질과 생산하고자 하는 내용물이 서로 적용 가능한지에 대해 확인하여야 한다.

탱크의 재질은 기계로 만들고 광을 낸 표면이 바람직하다. 주형물질(Cast material) 또는 거친 표면은 제품이 뭉치게 되어 깨끗하게 청소하기가 어려워 미생물 또는 교차오염 문제를 일으킬 수 있으므로 화장품에 추천되지 않는다. 모든 용접, 결합은 가능한 한 매끄럽고 평면이어야 하며 외부 표면의 코팅은 제품에 대해 저항력(Product-resistant)이 있어야 한다. 원료 공급 업체는 그들이 판매한 화학 제품들의 구성 성분에 대한 정보를 제공해야 한다.

3.4.2 펌프(PUMPS)

펌프는 다양한 점도의 액체를 한 지점에서 다른 지점으로 이동하기 위해 사용되며 종종 제품을 혼합(재순환 및 또는 균질화)하는 용도로도 사용된다. 널리 사용되는 두 가지 형태는 원심력을 이용하는 것과 Positive displacement(양극적인 이동)이다.

펌프는 많이 움직이는 젖은 부품들로 구성되고 종종 하우징(Housing)과 날개차(impeller)는 닳는 특성 때문에 다른 재질로 만들어져야 한다. 추가적으로, 거기에는 보통 펌핑된 제품으로 젖게 되는 개스킷(gasket), 패킹(packing) 그리고 윤활제가 있다. 모든 젖은 부품들은 모든 온도 범위에서 제품과의 적합성에 대해 평가되어야 한다.

3.4.3 혼합과 교반 장치(MIXING AND AGITATION EQUIPMENT)

혼합 또는 교반 장치는 제품의 균일성을 얻기 위해 또 희망하는 물리적 성상을 얻기 위해 사용된다. 장치 설계는 기계적으로 회전된 날의 간단한 형태로부터 정교한 제분기(mill)와 균질화기(Homogenizer)까지 있다. 혼합기는 제품에 영향을 미치며 많은 경우에 제품의 안정성에 영향을 미친다. 그러므로 안정적으로 의도된 결과를 생산하는 믹서를 고르는 것이 매우 중요하다. 믹서를 고르는 방법 중 일반적인 접근은 실제 생산 크기의 배치 생산 전에 시험적인 정률 증가(scale-up) 기준을 사용하는, 배치들을 제조하는 것이다. 그렇게 생산된 제품의 안정성과 품질에 따라 믹서의 적합성을 판단한다.

혼합 또는 교반 장치의 구성 재질(Materials of Construction)은 전기화학적인 반응을 피하기 위해서 믹서의 재질이 믹서를 설치할 모든 젖은 부분 및 탱크와의 공존이 가능한지를 확인해야 한다. 대부분의 믹서는 봉인(seal)과 개스킷에 의해서 제품과의 접촉으로부터 분리되어 있는 내부 패킹과 윤활제를 사용한다. 봉인(seal)과 개스킷과 제품과의 공존 시의 적용 가능성은 확인되어야 하고, 또 과도한 악화를 야기하지 않기 위해서 온도, pH 그리고 압력과 같은 작동 조건의 영향에 대해서도 확인해야 한다. 정기적으로 계획된 유지관리와 점검은 봉함(씰링), 개스킷 그리고 패킹이 유지되는지 그리고 윤활제가 새서 제품을 오염시키지 않는지 확인하기 위해 수행되어야 한다.

3.4.4 호스(HOSES)

호스는 화장품 생산 작업에 훌륭한 유연성을 제공하기 때문에 한 위치에서 또 다른 위치로 제품의 전달을 위해 화장품 산업에서 광범위하게 사용된다. 사용되는 유형과 구성 제재는 매우 다양하므로 조심히 선택되고 사용되어야 하는 중요한 설비의 하나이다.

호스의 구성 재질(Materials of Construction)은 강화된 식품 등급의 고무 또는 네오프렌, TYGON 또는 강화된 TYGON, 폴리에칠렌 또는 폴리프로필렌, 나일론 등이다. 호스 부속품과 호스는 작동의 전반적인 범위의 온도와 압력에 적합하여야 하고 제품에 적합한 제재로 건조되어야 한다. 호스 구조는 특히 위생적인 측면이 고려되어야 한다.

3.4.5 필터, 여과기, 그리고 체(FILTERS, STRAINERS AND SIEVES)

필터, 스트레이너 그리고 체는 화장품 원료와 완제품에서 원하는 입자 크기, 덩어리

모양을 깨뜨리기 위해, 불순물을 제거하기 위해 그리고 현탁액에서 초과 물질을 제거하기 위해 사용될 수 있다.

필터의 구성 재질(Materials of Construction)은 화장품 산업에서 선호되는 반응하지 않는 재질은 스테인리스스틸과 비반응성 섬유이다. 현재 대부분 원료와 처방에 대해 스테인리스 316L은 제품의 제조를 위해 선호된다. 여과 매체(예: 체, 가방(bag), 카트리지 그리고 필터 보조물)는 효율성, 청소의 용이성, 처분의 용이성 그리고 제품에 적합성에 전체 시스템의 성능에 의해 선택하여 평가하여야 한다.

3.4.6 이송 파이프(TRANSPORT PIPING)

파이프 시스템은 제품을 한 위치에서 다른 위치로 운반한다. 파이프 시스템에서 밸브와 부속품은 흐름을 전환, 조작, 조절과 정지하기 위해 사용된다. 파이프 시스템은 제품 점도, 유속 등을 고려하여 교차오염의 가능성을 최소화하고 역류를 방지하도록 설계되어야 한다. 파이프 시스템에는 플랜지(이음새)를 붙이거나 용접된 유형의 위생처리 파이프 시스템이 있다.

파이프 시스템의 구성 재질(Materials of Construction)은 유리, 스테인리스스틸 #304 또는 #316, 구리, 알루미늄 등으로 구성되어 있다. 전기 화학반응이 일어날 수 있기 때문에 다른 제재의 사용을 최소화하기 위해 파이프 시스템을 설치할 때 주의해야 한다. 어떤 것들은 개스킷, 파이프 도료, 용접봉 등을 사용한다. 이것들은 물질의 적용 가능성을 위해 평가되어야 한다. 유형 #304와 #316 스테인리스스틸에 추가해서 유리, 플라스틱, 표면이 코팅된 폴리머가 제품에 접촉하는 표면에 사용된다.

3.4.7 칭량 장치(WEIGHING DEVICE)

칭량 장치들은 원료나 제조 과정의 재료 그리고 완제품에서 요구되는 성분표 양과 기준을 만족하는지를 보증하기 위해 중량적으로 측정하기 위해 사용된다. 추가적으로 칭량 장치들은 재고관리 같은 다른 작업에도 사용된다. 그러므로 계량적 눈금의 노출된 부분들은 칭량 작업에 간섭하지 않는다면 보호적인 피복제로 칠해질 수 있다. 계량적 눈금 래버 시스템은 동봉물을 깨끗한 공기와 동봉하고 제거함으로써 부식과 먼지로부터 효과적으로 보호될 수 있다.

3.4.8 게이지와 미터(GAUGES AND METERS)

게이지와 미터는 온도, 압력, 흐름, pH, 점도, 속도, 부피 그리고 다른 화장품의 특성을 측정 및 또는 기록하기 위해 사용되는 기구이다. 이들 기구들은 화장품제조업자들 사이에 다양하게 보유할 수 있는데 약간은 정교하고 자세한 전자적 설비가 있을 수 있고, 표준 pH 미터와 비수은 온도계 같은 전통적인 장치나 설비를 갖고 있을 수 있다. 게이지와 미터는 여러 가지 측정과 기록을 하는데 영향을 받지 않는 구성 재질(Materials of Construction)로 만들어져야 한다. 대부분의 제조자들은 기구들과 제품과 원료의 직접 접하지 않도록 분리 장치를 제공한다.

3.5 설비·기구의 폐기 기준

생산 설비와 기구에 대하여는 일정한 주기별로 제조 설계 사양을 기준으로 예방점검 시기, 항목, 방법, 내용, 후속 조치 요건들을 설정하여 지속적으로 관리한다.

화장품 제조소 내에서 규정된 요구사항에 적합하지 않은 부적합품, 회수 또는 반품된 제품 중 폐기하기로 결정된 제품들의 폐기 처리와 제조 공정 및 실험실, 시설 등에 불용 처분을 하고 이를 어떻게 폐기할 것인가에 대한 기준도 마련되어야 한다.

3.5.1 설비·기구의 불용 처분 판단 기준

1) 고장이 발생하는 경우 설비의 부품 수급이 가능한지 여부
2) 경제적인 판단으로 설비 수리 · 교체에 따른 비용이 신규 설비 도입하는 비용을 초과하는지 여부

3) 내용연수가 경과한 설비에 대하여 정기 점검 결과, 작동 및 오작동에 대한 설비의 신뢰성이 지속적인지 여부

4) 내용연수가 도래하지 않은 설비의 경우라도 부품 수급의 불가능하거나 잦은 고장으로 인해 경제적으로 신규 설비 도입을 하는 것이 효율적이라고 판단되는 경우

3.5.2 설비·기구의 불용 처분 절차

1) 불용 처분 대상 설비 및 기구를 선정할 심의위원회를 구성한다. (예: 폐기물관리 담당자, 생산팀장, 품질보증 담당자, 대표 등으로 구성)

2) 심의위원회에서는 설비 불용과 기구 및 부품 불용 처분에 대해 심의하고 결정하는 것으로 한다. 위의 설비 · 기구의 불용 처분 판단 기준에 하나라도 해당 시에는 불용 처분하는 것으로 결정한다.

3) 폐기물관리 담당자는 폐기 처리 등에 대한 처리 업무를 주관하며 심의위원회에서 결정된 처리 방안에 따라 처리한다.

4) 폐기 결정된 설비나 기구가 결정된 처리 방안에 따라 처리되었는지를 확인한다.

4

유·통·화·장·품·안·전·관·리

내용물 원료 관리

화장품은 사용 목적이나 형태에 따라 수없이 많은 종류의 제품이 있고, 이 제품에 사용되는 원료도 수없이 많은 종류가 있다. 화장품이라는 하나의 가치를 지닌 상품을 만들기 위해서는 화장품 하나에 통상 20~50여 종의 화장품 원료들이 적절히 배합된다. 화장품의 제조 시에 사용된 원료, 용기, 포장재, 표시재료, 첨부문서 등을 원자재라고 한다. 화장품은 피부에 직접 바르거나 투여하는 등 인체와 관계되기 때문에 그 원료에 대해 법으로 규정하고 있다. 따라서 화장품에는 안전성이 확보된 원료를 사용하여야 하며, 사용에 제한이 있는 원료, 사용할 수 없는 원료 등을 정하고 있으므로 화장품 관련 법 규정을 확인해야 한다. 「화장품법」, 「화장품법 시행규칙」, 식약처 고시와 「화장품 원료 규격 가이드라인」 등의 법령 및 가이드라인을 참고할 수 있다.

4.1 내용물 및 원료의 입고 기준

화장품의 제조에 사용되는 모든 원료의 부적절하고 위험한 사용, 혼합 또는 오염을 방지하기 위하여, 해당 물질의 검증, 확인, 보관, 취급, 및 사용을 보장할 수 있도록 절차가 수립되어야 한다. 원료와 내용물의 입고 시 관리에 필요한 사항은 우수 화장품 제조 및 품질관리 기준(이하, CGMP라고 칭함) 제11조(입고관리)에서는 다음이 같이 규정하고 있다.

제11조(입고관리)

① 제조업자는 원자재 공급자에 대한 관리 감독을 적절히 수행하여 입고관리가 철저히 이루어지도록 하여야 한다.

② 원자재의 입고 시 구매 요구서, 원자재 공급업체 성적서 및 현품이 서로 일치하여야 한다. 필요한 경우 운송 관련 자료를 추가적으로 확인할 수 있다.

③ 원자재 용기에 제조번호가 없는 경우에는 관리번호를 부여하여 보관하여야 한다.
④ 원자재 입고 절차 중 육안 확인 시 물품에 결함이 있을 경우 입고를 보류하고 격리 보관 및 폐기하거나 원자재 공급업자에게 반송하여야 한다.
⑤ 입고된 원자재는 "적합", "부적합", "검사 중" 등으로 상태를 표시하여야 한다. 다만, 동일 수준의 보증이 가능한 다른 시스템이 있다면 대체할 수 있다.
⑥ 원자재 용기 및 시험 기록서의 필수적인 기재사항은 다음 각호와 같다.
1. 원자재 공급자가 정한 제품명
2. 원자재 공급자명
3. 수령 일자
4. 공급자가 부여한 제조번호 또는 관리번호

4.1.1 내용물 및 원료의 구매 시 고려사항

1) 원료 및 포장재의 구매 시의 고려사항은 다음과 같다.

(1) 요구사항을 만족하는 품목과 서비스를 지속적으로 공급할 수 있는 능력 평가를 근거로 한 공급자의 체계적 선정과 승인
(2) 합격 판정 기준, 결함이나 일탈 발생 시의 조치 그리고 운송 조건에 대한 문서화된 기술 조항의 수립
(3) 협력이나 감사와 같은 회사와 공급자 간의 관계 및 상호작용의 정립

4.1.2 내용물 및 원료의 관리에 필요한 사항

1) 화장품 원료와 내용물이 입고되면 품질관리 여부와 사용기한 등을 확인한 후 품질 성적서를 구비해야 한다. 원료와 내용물의 관리를 위하여 품질 성적서에 포함되어야 할 중요사항은 다음과 같다.

(1) 공급자 결정
(2) 발주, 입고, 식별 · 표시, 합격 · 불합격, 판정, 보관, 불출
(3) 보관 환경 설정
(4) 사용기한 설정
(5) 정기적 재고관리

(6) 재평가

(7) 재보관

2) 모든 원료와 내용물은 화장품 제조(판매)업자가 정한 기준에 따라서 품질을 입증할 수 있는 검증 자료를 공급자로부터 공급받아야 한다. 이러한 보증의 검증은 주기적으로 관리되어야 하며, 모든 원료와 내용물은 사용 전에 관리되어야 한다.

3) 입고된 원료와 내용물은 검사 중, 적합, 부적합에 따라 각각의 구분된 공간에 별도로 보관되어야 한다. 필요한 경우 부적합 된 원료와 내용물을 보관하는 공간은 잠금장치를 추가하여야 한다. 다만, 자동화 창고와 같이 확실하게 구분하여 혼동을 방지할 수 있는 경우 해당 시스템을 통해 관리할 수 있다.

4) 원료와 내용물은 품질에 영향을 미치지 않는 장소에 보관해야 하며 사용기한이 경과한 원료와 내용물은 조제에 사용하지 않도록 잘 관리하는 것이 중요하다.

5) 외부로부터 반입되는 모든 원료와 내용물은 관리를 위해 표시를 하여야 하며, 필요한 경우 포장 외부를 깨끗이 청소한다.

6) 일단 적합 판정이 내려지면, 원료와 내용물은 생산 장소로 이송된다. 품질이 부적합 되지 않도록 하기 위해 수취와 이송 중의 관리 등의 사전 관리를 해야 한다.

7) 확인, 검체 채취, 규정 기준에 대한 검사 및 시험 및 그에 따른 승인된 자에 의한 불출 전까지는 어떠한 물질도 사용되어서는 안 된다는 것을 명시하는 원료 수령에 대한 절차서를 수립하여야 한다.

8) 구매요구서, 인도문서, 인도물이 서로 일치해야 한다. 원료 및 내용물 선적 용기에 대하여 확실한 표기 오류, 용기 손상, 봉인 파손, 오염 등에 대해 육안으로 검사한다. 필요하다면 운송 관련 자료에 대한 추가적인 검사를 수행하여야 한다.

4.2 유통 화장품의 안전관리 기준

국내에서 제조, 수입 또는 유통되는 모든 화장품은 화장품 안전기준 등에 관한 규정

(식품의약품안전처 고시 제2019-93호, 2019. 10. 17, 개정)의 안전관리 기준을 준수하여야 한다. 이 규정은 「화장품법」 제8조의 규정에 따라 화장품에 사용할 수 없는 원료 및 사용상의 제한이 필요한 원료에 대하여 그 사용기준을 지정하고, 유통 화장품 안전관리 기준에 관한 사항을 정함으로써 화장품의 제조 또는 수입 및 안전관리에 적정을 기함을 목적으로 한다.

맞춤형화장품 원료는 화장품 안전기준에서 사용 금지된 원료, 사용상의 제한이 필요한 원료, 사전 심사를 받거나 보고서를 제출하지 않은 기능성화장품 고시 원료를 제외하고는 사용 가능한 원료로 지정되어 있으므로 해당 사항도 반드시 참고해야 한다. 〈화장품 안전기준 등에 관한 규정〉 제6조에 명시된 유통 화장품의 안전관리 기준은 다음과 같다.

화장품 안전기준 등에 관한 규정

제6조(유통 화장품의 안전관리 기준)

① 유통 화장품은 제2항부터 제5항까지의 안전관리 기준에 적합하여야 하며, 유통 화장품 유형별로 제6항부터 제9항까지의 안전관리 기준에 추가적으로 적합하여야 한다. 또한, 시험방법은 별표 4에 따라 시험하되, 기타 과학적 · 합리적으로 타당성이 인정되는 경우 자사 기준으로 시험할 수 있다.

② 화장품을 제조하면서 다음 각호의 물질을 인위적으로 첨가하지 않았으나, 제조 또는 보관 과정 중 포장재로부터 이행되는 등 비의도적으로 유래된 사실이 객관적인 자료로 확인되고 기술적으로 완전한 제거가 불가능한 경우 해당 물질의 검출 허용 한도는 다음 각호와 같다.

1. 납 : 점토를 원료로 사용한 분말 제품은 50㎍/g 이하, 그 밖의 제품은 20㎍/g 이하
2. 니켈: 눈 화장용 제품은 35㎍/g 이하, 색조화장용 제품은 30㎍/g 이하, 그 밖의 제품은 10㎍/g 이하
3. 비소 : 10㎍/g 이하
4. 수은 : 1㎍/g 이하
5. 안티몬 : 10㎍/g 이하
6. 카드뮴 : 5㎍/g 이하
7. 디옥산 : 100㎍/g 이하
8. 메탄올 : 0.2(v/v)% 이하, 물휴지는 0.002%(v/v) 이하
9. 포름알데하이드 : 2000㎍/g 이하, 물휴지는 20㎍/g 이하
10. 프탈레이트류(디부틸프탈레이트, 부틸벤질프탈레이트 및 디에칠헥실프탈레이트에 한함) : 총합으로서 100㎍/g 이하

③ [별표 1]의 사용할 수 없는 원료가 제2항의 사유로 검출되었으나 검출 허용한도가 설정되지 아니한 경우에는 「화장품법 시행규칙」 제17조에 따라 위해평가 후 위해 여부를 결정하여야 한다.

④ 미생물 한도는 다음 각호와 같다.

1. 총 호기성 생균수는 영·유아용 제품류 및 눈 화장용 제품류의 경우 500개/g(mL) 이하
2. 물휴지의 경우 세균 및 진균수는 각각 100개/g(mL) 이하
3. 기타 화장품의 경우 1,000개/g(mL) 이하
4. 대장균(Escherichia Coli), 녹농균(Pseudomonas aeruginosa), 황색포도상구균(Staphylococcus aureus)은 불검출

⑤ 내용량의 기준은 다음 각호와 같다.
1. 제품 3개를 가지고 시험할 때 그 평균 내용량이 표기량에 대하여 97% 이상(다만, 화장 비누의 경우 건조 중량을 내용량으로 한다)
2. 제1호의 기준치를 벗어날 경우 : 6개를 더 취하여 시험할 때 9개의 평균 내용량이 제1호의 기준치 이상
3. 그 밖의 특수한 제품 :「대한민국약전」(식품의약품안전처 고시)을 따를 것

⑥ 영·유아용 제품류(영·유아용 샴푸, 영·유아용 린스, 영·유아 인체 세정용 제품, 영·유아 목욕용 제품 제외), 눈 화장용 제품류, 색조 화장용 제품류, 두발용 제품류(샴푸, 린스 제외), 면도용 제품류(셰이빙 크림, 셰이빙 폼 제외), 기초화장용 제품류(클렌징 워터, 클렌징 오일, 클렌징 로션, 클렌징 크림 등 메이크업 리무버 제품 제외) 중 액, 로션, 크림 및 이와 유사한 제형의 액상 제품은 pH 기준이 3.0~9.0이어야 한다. 다만, 물을 포함하지 않는 제품과 사용한 후 곧바로 물로 씻어 내는 제품은 제외한다.

⑦ 기능성화장품은 기능성을 나타나게 하는 주원료의 함량이「화장품법」제4조 및 같은 법 시행규칙 제9조 또는 제10조에 따라 심사 또는 보고한 기준에 적합하여야 한다.

⑧ 퍼머넌트웨이브용 및 헤어스트레이트너 제품은 다음 각호의 기준에 적합하여야 한다.
(다음 각 호의 구체적 기준은 부록의 별첨을 참고한다.)

4.3 입고된 원료 및 내용물 관리 기준

화장품 원료 관리를 위하여 입고된 원료 및 내용물에 대한 처리 기준을 세워두어야 한다. 이를 통하여 담당자는 품명, 규격, 수량 및 포장의 훼손 여부에 대한 확인 방법과 훼손되었을 때 그 처리 방법을 숙지하여 적절한 입고 처리를 할 수 있게 되는 것이며 원료 시험 결과 부적합품에 대한 처리 방법도 알아야 한다.

4.3.1 입고된 원료 및 내용물에 대한 처리 순서

1) 화장품 원료의 흐름을 확인한다.

2) 입고된 원료를 확인한다.

(1) 납품 시 거래명세서 및 발주 요청서와 일치하는 원료가 납품되었는지 확인한다.

화장품 원료의 규격, COA, MSDS/GHS(한글판, 영어판)과 화장품 원료의 용기 표면의 원료명과 일치하는가 여부를 확인한다.

(2) 화장품 원료의 용기 표면에 주의사항이 있는지 확인한다.

(3) 화장품 원료의 포장이 훼손되어 있는지 확인한다.

3) 원료의 시험 의뢰를 위해 판정 대기 보관소에 보관한다.

(1) 시험 의뢰서를 작성하여 품질보증팀에 의뢰한다.

(2) 화장품 원료의 검체 채취 전이라는 백색 라벨을 부착한다.

4) 검체 채취 및 시험을 하기 위해 '시험 중'이라는 황색 라벨 부착 여부를 확인한다.

5) 시험 판정 결과(적합/부적합)에 따라 보관 장소별로 보관한다.

(1) 적합 판정 시 적합 라벨을 부착하고, 원료가 적합 보관소로 이동한다. 원료 명칭/개봉일/보관 조건/유효기간/역가/점검자 실명이 있는 라벨을 부착한다.

(2) 부적합 판정 시 부적합 라벨을 부착하고, 부적합품 보관 장소로 이동 후 원료 거래처에 반송 의뢰를 하였는지 확인한다.

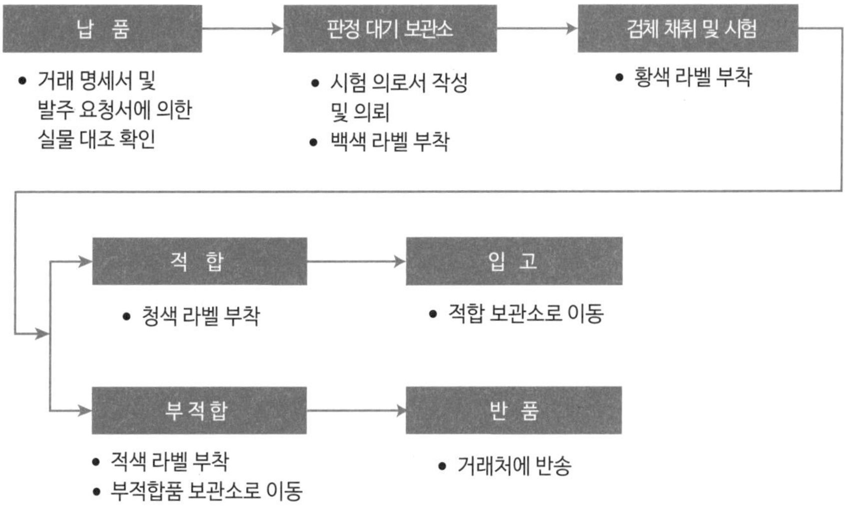

[그림 3-3] 화장품 원료의 흐름도

4.3.2 화장품 원료 개봉 시의 주의할 점

화장품 원료의 겉면에 주의사항이 표시되어 있으므로 자세히 읽어 보아야 한다. 캔의 경우 뚜껑 개봉 시 손에 손상을 입지 않노록 조심해야 하며, 드럼의 경우 질소 충전이 되어 있는 경우도 있으니, 뚜껑을 천천히 개봉하여 질소가 빠져나가도록 해야 하며, 에탄올의 경우 여름에 기화할 수도 있으므로 여름에 보관할 때는 주의해야 한다. 특히 색조 제품의 파우더는 공기 중으로 날릴 수 있으므로 마스크를 필히 착용해야 한다.

4.3.3 최초 원료 입고 시 확인사항

처음 원료가 입고되었을 때 원자재 용기 및 시험 기록서(COA)에 다음 사항이 기재되어 있어야 한다.

1) 원자재 공급자가 정한 제품명
2) 원자재 공급자명
3) 수령 일자
4) 공급자가 부여한 제조번호 또는 관리번호
5) 원료 취급 시 주의사항

4.3.4 화장품 원료의 보관 장소 및 보관 방법

1) 원료의 보관 장소는 내용물에 따라 냉동(영하 5℃)/3~5℃/상온(15~25℃)/고온(40℃) 등으로 나누어서 보관한다.
2) 위험물인 경우 위험물 보관 방법에 따라 옥외 위험물 취급 장소에 별도 보관한다. 알코올, 폴리올, 휘발성 물질 등은 위험물 보관 방법에 따라 보관해야 한다.
3) 기능성화장품 원료의 경우, 특히 역가를 보존하고자 하는 경우는 특히 신경을 써서 보관한다. 예를 들면 레티놀, 비타민 C, 알부틴 등이 해당된다.
4) 판정 대기 장소, 부적합품 보관 장소를 별도 구획 · 구분하여 종류별로 보관하며,

사용 후 다시 보관할 때 원래의 보관 조건으로 보관한다.

5) 장기 보관 원료, 사용기한 설정 기능성화장품 원료는 품질 관리부서에서 정기적인 점검을 한다.

4.3.5 화장품 원료의 적합 판정 여부 시 체크 사항

1) 원자재 입고 시 구매 요구서, 시험 성적서(COA) 및 입고된 원료인 현품이 서로 일치하는지 확인한다.
2) 화장품 원료 입고 시 포장의 훼손 여부를 확인하고, 훼손 시에는 원료 거래처에 반송한다.
3) 원료 용기의 봉함 파손, 침수 흔적, 부착 라벨 여부, 곤충이나 쥐의 침해 흔적 유무 등을 확인하고, Air Gun으로 먼지를 제거하고 걸레로 이물질을 제거한 후에 반입한다.
4) 입고된 화장품 원료에는 검체 채취 전이라는 라벨을 붙인 후 품질관리부에 연락하여 원료의 적합 여부를 의뢰한 후 시험 중이라는 라벨을 붙인다.
5) 품질 관리부서에서 원료의 사용 여부에 대한 결과가 나오면 적합/부적합 라벨을 붙인다.(검체 체취전 – 백색, 시험 중 – 황색, 적합 – 청색, 부적합 – 적색)

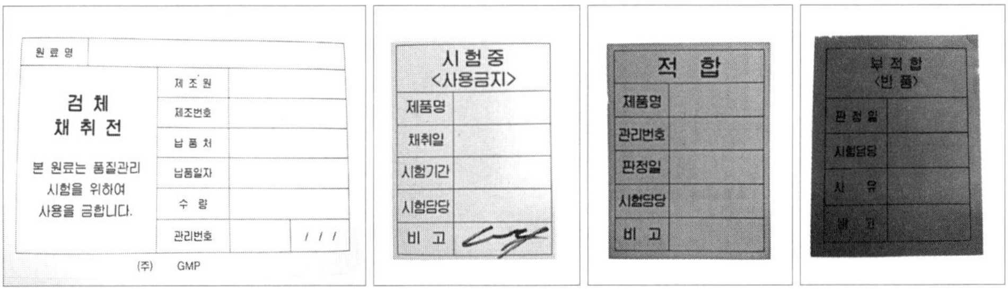

[그림 3-4] 화장품 원료에 대한 라벨

6) 적합 판정된 원료에는 원료 명칭, 개봉일, 보관 조건, 유효기간, 역가, 제조자의 성명 또는 서명이 기재되어 있어야 한다.
7) 부적합 원료의 경우 거래처에 반송하여 새로운 원료를 받는다.

8) 입고된 원료의 검사 중인 원료 및 부적합 제품은 각각의 일정한 장소에 따로 보관한다.

4.4 보관 중인 원료 및 내용물 출고 기준

화장품을 제조를 위해 보관 중인 원료 및 내용물의 관리와 출고 기준에 대하여 그 처리 기준 절차가 수립되어야 한다. 또한, 원료의 보관 장소 및 보관 방법을 알고 있어야 하며, 보관기간 내의 사용과 보관 기간 경과 시의 처리 방법도 알아야 한다. 보관 중인 원료 및 내용물의 출고 및 보관관리 기준에 대하여는 CGMP 제12조(출고관리) 및 제13조(보관관리)에서 다음과 같이 규정하고 있다.

> **제12조(출고관리)**
> 원자재는 시험 결과 적합 판정된 것만을 선입선출 방식으로 출고해야 하고 이를 확인할 수 있는 체계가 확립되어 있어야 한다.
>
> **제13조(보관관리)**
> ① 원자재, 반제품 및 벌크 제품은 품질에 나쁜 영향을 미치지 아니하는 조건에서 보관하여야 하며 보관기한을 설정하여야 한다.
> ② 원자재, 반제품 및 벌크 제품은 바닥과 벽에 닿지 아니하도록 보관하고, 선입선출에 의하여 출고할 수 있도록 보관하여야 한다.
> ③ 원자재, 시험 중인 제품 및 부적합품은 각각 구획된 장소에서 보관하여야 한다. 다만, 서로 혼동을 일으킬 우려가 없는 시스템에 의하여 보관되는 경우에는 그러하지 아니한다.
> ④ 설정된 보관 기한이 지나면 사용의 적절성을 결정하기 위해 재평가 시스템을 확립하여야 하며, 동 시스템을 통해 보관 기한이 경과한 경우 사용하지 않도록 규정하여야 한다.

4.4.1 출고 및 보관관리를 위한 기본 지침

1) 제품의 보관 환경은 안정성 시험결과, 제품 표준서 등을 토대로 제품마다 적절한 온도, 습도, 차광 등에 대한 적용 기준을 설정하고 오염 방지 및 방충·방서에 대한 대책과 동선 관리가 필요하다.

2) 원료와 내용물, 반제품 및 벌크 제품, 완제품, 부적합품 및 반품 등에 도난, 분실,

변질 등의 문제가 발생하지 않도록 작업자 외에 보관소의 출입을 제한하고, 관리하여야 한다.

3) 원료의 불출은 승인된 자만이 절차를 수행할 수 있도록 규정되어야 하며 불출된 원료와 내용물만이 사용되고 있음을 확인하기 위한 적절한 시스템(물리적 시스템 또는 그의 대체 시스템, 즉 전자 시스템 등)이 확립되어야 한다.

4) 화장품 제조 지시서에 의하여 필요 원료를 입고된 순서에 따라 선출하는 것으로 모든 보관소에서는 선입선출의 절차가 사용되어야 한다. 즉, 원료와 내용물의 불출은 오래된 것이 먼저 사용되도록 처리되어야 하는 것이다. 다만, 나중에 입고된 물품이 사용(유효)기한이 짧은 경우 먼저 입고된 물품보다 먼저 출고할 수 있다.

5) 선입선출을 하지 못하는 특별한 사유가 있을 경우에는 적절하게 문서화된 절차에 따라 나중에 입고된 물품을 먼저 출고할 수 있다.

4.4.2 원료와 내용물의 보관 시 고려사항

1) 원료와 내용물이 재포장될 때, 새로운 용기에는 원래와 동일한 라벨링이 있어야 한다. 원료의 경우, 원래 용기와 같은 물질 혹은 적용할 수 있는 다른 대체 물질로 만들어진 용기를 사용하는 것이 중요하다.

2) 보관 조건은 각각의 원료와 내용물에 적합하여야 하고, 과도한 열기, 추위, 햇빛 또는 습기에 노출되어 변질되는 것을 방지할 수 있어야 한다.

3) 물질의 특징 및 특성에 맞도록 보관, 취급되어야 한다. 특수한 보관 조건은 적절하게 준수, 모니터링되어야 한다.

4) 원료 및 내용물의 관리는 허가되지 않거나, 불합격 판정을 받거나, 아니면 의심스러운 물질의 허가되지 않은 사용을 방지할 수 있어야 한다.(물리적 격리(quarantine)나 수동 컴퓨터 위치 제어 등의 방법)

5) 재고의 회전을 보증하기 위한 방법이 확립되어 있어야 한다. 따라서 특별한 경우를 제외하고, 가장 오래된 재고가 제일 먼저 불출되도록 선입선출한다.

6) 원료의 사용기한은 사용 시 확인이 가능하도록 라벨에 표시되어야 한다.

7) 원료의 허용 가능한 보관 기한을 결정하기 위한 문서화된 시스템을 확립해야 한다. 보관 기한이 규정되어 있지 않은 원료는 품질 부문에서 적절한 보관 기한을 정할 수 있다. 원료 공급처의 사용기한을 준수하여 보관 기한을 설정하여야 하며, 사용기한 내에서 자체적인 재시험 기간과 최대 보관 기한을 설정 · 준수해야 한다.

4.5 내용물 및 원료의 사용기간 확인·판정

원료의 사용기한은 사용 시 확인이 가능하도록 라벨에 표시되어야 한다. 원료의 허용 가능한 보관 기한을 결정하기 위한 문서화된 시스템을 확립해야 하고, 보관기한이 규정되어 있지 않은 원료는 품질 부문에서 적절한 보관 기한을 정할 수 있다. 이러한 시스템은 물질의 정해진 보관 기한이 지나면, 해당 물질을 재평가하여 사용 적합성을 결정하는 단계들을 포함해야 한다. 그러나 원칙적으로 원료 공급처의 사용기한을 준수하여 보관 기한을 설정하여야 하며, 사용기한 내에서 자체적인 재시험 기간과 최대 보관 기한을 설정 · 준수해야 한다.

원료가 사용기간(유효기간)을 넘겼을 경우 품질관리부와 협의하여 원료에 문제가 없다고 할 경우에는 유효기간을 재설정하고 원료에 문제가 있다고 할 경우에는 폐기한다. 만약 원료 거래처에서 교환해 줄 경우 반송하여 새로운 원료를 받아 관리한다.

4.6 내용물 및 원료의 개봉 후 사용기한 확인·판정

4.6.1 내용물 및 원료의 개봉 후 관리 지침

1) 원료는 오염되지 않도록 수시로 청결을 유지하도록 관리되어야 한다. 올바른 원료 보관 관리를 위하여 한 번 사용된 원료는 오염 우려가 있으므로 다시 원료 용기에 넣지 않도록 한다.
2) 원료가 칭량되는 동안에 교차오염을 피하기 위한 적절한 조치가 마련되어야 한다. 칭량하고자 하는 원료에는 원료의 적합성 여부가 표시되어 있어야 하고, 적

합한 원료를 칭량하여야 한다. 개봉 후 변질 우려가 있는 경우는 보관 조건 및 개봉 후 시간을 명확하게 준수한다.

3) 원료 개봉 시에는 원료가 산화되지 않도록 최소한의 공기만 들어갈 수 있도록 관리한다. 포대의 경우 개봉 후 원료가 남은 경우에는 포장 용기를 집게로 막거나 비닐봉지에 넣어 밀봉하고 드럼/캔 등은 뚜껑을 잘 닫아서 관리한다.

4) 올바른 원료 보관 관리를 위하여 한 번 사용된 원료는 오염 우려가 있으므로 다시 원료 용기에 넣지 않아야 하고, 취급 시 혼동이 되는 원료는 명확히 구분하여 관리한다.

4.6.2 벌크 제품의 사용기한과 보관 관리

1) 제조된 벌크 제품은 잘 보관하고 남은 원료는 관리 절차에 따라 재보관(Re-stock)한다. 모든 벌크 제품 및 원료를 보관 시에는 적합한 용기를 사용하고, 용기 안의 내용물을 분명히 확인할 수 있도록 표시해야 한다.

2) 모든 벌크 제품 및 원료의 허용 가능한 보관 기간(Shelf Life)을 확인할 수 있도록 문서화하도록 한다. 보관 기한의 만료일이 가까운 원료부터 사용하도록 선입선출되어야 하며 문서화된 절차가 있어야 한다.

3) 칭량이나 충전 공정 후 원료가 사용하지 않은 상태로 남아 있고 차후 다시 사용할 것이라면, 적절한 용기에 밀봉하여 식별 정보를 표시한다.

4) 남은 벌크도 재보관하고 재사용할 수 있다. 밀폐할 수 있는 용기에 들어 있는 벌크는 절차서에 따라 재보관할 수 있으며, 재보관 시에는 내용을 명기하고 재보관임을 표시한 라벨 부착이 필수이다. 그러나 개봉할 때마다 변질 및 오염이 발생할 가능성이 있으므로 여러 번 재보관과 재사용을 반복하는 것은 피하도록 하고, 여러 번 사용하는 벌크는 구입 시에 소량씩 나누어서 보관하여 재보관의 횟수를 줄이도록 한다.

4.7 내용물 및 원료의 변질 상태(변색, 변취 등) 확인

화장품의 제조에서 기본으로 확인되어야 할 사항은 미생물 오염이 없는 원료를 준비하는 것이다. 화장품은 분체, 액체 원료, 유지, 계면활성제, 고분자 화합물 등 여러 가지 원료를 배합하여 만들어지는 제품으로 원료의 오염은 최종 제품의 오염으로 이어지게 된다. 따라서 원료의 선택과 보관 및 관리에 각별한 주의가 필요하고 사용 중인 원료에 있어 변색, 변취 등의 변질 상태를 파악하는 것은 매우 중요한 일이다.

원료 중 합성 물질은 일반적으로 생균 수가 적은 편이다. 그러나 동, 식물, 광물의 원료 속에는 생균 수가 매우 높게 검출되므로 이런 천연 원료에 관해서는 철저한 위생관리가 필요하다.

원료별로 관리 기준을 설정해서 실시하며, 그 관리 기준은 제품 개발 단계에서의 기록 및 제조 실적 데이터를 토대로 설정한다. 기준치에는 반드시 범위를 만들고, 그 범위를 벗어난 데이터가 나왔을 때는 일탈 처리하도록 한다. 또한, 반제품은 품질이 변하지 않도록 적당한 용기에 넣어 지정된 장소에서 보관해야 하며, 용기에 명칭 또는 확인 코드, 제조번호, 완료된 공정명, 필요한 경우에는 보관 조건을 기재한다. 반제품의 최대 보관 기간을 설정하여야 하며, 최대 보관 기간이 가까워진 반제품은 완제품을 제조하기 전에 품질 이상, 변질(변색, 변취 등) 여부 등을 확인한다.

화장품 제조 시 보관용 검체를 보관하는 것은 품질관리 프로그램에서 중요한 사항이다. 완제품의 경우 제품의 경시 변화를 추적하고, 사고 등이 발생했을 때 제품을 시험하는 데 충분한 양을 확보하기 위하여, 시험에 필요한 양을 제조 단위별로 적절한 보관 조건하에서 지정된 구역 내에 따로 보관하며, 사용기한 경과 후 1년간 보관하여야 한다. 다만, 개봉 후 사용기간을 기재하는 경우에는 제조일로부터 3년간 보관하여야 한다. 안정성이 확립되어 있지 않은 화장품은 장기적으로 경시 변화를 추적할 필요가 있으므로, 이를 위한 시험 계획을 세우고 특정 제조 단위에 대하여 충분한 양의 검체를 보존한다.

4.8 내용물 및 원료의 폐기 절차

원료와 내용물, 벌크 제품과 완제품이 적합 판정 기준을 만족시키지 못할 경우에는 "기준 일탈 제품"으로 지칭한다. 기준 일탈 제품이 발생했을 때는 미리 정한 절차를 따라 확실한 처리를 하고 실시한 내용을 모두 문서에 남긴다. 기준 일탈 제품의 발생 시에는 폐기하는 것이 가장 바람직하며, 폐기 원료는 폐기물 처리법에 의거하여 폐기한다.

기준 일탈이 된 완제품 또는 벌크 제품은 재작업을 할 수도 있다. 재작업이란 배치 전체 또는 일부에 추가 처리(한 공정 이상의 작업을 추가하는 일)를 하여 부적합품을 적합품으로 다시 가공하는 일이다. 기준 일탈 제품을 폐기하면 큰 손해가 되므로 재작업을 고려하게 되지만 일단 부적합 제품의 재작업을 쉽게 승인할 수는 없다. 먼저 부적합 제품의 제조 책임자라고 할 수 있는 권한 소유자에 의한 원인 조사가 필요하고, 조사 결과에 따라 재작업 여부를 결정하게 된다.

기준 일탈로 폐기하게 되는 원료 및 내용물은 벌크 제품 및 완제품을 오염시키지 않도록 지정된 폐기물 보관 용기에 보관한다. 폐기물관리 담당자는 보관 용기를 폐기물 보관 장소로 이동시킨 후 폐기물 전문처리 회사에 위탁하여 처리한다. 폐기물 처리 위탁업체는 위탁하고자 하는 폐기물 처리에 관련된 허가를 소유하고 있는 회사여야 한다.

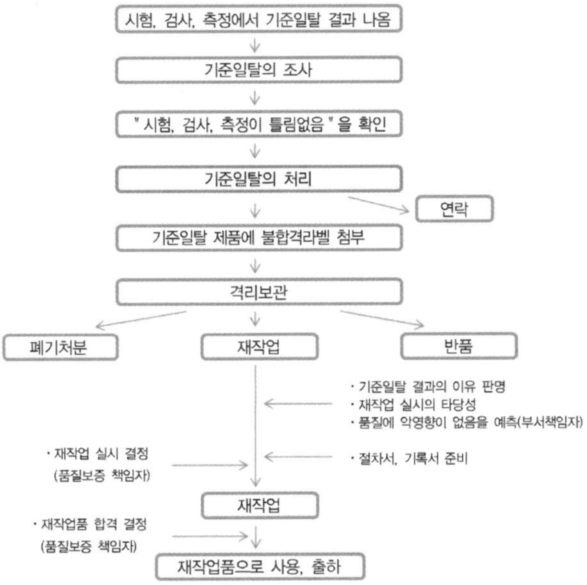

[그림 3-5] 기준일탈 제품의 처리

5

유·통·화·장·품·안·전·관·리

포장재의 관리

포장은 취급상의 위험과 외부 환경으로부터 제품을 보호하고, 제조업자 · 유통업자 · 소비자가 제품을 다루기 쉽게 해주며, 잠재적인 구매자들에게 제품의 통일된 이미지를 심어 주기 위한 과정이다. 제조된 벌크 제품 또는 1차 포장 제품을 원활하게 1차 포장 또는 2차 포장을 하기 위해서는 포장에 필요한 용기 · 포장지 등의 포장재가 생산에 차질이 없도록 적절한 시기에 적량이 공급되어야 하며, 이를 위해서는 생산 계획 또는 포장 계획에 따라 적절한 시기에 포장재가 제조되고 공급되어야 한다.

포장재의 관리에 필요한 사항은 우수 화장품 제조 및 품질관리 기준(이하, CGMP라고 칭함) 제18조(포장 작업)에서 다음이 같이 규정하고 있다.

제18조(포장 작업)

① 포장 작업에 관한 문서화된 절차를 수립하고 유지하여야 한다.

② 포장 작업은 다음 각호의 사항을 포함하고 있는 포장 지시서에 의해 수행되어야 한다.

1. 제품명
2. 포장 설비명
3. 포장재 리스트
4. 상세한 포장 공정
5. 포장 생산 수량

③ 포장 작업을 시작하기 전에 포장 작업 관련 문서의 완비 여부, 포장 설비의 청결 및 작동 여부 등을 점검하여야 한다.

5.1 포장재의 입고 기준

화장품 제조와 관련한 다양한 공정 중에서 포장 공정이란 벌크 제품을 용기에 충전하고 포장하는 공정이다. 제조된 반제품 또는 벌크 제품을 1차 포장, 2차 포장 등을 거쳐 최종 완성품으로 만드는 과정을 말한다. 포장재 담당자는 포장 공정에 필요한 포장재의 시기적절한 수급을 위하여 전체 공정의 흐름을 이해하고, 그중에서 포장 공정의 역할을 이해하고 있어야 한다. '포장재'란 화장품의 포장에 사용되는 모든 재료를 말하며, 운송을 위해 사용되는 외부 포장재는 제외한 것이다. 포장재의 '표준품'이란 적정 조건에서 제작 · 수입 및 생산되고, 해당 품질 규격을 만족하여 시험 검사 시 비교 시험용으로 사용되는 포장재를 말한다.

제품과 직접적으로 접촉하는지 여부에 따라 1차 또는 2차 포장재라고 하며, 2차 포장에는 보호재 및 표시의 목적으로 한 포장(첨부문서) 등이 포함된다. 또한 각종 라벨, 봉함 라벨까지 포장재에 포함된다. 라벨에는 제품 제조번호 및 기타 관리번호를 기입하므로 실수 방지가 중요하여 라벨은 포장재에 포함하여 관리하는 것을 권장한다.

5.1.1 포장재 입고를 위한 기본 지침

1) 일정 시점에서 포장재 재고량을 파악한다. 장부나 현물 조사로 일정 시점에서의 재고량을 파악하거나 재고와 장부가 일치하지 않아 제조 현장에서 계획된 분량을 생산하지 못하는 경우가 있으므로 적기에 제품을 공급하도록 한다. 장부상의 재고는 물론 수시로 현물의 수량을 파악한다.
2) 생산 계획에 따라 필요한 포장재의 수량을 예측하여 포장재를 적시에 발주한다.
3) 생산 계획에 따라 제품 생산에 필요한 포장재 목록표를 작성해 놓는다.
4) 생산량에 따라 포장재의 수량을 산출할 수 있는 공식을 만들어 놓는다.
   - 포장 도중의 손실로 인한 수량을 파악한다.
   - 기록에 근거하여 적정량을 추가로 발주한다.

*** 생산량에 따른 포장재의 필요 수량 산출 공식**

$$\text{필요 수량} = \text{생산 수량} \times \left[\frac{100}{100-\text{손실률}(\%)} \right]$$

5) 생산 계획에 따라 포장재를 발주한다. 생산 계획을 검토하여 재고 분량 외에 추가로 필요한 수량을 파악한다. 포장재 담당자는 반제품 생산 계획, 완제품 생산 계획에 따라 1차 포장, 2차 포장 계획을 수립한다. 1차 포장, 2차 포장 계획에 따라 포장재 공급 계획을 수립한다.

5.1.2 포장재 검사

1) 포장재의 기본 사양 적합성과 청결성을 확보하기 위하여 매 입고 시에 무작위 추출한 검체에 대하여 육안 검사를 실시하고, 그 기록을 남긴다.
2) 포장재의 외관 검사에는 재질 확인, 용량, 치수 및 용기 외관의 상태 검사뿐만 아니라, 인쇄 내용도 검사한다. 인쇄 내용은 소비자에게 제품에 대한 정확한 정보를 전달하는 데 목적이 있으므로 입고 검수 시 반드시 검사해야 한다. 또 담당자의 실수나 포장재 제조업체의 실수로 치명적인 오타나 제품 정보의 누락으로 법에서 규정하는 표시 기준을 위반할 수 있으므로 검사가 필요하다.
3) 위생적 측면에서 포장재 외부 및 내부에 먼지, 티 등의 이물질 혼입 여부도 검사해야 한다.

5.1.3 입고된 포장재에 대한 처리 순서

1) 포장재 규격서에 따라 용기 종류 및 재질을 파악한다.
2) 입고된 포장재를 무작위로 검체를 채취하여 외관을 육안으로 검사한다. 표준품(표준 견본)과 비교하여 색상과 색의 상태가 같은지 비교한다. 흐름, 기포, 얼룩, 스크래치, 균열, 깨짐 등의 외관 성형 상태에 이상이 없는지 확인한다.
3) 위생과 관련된 청결 상태를 점검하는 항목으로, 용기 내부 및 표면에 티, 먼지 또는 이물질이 있는지 검사한다. 내용물 충전 전에 용기의 세척 및 건조 과정이 충분한지 검사하여 이물질의 잔류로 인해 완제품에서 클레임이 발생할 수 있는 가능성을 검사한다.

4) 인쇄 상태를 검사한다. 인쇄된 내용의 상태가 양호한지, 방향은 바르게 되었는지 오타나 인쇄 내용의 손실이 없는지 상세하게 점검한다. 표준품과 비교하거나 표준 디자인 문안과 비교하여 표기된 내용의 법규 적합성을 확인한다.
5) 용량 및 치수를 확인한다. 포장재 규격서에 기재된 용량 또는 중량이 기준에 적합한지 전자저울을 이용하여 측정한다.

5.2 입고된 포장재 관리 기준

입고된 포장재의 보관에 있어 처리 기준에 대한 계획을 수립하여 잘 관리되어야 한다. 보관이란 공간적 관계에 있어서 물건을 사실상 자기의 지배 범위 내에 두고 차후에 계획된 일정에 따라 사용하기 위해 그 물건의 멸실 · 훼손을 방지하고 보존 · 관리하는 것을 말한다. 포장재는 수송 운반 때문에 상품을 보관해 두는 것이 바람직스러운 경우가 많으며, 생산의 효율성을 최대한도로 높이기 위해서도 보관은 바람직하다. 또 생산 과정에서도 필요할 때 쉽게 이용할 수 있도록 비상시에 대비하는 것이 아주 중요하다. 보관 방법에서 가장 문제가 되는 요소는 안전함이다. 저장 시설은 쉽게 이용할 수 있고, 안전해야 하며, 기후에 맞아야 한다.

5.2.1 포장재 관리를 위한 문서관리

공정이 적절히 관리되는 것을 보장하기 위해, 관련 문서들은 포장 작업의 모든 단계에서 이용할 수 있어야 한다. 포장 작업은 문서화된 공정에 따라 수행되어야 한다. 문서화된 공정은 보통 절차서, 작업지시서 또는 규격서로 존재한다. 이를 통해 주어진 제품의 각 배치가 규정된 방식으로 제조되어 각 포장 작업마다 균일성을 확보하게 된다. 일반적인 포장 작업 문서는 보통 다음 사항을 포함한다.

1) 제품명 그리고/또는 확인 코드
2) 검증되고 사용되는 설비

3) 완제품 포장에 필요한 모든 포장재 및 벌크 제품을 확인할 수 있는 개요나 체크리스트
4) 라인 속도, 충전, 표시, 코딩, 상자 주입(Cartoning), 케이스 패킹 및 팔레타이징(palletizing) 등의 작업들을 확인할 수 있는 상세 기술된 포장 생산 공정
5) 벌크 제품 및 완제품 규격서, 시험 방법 및 검체 채취 지시서
6) 포장 공정에 적용 가능한 모든 특별 주의사항 및 예방 조치(즉, 건강 및 안전 정보, 보관 조건)
7) 완제품이 제조되는 각 단계 및 포장 라인의 날짜 및 생산단위
8) 포장 작업 완료 후, 제조 부서 책임자가 서명 및 날짜를 기입해야 한다.

5.2.2 포장재 용기(병, 캔 등)의 청결성 확보

1) 1차 포장재로 사용되는 용기(병, 캔 등)의 청결성 확보는 매우 중요하다. 용기의 청결성 확보에는 자사에서 세척할 경우와 용기 공급업자에 의존할 경우가 있다. 자사에서 세척할 경우는 세척 방법의 확립이 필수다. 일반적으로는 절차로 확립한다. 세척 건조 방법 및 세척 확인 방법은 대상으로 하는 용기에 따라 다르다. 실제로 용기 세척을 개시한 후에도 세척 방법의 유효성을 정기적으로 확인해야 한다.
2) 용기의 청결성 확보를 용기 공급업자(실제로 제조하고 있는 업자)에게 의존할 경우에는 그 용기 공급 업자를 감사하고 용기 제조 방법이 신뢰할 수 있다는 것을 확인하는 일부터 시작한다. 신뢰할 수 있으면 계약을 체결한다. 용기는 매번 배치 입고 시에 무작위 추출하여 육안 검사를 실시하여 그 기록을 남긴다.
3) 청결한 용기를 제공할 수 있는 공급 업자로부터 구입하여야 한다. 기존의 공급업자 중에서 찾거나 현재 구입처에 개선을 요청해서 청결한 용기를 입수할 수 있게 한다.

5.2.3 포장재의 관리를 위한 기타 지침

1) 작업 시작 시 확인사항(start-up) 점검을 실시한다. 포장 작업에 대한 모든 관련 서류가 이용 가능하고, 모든 필수 포장재가 사용 가능하며, 설비가 적절히 위생처리 되어 사용할 준비가 완료되었음을 확인하는데 이러한 점검이 필수적이다. 포장 작업 전, 이전 작업의 재료들이 혼입될 위험을 제거하기 위하여 작업 구역/라인의 정리가 이루어져야 한다.
2) 제조된 완제품의 각 단위/배치에는 추적이 가능하도록 특정한 제조번호가 부여되어야 한다. 완제품에 부여된 특정 제조번호는 벌크 제품의 제조번호와 동일할 필요는 없지만, 완제품에 사용된 벌크 배치 및 양을 명확히 확인할 수 있는 문서가 존재해야 한다. 작업 동안 모든 포장 라인은 최소한 다음의 정보로 확인이 가능해야 한다.
   (1) 포장 라인명 또는 확인 코드
   (2) 완제품명 또는 확인 코드
   (3) 완제품의 배치 또는 제조번호
3) 모든 완제품이 규정 요건을 만족시킨다는 것을 확인하기 위한 공정 관리가 이루어져야 한다. 중요한 속성들이 규격서에서 확인할 수 있는 요건들을 충족시킨다는 것을 검증하기 위해 평가를 실시하여야 한다.(즉, 미생물 기준, 충전 중량, 미관적 충전 수준, 뚜껑/마개의 토크, 호퍼(hopper) 온도 등)
4) 포장을 시작하기 전에, 포장 지시가 이용가능하고 공간이 청소되었는지 확인하는 것이 필요하다. 이러한 포장 라인의 청소는 세심한 주의가 필요한 작업이다. 예를 들면 병, 튜브, 캡이나 인쇄물 등을 빠뜨리기 쉽다. 결과적으로 청소는 혼란과 오염을 피하기 위해 적절한 기술을 사용하여 규칙적으로 실시되어야 한다.
5) 용량 관리, 기밀도, 인쇄 상태 등 공정 중 관리(In-process control)는 포장하는 동안에 정기적으로 실시되어야 한다. 공정 중의 공정검사 기록과 합격 기준에 미치지 못한 경우의 처리 내용도 관리자에게 보고하고 기록하여 관리한다. 제조번호는 각각의 완제품에 지정되어야 한다.

6) 포장의 마지막 단계에서, 작업장 청소는 혼란과 오염을 피하기 위해 적절한 절차로 일관되게 실시되어야 한다.

5.2.4 화장품 용기의 종류 및 특성

화장품용 포장재의 종류 중에서 내용물과 접하는 1차 포장재는, 제품의 유통 경로 및 소비자의 사용 환경으로부터 내용물을 보호하고, 품질을 유지하는 기능을 가지고 있다. 이 중에서 화장품에 대표적으로 사용되는 용기의 형태에 따른 종류와 특성은 [표 3-10]과 같다.

[표 3-10] 용기 형태에 따른 종류 및 특성

용기 형태	정 의	사용 제품	재질	특성
세구병	병의 입구 외경이 몸체에 비하여 작은 것	화장수, 유액, 헤어 토닉, 오 데 코롱, 네일 에나멜, 샴푸 등의 액상 내용물 제품	유리, PE, PET, PP	나사식 캡이 대부분이며, 원터치식 캡도 사용됨
광구병	용기 입구 외경이 비교적 커서 몸체 외경에 가까운 용기	크림상, 젤상 내용물 제품	유리, PP, AS, PS, PET	나사식 캡
튜브 용기	속이 빈 관 모양으로 몸체를 눌러 내용물을 적량 뽑아내는 기능을 가짐.	헤어 젤, 파운데이션, 선크림 등 크림상에서 유액상 내용물 제품에 널리 사용	알루미늄, 알루미늄라미네이트, 폴리에틸렌 또는 적층 플라스틱	기체 투과 및 내용물 누출에 주의
원통상 용기	마스카라 용기에 이용되는 가늘고 긴 용기	마스카라, 아이라이너, 립글로스 등에 사용	플라스틱, 금속 또는 이들 혼합. 와이퍼는 고무, PE	캡에 브러시나 팁이 달린 가늘고 긴 자루가 있음
파우더 용기	광구병에 내용물을 직접 넣거나 종이와 수지제 드럼에 넣어 용기에 세팅하는 타입	파우더, 향료분, 베이비 파우더 등에 사용	용기는 PS, AS 등 퍼프는 면, 아크릴, 폴리에스터, 나일론 등 많은 나일론	내용물 조정을 위한 망이 내장됨
팩트 용기	본체와 뚜껑이 경첩으로 연결된 용기	팩트류, 스킨커버 등 고형분, 크림상 내용물 제품	AS, ABS, PS, 놋쇠, 구리, 알루미늄, 스테인리스 등	퍼프, 스펀지, 솔, 팁 등 첨부

스틱 용기	막대 모양 화장품 용기, 나선이 내용물 외측에 배치된 타입, 내용물 밑에 나사가 있는 타입, 내용물 중심에 나사봉이 있는 타입으로 구분	립스틱, 스틱 파운데이션, 립크림, 데오도런트 스틱 등	알루미늄, 놋쇠, AS, PS, PP 중간 용기는 PP, AS, PBT	직접 피부에 내용물을 도포할 수 있음
펜슬 용기	연필과 같이 깎아서 쓰는 나무 자루 타입, 샤프펜슬처럼 밀어내어 쓰는 타입	아이라이너, 아이브라우, 립펜슬	나무, 수지, 알루미늄, 놋쇠, 플라스틱	카트리지식으로 내용물을 교환하는 타입도 있음

5.2.5 포장재 소재별 종류 및 특성

용기에 주로 이용되는 소재로 대표적인 것은 플라스틱, 유리 및 금속이다.

1) 플라스틱(Plastics)의 종류와 특성

[표 3-11] 플라스틱 소재의 종류

소재 명칭	약어	영어 명칭	특징
저밀도 폴리에틸렌	LDPE	Low Density Polyethylene	반투명의 광택성. 유연하여 눌러 짜는 병과 튜브, 마개, 패킹에 이용 내외부 응력이 걸린 상태에서 알코올, 계면 활성제 등에 접촉하면 균열이 생김
고밀도 폴리에틸렌	HDPE	High Density Polyethylene	유백색의 광택 없고 수분 투과 적음. 화장수, 유액, 샴푸, 린스 용기 및 튜브 등에 사용
폴리프로필렌	PP	Polypropylene	반투명의 광택성, 내약품성 우수, 상온에서 내충격성 있음 반복되는 굽힘에 강하여 굽혀지는 부위를 얇게 성형하여 일체 경첩으로서 원터치 캡에 이용 크림류 광구병, 캡류에 이용
폴리스티렌	PS	Polystyrene	딱딱하고 투명, 광택성 성형 가공성 매우 우수, 치수 안정성 우수, 내약품성, 내충격성은 나쁨 팩트, 스틱 용기에 이용

AS 수지	AS	Polyacrylonitrile Styrene	투명, 광택성, 내충격성 우수, 내유성이 있어서 크림 용기, 팩트, 스틱류 용기, 캡에 사용
ABS 수지	ABS	Polyacrylonitrile Butadiene Styrene	AS 수지의 내충격성을 더욱 향상시킨 수지, 팩트 등의 내충격성이 필요한 제품에 이용 향료, 알코올에 약함. 금속감을 주기 위한 도금 소재로도 이용
폴리염화비닐	PVC	Polyvinyl Chloride	투명, 성형 가공성 우수, 저렴함 샴푸, 린스 병에 이용하였으나, 소각 시 유해 염화물 생성으로 사용 금지하는 나라도 있음
폴리에틸렌 테레프탈레이트	PET	Polyethylene Terephthalate	딱딱하고 유리에 가까운 투명성, 광택성, 내약품성 우수 PVC보다 고급스런 이미지의 화장수, 유액, 샴푸, 린스 병으로 이용

2) 유리의 종류와 특성

[표 3-12] 유리 소재의 종류

소재 명칭	특징
소다 석회 유리	통상 사용되는 투명 유리, 산화규소, 산화칼슘, 산화나트륨이 대부분이며, 소량의 마그네슘, 알루미늄 등의 산화물 함유 착색은 금속 콜로이드, 금속 산화물이 이용됨 화장수, 유액용 병에 많이 이용
칼리 납 유리	산화규소, 산화납, 산화칼륨이 주성분, 산화납 다량 함유 및 투명도가 높고 빛의 굴절률이 큰 것을 크리스탈 유리라 함 고급 향수병에 사용
유백 유리	무색투명한 유리 속에 무색의 미세한 결정(불화규산소다-염화나트륨 등)이 분산되어 빛을 흩어지게 하여 유백색으로 보임 입자가 매우 조밀한 것을 옥병, 입자가 큰 것을 앨러배스터(Alabaster)라 함

3) 금속의 종류와 특성

[표 3-13] 금속 소재의 종류

소재 명칭	특징
알루미늄	가볍고 가공성이 좋아 에어로졸 관, 립스틱, 팩트, 마스카라, 펜슬 용기 등에 널리 이용됨 표면 장식이나 산화 방지를 목적으로 알루마이트(Alumite)를 넣거나 도장하여 사용함

놋쇠, 황동	동과 아연의 합금이며, 외관은 금에 가깝고 고비중으로 투명 코팅을 하거나 도금이나 도장을 하여 팩트, 립스틱 용기 등에 이용됨
철, 스테인리스스틸	철은 녹슬기 쉬우므로 주석 도금과 코팅으로 산화 방지 가공을 하여 에어로졸 관의 일부로 이용됨 크로뮴, 니켈의 합금으로 녹슬지 않는 스테인리스로 이용됨

5.3 보관 중인 포장재 출고 기준

화장품 포장재의 관리와 출고 기준에 대하여도 그 처리 기준 절차가 수립되어야 한다. 또한, 포장재의 보관 장소 및 보관 방법을 알고 있어야 하며, 보관 기간 내의 사용과 보관 기간 경과 시의 처리 방법도 숙지하고 있어야 한다.

5.3.1 포장재의 출고 기준

1) 포장재에 관한 기초적인 검토 결과를 기재한 CGMP 문서, 작업에 관계되는 절차서, 각종 기록서, 관리 문서를 비치한다.
2) 불출하기 전에 설정된 시험 방법에 따라 관리하고, 합격 판정 기준에 부합하는 포장재만 불출한다.
3) 적절한 보관, 취급 및 유통을 보장하는 절차를 수립한다.
4) 절차서에는 적당한 조명, 온도, 습도, 정렬된 통로 및 보관 구역 등 적절한 보관 조건을 포함한다.
5) 포장재 관리는 관리 상태를 쉽게 확인할 수 있는 방식으로 수행한다.
6) 추적이 용이하도록 한다.
7) 팰릿에 적재된 모든 자재에는 명칭 또는 확인 코드, 제조번호, 제품의 품질을 유지하기 위해 필요할 경우 보관 조건, 불출 상태 등을 표시한다.
8) 포장재는 시험 결과 적합 판정된 것만 선입선출 방식으로 출고하고, 이를 확인할 수 있는 체계를 확립한다.
9) 불출된 원료와 포장재만 사용되고 있음을 확인하기 위한 적절한 시스템(물리적 시

3 · 유통 화장품 안전관리

스템 또는 전자 시스템과 같은 대체 시스템 등)을 확립한다.

10) 오직 승인된 자만이 포장재의 불출 절차를 수행한다.

11) 배치에서 취한 검체가 모든 합격 기준에 부합할 때만 해당 배치를 불출한다.

12) 불출되기 전까지 사용을 금지하는, 격리를 위한 특별한 절차를 이행한다.

5.3.2 포장재의 출고 시 유의사항

1) 포장 재료 출고의 경우 포장 단위의 묶음 단위를 풀어 적격 여부와 매수를 확인한다.
2) 그 외 포장재는 포장 단위로 출고한다.
3) 낱개 출고는 계수 및 계량하여 출고한다.
4) 출고 자재가 선입선출 순으로 출고되는지 확인한다.
5) 시험 번호순으로 출고되는지 확인한다.
6) 문안 변경이나 규격 변경 자재인지 확인한다.
7) 포장재 수령 시 포장재 출고 의뢰서와 포장재명, 포장재 코드 번호, 규격, 수량, '적합' 라벨 부착 여부, 시험 번호, 포장 상태 등을 확인한다.

5.3.3 포장재의 출고 절차

1) 포장재 출고 담당자는 생산부 책임자가 발행한 자재 출고 전표를 접수하고, 기재 사항을 확인한다.
2) 확인된 포장재 출고 전표는 구매 부서의 결재를 득한 후 출고 순위에 따라 선입 선출하고, 포장재 수령자는 전표에 의거 포장재 재고 현황 및 사용 일보에 서명한다.
3) 인계 · 인수가 완료된 포장재 출고 전표에 의거하여 포장재 재고 현황 및 기타 전산 자료 등을 정리한다.
4) 포장재 출고 후 생산 중의 여러 요인에 의거 동일 포장재의 재출고가 요구될 경우 포장재 담당자는 해당 포장재명과 필요 수량을 전표에 기록하고, 생산 부서의 결

재를 득한 후 출고 담당자에게 청구한다.

5) 출고 담당자는 추가분 전표에 의거하여 포장재 출고 후 출고량을 기록 관리하고, 생산 부서 자재 담당자에게 인수 · 인계한다.

5.4 포장재의 폐기 기준

포장재의 관리 및 출고에 있어 선입선출에 따랐음에도 보관 기간 또는 유효기간이 지났을 경우에는 규정에 따라 폐기하여야 한다. 선입선출이란 반제품 및 완제품을 비롯한 모든 제조 공정과 제품의 판매에 있어서 먼저 만들어진 제품을 먼저 제조 공정에 투입하거나 소비하기 위한 과정을 말한다. 이는 먼저 만들어진 물품이 더 먼저 변질, 변형될 수가 있기에 변질, 변형된 물품의 사용을 예방하기 위한 과정으로, 선입선출을 준수하지 않을 경우 제품의 품질 유지에 치명적인 오류를 범할 가능성이 높기 때문이다. 또한, 포장 도중에 불량품이 발견되었을 경우에는 품질관리(품질 보증) 부서에서 적합 판정된 포장재라도 포장 공정이 끝난 후 정상품 환입 시에 포장재 보관관리 담당자에게 정상품과 구분하여 불량품 포장재를 인수 · 인계한다. 포장재 보관관리 담당자는 불량 포장재에 대해 부적합 처리하여 부적합 창고로 이송한다. 이후 부적합 포장재를 반품 또는 폐기 조치 후 해당 업체에 시정 조치 요구를 한다.

5.5 포장재의 사용기한 확인·판정

포장재의 허용 가능한 사용기한을 결정하기 위한 문서화된 시스템을 확립해야 한다. 사용기한이 규정되어 있지 않은 원료와 포장재는 품질 부문에서 적절한 사용기한을 정할 수 있다. 이러한 시스템은 물질의 정해진 사용기한이 지나면, 해당 물질을 재평가하여 사용 적합성을 결정하는 단계들을 포함해야 한다. 이 경우에도 최대 사용기한을 설정하는 것이 바람직하다.

1) 포장재의 보관 기간을 결정하기 위한 문서화된 시스템을 마련한다.

2) 보관 기간이 규정되어 있지 않은 포장재는 적절한 보관 기간을 정한다.
3) 정해진 보관 기간이 지나면 해당 물질을 재평가하여 사용 적합성을 결정하는 단계를 포함시킨다.
4) 원칙적으로 포장재의 사용기한을 준수하는 보관 기간을 설정한다.
5) 사용기한 내에서 자체적인 재시험 기간을 설정하고 준수한다.
6) 최대 보관 기간을 설정하고 이를 준수한다.

5.6 포장재의 변질 상태 확인

포장재는 주로 종이, 천, 유리, 세라믹, 플라스틱, 금속 등의 다양한 소재가 사용되고 있으며, 각각의 성질이 다르다. 따라서 포장재 담당자는 포장재의 품질 유지를 위하여 포장재의 보관 방법, 포장재의 보관 조건, 포장재의 보관 환경, 포장재의 보관 기간 등 포장재 관리 방법을 숙지하여야 한다. 가장 일반적인 관리 항목으로는 온도 · 습도 관리와 벌레나 쥐에 대한 대비책 및 자재 창고를 출입하는 사람에 의한 오염 방지이다. 이러한 요인들에 의한 이물질 혼입 및 포장재의 파손은 포장 담당자가 알 수 없거나 예측이 불가능한 경우가 많으며, 이로 인해 회사의 이미지에 매우 큰 악영향을 끼칠 수 있다.

포장재의 변질 상태를 확인하기 위하여 포장재 소재별 품질 특성을 이해하고 포장재 샘플링 등을 통한 엄격한 관리가 필요하다.

5.6.1 포장재의 샘플링

1) 샘플링 검사의 오류를 감소시키기 위하여 계수 조정형 샘플링 방법을 사용한다.(KS Q ISO 2859-1의 계수형 샘플링 검사를 참고)
2) 채취한 검체에서 불량품의 개수를 조사하여 합격 또는 불합격을 결정하는 검사방법으로, 해당 로트의 크기에 따라 채취하는 검체의 수량을 조정한다.
3) 처음에는 보통 수준으로 검사하고, 품질이 안정되어 신뢰할 수 있을 때 수월한

검사로 조정하거나, 반대로 반품 등의 문제가 발생할 때는 엄격한 수준으로 조정한다.

5.6.2 포장재 소재별 품질 특성 비교

화장품 포장재는 그 사용 목적에 따라 재질, 형태 등이 매우 다양하기 때문에 포장재 제조에 이용되는 소재의 종류는 매우 다양하다. 주로 종이, 천, 유리, 세라믹, 플라스틱, 금속 등의 소재가 사용되고 있다. 포장재 담당자는 원활한 포장 작업 및 제품의 품질 유지를 위하여 이들 포장재의 종류와 특성을 알아야 한다. 포장재에 필요한 품질 특성으로는 제품의 품질을 유지하기 위한 품질 유지성, 기능성, 적정 포장성, 경제성 및 판매 촉진성의 특징이 있다. 품질 유지성은 광투과나 포장재에 의한 변취, 변질로부터 제품을 보호하는 보호 기능과 약품, 부식, 자외선 및 인체에 해가 없는 안전한 소재 등의 재료 적정성을 의미하며, 기능성이라 함은 인간 공학적인 기능과 물리적인 기능을 지녀야 한다거나 사용상 또는 사용 방법상 안전하여야 한다는 내용을 의미한다.

[표 3-14] 포장재 종류와 소재별 품질 특성

포장재 종류	품질 특성
저밀도 폴리에틸렌(LDPE)	반투명, 광택, 유연성 우수
고밀도 폴리에틸렌(HDPE)	광택이 없음, 수분 투과가 적음
폴리프로필렌(PP)	반투명, 광택, 내약품성 우수, 내충격성 우수, 잘 부러지지 않음
폴리스티렌(PS)	딱딱함, 투명, 광택, 치수 안정성 우수, 내약품성이 나쁨
AS 수지	투명, 광택, 내충격성, 내유성 우수
ABS 수지	내충격성 양호, 금속 느낌을 주기 위한 소재로 사용
PVC	투명, 성형 가공성 우수
PET	딱딱함, 투명성 우수, 광택, 내약품성 우수
소다 석회 유리	투명 유리
칼리 납 유리	굴절률이 매우 높음
유백색 유리	유백색 색상 용기로 주로 사용
알루미늄	가공성 우수
황동	금과 비슷한 색상
스테인리스스틸	부식이 잘 되지 않음, 금속성 광택 우수
철	녹슬기 쉬우나 저렴함

5.7 포장재의 폐기 절차

사업장의 폐기물 배출자는 사업장 폐기물을 적정하게 처리하여야 한다. 일정한 사업장 폐기물을 배출 · 운반 또는 처리하는 자는 폐기물 인계서를 작성하여야 한다. 폐기물 보관 장소는 지붕이 있는 별도의 구획된 공간으로 만들어야 하고, 지정 폐기물은 반드시 분리해서 보관해야 한다.

5.7.1 사업장 폐기물 관리 절차 (지정 폐기물 제외)

1) 종이류, 파지, 지함통(재활용분)은 재활용 센터에 보관 후 유상 매각 처리한다.
2) 고철은 자원 재활용 센터에 보관 후 유상 매각 처리한다.
3) 캔류, 병류는 비닐에 담아 폐기물 보관소에 적재한 후 유상 매각 처리한다.
4) 공정 오니(폐크림)는 팰릿에 4드럼씩 적재하여 선반에 적재한다.
5) 잡개류, 불량 부재료는 압축기로 압축한 후 암롤 박스에 적재한다.
6) 음식 쓰레기는 재활용 업자에게 위탁한다.

5.7.2 생산 작업장에서 발생한 폐기물 관리 절차

1) 작업장 현장 발생 폐기물의 수거는 발생 부서에서 실시한다.
2) 품질에 문제가 생긴 원료나 내용물은 제품 폐기를 포함하여 신중하게 검토한다. 제품에 대한 대처를 끝낸 후, 일탈의 원인을 조사하고 재발하지 않도록 조치를 강구한다.
3) 처리하고자 하는 폐기물 수거함 밖에 분리수거 카드를 부착한다. 단, 재활용 비닐의 경우 분리수거 카드를 부착하지 않고, 비닐 표면에 작업 라인 번호와 일자를 기록 후 배출한다.
4) 폐기물 보관소로 운반하여 보관소 작업자와 분리수거를 확인하고 중량을 측정하여 폐기물 대장에 기록한 후 인계한다.
5) 결재 처리가 완료된 폐기물 처리 의뢰서와 같이 폐기물 처리 담당자에게 인계한다.

5.7.3 폐기물 대장의 작성

1) 폐기물 대장은 확인자가 기록하고, 운반자와 확인 후 각각 사인한다.
2) 작성된 폐기물 대장은 매월 주관 부서의 결재를 득한다.
3) 폐기 물량의 기록은 kg 단위로 기록한다.

5.7.4 화장품 작업장의 폐기물

1) 분리수거는 작업장의 활동 중 발생한 폐기물을 성질별, 상태별, 종류별로 구분하여 별도로 수거하는 것을 말한다.
2) 화장품 작업장에서 발생되는 재활용 가능 폐기물은 보통 폐기물 중 종이류, 캔류, 병류, 고철, 공드럼, PP 밴드, 비닐, 음식물 쓰레기 등 재활용이 가능한 폐기물을 말한다.
3) 화장품 작업장에서 발생되는 재활용 불가 폐기물은 폐수 처리 오니(슬러지), 공정 오니, 불량 환입품, 지정 폐기물, 불량 부재료(폐합성수지), 불량 부재료(폐합성수지) 등을 말한다.

chapter 04

맞춤형화장품의 이해

1

맞 · 춤 · 형 · 화 · 장 · 품 · 의 · 이 · 해

맞춤형화장품의 개요

맞춤형화장품은 소비자의 기호와 특성에 맞춘 제품을 제조하여 소비자에게 구매하는 방식으로 맞춤형화장품은 소비자의 개인적인 요구를 충족하여 줄 수 있는 장점이 있다. 맞춤형화장품이 갖추어야 하는 규정과 안전성, 유효성, 안정성 등을 고려하여 바로 그 자리에서 기존 화장품 등에 향료, 색소, 영양성분 등을 혼합하여 제조하는 새로운 판매 방식으로, 국민의 자유로운 경제활동을 촉진하기 위해 추진한 것이다(식약처, 2016).

과거의 생산자 중심의 '만들면 팔리는' 시장 환경에서, 현재는 소비자 중심의 '소비자가 원하는 제품을 만들어 판매하는' 시장 환경으로 변화되었다. 시장 환경 변화에 따라 식약처는 소비자의 다양한 요구 충족을 위해 프리미엄 화장품 산업 육성을 위한 제도 개선으로 기능성화장품 범위를 확대하여 주름 개선, 미백, 자외선 차단, 피부 손상을 개선하거나 방지하는 데 도움을 주는 제품, 탈색, 탈염, 염모, 제모, 탈모 방지제, 세부 유형을 정한 화장품법을 추진 중이다.

개정되는 화장품법은 소비자 개개인의 맞춤형화장품 시장에 진출할 수 있도록 진입 장벽을 낮추고, 새로운 기술력과 아이디어로 연구소와 대학에서 개발한 새로운 화장품의 심사를 신청할 수 있도록 제도를 개선하고, 식약처는 천연 · 유기농화장품에 대한 기준 및 인증 체계를 마련하여 천연 · 유기농화장품에 대한 소비자의 요구와 신기술을 개발하고 사용하기 위해 천연 원료 제품화를 진행하고 있다.

영업자의 편의도 보장하고 화장품 산업의 근본 경쟁력 강화와, 제도 운영에 있어 소비자의 화장품 안전 수준을 제고하려는 것으로 화장품업 업종을 제조업, 책임 유통관리업, 전문판매업으로 구분하도록 하였고 의료법, 약사법과 동일하게 화장품제조업

자의 결격 사유를 마약 · 대마 · 향정신성의약품(마약류) 중독자로 변경하여 관련 결격 사유의 관리 체계를 일원화하였다(식약처 화장품법, 제2016-298호).

맞춤형화장품 활성화를 위해서 소비자 개인별 피부 상태 측정 자료를 빅데이터(Big Data)로 만들어 누구나 맞춤형화장품을 개발하는 사람은 활용 · 분석할 수 있는 플랫폼이 만들어지면 화장품은 더욱 빠른 속도로 진화할 것이다.

국제적인 박람회 등과 연계하여 체험관을 운영하고, 국내 화장품 규제에 대한 수출 애로사항을 해결 할 수 있는 전문 상담 창구를 개설 · 운영하고, 국제적인 ICCR(International Cooperation on Cosmetic Regulation) 가입으로 신뢰도를 높이기 위해 해외 포럼 및 국제 뷰티 박람회 등을 개최해 브랜드 가치를 강화하고 있다. 국내 화장품 업체의 수출 다각화를 위해 산학연 컨소시엄을 구성하여 할랄(Halal) 화장품 대체 성분 개발과 할랄 인증 획득을 지원하고 이슬람 인구 비중이 높은 말레이시아, 인도네시아의 화장품 유통 업체와 우리나라 화장품 기업과의 네트워크 구축도 지원하고 있다(식약처, 2017).

우리나라 화장품 산업이 빠르게 성장하면서 글로벌 시장을 선도하는 제품으로 맞춤형화장품이 K-Beauty 세계 화장품 시장을 선도할 수 있도록 혁신적 · 창조적 아이디어에 기반을 둔 기업의 노력과 지원 정책, 합리적인 규제 개선으로 수출 지원 정책을 통해 2018년까지 세계 100대 화장품 기업에 현재 3곳에서 10곳의 국내 업체가 들어갈 수 있도록 추진하고 있다(식약처, 2016).

1.1 맞춤형화장품 정의

최근 사회 발전과 더불어 다양한 소비자의 욕구를 충족시킬 수 있는 환경 변화가 일어나고 있으며, 특히 화장품 분야는 개성과 다양성을 추구하는 소비자의 요구에 따라 벌크제품, 원료 등을 혼합하여 용기에 담아서 제공하는 제품을 판매하는 새로운 맞춤형화장품 판매 방식이 나타나고 있다. 새로운 맞춤형화장품 판매 형태는 판매장에서 개인의 요구에 따라 만들어 주거나 개인의 피부 분석을 통해 꼭 필요한 원료로 혼합하여 만들어 주는 것을 특징으로 하며, 소비자 요구에 따라 다양한 형태의 제품 판매의 형태를 가질 수 있다.

기존의 화장품이 생산자 중심으로 미리 제품을 대량 생산하여 일반적인 소비자에게 판매하는 방식이라면, 맞춤형화장품은 소비자 중심으로 개별 요구에 따라 즉석에서 혼합 · 판매하는 소량 생산 방식이다. 맞춤형화장품은 개인의 개성과 주관이 중시되는 사회 변화에 대응하는 판매 방식으로, 개개인의 니즈에 따라 판매장에서 즉석으로 혼합하는 것을 특징으로 한다.(식약처(2016), 맞춤형화장품 판매 시범사업 안전관리 계획)

맞춤형화장품의 정의는 제조 · 수입한 화장품을 소비자 요구에 맞춰 혼합 · 판매하는 화장품을 맞춤형화장품이라 한다. 무등록의 혼합 행위는 무등록 제조 행위의 구별을 통해 화장품의 안전성을 담보함과 동시에 국민의 자유로운 경제활동을 촉진하기 위해서 추진하였다(식약처, 2016). 피부 전문가의 도움을 받아 전문성을 가진 기계로 고객의 피부 상태를 객관적으로 진단하고 고객이 선호하는 제형, 향을 고려하여 제조한 화장품을 맞춤형화장품이라 한다.

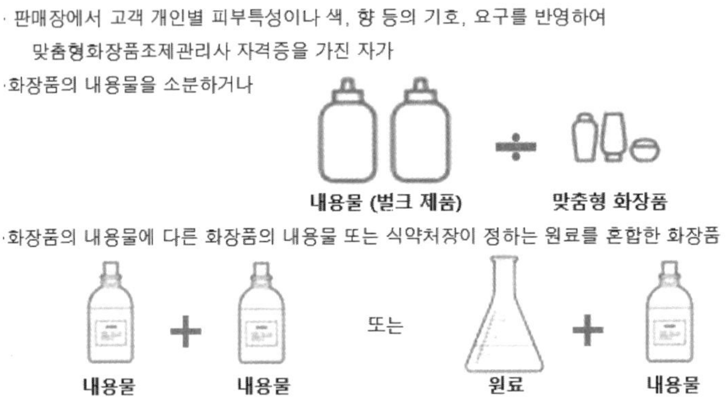

[그림 4-1] 식품의약품안전처가 정의한 맞춤형화장품의 정의

제품 맞춤화(product customization)의 맞춤화 방식은 소비자의 실질적인 욕구에 의해서 제품과 서비스가 만들어지는 buyer-centric 방식이다(Wind, Rangaswamy, 2001). 맞춤화가 한 가지 정의가 아니라 차별성의 집합을 모두 포괄하는 개념을 전개하여 소비자의 참여 수준이 맞춤화 종류와 제품의 독특한 정보를 결정짓는 중요한 역할을 하는 것으로 제품 생산 과정에서 기업은 소비자를 교섭 담당자로 인식하고, 고객과의 관계의 중요성을 인식하여 1:1 마케팅 방식과 관계 마케팅을 하고 있다. 소비자는 맞춤화 과

정에 능동적으로 관여해야 원하는 제품을 얻을 수 있고, 기업에 자신의 니즈(needs)를 전달할 수 있어야 한다.

맞춤형화장품 또한 효과적인 소비자의 참여가 원하는 상품을 얻기 위해선 필수적이다. 소비자가 생산 초기 단계에 참여 시 소비자의 요구가 반영되어지면 이는 고도의 맞춤화 제품이 되고, 마지막 단계에서만 소비자 취향이 반영된다면, 맞춤화 정도는 크게 영향을 주지 않는다. 제품이 차별화되는 생산 단계는 선택 결정 과정에서 중요한 변수이고, 더 나아가 생산 단계에서 소비자 참여는 제공되는 맞춤화의 유형과 맞춤화 정도를 결정짓는 중요한 지표라고 할 수 있다(McCutcheon., 1994). 소비자 참여는 맞춤화의 상대적 수준의 실증적인 지표가 된다(Duray, 2002). 맞춤화(Customization)는 증가하는 소비자 가치와 더 나은 서비스로 경쟁적인 이득을 제공할 수 있다(Simonson,I,. 1998).

1.1.1 맞춤화

맞춤화(Customization)란 특정 소비자의 니즈(needs)를 반영하여 제품을 제작하거나 서비스를 제공하는 것을 의미한다(Pine, Pepper and Martha Rogers, 1995). 이 개념은 소비자 니즈(needs)를 반영하여 효과적으로 충족시켜 주는 것으로, 비즈니스 경쟁에 대한 기업의 전략으로, 고객이 원하는 것을 규정에 맞는 방법 안에서 원하는 시간에 맞춰 제공해 주는 서비스인 것이다.

대량생산(Mass production) 체제에서 중요한 것은 높은 품질의 제공과 저렴한 가격이라면 맞춤화는 기업의 개별화와 다양성을 이끌어, 소비자 욕구에 더욱 부응하게 만드는 것이다. 맞춤화를 위해 기업은 생산 효율성의 문제가 발생하지만 고객은 많은 욕구를 지닌 존재이며, 이런 고객들의 개인적인 욕구를 모두 충족시킬 수 있는 고객 만족 서비스란 불가능하기 때문에 전혀 다른 개념의 새로운 서비스가 필요하다. 개인의 욕구를 충족시킬 수 있는 고객화된 제품일수록 다품종 소량의 방식으로 변환되기 때문에 기업의 이윤은 적어지지만 시장의 흐름에 따라 기업은 체질을 개선하여야 한다.

1) 맞춤형화장품

맞춤형화장품 고려사항은 품질이 확보된 화장품제조업체의 원료·완제를 사용하고 안전성이 확보된 제품을 사용하고 사용 금지 원료(1,015개), 사용 한도 원료(260개)의 관리가 중요하다. 화장품제조업체에서 적합한 제품만 사용하고, 제품관리는 즉석 혼합·판매이므로 사용기한이 짧고, 기존 제품 고유의 제형에 변화가 없는 수준에서 혼합하고, 오염 방지를 위한 용기 등의 개발이 필요하다(화장품정책과, 2016).

맞춤형화장품은(「화장품법」 제2조(정의): 부록 2페이지 참고) 고객 개인별 피부 특성, 색·향 등 취향에 따라 맞춤형화장품 판매장에서 맞춤형화장품조제관리사 자격증을 가진 자가 제조 또는 수입된 화장품을 소분 또는 내용물을 추가하는 것으로 맞춤형화장품의 내용물은 맞춤형화장품의 혼합에 사용할 목적으로 화장품책임판매업자로부터 제공받은 것을 의미한다. 맞춤형화장품 내용물과 내용물의 관리와 맞춤형화장품을 판매하는 영업에 대한 내용은 [표 4-1]과 같다.

[표 4-1] 맞춤형화장품의 정의 「화장품법」 제2조 (정의)

구분	내용
맞춤형화장품이란	1. 제조 또는 수입된 화장품의 내용물에 다른 화장품의 내용물이나 색소, 향 등 식약처장이 정하는 원료를 추가하여 혼합한 화장품
	2. 제조 또는 수입된 화장품의 내용물을 소분(小分)한 화장품
맞춤형화장품 내용물	1. 벌크 제품: 충전(1차 포장) 이전의 제조 단계까지 끝낸 화장품
	2. 반제품: 원료 혼합 등의 제조공정 단계를 거친 것으로 벌크 제품이 되기 위하여 추가 제조공정이 필요한 화장품
맞춤형화장품 혼합에 사용되는 내용물의 관리	1. 유통화장품 안전관리 기준에 적합해야 한다.
	2. 반제품(그 자체로 사용되지 않는 내용물)의 경우 최종 맞춤형화장품이 '사용 제한 필요한 원료 사용 기준'에 따라 사용 제한 원료를 함유하지 않고, '유통화장품 안전관리 기준'에 적합하면 된다.
	3. 맞춤형화장품 원료와 내용물의 관계 원료는 맞춤형화장품의 내용물의 범위에 해당하지 않으며, 원료와 원료를 혼합하는 것은 맞춤형화장품의 혼합이 아닌 화장품 제조 행위로 판단된다.
맞춤형화장품을 판매하는 영업	1. 제조 또는 수입된 화장품의 내용물에 다른 화장품의 내용물이나 식품의약품안전처장이 정하여 고시하는 원료를 추가하여 혼합한 화장품을 판매하는 영업
	2. 제조 또는 수입된 화장품의 내용물을 소분한 화장품을 판매하는 영업

TIP 맞춤형화장품이란 다음 각 항목의 화장품을 말한다.

가. 제조 또는 수입된 화장품의 내용물에 다른 화장품의 내용물이나 식품의약품안전처장이 정하는 원료를 추가하여 혼합한 화장품
나. 제조 또는 수입된 화장품의 내용물을 소분(小分)한 화장품

1.1.2 맞춤형화장품의 유형

2016년 3월부터 시행된 맞춤형화장품 판매 시범사업은 시범 지역 내 맞춤형화장품 판매를 희망하는 제조판매업자 직영 매장, 전국에 소재한 면세점 내 화장품 매장, 명동 및 제주 등 전국 30개 관광특구 내 화장품 매장을 대상으로 진행되었다. 맞춤형화장품 제도적 기반 마련 전에 우선적으로 시범사업이 운영되었고 현재까지의 운영 실적은 58개소이다.

그 내용은 '기존 화장품(전용 포함) 간 + 원료 등의 혼합'이며, 맞춤형화장품 유형은 방향용 제품류 4종과 기초화장용 제품류 10종 그리고 색조화장용 제품류 8종으로 그 외 신청 시 추가가 가능하다. 현재 시범사업 중인 맞춤형화장품의 유형은 다음과 같다.

기존 화장품(전용 포함)과 원료 등의 혼합 가능한 기초화장용 제품류는 클렌징 워터·오일·로션·크림 등 메이크업 리무버, 수렴·유연·영양 화장수(face lotions), 눈 주위 제품, 에센스·오일, 로션, 크림, 마사지 크림, 팩, 마스크, 파우더, 바디 제품, 손·발의 피부연화 제품으로 10종류이고, 색조화장용 제품은 메이크업 베이스(make-up bases), 볼연지, 리퀴드(liquid)·케이크·크림 파운데이션(foundation), 페이스 케이크(facecakes), 페이스 파우더(face powder), 립밤(lip balm)·립글로스(lip gloss), 립라이너(lip liner)·립스틱, 메이크업 픽서티브(make-upfixatives), 페이스·바디페인팅(face·body painting) 분장용 제품으로 8가지의 종류가 있다. 방향용 제품류 4종은 향낭(香囊), 콜롱(cologne), 향수, 분말향 등으로 앞에 제시한 화장품 외에 신청 시 추가가 가능하다. 맞춤형화장품의 유형은 [표 4-2]와 같다. 2012~2017년도 5년간 화장품 생산 실적은 10조 원을 넘어 수출 지역 다변화와 수출 증가로 지속적인 고속 성장세를 유지하고 있다.

[표 4-2] 맞춤형화장품으로 조제될 수 있는 화장품 제품군

유형	맞춤형화장품 제조 가능 제품	화장품의 유형(의약품 제외)
방향용 제품류	향수 분말향 향낭(香囊) 콜롱(cologne)	향수 분말향 향낭(香囊) 콜롱(cologne) 기타 방향용 제품류
기초 화장품 제품류	수렴 · 유연 · 영양화장수 (face lotions) 마사지 크림 에센스, 오일 파우더 바디 제품 팩, 마스크 눈 주위 제품 로션, 크림 손 · 발의 피부연화 제품 클렌징 워터, 오일, 로션, 크림 등 메이크업 리무버	수렴 · 유연 · 영양 화장수(face lotions) 마사지 크림 에센스, 오일 파우더 바디 제품 팩, 마스크 눈 주위 제품 로션, 크림 손 · 발의 피부연화 제품 클렌징 워터 · 오일 · 로션 · 크림 등 메이크업 리무버 기타 기초화장용 제품류
색조 화장용 제품류	페이스파우더 (face powder), 페이스케이크 (face cakes) 볼연지 리퀴드(liquid) · 크림 · 케이크 파운데이션(foundation) 메이크업 픽서티브(make-up fixatives) 메이크업 베이스(make-up bases) 립글로스(lip gloss), 립밤(lip balm) 립스틱, 립라이너(lip liner) 바디 · 페이스페인팅(body · face painting), 분장용제품	페이스파우더 (face powder), 페이스케이크 (face cakes) 볼연지 리퀴드(liquid) · 크림 · 케이크 파운데이션(foundation) 메이크업 픽서티브(make-up fixatives) 메이크업 베이스(make-up bases) 립글로스(lip gloss), 립밤(lip balm) 립스틱, 립라이너(lip liner) 바디 · 페이스페인팅(body · face painting), 분장용제품 기타 색조 화장용 제품류
그 외	상기 제품군 외에 화장품법 시행규칙 제19조 3항 관련 [별표 3]의 화장품 유형에 속하는 화장품을 신청하여 판매할 수 있음	

1.2 맞춤형화장품 주요 규정

1.2.1 맞춤형화장품 규정

1) 맞춤형화장품 혼합에 사용할 수 있는 원료의 인정 범위

2) 맞춤형화장품 혼합에 사용할 수 없는 원료 조건

(본서 2장 2.2.2 맞춤형화장품 혼합에 사용되는 원료 참고)

3) 맞춤형화장품 제도

식품의약안전처는 화장품법 제도 개선을 진행하며, 천연화장품 · 유기농화장품 인증제도의 도입, 소비자 화장품 안전관리감시원의 도입 등과 함께 맞춤형화장품의 정의 및 맞춤형화장품판매업 영역을 신설하고자 하였으며, 이와 같은 내용이 화장품법(일부)개정 법률로 국회 본회의를 통과하였다(2018년 2월 20일).

맞춤형화장품에 대한 정의와 맞춤형화장품판매업이 신설됨에 따라 화장품 업종의 구분이 기존 '화장품제조업 · 화장품제조판매업'에서 '화장품제조업 · 화장품책임판매업 · 맞춤형화장품판매업'으로 변화하게 되었으며, 이와 관련한 맞춤형화장품조제관리사와 관련된 부분도 새로 생기며 맞춤형화장품판매업자는 판매장마다 혼합 · 소분 등을 담당하는 국가자격시험을 통과한 '조제관리사'를 두어야 한다. 개정 법률은 공포 후 1년 후 시행되지만, 맞춤형화장품 · 맞춤형화장품판매업자 · 맞춤형화장품조제관리사와 관련된 조항은 공포 후 2년이 경과하는 2020년 3월 14일 시점부터 시행될 예정이다.

1.2.2 맞춤형화장품이 갖추어야 하는 기능

현대의 화장품은 피부나 모발에 관한 연구와 화장품 및 원료의 물리적 · 화학적인 연구개발을 비롯하여 향이나 감촉(사용감, 사용의 편리함 등)에 관한 연구를 통하여 빠르게 진보하고 있다. 화장품과 맞춤형화장품을 기능별로 다음과 같이 분류할 수 있다.

① 기초화장품

② 메이크업 화장품

③ 모발용 화장품(헤어케어 화장품을 포함)

④ 바디케어 화장품(입욕제를 포함)

⑤ 향수 화장품

화장품은 피부생리학적, 물리화학적인 유용성이라는 '미의 추구'의 기능과 함께 화장 및 화장품이 '마음'이나 '몸'에 작용함으로써 삶에 의지가 된다는 것은 이미 오래전부터 알려진 일이며 특히 최근에는 화장품의 심리적 효과(QOL: Quality of Life, 스트레스 경감 등)에 대한 연구도 활발하게 이루어지고 있다. 이렇듯 현대 사회에서의 화장품의 역할은 '미의 추구'가 가장 중요하지만, '아름다운 신체에서 아름다운 마음이 생겨난다', '삶의 기쁨, 사는 보람'이라는 인간다움을 형성하는 수단으로서도 매우 중요한 역할을 담당하기 때문에 소비자 개개인의 요구를 만족시킬 수 있는 맞춤형화장품의 시장은 크게 발전할 것이다.

화장품이 갖추어야 하는 기능으로는 유효성, 안전성, 안정성, 사용성 그리고 환경성이라는 요소가 요구된다.

1) 유효성

피부 생리적으로 보았을 때에 아름다운 피부 만들기를 위해서는 피부에 부담을 주지 않고 더러움을 씻어내어 청결하게 하는 세안, 세정이다. 또한, 피부의 최대의 적은 자외선, 산화, 건조로 화장품은 건조나 자외선과 같은 외부의 자극으로부터 피부를 지키는 중요한 역할을 담당하고 있다. 다시 말해서 화장품은 피부를 윤기 있게 하고 피부결을 정돈하며 피부를 촉촉하게 한다. 또한, 외부의 자극에 지지 않는 피부를 만들며 자외선의 유해작용을 방지하여 피부의 노화를 막는다. 또한, 메이크업 화장품, 헤어컬러, 퍼머넌트웨이브를 통한 얼굴이나 헤어의 미적 연출 · 미의 추구도 중요한 기능이다. 나아가 스킨케어 마사지, 메이크업 및 향기는 '마음'이나 '몸'에 작용하여 QOL(Quality of Life)를 향상시켜서 삶의 기쁨을 가져오는 기능을 한다.

2) 안전성

화장품은 의약품과는 다르게 불특정 다수의 사람들이 장기간 사용하는 것이다. 따라서 화장품의 안전성은 의약품과는 달리 안전이 첫걸음이며 불가결하다. 따라서 사용 원료와 제품은 피부에 안전하여 안심하고 사용할 수 있는 것이어야만 한다. 이 때문에 엄격한 안전성 시험을 통과한 것이 사용되며, 또한 사용 시 2차 오염을 방지하기 위한 대책도 취해진다. 그리고 불량 화장품은 판매 및 수여가 금지된다. 소비자에게 화장품의 성분 정보를 게시하는 전성분 표시 제도도 2001년부터 시행되고 있다.

3) 안정성(열화 방지)

화장품의 내용물이 변색, 변취와 같은 화학적 변화나 미생물 오염, 그리고 분리, 침전, 응집, 부러짐, 굳음과 같은 물리적 변화로 인하여 사용성이나 미관이 손상되어서는 안 된다. 화장품을 제조한 날로부터 적절한 보관 조건에서 성성, 품질의 변화 없이 최적의 품질로 이를 사용할 수 있는 기한과 저장 방법을 설정하기 위한 기준을 정해 안전성을 확보하고자 한다. 따라서 안정성을 보존하기 위하여 화장품의 온도 안정 시험, 광 안정성 시험, 특수 · 가혹 보존 시험, 부외품 약제의 안정성 시험 등 다양한 안정성 시험을 통하여 검증되고 있다.

4) 사용성(사용의 편리함, 사용감)

화장품은 사용 시에 '피부'와 '마음'으로 느껴지는 기분 좋음 및 사용의 편리함, 아름다워졌다는 만족감, 감촉을 통한 안정 등이 중요하다. 이와 같은 화장품의 사용감이나 사용의 편리함을 검증하기 위하여 관능 평가법, 물리 · 화학적 평가법, 생리 · 심리적 평가법 등 다방면에서 제품의 평가, 보증이 이루어지고 있다.

5) 환경성(지구 환경을 배려)

화장품의 환경 대응은 상품의 라이프사이클과 환경이라고 하는 관점에서 고려된다. 포장 용기에 있어서는 재활용하는 Recycle(리사이클), 재이용하는 Reuse(리유스), 사용을 줄이는 Reduce(리듀스)와 리필 타입 등 3R 시책이 이루어지고 있다. 또한, 원료, 용기, 제조의 CO_2 삭감이나 에너지 절약 · 자원 절약에 대한 대처도 이루어지고 있다. 그뿐만 아니라 환경 부담이 적은 원료 개발도 중요해졌다.

1.3 맞춤형화장품 안전성

화장품은 의약품처럼 용법 · 용량이 지정되어 있지 않고 개인이 자유롭게 선택하여 사용하는 것으로서 마음에 드는 화장품은 몇십 년이나 장기간 사용되기 때문에 안전하게 사용 가능하여야 함이 전제가 된다.

안전성이란 '위험이나 위기로부터 벗어나는 것'이라고 정의되는데 절대적인 '안전'은 존재하지 않는다. 피부에 안전하다고 느껴지는 '물'일지라도 뜨거운 목욕물에 장시간 몸을 담그고 있으면 피부가 불어나고 붉어지거나 쭈글쭈글해지며 그 후에는 건조해진다. 또한, 물이 오염되었다면 가려움이나 자극을 야기하게 된다. 이와 같이 모든 물질은 조건에 따라서 생체에 악영향을 미칠 수 있다.

1.3.1 화장품의 안전성

화장품은 건강한 사람의 피부에 반복하여 장기적으로 사용되기 때문에 의약품처럼 치료라고 하는 유효성과 부작용이라는 위험의 밸런스를 가치로 하는 것이 아니라, 절대적인 안전성이 확보되어야만 한다.

화장품은 불특정 다수의 사람들에게 사용되며 그 사용 방법이 기본적으로 사용자에게 맡겨지는 것을 전제로 하기 때문에, 모든 가능성을 고려한 안전성의 확보가 가장 바람직하다.

화장품의 안전성은 '특정한 사용 조건하에서'라고 하는 가능성을 고려하여야 한다. 피부에 바른 채로 하룻밤을 보내는 크림과 사용 후 씻거나 닦아내는 클렌징크림은 사용 조건이 다르므로 배합 가능한 원료도 달라진다. 세안제나 샴푸, 바디샴푸와 같은 세정제는 더러움을 씻어내기 위하여 세정 성분이 있는 계면활성제가 배합된다. 더러움을 씻어내기 위해서는 세정력이 강한 종류를 많이 넣을수록 잘 씻어지겠지만, 피부를 자극하고 피부에 필요한 성분까지 씻어내고 만다.

또한, 화장품은 사용 개시 후부터 사용을 마칠 때까지 수개월 혹은 그 이상 길게 사용한다. 따라서 사용 중에도 품질을 유지할 수 있도록 보존 설계가 이루어진다. 무방부제를 강조한 상품도 판매되고 있으나 상품 제조 시의 오염(1차 오염)과 소비자가 사용할 때 발생하는 오염(2차 오염)의 양면에서 충분히 검토하여 사용 조건하에서 오염되지 않도록 하는 보존 설계가 중요하다.

안전한 것은 안심할 수 있으나, 안심할 수 있는 것이 반드시 안전한 것은 아니다. 예를 들어서 천연화장품은 안심의 이미지의 대표적인 예이지만, 자연의 대명사인 식물 성분 중에는 피부에서 알레르기 반응을 야기하거나 일광을 받으면 독성을 지니는 성분이 들어 있는 경우도 있다. 따라서 합성, 천연 원료 모두 안전성을 면밀히 평가, 확인하고 사용하는 것이 중요하다.

1.3.2 화장품의 원료

과거 화장품의 원료는 의약품과 비교하여 비교적 인체 위해성 차원에서 상대적으로 안전하다고 인지되어 왔으나, 최근 들어 새로운 기능을 찾거나 피부의 생리적 메커니즘에 맞는 화장품의 원료가 개발되면서 인체 생리에 영향을 줄 가능성이 증가하였다. 또한, 화장품의 장기간 사용에 의한 인체 위해성 증가와 더불어 환경오염에 따른 자외선의 증가 등으로 피부 자체 및 피부를 통한 전신의 독성이 일어날 수 있는 가능성이 점차 증가하고 있다.

특히 기능성화장품의 경우 세포 내의 생리적 · 화학적 변화를 유도하여 활성을 나타내고 사용 빈도가 일반 화장품에 비해 늘어날 것으로 생각되기 때문에, 기능성화장품의 경우는 안전성 문제를 더욱 신경 써야 할 것으로 판단된다.

화장품의 원료 중에는 산, 알칼리 등과 같은 자극성이 있는 원료가 포함되며, 배합량이나 배합비 등에 따라 자극이 생기는 것이 있다. 또, 계면활성 작용에 의해 단백질 변성, 탈지 등 피부에 대해 유해작용을 나타내는 경우도 있다.

TIP 신중하게 취급해야 할 맞춤형화장품의 원료

- 보존제
- 산화방지제
- 금속 봉쇄제
- 자외선 흡수제
- 타르계 색소

안전성을 고려한 제품에도 사용 방법, 사용량, 함께 존재하는 성분, 온도, 습도, 계절, 자외선 사용 대책, 사용 빈도 등에 따라 피부에서의 작용이 다르다. 그 때문에 단순히 내용물만이 아니라 사용 실태까지 고려하여 안전성을 평가해야 한다.

화장품 원료의 안전성은 단회 투여 독성시험, 1차 피부 자극시험, 안점막 자극 또는 기타 점막 자극시험, 피부 감작성 시험, 광독성 및 광감작성 시험, 인체 사용성 시험 등을 통하여 평가된다.

[표 4-3] 맞춤형화장품 안전성 평가 항목과 내용

안전성 항목	내용
급성 독성시험	화장품을 잘못하여 먹었을 때 위험성을 예측하기 위해, 동물에 1회 투여했을 때 LD50값을 산출한다.
피부 1차 자극성 시험	피부에 1회 투여했을 때 자극성을 평가하는 것이다.
연속 피부 자극성 시험	피부에 반복투여 했을 때의 자극성을 평가하는 시험으로 1차 자극에서는 나타나지 않는 약한 자극이 누적되어 자극을 발생할 가능성을 예측하는 것으로, 동물에 2주간 반복 투여하는 방법이 실행된다.
감작성 시험	피부에 투여했을 때의 접촉 감작(allergy)성을 검출하는 방법이다.
광독성 시험	피부상의 피시험 물질이 자외선에 의해 생기는 자극성을 검출하기 위해 UV램프를 조사하여 시험한다.
광감작성 시험	피부상의 피시험물질이 자외선에 폭로되었을 때 생기는 접촉감작성을 검출하는 방법으로 감작성 시험에 광조사가 가해지는 것이다.
안자극성 시험	화장품이 눈에 들어갔을 때의 위험성을 예측하기 위해 동물시험이나 동물 대체 시험으로 단백질 구조 변화 시험 등이 실행된다.
변이원성 시험	유전독성을 평가하기 위해 돌연변이나 염색체 이상을 유발하는 지를 조사하는 방법으로 세균, 배양세포 마우스를 이용하여 실행하는 시험이다.
인체 패치테스트	인체에 대한 피부 자극성이나 감작성을 평가하는 시험으로 통상 등 부위나 팔 안쪽에 폐쇄 첩포하여 실행한다.

경우에 따라 광독성이나 광감작성 시험이 생략되기도 하지만, 급성독성, 안자극성, 인체 패치테스트는 필수적이다. 이들 9항목 이외에도 급성 독성시험, 만성 독성시험, 생식 독성시험, 흡수, 분포, 대사, 배설 등의 시험을 실시하기도 한다. 자외선 차단제나 타르색소, 보존제 등은 비교적 독성이 강한 물질들이기 때문에 발암성을 일으킬 수 있는지를 확인해야 한다.

한편, 안전성 평가를 위한 동물 시험법의 경우 유럽에서는 2004년부터 동물시험이 금지되었다. 동물시험 대체법으로 3R의 개념이 일반적으로 받아들여지고 있다.

동물을 이용하지 않는 방법(Replacement), 이용하는 동물 수의 삭감(Reduction), 동물이 받는 고통의 경감(Refinement)이다.

1.4 맞춤형화장품 유효성

의료계에서는 최근 질환의 치료·연명을 제일로 삼는 생존 기간에 편중된 시각에 대한 반성으로서 사회적인 생활의 질: quality of life(QOL) 중시의 의료가 도입되게 되었다. 환자의 사회성 향상을 목적으로 한 '화장요법' 시험 등도 그 일환이다. QOL은 건강한 사람에게 있어서도 기쁨이 넘치고 심신 모두 풍요로운 인생을 보내고 있는가가 중대 관심사이다. 미국암협회(The American Cancer Society)와 미국화장품공업회(현PCPC)는 "Look Good Feel Better"라고 하는 캠페인을 실시하다. 암환자에게 메이크업을 해줌으로써 환자의 의욕이 향상되고 화학요법이나 방사선 치료로 인한 부작용이 경감된 사례가 있었다. 의사, 약사, 간호사 등은 의료 종사자(health provider)이며, 건강관련 QOL(health-related QOL)의 향상에 기여하는 직종이다. 앞으로의 고령 장수 사회 속에서 화장품이나 화장 행위는 케어로서의 유용성에 대한 사회적 인지가 더욱 고조될 것이다. 이때 화장품에 관련된 직업인은 미와 건강에 공헌하는 health & beauty provider가 되어 health & beauty-related QOL의 향상에 기여하게 될 것이다. WHO는 건강의 정의를 반하여 QOL의 개념을 "개인이 생활하는 문화나 사회적 틀을 배경으로 한 개인의 기준, 기대, 인식을 통한 자기 자신의 인생에 대한 평가"라고 하며, "개인의 삶의 위치에 대한 인식은 그들이 살고 있는 문화와 가치 시스템의 맥락에서 그리고 그들의 목표, 기대, 표준과 우려와 관련되어 있다.: An individual's perception of their position in life in the context of the culture and value systems in which they live, and in relation to their goals, expectations, standards and concerns."라고 정의하였다.

1.4.1 유효성의 기반과 본질

화장 행위의 사회적인 유효성은 QOL(Quality of Life) 향상에 기여하는 것이다. 시간의 흐름에 따른 시대의 변화에 대응한 유행이나 매력, 그 시기에 강조되는 개성 등이 유용성으로서 화장품에 요구된다. 그러나 중요한 것은 유효성의 기반으로서 구축하여 온 안전성, 안정성, 사용성과 같은 화장품 과학의 기초이다. 그것을 토대로 화장품의 새로운 유효성이 창출되는 것이다.

현대에는 제품에 문제가 있을 경우 법적인 규제에 따라 책임을 져야 하기 때문에 이런 느린 대응은 허용되지 않으며, 이것 또한 시대의 흐름, 안전성에 대한 의식의 차이에 의한 것이다. 현대에는 항상 현시점에서의 최신 안전성 지견 데이터를 관리함으로써 타당한 안전성 판단 기준의 계속적인 갱신을 요구받는다. 그것이 화장품을 비롯한 현대의 PL(제조물 책임)법의 논리이다.

안심이란 화장품의 건강 리스크에 대하여 고객이 걱정하지 않아도 되는 환경을 마련하는 것이다. 그 후에 내용물에도 용기에도, 그리고 관련 생활 공간에 대해서도 위화감을 느끼지 않고 납득할 수 있는 사용감을 느끼며 화장품을 다 사용한 후에 비로소 품질보증이 고객 만족을 보증하게 된다.

1.4.2 화장품의 유효성

소비자는 무엇보다도 제품의 유효성에 관심이 높을 것이다. 세정 효과나 보습 효과, 자외선 차단 효과, 미백 효과, 육모나 양모, 피부 거칠음 개선 효과, 체취 방지 효과 등 소비자의 기대를 충분히 만족시키는 상품인지의 여부가 중요할 것이다.

화장품의 품질 특성에 있어 1980년대 들어 안전성과 함께 유용성을 중시하는 시대가 되었고 생명과학을 기반으로 한 바이오테크놀러지에 의한 신원료, 신약제의 개발이나 정밀화학에 의한 신소재의 개발로 유용성이 높은 기능성화장품의 개발이 이루어지고 있다.

- 생리학적 유효성: 거친 피부 개선(보습), 주름 개선, 미백, 탈모 방지 등
- 물리화학적 유효성: 자외선 차단, 메이크업에 의한 기미, 주근깨 커버 효과, 체취 방지, 갈라진 모발의 개선 효과 등
- 심리학적 유효성: 향기요법, 메이크업의 색채 심리 효과 등

화장품은 생활용품이지만 기호품이기도 하다. 화장품의 기호성에는 색, 냄새, 감촉이라는 관능적인 인자가 주체이다.

1.4.3 유효성과 평가법

화장품은 사람의 마음에 어떻게 비추어지고 인식되는가 하는 사회적 평가가 중시되지만 화장품 과학의 기본은 실증적인 접근, 객관적 평가로 이루어져야 한다. EBC(evidence based cosmetics)라고 하는 객관적 데이터로 이야기할 수 있는 상품 평가 방법론의 가치는 조금도 저하되지 않는다. 유효성에서도 실증적, 객관적 평가에 대한 데이터가 요구된다. 품질보증 역시 마찬가지로 객관화가 요구된다. 이러한 기본적 접근이 EBC이며, 객관적으로 데이터 비교가 가능한 평가법이 화장품 개발 기술의 진보에 발맞추어 발전하고 있다.

화장품의 사용성 평가는 종래부터 관능시험에 의해 평가되고 있는데, 사용자의 연령, 체질, 피부 타입 등의 차이와 그 밖에 개인적인 기호성이 있기 때문에 사용성 시험에 있어서 100% 만족을 주는 것은 불가능하다. 종래의 사용성 시험은 전문가 패널(panel)에 의한 관능 평가 시험이나 소비자 패널(panel)에 의한 기호 테스트를 사용했지만 최근에는 기기의 개발에 의해 계측화의 연구가 대부분 행해지고 있다. 하지만 기기에 의한 계측만으로는 만족한 평가를 할 수는 없다.

TIP 화장품의 유효성에 있어서 주요한 품질 평가의 항목

- 사용감: 퍼짐성, 부착성, 피복성, 지속성
- 냄새: 형상, 성질, 강도, 보유성
- 색: 색조, 채도, 명도

1.5 맞춤형화장품 안정성

화장품의 내용물이 변색, 변취와 같은 화학적 변화나 미생물의 오염, 그리고 분리, 침전, 응집, 부러짐, 굳음과 같은 물리적 변화로 인하여 사용성이나 미관이 손상되지 않도록 화장품의 온도안정 시험, 광 안정성 시험, 특수 · 가혹 보존 시험, 부외품 약제의 안정성 시험 등 다양한 안정성 시험을 통하여 검증하고 있다.

1.5.1 화장품에 요구되는 품질

2005년 4월의 약사법 개정 이래, 기업 제조 책임이 클로즈업되면서 품질보증에 관한 기업 윤리나 책임의 방식이 한층 더 중시되었다.

1) 기능성이 뛰어날 것

화장품에 다양한 유용성이 요구되는 시대로 변화하면서 제품별의 유용성이 중시되었다. 예를 들어서 크림은 보습 기능, 클렌징은 피부 세정 효과, 파운데이션은 메이크업 효과라고 하는 등 목적에 따른 충분한 기능을 갖추어야 하며, 그 기능을 실감할 수 있는 것이 요구되고 있다.

2) 시각, 촉각, 후각(기호성, 사용성)에 작용 가능할 것

화장품의 인간이 지닌 오감 중에서도 시각, 촉각, 후각에 작용함으로써 사용자에게 생리작용, 심리작용, 물리작용의 효과를 발휘한다. 다시 말해 내용물이 들어 있는 용기의 디자인, 내용물의 색, 향, 사용 감촉 등이 복합적으로 화장품의 품질을 유지하는 것이다.

3) 안전성 확보가 가능할 것

앞서 설명한 1)이나 2)는 화장품으로서 필요한 품질이지만 인체에 대한 안전성 역시 중요한 품질 중 한 가지이다. 화장품은 인체에 사용하는 것일 뿐 아니라 고객이 자유롭게 장기간 연속하여 사용하는 것이기도 하므로 안전과 무해성이 필요 불가결하다.

1.5.2 품질의 안정성

화장품의 안정성은 '제조 직후부터 고객이 제품을 다 사용할 때까지 앞서 설명한 품질[1) 기능성, 2) 시각, 촉각, 후각(기호성, 사용성), 3) 안전성 등]의 변질 없이 유지되는 것'이 중요하며 그 때문에 품질보증이 중요하다. 앞서 설명한 1)~3)의 품질에 크게 관계하는 기제 및 의약외품 약제의 안정성에 대한 설명과 안정성 확보에 필요한 품질의 항목에 대한 내용은 다음과 같다.

1) 시간의 변화에 따른 품질 변화와 안정성 평가법

화장품 사용을 통한 기능을 유지하기 위하여, 그리고 고객으로부터의 신뢰를 얻기 위해서는 품질에 큰 영향을 미치는 내용물에 화학적 물리적 열화가 발생하지 않는 것이 불가결하다.

이 현상들은 내용 성분이나 그 처방 구성에 따라 배합되는 원료의 열화로부터 야기되는 경우, 각 성분들이 서로 반응하여 일어나는 경우, 용해성으로 인하여 발생하는 경우 등 발생 정도나 종류가 다르다. 또한, 용기 재질이나 구조, 온도, 습도, 열, 운송 조건, 고객의 사용 상황 등에 의해서도 다양하게 변화한다. 그 어느 것도 이러한 열화와 기능성을 비롯한 사용성에 큰 영향을 미치며 상품 가치도 저하시킴으로써 고객의 신뢰를 등지는 것이 되는 동시에 이미지 손실로도 이어져서 극단적인 경우에는 기업의 존망에까지 관계된다. 따라서 기업으로서는 이들 제품의 특성을 정확히 파악하여 각각의 제품에 적합한 평가법을 적용함으로써 품질이 어떻게 변화할지를 사전에 예측하여 안전성 확보에 힘써야 한다. 한편, 발매 전에 3~5년 동안 품질 안정성을 확인하는 것은 곤란하기 때문에 경시 안정성을 사전에 단기적으로 평가하기 위하여 가속조건(가혹)에서의 평가법 검토도 중요하다.

2) 일반적인 안정성 평가 시험법

아래 범용되는 평가법에 대해 설명하였고 이와 같은 시험법을 실시할 때에는 실제 시장과 동일한 용기 재질에서 보존하는 것이 중요하다. 또한, 다양한 조건하에서 고객이 사용할 경우를 상정한 안정성 확인이 필요하다. (1)~(8)에 그 일례를 기재하였는데 각각 시험을 수행한 후 아래 ①이나 ②와 같은 관찰이나 분석법을 이용하여 평가를 수행하고 안정성을 확인한다.

① 화학적 열화 및 물리적 열화 등에 대한 외적 관찰
② 분석법: pH, 경도계, 점도계, 적외선 분광(IR), 핵자기공명(NMR), 박층 크로마토그래피, 가스 크로마토그래프, 액체 크로마토그래프, X형 회절, 형광 X선, 주사형 전자현미경, 열분석, 수분량 측정, 원심분리기 등

(1) 온도 안정성 시험 [가속시험(온 · 습도 제어), 사이클 온도 시험을 포함]

화장품을 소정의 온도 조건에 방치하여 시간에 따른 시료의 화학적 변화나 물리적 변화에 대하여 관찰, 측정한다.

(2) 광 안정성 시험

점두에 진열된 화장품에는 태양광이나 형광등과 같은 빛에 노출되는 경우가 많으므로 차광된 상자 속에 화장품 용기가 들어 있는 경우를 제외하고 반드시 광 안정성을 보증하지 않으면 안 된다.

(3) 기능성 확인 시험

광 안정성 시험을 통하여 화장품이 지닌 기능이 변화하지 않는가의 여부 확인도 중요하다. 기초화장품에 있어서는 발림이나 세정력 등을, 의약외품에 있어서는 유효성을, 메이크업 화장품에 있어서는 커버력이나 지속성, 광택 등을 확인할 필요가 있다. 그리고 모발용 화장품에서는 모발 물성에 대한 영향을 확인할 필요가 있을 것이다.

(4) 용기의 영향에 대하여

용기와 내용물의 상용성에 따라서는 용기 내면으로 배합 원료의 흡착이나 투과, 내면 재질의 표면 활성으로 인한 분해, 내용물로 인한 용기 변형 등이 발생하는 것이 알려져 있다. 특히 의약외품 약제의 경우 뒤에 설명할 '40℃(±1℃) 75% RH(±5%)의 보존 조건에서 6개월 가속시험을 하였을 때에 함량이 90% 이상을 보존'하는 것이 곤란해지기 때문에 반드시 확인하여 둘 필요가 있다.

(5) 에어로졸 제품의 안정성 시험

에어로졸 제품은 처방계(원액)만으로 된 화장품과는 달리 원액과 분사제로 이루어진다. 확인할 항목으로서는 법 규제상 제한되는 내압 변화나 인화성은 물론,

① 노즐 막힘,

② 거품의 질 변화,

③ 캔 부식 등의 트러블을 미연에 방지하기 위하여 에어로졸 용기의 버블 구조나 재질과 원액이나 분사제와의 관계도 충분히 시험할 필요가 있다. 다시 말해 에어로졸 제품의 안정성은 액화가스나 압축가스와 원액, 용기의 상용성이나 사용 시의 분사 상태의 변화 등 원액뿐 아니라 최종품에 대해서도 확인할 필요가 있다.

(6) 특수 · 가혹 보존 시험

앞부분에서도 설명하였는데 화장품은 제조 직후부터 고객이 제품을 다 사용할 때까지 변질하지 않고 본 상태가 유지되는 것이 품질의 최대 조건이다. 그러나 3~5년의 품

질 안정성을 실제로 확인하는 것은 곤란하기 때문에 경시 안정성을 사전에 단시간에 평가하기 위한 가속 조건(가혹)에서의 평가법이 다양하게 창작되고 실시되게 되었다. 이 가속 시험은 온도나 진동과 같은 에너지 변화를 아주 짧은 시간으로 농축한 형태로서 시료에 부하를 가하여 화장품의 물리적 화학적 변화를 관측하는 것이다. 아래에 대표적인 시험법을 기재하였다.

① 원심분리법
② 진동법(트럭이나 선박 등 운송 과정 중의 진동으로 인한 영향을 예측하는 방법)
③ 사용 시험(사용 시의 상황을 재현하여 품질 열화를 예측하는 방법)
④ 낙하법(사용 시 잘못하여 떨어뜨렸을 때의 영향을 예측하는 방법)
⑤ 하중법(립스틱, 펜슬, 스틱 타입 화장품의 부러짐 강도를 예측하는 방법)
⑥ 마찰법(네일 에나멜류의 내구성을 예측하는 방법)

이상으로 각종 가속 시험에 대하여 기재하였는데 예측의 정밀도를 높이기 위하여 실제 사용 장면의 정보를 항상 확인하고 그 일치성을 높이는 것이 중요하다.

(7) 산패에 대한 안정성 시험

화장품이 장기간 공기나 고온에 노출되면 처방 속에 배합된 유지류, 계면활성제 등의 변화의 원인이 된다. 산패취의 발생, 자극 물질 생성, 변색, 증점, 점도 저하, 또는 향료의 변질 등이 발생하기도 한다. 그 때문에 색재를 배합한 메이크업 제품 등은 오븐법(60~65℃), 그 밖에는 용액에 온도를 가하면서 산소를 버블링하는 AOM을 이용한 가속 시험 외에도

① 과산화물가
② 카르보닐화
③ 중량법
④ 흡광도법 등을 통하여 산패도 평가를 수행한다.

(8) 미생물 오염에 대한 안정성 시험

화장품은 일반적으로 기름이나 수분을 주성분으로 하며 추가적으로 당이나 단백질 등도 배합되는 등 식품과 마찬가지로 미생물이 생육하기 쉬운 환경이다. 따라서 미생물 오염으로 인한 산패와 같은 이상한 냄새, 곰팡이 발생으로 인한 외견 변화 등 제품 품질로의 영향이나 병원균으로 인하여 사람에게 위해를 야기하는 경우가 있다.

이들 미생물 오염은 소비자가 사용하는 중에 2차 오염으로 인한 경우가 많으므로 Challenge test나 Inoculum test(CTFA)의 가이드라인을 통하여 보존력 효과를 평가하는 경우가 많다.

TIP 화장품의 화학적, 물리적 변화

- 화학적 변화: 변색, 퇴색, 변취, 오염, 결정 석출 등
- 물리적 변화: 분리, 침전, 응집, 발분, 발한, 겔화, 휘발, 고화, 연화, 균열 등

2

맞 · 춤 · 형 · 화 · 장 · 품 · 의 · 이 · 해

피부 및 모발 생리구조

피부를 통해 건강 상태나 내적인 상태를 평가할 수 있으며, 따라서 피부를 내장의 거울이라고 일컬어져 왔다. 내장이 건강하지 못함이 피부에 드러나는 경우가 많고, 또 반대로 피부의 병이 내장에 영향을 미치는 경우도 있다. 이에 면역 시스템이 더해짐으로써, 인간이라고 하는 생명을 지니고 생체의 생명 유지 기능을 하는 인터페이스의 기초가 형성된다. 피부는 외부로부터의 방어벽 역할과 함께 피부에는 신경계가 있어서 피부와 사람의 마음을 직접적으로 이어 주는 피부 감각이 발달되어 있어 마음의 병과 스트레스는 피부 증상에 영향을 준다.

모발은 언제까지나 지속적으로 생장하는 것이 아니라 보통 각각의 수명이 있어 발모와 탈모가 반복된다. 이러한 과정을 통해 1일에 70~80개 전후의 탈모가 나타나는 것은 생리적이다. 모발은 모모(毛母)의 상피세포가 그 속에 케라틴 섬유를 만들면서 자라는데, 각각 수명이 있어서 발모(發毛)와 탈모(脫毛)가 반복되며, 털이 생장하는 생장기, 생장이 정지하고 모근하단이 입모근 부착부 높이까지 상승하는 중간기 이후 털이 탈락할 때까지의 과정이 순환되며 이것을 모주기(毛週期)라고 부른다. 동물의 종류나 신체 부위에 따라 차이를 보이며 사람의 두발 성장 속도는 1일에 0.2~0.4mm, 모주기는 보통 2~6년이다.

2.1 피부의 생리 구조

피부는 신체를 보호하며 신체에 둘러싸인 하나의 막으로 건강에 중요한 기능의 기관이며 피부 상태는 개인별, 성별, 연령과 특정 신체 부위에 따라서 다르다. 우리 몸의 장

기 중에 가장 넓이가 넓은 장기로, 성인의 경우 평균 1.6m^2(성)~1.8m^2(남성) - 개인 체중의 7~8% (평균 4kg), 10세 어린이의 경우 1.0m^2 정도이다. 피부는 크게 표피(epidermis), 진피(dermis), 피하지방층 (subcutaneous fat tissue)의 3층으로 이루어져 있다. 그밖에 부속기관으로서 모낭, 땀샘, 피지선 등이 있으며, 피부의 일종인 모발, 손발톱이 있다.

뇌와 신경이 신체 내부에 위치하는 것과 달리, 피부는 외부로 노출되어 있는 형태로 기능분화(생체의 각 기관이 서로 다른 기능을 하는 것)를 한 것이다. 피부는 외부 세계와 접하는 인체 최대의 장기이며 간이나 신장, 심장, 뇌처럼 독립 적이고 복잡한 기능을 통하여 생체의 건강을 유지하고 있다. 독립적인 장기로서 자율 적으로 재생을 반복하며 생체 방어 기능을 담당한다. 더불어 생체와 외부 세계와의 인터페이스(정보 전달 기구)로서도 중요한 역할을 한다. 즉 호메오스타시스(항상성) 이상의 기능을 하고 있는 것이다. 피부는 기본적으로 인간이라는 동물의 생명을 보호하는 역할을 하며, 생체 내부와 외부 세계와의 정보 전달의 최전선 기구로서의 기능을 한다.

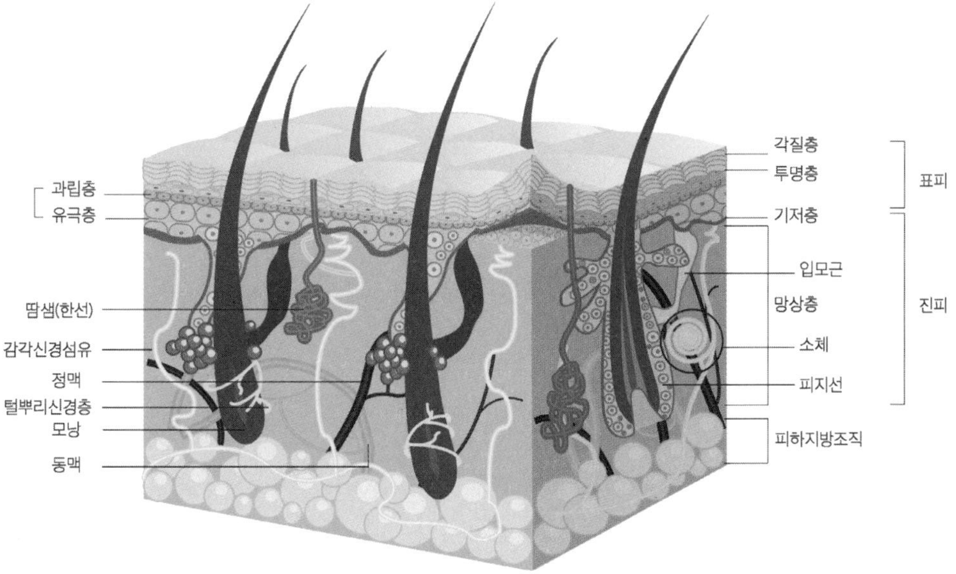

[그림 4-2] 피부의 구조

피부의 역할을 요약하면 아래와 같다.

① 생명 유지를 위해 생체의 가장 바깥층에 위치하는 방어벽으로서의 기본적인 역할
② 체내 장기의 정보를 체표로 반하여 건강 정보를 표현하는 역할
③ 외부의 자극 정보를 감지하여 생체 내로 발신하는 역할
④ 외부의 촉각 정보에 즉각적으로 대응하여 행동을 일으키는 센서의 역할
⑤ 내부의 감정이나 생각의 정보를 체표의 안색이나 표정으로 발신하는 역할
⑥ 체외의 화장 · 미용 정보를 체내, 대외의 쌍방향으로 발신하는 역할

피부는 중층적인 정보를 주고받는 지적(知的)인 장기라고 이해하는 것이 중요하다.

피부는 WHO의 종합적인 건강의 정의에 명시된 바와 같이 신체에 질병이 없으며, 정신적으로도 사회적으로도 안녕한 상태를 구현하기 위하여 자신과 외부 세계와의 인터페이스 기능을 하는 것이다. 한 걸음 더 나아가서 화장품 사용을 통한 피부미용이라고 하는 관점에서 외부 세계와의 인터페이스 역할에 대하여 요약하자면 아래와 같다.

① 건조라는 유해한 환경으로부터 피부를 보호하고 적당한 수분을 유지시키는 방어벽 기능: 보습 기능
② 피지(기름)와 땀(물)이 잘 혼합된 피지막(유화막)을 형성하여 촉촉한 피부를 유지: 유연 기능(emollient 기능)
③ 해로운 자외선을 방어하여 피부의 노화를 방지: 자외선 방어 기능
④ 외부 세계로부터의 이물질 침입을 방지하여 생체를 방어: 면역 기능

2.1.1 표피 (Epidermis)

표피는 피부의 제일 바깥층으로, 편평상피세포가 중첩되어 각화되는 매우 얇은 조직이다. 두께는 사람에 따라, 신체의 부위에 따라 차이가 있지만 대략 0.007~0.12mm의 얇은 조직으로 손바닥과 발바닥은 5층, 그 외의 부위는 4층로 구분된다. 표피의 세포는 각질형성세포(Keratinocyte:말피기세포)와 멜라닌세포(Melanocyte:색소세포) 등의 유기적 결합으로 형성되어 있다.

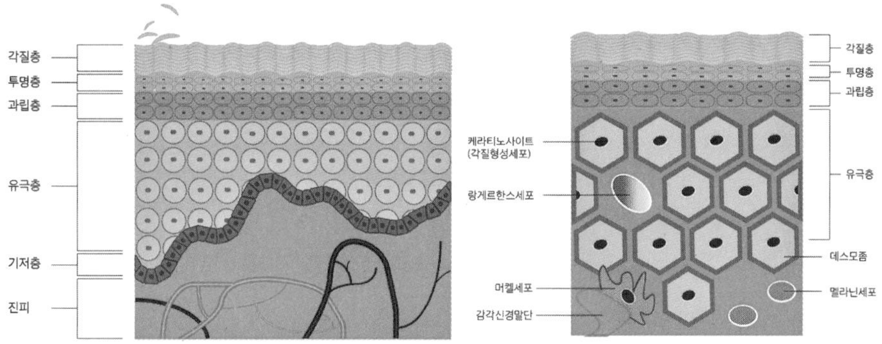

[그림 4-3] 표피의 구조

2.1.2 표피의 특징과 구성세포

표피의 대부분은 각질형성세포(keratinocyte)이며, 그 이외에 멜라닌세포 (melanocyte, 색소세포), 랑게르한스세포(Langerhans cell, 면역세포)로 구성된다. 표피의 최하층에는 끊임없이 새로운 표피세포를 만드는 기저세포가 있으며, 이 표피세포의 분열과 효소 등의 작용을 통한 다양한 분화 과정을 거쳐서 각질층세포가 형성된다. 이것을 표피의 턴 오버(turn over) 주기라고 한다. 정상적인 피부에서는 분열을 시작한 후 각질층이 탈락하기까지의 시간이 팔과 다리, 몸통에서는 1개월 이상이 걸리며 얼굴에서는 약 3주마다 턴 오버가 이루어진다고 한다. 염증성 피부나 피부병의 경우에는 각질화가 정상적으로 이루어지지 못하여 이상각화증세라고 하는 상태에 이르게 되며, 짧은 턴 오버를 되풀이한다.

1) 각질층과 보습작용

건피증, 피부의 거칠어짐 등 각질층은 1μ 두께의 얇은 막상 물질로서 분화 과정에서 생성된 아미노산을 비롯한 요소, 젖산과 같은 천연 보습 인자를 통하여 보습 기능을 발휘한다. 또한, 각질층의 세포간지질(세라마이드, 콜레스테롤, 지방산)은 피부의 방어벽 역할을 하며 수분의 증산이나 아미노산의 유출을 막는 기능을 한다. 각질층은 케라틴이라고 하는 섬유성의 단백질이 벽돌이고 세포간지질이 모르타르에 비유되는 구조(역: bricks and mortar)로 이루어져 있다.

2) 멜라닌세포와 자외선 차단작용

기미, 칙칙함 등 표피의 기저층과 모낭에는 멜라닌세포가 있어서 자외선을 받으면 멜라닌색소를 생산하고 표피세포로 분배하여 자외선으로부터 피부를 보호한다. 과도한 자외선 조사는 색소침착을 유발하여 기미 생성의 원인이 된다. 피부색은 멜라닌, 헤모로빈, 카로틴에 의하여 결정된다. 멜라닌 수는 인종별 차이는 없으나 2종류의 멜라닌의 양에 따라서 피부색이 좌우된다.

3) 랑게르한스세포와 면역작용

아토피성 피부염, 피부의 거칠어짐 등 또한, 골수에서 생산되는 랑게르한스세포는 림프구로 항원 정보를 전달하는 역할을 하여 외부로부터의 이물질이 침입하는 것을 막는다. 그러나 그 반응이 과도해지면 면역계의 피부병(접촉 피부염, 아토피성 피부염)을 야기한다.

4) 흡수작용

화장품 성분의 흡수성과 안전성 피부를 통하여 물질이 흡수되는 경로에는 표피와 모낭 피지선이라는 두 가지 경로가 있다. 각질층은 소수성을 띠므로 호르몬 물질이나 비타민 A, E와 같은 지용성 물질은 잘 흡수되지만 수용성 물질은 흡수가 어렵다. 그 밖에도 분자량, 피부 온도, 각질층의 습윤도, 환경 습도 · 온도 등으로 인하여 물질의 흡수성이 영향을 받는다.

TIP

- 각화 현상: 과립층의 과립세포가 핵이 없어지면서 각질세포로 변할 때 죽은 세포가 되면서 딱딱하게 변하는 현상이다.
- 턴오버 주기: 기저층에서 세포가 만들어져서 각질층까지 올라왔다가 피부를 보호하고 난 뒤 떨어져 나가는 과정이다. 기저층에서 각질층까지 올라오는 데 걸리는 시간 10~14일, 떨어져 나가는 데까지 걸리는 시간 14일, 신진대사 주기: 28 (+ - 2,3일)로 신진대사가 저하되면 각질의 탈락 주기도 느려진다.

2.1.3 피부의 기능

피부는 외곽층에서부터 안쪽으로 설명하면 다음과 같은 세 가지의 중요한 조직으로 이루어져 있다. 상피조직인 표피, 결합 조직인 진피, 그리고 지방 조직인 피하지방이다. 이 중 진피와 피하지방은 감각신경, 피부 탄력, 체온 조절, 쿠션의 역할을 하고 있는데, 생체의 방위 기관으로서의 기능을 담당하고 있는 것은 바로 표피 중에서도 가장 표면에 있는 20μ(1μ은 1,000분의 1㎜)의 두께밖에 되지 않는 각질층이다.

1) 보습작용

각질층 속에 있는 수용성 천연 보습인자(아미노산, 피로리돈카르본산, 젖산염, 요소 등)는 보습 능력이 있어서 촉촉하고 유연한 피부를 유지하게 한다. 또한, 각질층 속의 세포간지질은 수분의 증발이나 아미노산의 유출을 방지하는 방어벽 기능을 한다. 이와 같은 보습 능력과 방어 기능은 표피의 정상적인 각화작용을 통하여 유지된다.

2) 자외선 차단작용

표피 내의 멜라닌세포에서 생산되는 멜라닌은 자외선을 차단하는 역할을 한다. 피부가 자외선의 영향을 받으면 멜라닌세포의 수를 증가시켜서 멜라닌 합성을 촉진하여 방어 능력을 높인다. 또한, 각질층 속의 우로카닌산도 천연 자외선 흡수제로서의 기능을 한다.

3) 항산화작용

피부는 산소, 자외선, 화학물질 등의 원인으로 말미암은 활성산소 · 프리래디컬(쌍을 이루어야 하는 전자가 쌍을 이루지 못하고 있는 상태의 불안정한 원자나 분자로서, 언제나 주위 물질과 반응하여 안정한 상태가 되고자 하므로 주위 물질을 불안정하게 하여 반응성을 높인다. 자외선에 의해 표피에서 생산되는 프리래디컬에는 하이드록시래디컬, 과산화물음이온 등이 있다)의 위험에 노출된다. 그 결과 피지의 과잉 산화와 같은 피부 반응이 유발된다. 그러나 피부에는 이들 활성산소 · 프리래디컬을 제거하는 효소 · 비효소계의 항산화 성분이 존재하여 항산화 기능을 발휘한다.

4) 면역작용

면역에는 선천적으로 구비된 선천성 면역계와 생활하면서 만들어지는 적응성 면역계가 있다. 곤충 이상의 동물에서는 피부를 구성하는 각질형성세포, 멜라닌세포, 랑게르한스세포(표피 내에 산재하는 항원 제시 세포로써 림프구를 통하여 면역 반응을 일으키는 일을 하며 다른 수상세포에는 없는 독특한 Birbeck 과립을 갖는 미성숙한 수상세포이다), 섬유아세포, 그리고 멜라닌세포의 세포막에는 제1선의 자연 면역 기능을 하는 Toll 유사 수용체가 있어서 침입한 다양한 미생물의 구성 성분이나 방출 물질을 인지하면 염증성 사이토카인을 분비하여 염증을 일으킴으로써 미생물을 제거한다.

5) 체온조절작용

피부 모세혈관의 확장, 수축으로 피부 혈류량을 조절하거나 발한을 통한 기화열을 이용하여 체온을 조절한다. 또한, 피부는 그 자체가 신체의 열이 발산되는 것을 방지하고 외부 세계의 온도 변화가 신체 내부로 전해지지 않도록 한다. 그 밖에 외부의 충격으로부터 몸을 보호하는 물리 화학적 방어작용, 감각작용, 흡수작용을 한다.

신체의 정상 체온은 36.5℃로서 항상 일정하게 유지된다. 체온의 유지를 위해 기름샘과 땀샘, 저장지방, 림프관 및 혈관 등의 각기 역할을 한다. 피부의 외부 온도가 달라져도 신체는 정상 체온을 유지하고자 한다. 외부 온도가 높아지면 진피에 있는 온각이 반응을 보이고 이를 통해 피부 표면이 늘어나며 모공과 땀구멍이 넓게 벌어진다.

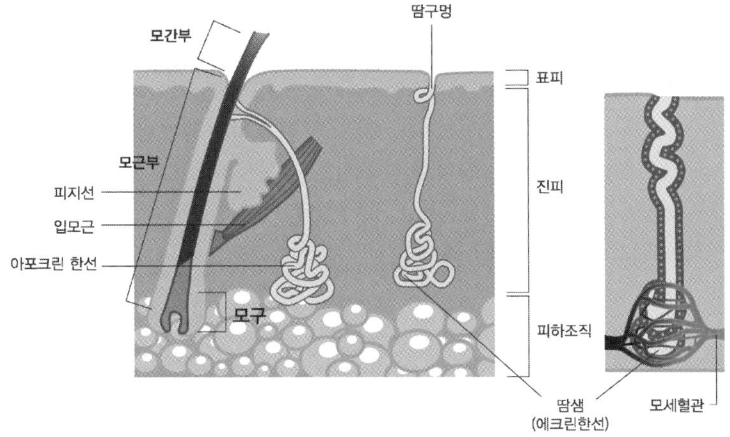

[그림 4-4] 땀샘의 구조

6) 피부의 호흡작용

피부 호흡이라고 하는 말은 피부를 통해 산소나 이산화탄소와 같은 작은 분자의 투과는 이론적으로는 가능하지만, 피부 표면에는 물질 투과의 장벽인 각질층과 여러 겹의 세포층으로 구성된 표피 조직이 있으며, 그 아래에 진피의 결합 조직으로 둘러싸인 모세혈관이 위치하는 까닭에 마치 폐포상피처럼 내강과 모세혈관 간의 비교적 자유로운 가스 교환으로 신체 조직의 기능을 돕는 호흡작용은 기대할 수 없다. 실제로 장시간의 입욕이나 수영으로 물속에 들어가 있더라도 입으로 호흡을 할 수 있는 한 고통스럽지 않다.

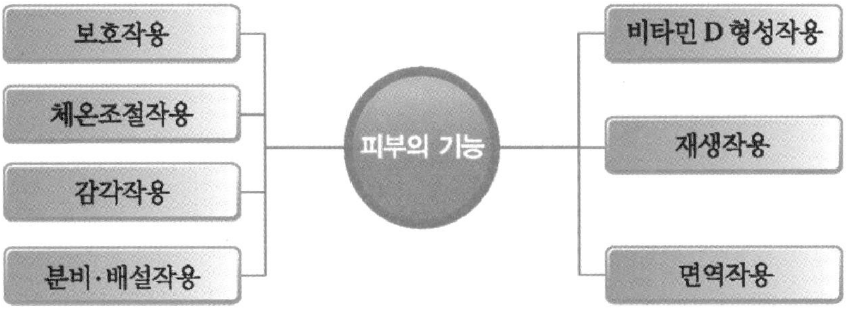

[그림 4-5] 피부의 기능

TIP	피부의 구조와 기능

① 피부는 생체 중에서 가장 바깥층에 위치하는 장기이자 최대의 장기이다.
② 방어벽 기능, 자외선 차단 기능, 면역 기능, 체온조절 등을 하는 생체 방어기관이다.
③ 피부는 바깥에서부터 크게 표피, 진피, 피하 조직으로 구성된다.
④ 그밖에 부속기관으로서 모낭, 땀샘, 피지선 등이 있다.
⑤ 피부의 일종인 모발, 손발톱이 있다.

2.1.4 진피(Dermis, Cutis, Corium)

진피는 표피와 피하지방층 사이에 위치하고 불규칙성 치밀섬유 결합 조직이다. 두께는 약 0.5~4mm 정도로 표피보다 20~40배 정도 더 두꺼우며 피부의 주체를 이룬다. 피부 조직 외에도 부속기관인 혈관, 신경관, 림프관, 땀샘, 기름샘, 모발과 입모근을 포함한다. 진피의 조직은 교원섬유(collagen fiber), 탄력섬유(elastic fiber)의 두 가지 섬유와 섬유아세포(fibrobrast), 비만세포(mast cell), 대식세포(macrophage) 등으로 구성되어 있다. 진피의 역할은 결합 조직들의 강인성으로 피부를 지지하며 우리 신체의 탄력적 균형 유지와 피부의 윤기 및 긴장도를 유지하는데 중요한 역할을 한다. 또한, 진피에 속해 있는 기관들은 피부의 영양 공급, 노폐물 배설, 감각, 분비 등 피부의 중요한 기능을 맡고 있다. 많은 세포로 구성되어 있고 각화 과정에 의해 세포 모양이 변하는 표피에 비해 진피에는 세포가 많지 않으며 모양도 변하지 않는다. 진피가 손상된다면 재생은 불가능하며 흉터가 남게 된다. 구조상 진피는 윗부분에 위치한 유두층과 아랫부분에 위치한 망상층으로 구분된다.

① 진피는 콜라겐(교원섬유)과 엘라스틴(탄성섬유)이 서로 얽혀 있고 그 사이를 산성 뮤코다당(히알루론산 등을 주성분으로 하는 리코사미노리칸)이라고 하는 수분을 많이 함유하는 물질이 채우고 있는 구조를 하고 있으며, 이를 통해 피부에 탄력이 생긴다.

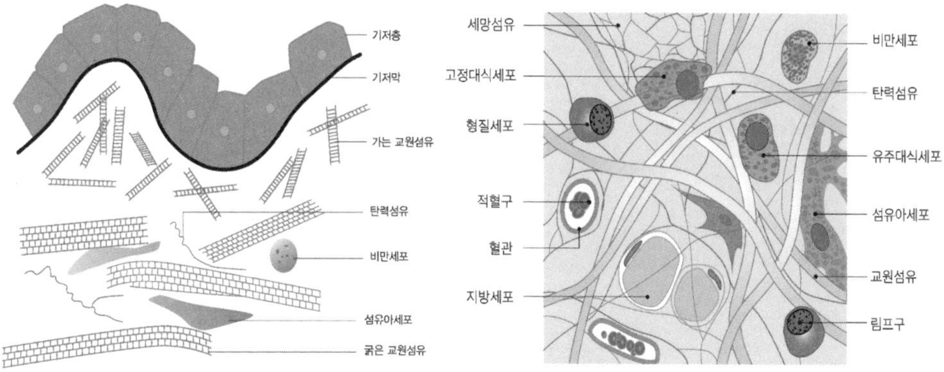

[그림 4-6] 진피의 구조와 구성 세포

② 노화나 자외선으로 인하여 이들 구조가 변성되면 미용상으로 주름이나 피부 처짐의 원인이 된다.

③ 진피의 세포외 바탕질에는 상기의 섬유 성분과 뮤코다당을 합성하는 섬유아세포뿐만 아니라 혈관, 신경 등도 존재한다. 진피 감각으로는 압각, 촉각, 온도 감각, 통각이 있으며 진피의 감각신경종말이 관여하고 있다. 특히 촉각은 화장품 사용감 측면에서 중요한 요소이다. 또한, 알레르기 반응을 유발하는 히스타민과 세로토닌을 생산하는 비만세포도 존재한다.

2.1.5 부속기관

1) 모기관

육모, 퍼머넌트웨이브, 염색 모주기(헤어 사이클)에 따라서 반복적으로 체모를 재생함으로써 건강한 모발을 유지하며 탈모 등과도 관련된 중요한 기관이다. 체모의 구조, 헤어 사이클, 모발의 색 등 자세한 내용은 체모의 생리와 구조, 모발 손상 등은 모발의 생리 구조를 참고하기 바란다.

2) 피지선

피지선은 여드름 모낭의 상부에 열려 있는 조직으로서 피지를 분비하여 피지막을 형성하고, 피부를 유연하게 하는 효과가 있다. 피지막은 약산성으로 염기성 물질의 자극을 완화시키는 염기성 중화 능력이 있다. 그러나 피지가 과도하게 분비되면 오히려 여드름의 원인이 된다.

3) 땀샘

분비 · 배설과 체온조절 작용 땀샘에는 아포크린샘과 에크린샘이 있다. 아포크린샘은 겨드랑이, 외음부 등에 있으며 모낭 상부로 연결되어 액취를 초래한다. 에크린샘은 전신에 분포하며 땀을 배설하는 동시에 체온조절을 수행한다.

2.1.6 입술의 생리

입술은 피부와 점막의 이행부에 위치하는 부위이기 때문에 다른 피부와는 다른 성질을 지닌다. 2종류(표피각화 및 점막형)의 중층편평상피로 구성되어 있으며, 이 상피의 분포 상태나 각질화 상태에 따라서 입술의 성상이 결정되는 것이라고 여겨지고 있다. 표피는 두터워도 각질층 자체는 다른 피부에 비해 얇고 불완전한 각질화세포가 많기 때문에 각질층으로부터의 수분 증발이 매우 많은 까닭에 외부 환경으로부터 자신을 방어하는 구조가 약하다.

1) 입술의 구조

입술은 안면부의 중앙에 위치하며 윗입술은 코 입술 고랑(팔자주름)을, 아랫입술은 턱끝 혀 고랑을 경계로 하고 있다. 입술은 점막, 홍순(다양한 이름이 있음), 피부로 나뉜다. 일반적으로 '입술'이라고 하는 부위는 '홍순'으로서 색이 붉은 것이 특징이다. 이 홍순(이하에서 입술은 홍순을 의미)은 피부와 뚜렷한 경계를 이루지만 점막과의 경계는 뚜렷하지 않다.

2) 입술의 특징

입술은 멜라닌이 매우 적거나 없으므로 자외선 방어 능력 역시 낮을 것이며, 따라서 입술은 피부에 비하여 매우 연약한 부위이다. 한편, 턴 오버는 3~4일로 빠르며 짧은 주기로 세포가 재생되기 때문에 자기 회복 능력이 뛰어난 부위이다.

입술이 거칠어지는 증상은 까칠까칠하며 하얗게 건조되고 딱딱해지는 것이다. 또한, 심해지면 균열이 발생하거나 피부가 벗겨지는 증상도 관찰된다. 트는 부위는 윗입술보다도 아랫입술이 더 잘 트며, 특히 아랫입술 중 점막과의 경계 부위가 매우 트기 쉽다. 이 부위의 피부가 크게 벗겨지는 것도 입술이 트는 증상의 특징이다. 입술이 트는 시기는 기온, 습도가 낮은 겨울철, 자외선 양이 많은 여름철, 환절기 등으로 일 년 내내 입술이 트기 쉬운데 특히 겨울철에는 트는 발생 빈도가 증가하거나 증상이 악화되는 경우가 많다.

입술이 트는 원인으로는 주로

① 외부 환경(기온, 습도, 자외선)

② 화학적 자극(립스틱, 치약 등)

③ 물리적 자극(흡연, 식사 등)

④ 몸 상태(감기, 위장질환 등)가 고려된다.

입술이 트는 데 대한 대처 방안으로는 립크림으로 유분을 공급하여 각질층으로부터의 수분 증발을 억제하는 방법이 일반적이다. 또한, 화장품 속에 보습 성분을 배합하는 등, 보습이라고 하는 관점으로 접근한 화장품도 많이 개발되고 있다. 최근에는 입술이 트는 데에 따른 낙설 조절효소 활성의 변동에 대한 검사에 의해 튼 입술에서는 각질 최외층에서의 낙설이 잘 이루어지지 않는 것이 밝혀졌다. 이러한 입술의 트는 것에 대해서는 입술의 보습만이 아닌 낙설 조절에 관한 카뎁신 D 유사 효소의 활성을 높이는 것이 효과적이다.

2.1.7 손발톱의 생리와 구조

손발톱은 평소에 크게 신경쓰지 않고 지내는 사람들이 많지만, 우리들의 일상생활에 없어서는 안 되는 중요한 기관이다. 손발가락 끝의 배면에 외력이 가해지면 손발톱은 피부를 보호하고 케라틴이라는 단단한 단백질 구조로 손 · 발가락을 지지한다. 이를 통해서 손가락으로 물건을 집거나 손가락을 사용하는 섬세한 작업이 가능한 것이다. 만약 발가락에 발톱이 없다면 보행 시 발끝에 힘이 들어가지 않아서 잘 걸을 수 없게 된다. 이와 같은 편평한 판상의 조갑(조판)은 인간을 비롯한 고등영장류에서 관찰되는 특징이며 인간의 고도한 기술을 가능하게 하는 매우 중요한 역할을 담당하고 있다. 일반적으로 손톱이라고 하면 표면에 노출된 가볍고 완곡한 판상의 부분을 가리키며 이 부분을 조갑이라고 한다. 조갑은 조모에서 형성되며 연령, 성별 등에 따른 차이는 있으나 하루에 약 0.1㎜씩 자란다

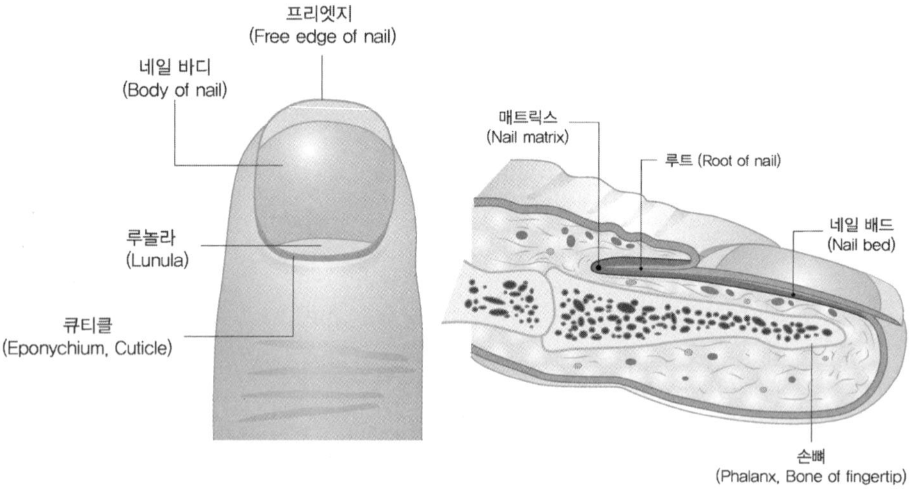

[그림 4-7] 손톱의 구조와 명칭

1) 손발톱의 구조

손톱은 흔히 뼈의 일부라고 오해되나 그 주성분은 시스틴을 11% 가까이 함유한 하드케라틴(경케라틴)이며, 칼슘 함유량은 겨우 0.1% 정도에 지나지 않는다. 하드케라틴

은 S-S 결합으로 가교된 단백질이기 때문에 매우 강하고 단단하다. 그러나 물성은 수분의 함유량에 따라서 크게 좌우된다. 손톱은 통상적으로 7~12%의 수분을 함유하고 있는데 수분은 조상으로부터 공급되며, 이 수분을 통하여 손톱 자체는 적당한 경도와 유연의 균형을 유지하는 것이다. 조갑유리연(손톱 끝의 하얀 부분)은 수분이 사라져서 매우 단단하고 깨지기 쉽다. 따라서 손톱을 길게 기르면 잘 부러지거나 갈라지는 것이다. 표피 각질층에서는 천연보습인자(NMF: Natural Moisturizing Factors)와 함께 세포간 지질이 보습에 중요한 역할을 하고 있는데 손톱의 보습에도 세포간 지질이 중요한 역할을 담당하고 있다는 보고가 있다. 그러나 지질량은 0.2~0.8%로 표피 각질층에 비하여 극히 적다. 지질량이 적은 것과의 관계가 꼭 명확하지는 않으나 조갑 표면으로부터의 수분 증발량은 두께가 있음에도 불구하고 전완 등의 경피 수분 손실량에 비해 몇 배 정도 높다.

2) 손톱의 트러블

어떤 종류의 전신성 질환에서는 손톱에 다양한 형상이나 색조 변화가 출현하는 것으로 널리 알려져 있으며, 실제로 의사의 진단에 참고가 되기도 한다. 예를 들어서 저색소성 빈혈이 원인으로 조갑이 숟가락 모양으로 구부러지거나(스푼 네일), 선천성 심장질환이나 폐질환 등이 원인이 되어 발생하는 곤봉지 등이 널리 알려져 있다. 이 밖에도 저색소성 빈혈이나 갑상선 기능항진, 약제의 영향, 영양불량 등이 원인이 되어 조갑의 두께가 얇아지거나, 질환은 아니지만 노화와 건조에서 기인하여 세로로 손톱 주름이 발생하는 조갑 종조 등이 있다.

일상적으로 경험하는 가벼운 손톱 트러블은 질환 이외의 원인인 것이 많다. 퍼머액을 사용하는 미용사나 화학물질 취급자 등이 직업상의 이유로 손톱에 손상을 입는 경우나 유전적 혹은 체질적 이유로 인하여 원래 손톱의 두께가 얇고 강도가 약한 경우 등이 이에 해당한다. 또한, 손톱 그 자체는 아니나 조갑을 둘러싸고 있는 피부인 조곽(爪郭)의 각질층이 벗겨지거나 균열이 발생하는 이른바 손 거스러미도 건조나 유분의 부족으로 말미암아 발생하는 손톱 주변의 트러블 중 하나이다.

2.2 모발의 생리 구조

모발은 털이 난 부위에 따라서 두발(頭髮) · 수염(턱수염) · 액모(腋毛) · 음모(陰毛) · 미모(眉毛) · 첩모(睫毛) · 비모(鼻毛) · 이모(耳毛) · 체모(體毛)로 구별한다. 굳고 굵은 털을 경모(硬毛), 그중에서 두발 등의 긴 털을 장모(長毛), 미모 등의 짧은 털을 단모(短毛)라고 한다. 모발은 몸의 부위 · 개인 · 인종에 따라 다르다. 동양인의 털은 흑(갈)색인데 백인종은 멜라닌이 적어서 갈색, 황색, 적색 등 다양하다. 털에는 직모(直毛), 파상모(波狀毛), 권모(卷毛), 나선모(螺旋毛) 등이 있으며, 털의 단면을 보면 직모에서는 원형, 파상모에서는 타원형, 축모(縮毛)에서는 삼각형이나 신장형이 보여진다. 모발은 피부 표면의 아래에 존재하는 모낭으로부터 생성되어 위로 자라게 된다. 모낭은 표피와 진피의 상호작용으로 형성되며 모낭의 아래쪽은 진피의 털유두와 털기질로 이루어져 있고 모발은 속뿌리싸개, 겉뿌리싸개로 둘러싸인 형태를 취하고 있다. 생장기에 털망울의 털기질세포가 분열을 활발히 하여 털을 성장시킴으로써 모발을 자라게끔 한다.

2.2.1 모근

사람의 머리에 자라는 체모를 일반적으로 모발 혹은 두발이라고 한다. 모발은 두피 내에 있는 모근하부의 모모세포에서 생성되어 분열을 거듭함으로써 형성되는 것으로, 모근부는 세포의 증식과 분화를 수행하는 살아 있는 부분이지만 눈에 보이는 부분, 즉 두피에서 위로 나온 부분(모간이라고 한다)은 이른바 죽은 세포이다. 본 절에서는 모근 내에서의 현상에 관련된 모발의 생리와 기능 및 자라난 후의 모발 구성과 모발을 구성하는 각 조직의 기능에 대하여 간단히 설명하겠다.

1) 모근의 구조

모낭의 기저 부분에는 모모세포와 모유두세포라고 하는 2종류의 중요한 세포가 존재한다. 체모는 부위에 상관없이 모모세포의 증식을 통하여 성장하는데, 이 모모세포 증식의 열쇠를 쥐고 있는 것이 모모세포로 둘러싸여 있는 모습의 모유두세포이다. 모유두세포에서 체모의 성장에 관계된 명령이 내려지며 모발의 성장과 휴지는 이 명령에 따른 것이다.

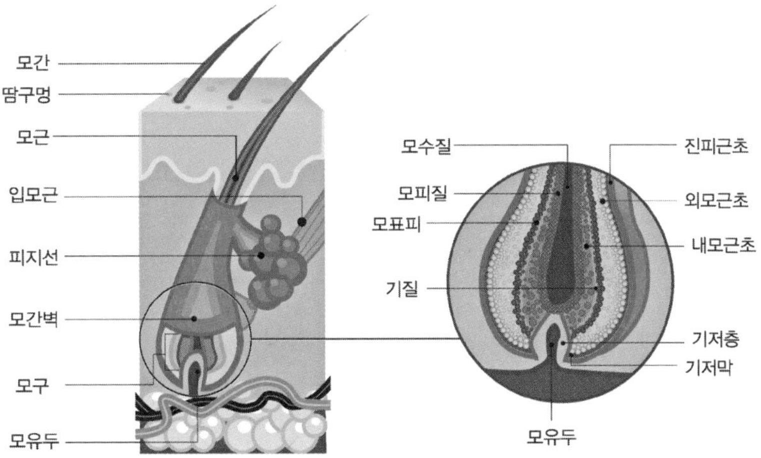

[그림 4-8] 모간의 구조

2) 모근

① 모낭: 털을 만들어내는 기관으로 작고 긴 모양을 띠고 있다. 피부 안쪽으로 움푹 들어가 모근을 유지해주며 모근을 싸고 있다.

② 모구: 모유두의 윗부분을 뜻하며 전구 모양으로 털이 성장하기 시작하는 부분이다. 모질세포와 멜라닌세포로 구성되어 있다.

③ 모유두: 모낭 끝에 있는 작은 말발굽 모양의 돌기 조직으로 모구와 맞물려지는 부분이다. 대부분 모발을 형성시켜 주는 특수하고 작은 세포층이며 자율신경이 분포되어 있다. 모세혈관이 있어 영양분과 산소를 받아들이며 세포 분열을 하고, 털 성장에 관여하는 가장 중요한 부분이다. 피하지방에 둘러싸여 있어 외부의 충격으로부터 보호된다.

④ 피지선: 모낭벽에 붙어 있으며, 피지를 분비하여 모발을 매끄럽게 해준다.

⑤ 입모근: 모낭의 측면에 위치한 작은 근육이다. 자신의 의지로는 움직일 수 없으나, 이것이 수축되면 모근부를 잡아당기게 되고 털이 수직으로 일어난다. 속눈썹, 콧털, 액와 부위의 털에는 입모근이 없다.

3) 모간

모간은 모발의 대부분을 차지하며 크게 모표피, 모피질, 모수질의 세 층으로 나뉜다.

① 모표피: 모발의 가장 바깥에 위치하며 케라틴으로 구성되어 있다. 모피질을 보호하는 역할을 한다. 각질화된 세포로 모양은 비늘이 서로 겹쳐진 모양을 하고 있다. 물고기 모양처럼 생겼으며 모표피가 규칙적으로 겹쳐져 있다면 건강 모이다.

② 모피질: 모발의 가장 두껍고 중요한 부분으로서 모수질과 모표피 사이에 섬유 모양으로 되어 있다. 모발의 면적의 약 75~90%를 차지하고 있다. 모피질은 모발의 질을 결정하며, 모발에 탄력과 강도를 주는 역할을 하며 모발의 천연 색상은 이 층의 멜라닌 색소에 의해 결정된다.

③ 모수질: 털의 맨 안쪽 중심부에 위치한 부분으로 주로 빳빳한 털인 경모에만 존재한다. 모피질과는 달리 벌집모양으로 세포가 연결되어 있으며 공기, 연케라틴, 영양소 등을 함유하고 있다.

2.2.2 모발의 구조

모발을 크게 나누어 보면 3개의 조직으로 이루어진다. 가장 바깥쪽에는 큐티클(모소피)이라고 불리는 비늘 모양의 조직으로 덮여 있다. 큐티클(모소피) 1층의 두께는 약 0.4~0.5㎛이며 개인차는 있으나 일반적으로는 5~10층이 겹쳐 있으며 하나의 큐티클(모소피)은 다층 구조로 이루어진다.

큐티클(모소피)의 사이에는 세포막 복합체(CMC, Cell Membrane Complex)라고 하는 부분이 있으며, 이것은 지질층(β층) 사이에 이황화 결합을 중심으로 하는 δ층이 끼어 있는 다층 구조이다. 큐티클과 큐티클, 또 코텍스(모피질) 내의 세포들을 접착하는 기능을 한다. 큐티클의 안쪽에는 코텍스(모피질)라고 하는 조직이 있다. 많은 코텍스(모피질)세포(직경 약 3㎛, 길이 약 50~100㎛)의 집합체인 코텍스(모피질)는 모발의 주요 부분을 차지한다.

코텍스(모피질)세포 내부는 원통형의 거대 원세포(직경 0.05~0.2㎛)로 채워져 있고, 또 거대 원세포의 내부에는 직경 약 7㎚의 인터메디에이트 필라멘트(IF)가 배열되어 있다. 모발의 중심 부분에는 메듈라(모수질)가 존재한다. 전자현미경을 이용하여 모발 단면을 관찰하면 모수질은 작은 공동이 있는 다공질체로 보인다. 메듈라(모수질)는 일반적으로 굵은 모발에서 잘 관찰되는데 두피에 가까운 뿌리 부분에서 메듈라(모수질)의 공동이 보이지 않는 모발일지라도 모발 끝부분에서는 공동이 관찰되는 경우도 많이 있다. 즉, 메듈라(모수질)는 드라이어의 열과 같은 모발 손상으로 인하여 공동화되며 현미경상으로만 관찰된다.

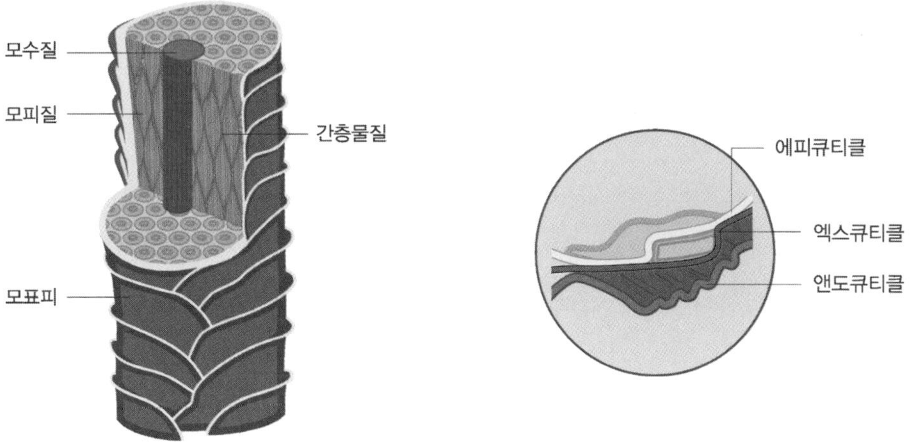

[그림 4-9] 모발의 구조와 구성 세포

1) 모발의 기능

동물의 털의 가장 중요한 기능은 보온이라고 여겨지지만, 인간의 경우 체모가 거의 퇴화되었고 남아 있는 털은 각각 현대인에게 있어서 또 다른 중요한 의미를 갖는다. 모발의 경우 그 기능으로서 중요한 것은 소중한 뇌의 보호와 배설이다. 대소변 역시 배설을 담당하고 있으나, 모발에는 특히 신체에 유해한 수은이나 비소 등 중금속을 배출하는 기능이 있다. 이것을 이용하여 모발 속에 함유된 중금속을 분석한 사망 원인 추측도 가능하다.

① 보호 기능: 유해물질의 침입을 방지하는 등 외부의 자극으로부터 피부를 보호한다. 방한, 방서작용으로 체온을 조절하고 유지한다.
② 지각 기능: 촉각이나 통각을 전달한다.
③ 장식 기능: 외적으로 자신을 꾸미는 미용적 효과를 제공한다.

2) 모주기

자라고 있는 체모는 언젠가는 자연히 빠지고 같은 곳에 다시 체모가 자라난다. 그 주기를 모주기(헤어 사이클)라고 한다. 이 모주기는 크게 3단계가 있다. 우선 모모세포가 왕성하게 분열을 거듭하여 체모가 성장하는 기간인 성장기로, 이 기간은 약 4~7년 정도이다. 개인차는 있으나 이 기간 동안 체모는 대체로 1개월에 1㎝ 전후의 속도로 자라게 된다. 그 후 성장이 멈추고 모조직이 축소되는 수 주간의 퇴행기를 거친 후, 2~3개월의 휴지기에 들어가면 비로소 탈락되는 것이다. 이와 같은 주기를 갖기 때문에 비록 개인차는 있으나 머리를 감거나 빗을 때 등 매일 70~100개 정도가 빠지는 것은 자연스러운 일이다.

동물의 종에 따라서 모주기의 패턴은 달라진다. 인간의 경우에는 각각의 모근이 독립적인 모주기(모자이크형)를 갖기 때문에 모든 체모가 한 번에 다 빠졌다가 자라지 않고 각각 독립적으로 빠지고 자란다. 단 계절 변동이 있어서 봄이나 가을에는 탈모가 증가하는 것으로 알려져 있다. 모발 이외에도 신체의 여러 부분에 체모가 존재하는데 각각 독자적인 모주기를 지니고 있어서 보통 일정한 길이를 유지한다.

3) 탈모

탈모에는 몇 가지 종류가 있는데, 그 대부분은 남성호르몬이 원인이 되는 남성형 탈모이다. 남성형 탈모는 모주기 중 성장기의 기간이 짧아지므로 굵고 긴 경모(종모)에서 가늘고 짧은 산모상의 연모로 변화한다. 이와 반대로 액모, 수염, 음모는 성호르몬 분비로 인하여 연모가 경모로 바뀌고, 또 눈썹, 속눈썹, 측두부의 모발은 성호르몬의 영향을 받지 않는다. 이러한 차이는 각각의 체모의 모근 내에 있는 모유두세포의 성호르몬에 대한 감수성이 상이하기 때문이라고 생각된다. 남성형 탈모의 메커니즘은 아직 알려지지 않는 부분도 많으나, 최근에는 유전자 분석법 등의 진보를 통하여 빠른 속도로 밝혀지고 있는 중이다.

4) 모발의 흡습성

모발의 흡습량은 상대습도와 함께 증대되며, 완전히 마른 모발에 비하여 젖은 모발은 모발 수분량이 30% 이상에 달한다. 물을 흡수하면 모발 직경이 증대되고 모발의 길이도 길어진다. 이 변화는 가역적인 것이며 습도 센서로서 습도계에 모발이 이용되기도 한다.

2.3 피부 모발 상태 분석

피부 타입은 기본적으로 중성(정상) 피부, 지성 피부, 건성 피부, 복합성 피부로 나눈다. 피부관리에서 가장 중요한 것은 정확한 피부 타입을 알고 그에 맞는 화장품과 관리 방법을 선택하는 것이다. 피부 트러블의 대부분은 표피의 이상으로 발생되며, 노화 피부, 민감성 피부, 모세혈관확장 피부, 여드름 피부, 지루성 피부, 주사 피부, 색소침착 피부(기미 피부) 등 은 문제성 피부로 분류된다. 일반적으로 피부 타입은 피부에 함유되어 있는 수분과 유분의 양에 따라 결정되며, 환경이나 노화 과정에 따라 피부 타입이 바뀌기도 한다.

2.3.1 피부 상태를 결정하는 요인

1) 경피 수분 손실(TEWL)

얼굴의 피부 타입을 결정하는 요인은 각질층의 보습이나 수분 상태와 관계가 깊다. 표피의 표면에서 수분이 공기 중으로 증발하는 것을 경피 수분 손실(TEWL, Transepidermal Water Loss)이라고 하는데, 경피 수분 손실(TEWL)이 클수록 각질층의 보습 능력이 저하된다.

2) 천연 보습인자(NMF)

과립층에서 생산되는 NMF(Natural moisturizing factors)는 물에 잘 녹는 물질로 되어 있어서 자기보다 500배가 넘는 수분을 흡수하는 능력이 있다. 과립층에 있는 케라토히

알린(keratohyalin)이 감소하면 NMF의 생산이 저하됨으로써 보습 능력이 낮아져서 건성이 되며 정상 피부도 세안 시에 잘못된 세안제 사용으로 인해 천연 보습인자가 현저하게 감소한다. 각질층에 존재하는 수용성 보습인자는 필라그린의 분해산물인 아미노산과 그 대사물로 이루어져 있다. 필라그린은 필라멘트가 뭉쳐져 있는 단백질로 각질형성세포에서 2~3일 안에 아미노산으로 완전히 분해되어 천연 보습인자를 형성한다.

3) 지질(Lipids)

피부의 지질에는 지방산(fatty acid), 스쿠알렌(squalene), 트리글리세라이드(triglysceride), 왁스(wax eswter), 콜레스테롤(chloesterol), 콜레스테롤 에스테르(chloesterol ester) 등이 있다. 각질층의 피부지질은 과립층과 피지선 등 에서 만들어지며 천연보습인자가 세포내부에 있을 수 있도록 하여 수분을 조절한다. 피지가 과다하게 분비되면 지성 피부가 되고 지루성 피부나 여드름(Acne) 피부로 발전할 수 있다.

4) 신체에 함유된 수분의 양

일반 성인은 보통 자기 체중의 약 70% 정도의 수분량을 유지하고 있다(출생아의 경우에는 약 80%가 되고 70세 이후부터는 60% 정도로 감소하게 된다). 정상적인 건강한 피부의 경우에는 각질층의 수분 보유량은 약 10~20%가 되며 10% 이하가 되면 건성 피부로 분류된다.

5) 진피층(The dermis)의 변화

피부 노화의 주된 원인은 교원질(collagen) 생성의 감소와 탄력소(elastin)의 결함이나 손상으로 인한 피부 탄력성의 감소에 기안하며 주름이 생길 수 있다. 또한, 점다당질(hyaluronic Acid, dermatan sulfate)은 나이에 따라 감소하기 때문에 피부 노화의 주된 원인이 되기도 한다.

6) 그 밖의 요인들

그 외에도 흡연이나 불규칙한 생활, 자외선, 바람, 계절의 변화 등의 외적인 요인과 병적 상태, 내장장애, 불면증, 스트레스, 혈액순환장애 등의 내적인 요인에 의해서 기미 피부나 지루성 피부 및 모세혈관확장 피부 등이 될 수 있다.

2.3.2 피부 유형

1) 중성 피부(Normal skin)

중성 피부는 유수분의 밸런스가 균형적이며, 이상적인 피부 타입으로 주로 20세 정도까지에서 많이 나타난다. 피부결은 곱고 균일하며 윤기가 있으며 촉촉하며 색소침착이나 피부 트러블이 없다. 비슷한 나이의 다른 타입의 피부와 비교하면 주름이 없고 팽팽하며, 얼굴색은 부드러운 핑크색이다.

2) 지성 피부(Oil skin)

지성 피부는 수분과 유분이 많아 피지 제거 및 유분과 수분의 밸런스를 맞춰 주어야 한다. 피지량과 각질 수분량이 많고 특히 이마와 코의 피지량이 많다. 영양관리 면에서는 동물성 지방과 당분이 많이 함유된 음식을 피한다. 비타민 B 결핍에 의해서 여드름 피부가 만들어질 수 있으므로 비타민 B군을 많이 섭취하고 제철에 나는 신선한 채소와 과일을 충분히 섭취한다.

지성 피부의 특징은 다음과 같다.

① 모공이 넓다.

② 유분이 많다.

③ 면포 형성이 생길 수 있다.

④ 피부결이 거칠다.

⑤ 번들거린다.

⑥ 피부가 두꺼워 보인다.

3) 건성 피부 (Dry skin)

얼굴 전체적으로 유분과 수분이 부족한 상태이나. 각질층의 수분 함유 능력 저하로 가려움이 유발되기도 한다. 건성 피부의 영양관리는 식물성 지방이나 동물성 단백질의 음식, 수분이 많이 함유된 과일이나 물을 충분히 섭취한다. 비타민 A 와 비타민 E가 함유된 식품을 많이 섭취한다.

건성 피부의 특징은

① 뜨거운 물의 사용이나 잦은 목욕에 의해서 발생한다.

② 여름이 지나 가을로 접어드는 환절기 때에 건성으로 바뀌기 쉽다.

③ 잦은 사우나로 인해 피부가 예민해지고 더 건조해질 수 있다.

④ 목(neck)부터 노화가 시작되므로 얼굴 관리 시에 반드시 목 관리도 해준다.

⑤ 눈가 잔주름이 생기므로 눈 관리도 함께 병행한다.

4) 복합성 피부(Combination)

T-zone 부위에는 피지분비의 과다로 인해 트러블이 발생될 수 있으며 U-zone 부위는 건조하다. 지루성에서 건성 피부나 여드름 피부로 발전할 수 있으므로 부분별 피부 타입에 따라 피지 제거와 수분 공급에 주력하여 유분과 수분의 밸런스를 잘 맞춰주어야 한다.

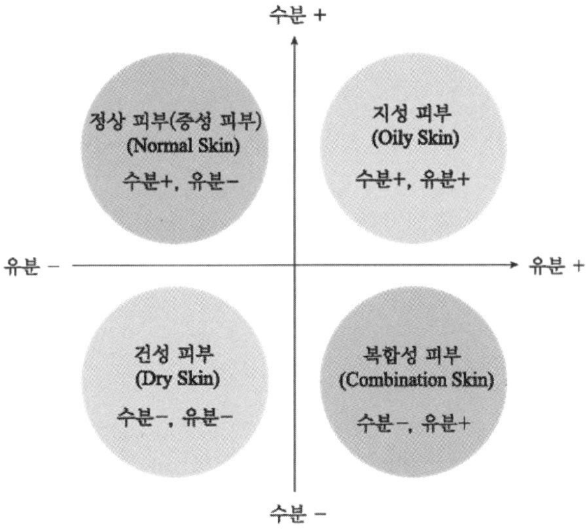

[그림 4-10] 피부 상태를 결정하는 수분과 유분의 관계

2.3.3 미용상의 피부 트러블

1) 기미

멜라닌 색소는 멜라닌세포에서 티로신을 출발물질로 하여 티로시나아제 등의 효소 반응 및 산화반응을 통해 생합성된다. 생합성된 멜라닌은 멜라닌세포의 수상돌기부로 이동한 후 주변의 각질형성세포로 이송된다.(수상돌기부로의 이송: 멜라닌세포의 세포소기관인 멜라노좀 내에서 멜라닌이 생합성되는데 멜라닌의 합성량이 많아지게 되면 멜라닌을 갖고 있는 멜라노좀은 멜라닌세포의 수상돌기부로 이동한다. 멜라노좀이 이동할 때에는 레일의 역할, 기관차 역할, 브레이크 역할과 같은 기능을 하는 단백질이 관여하는 것이 밝혀지게 되었다.)

피부가 일광에 노출되면 엔도셀린(각질형성세포가 자외선에 노출되면 각질형성세포는 세포 밖으로 엔도셀린과 같은 사이토카인(정보전달물질)을 방출한다. 세포 밖으로 방출된 엔도셀린은 멜라닌세포의 엔도셀린 수용체와 결합한다. 이 자극으로 인하여 멜라닌세포 내의 멜라닌 생성 공장인 멜라노좀이 성숙되고 효소인 티로시나아제 등의 생산이 고조되어 티로시나아제가 멜라노좀으로 들어간다고 한다.) 등의 작용에 의하여 멜라닌세포에서 멜라닌이 합성되어 피부가 흑화된다.

2) 주름

주름은 크게 다음의 세 가지 타입으로 분류된다.

① 선형 주름: 눈가나 미간의 노화로 발생하며 자연 노화를 반영하고 일광 노출로 증가

② 도형 주름: 볼이나 목 등에 깊은 골이 교차하여 마름모나 삼각형으로 보이는 주름으로 일광 노출이 원인

③ 비정형 주름: 복부 등 이완된 부위에 발생하는 가는 아코디언 모양의 주름으로 자연 노화를 반영

선형 주름은 다시 잔주름과 주름으로 나눌 수 있다. 잔주름은 파운데이션이나 파우더를 발라서 눈에 띄지 않게 할 수 있을 정도의 주름을 말하며, 표피에 문제가 생겨서 발생하는 것으로 예방 · 개선을 위해서는 건조로부터 피부를 지키는 물질, 각질층을 유연하게 하는 물질, 자외선이나 과산화지질로 인한 피부 손상을 방지하는 물질 등을 배합한 스킨케어가 권장된다. 한편, 그 밖의 주름은 콜라겐, 엘라스틴 등의 양적 · 질적인 열화가 주체가 되는 진피의 변화가 원인이 되는데, 이 변화는 광노화로 인하여 촉진되므로 자외선 차단이 필요하다. 또한, 섬유아세포 부활제, 콜라겐 생성 촉진제, 콜라겐 분해효소 활성 저해제, 엘라스틴 합성 촉진제, 엘라스틴 분해효소 활성 저해제 등이 사용된다.

3) 칙칙함

일본화장품공업연합회의 효능 효과 전문위원회의 '피부의 칙칙함의 정의(안)'에 따르면, 칙칙함이란 "피부의 칙칙함은 하나의 특정한 시각적 현상이다. 얼굴 전체 혹은 눈 주위나 볼 등의 부위에 발생하며, 피부의 붉은기가 감소하여 노란기가 증가하며 또한/혹은 피부의 '윤기'나 투명감이 감소되거나, 피부 표면의 요철 등으로 인한 그림 자에 의해 명도가 저하되어 어둡게 보이는 현상으로서 정의의 경계는 뚜렷하지 않다. 그 발생 요인으로서 이하와 같은 것이 고려되며 이들 요인이 단독 혹은 복수 관여함으로써 현상으로서 인식된다.(이하, 생략)"이라고 되어 있다.

4) 피부 처짐

노화 현상의 일종으로서 피부의 탄력이 사라진 결과 피부가 부풀은 것을 가리키며, 안면에서는 눈이나 입 주위, 볼 아래에 발생한다. 안면에서는 표정근이 피부와 피부 또는 뼈와 피부에 부착되어 있다. 피하지방은 이 표정근에 '매달려 있는'모습을 하고 있는데, 건강한 피부에서는 피부의 탄력이 피하지방을 바깥에서 누르는 동시에 표정근이 피하지방을 탄탄히 받치고 있기 때문에 피부가 처지지 않는다. 그러나 나이를 먹으면 표정근력이 저하되어 증가하는 피하지방을 지탱하지 못하게 되고 피부의 탄력도 저하되어서 피부가 약한 부분에서 피하지방이 부푸는 현상이 발생하게 되는데, 이것이 바로 피부 처짐이다. 피부가 UVA에 노출되면 피부 처짐이 발생하기 쉬워지므로 자외선 산란제나 자외선 흡수제 사용 또는 항염증제 사용을 통한 예방, 개선이 권장된다. 또한, 피부의 탄력 증강을 목적으로 콜라겐섬유의 장력을 강화하면 피부 처짐이 개선된다는 보고도 있다.

5) 다크서클

눈 주위 전체 혹은 그 일부가 그늘져 보이는 상태를 일컫는다. 그 요인으로서는 피부 혈류 정체와 색소침착이 고려된다. 눈 주위의 피부는 다른 부위의 피부에 비하여 땀샘이 없고 피지선이 적어서 보습 기능과 방벽 기능이 낮으므로 피부결이 거칠어져 잔주름이 발생하기 쉬우며, 또 이 잔주름으로 피부의 요철로 인한 그림자 발생 역시 다크서클이 눈에 잘 띄게 되는 원인이 된다. 다크서클의 발생을 예방하기 위해서는 충분한 수면을 취하는 등 예방책을 실시하고, 다크서클이 눈에 띄지 않게 하기 위하여 파운데이션을 바르는 등의 대처를 하지만, 여기에 더하여 비타민 E 유도체와 같은 혈액순환 촉진제나 미백제, 보습제 등이 배합되어 있는 기초화장품 사용이 권장된다.

[표 4-4] 다크서클의 원인과 예방 성분

원인	대응약재
혈액순환 불량으로 인한 붉은 기 저하	혈액순환 촉진제
멜라닌 체류로 인한 피부의 흑화, 황색화	자외선 차단제, 미백제, 각질 박리제
피부 표면의 요철로 인한 난반사	피부의 거칠어짐 개선제, 보습제
진피 상태 개선	콜라겐 생성 촉진제
턴 오버 정상화	피부의 거칠어짐 개선제, 보습제

6) 피부 거칠어짐

피부의 표면이 매끄럽지 못한 피부 상태를 총칭한다. 건강한 피부는 탄력이나 윤기, 촉촉함이 유지되고 표피의 턴 오버 주기도 정상적이며 신진대사 역시 활발하다. 피부 자극성이 있는 화학물질과의 접촉이나 자외선에 대한 장시간 노출 등이 원인이 되며 표피 레벨에서 경도의 염증이 발생하여 각질형성세포의 증식 항진, 턴 오버 주기의 단축이 관찰된다. 그 결과 각질화가 정상적으로 이루어지지 못하므로 각질층 세포간 지질의 감소, 방어벽 기능의 저하, 이상각화와 천연보습인자(NMF) 성분의 감소, 각질층 수분량의 저하로 인하여 건성 피부가 된다.

2.3.4 모발의 상태 분석

모발은 죽은 조직이라고도 일컬어진다. 모낭부에서는 활발하게 분열하던 세포도 모공을 지나는 사이에 세포 분열 기능이 사라지고 우리 눈에 보이게 될 때에는 단단한 조직으로 변화한다. 그 까닭에 한 번 손상되어 버리면 그 상태를 원래대로 돌릴 수 없다. 또한, 모발은 1개월간 약 1cm 자란다고 하는데 긴 머리의 여성의 경우 길이가 30cm를 넘으므로 모발 끝은 모발로 형성된 후 2년 이상의 시간이 경과한 셈이다. 따라서 모발 끝은 그 사이 다양한 손상이 축적된 상태라고 할 수 있다.

모발은 안쪽에서부터 모수질, 모피질, 큐티클의 3개의 부분으로 구성되며, 그 표면을 관찰하면 기와처럼 겹쳐진 큐티클을 볼 수 있다.

1) 퍼머 처리로 인한 손상

퍼머 처리는 웨이브 헤어나 스트레이트 헤어로 자유자재로 머리 모양을 바꾸는 데 효과적인 시술이다.

일반적인 퍼머는 2종류의 처리액을 순서대로 사용하여 이루어진다. 우선 환원제가 함유된 1제를 모발에 도포하여 단백질 속의 시스틴으로 된 가교(이황화결합)를 환원 반응으로 절단한다. 그리고 원하는 형태로 모발을 변형시킨 상태에서 산화제가 함유된

2제를 도포하여 산화 반응을 통해 이황화결합을 재형성시킴으로써 모발 형태를 고정하는 처리 기술이다. 퍼머 처리의 전후에서 큰 변화가 없는 것처럼 느껴지지만 실제로는 처리 전후에 다양한 변화가 일어난다.

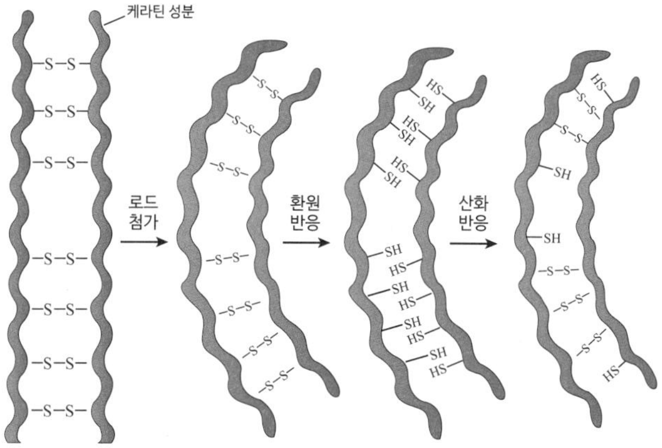

이황화결합은 환원제에 의하여 절단- 시스테인, 산화제로 다시 이황화결합을 생성

[그림 4-11] 퍼머제에 의한 모발 웨이브 형성

(1) 아미노산의 변화

퍼머 처리를 통하여 시스틴이 감소하고 그에 따라서 시스테인산이 증가한다. 시스테인산은 2제를 통한 산화 반응 시에 시스틴 혹은 그 환원 상태인 시스테인으로부터 생성되는 부생성물로서 이것이 생성되면 환원제로 처리하더라도 원래의 가교가 재형성되는 등의 상태로 돌아가지 못하게 된다.

(2) 단백질의 분해와 용출

퍼머가 잘되게 하기 위하여 1제는 알칼리 조건에서 이용되는 경우가 많다. 일반적으로 단백질은 알칼리 조건에서 잘 분해되는 것으로 알려져 있는데, 모발 단백질 역시 마찬가지로 알칼리 조건하에서 분해되어 저분자화가 야기된다. 그뿐만 아니라 1제로 처리할 때에 이황화결합도 끊어지기 때문에 단백질이 용출되기 쉬운 상태가 된다.

2) 염색 처리로 인한 손상

염색은 흰머리에 색을 입혀 눈에 잘 띄지 않게 하여 젊어 보이는 인상을 주거나, 모발색을 변화시켜 유행을 따르는 인상을 주는 데 유용한 시술이다. 최근 이러한 특징이 널리 인식되어 염색을 즐기는 사람들이 많아졌고, 그에 따라서 염색 손상에 대한 의식도 고조되었다.

염색에는 흰머리 염색이나 멋내기 염색과 같은 영구 염모제, 모발 속의 멜라닌 색소를 분해하는 블리치제, 산성 색소를 침투 · 흡수시키는 반영구 염모제, 안료 등을 모발 표면에 부착시키는 일시 염모제 등이 있다.

염색에 사용되는 산화제는 산화 반응을 일으키고자 하는 모발 속의 색소(멜라닌)나 염모제 속의 색소 전구체에만 작용하는 것이 바람직하지만 현실적으로는 다른 성분에도 작용하는 것으로 알려져 있다. 퍼머 처리에서도 설명한 이황화결합에 대한 영향도 그 한 가지로서 시스틴을 산화하여 시스테인산으로 변화한다. 또한, 퍼머 처리와 마찬가지로 알칼리성의 경우가 산화 반응이 일어나기 쉽기 때문에 일반적인 처리액은 pH 10 전후가 되도록 조제되어 있다. 그뿐만 아니라 단백질의 분해나 용출도 발생하기 쉽고 손상이 심한 부분에는 많은 공극이 발생하게 된다. 이러한 모발에서는 강도 저하가 야기되는 것은 물론, 윤기의 저하도 발생한다. 모발의 윤기는 모발 표면에서의 빛의 반사와 모발 내부에 침입한 빛의 반사의 영향을 받는데 공극이 많아지면 내부로 침입한 빛은 공극에서 산란되기 때문에 전체적으로 부스스해 보이게 되며, 윤기가 사라지는 원인이 될 뿐 아니라 염색으로 인하여 모발 표면도 변화된다.

3) 자외선으로 인한 손상

화장품 분야에서 빛의 영향이라고 하면 일광화상과 같은 피부로의 영향이 문제가 되지만 모발에도 다양한 변화가 일어나는 것이 알려졌다.

서퍼들의 모발처럼 일광에 계속 노출되었던 모발은 밝고 붉은색으로 변화하며 이를 적색화라고 한다. 적색화는 마른 모발보다도 물에 젖은 모발에서 발생하기 쉬우며, 또한 해수와 같은 소금물에 젖은 모발일수록 더욱 일어나기 쉬운 것으로 밝혀졌다. 이러한 변화는 빛에 의하여 멜라닌 색소가 분해되었기 때문이며 그 메커니즘으로는 래디컬 생성을 수반하는 산화 반응이 일어나는 것으로 여겨진다.

이 산화 반응은 멜라닌 색소에만 일어나는 것이 아니며 앞서 말한 이황화결합 역시 분해되는 것으로 알려졌다. 빛을 조사한 모발에서 시스틴이 산화 분해로 인해 감소하여 시스테인산이 증가하는 것은 염색 처리와 같지만 그 반응 경로는 서로 다르다고 여겨진다.

4) 복합 손상

실제 생활 속에서는 이들 손상 원인이 몇 가지나 겹쳐져서 더욱 심각한 손상이 발생하는 경우가 있다.

미용실에서는 퍼머 처리와 염색 처리를 동시에 하기를 권하지 않는다. 보통 모발을 물에 담갔다가 그 물의 액성을 측정하면 중성에서 약산성을 띠지만 염색한 직후의 모발의 경우에는 알칼리성을 띠기도 한다. 따라서 이러한 상태에서는 퍼머가 강하게 될 뿐 아니라 손상의 정도가 커지는 경우가 있다.

또한, 손상된 모발은 물에 잘 젖기 때문에 퍼머액이나 염색액이 침투되기 쉽고 건강한 모발을 처리한 경우에 비하여 손상의 정도가 커지므로 주의가 필요하다. 퍼머나 염색은 개인의 개성을 표현하는 시술로써 중요하고 빛이나 열을 완전히 피하는 생활이라는 것도 상상하기 힘들다. 따라서 모발이 손상되는 것은 어쩔 수 없다고 생각하여야 한다. 그 다음에 모발 손상에 관한 지견을 심화하여 그 실태를 올바르게 파악하고 손상이 적은 퍼머넌트웨이브, 염모제의 사용이나 손상 모발용 샴푸 · 린스를 이용한 헤어케어를 통하여 손상이 적은 아름다운 모발을 오래 유지할 수 있도록 신경 쓰는 것이 중요하다.

2.3.5 비듬

두피에서 쌀겨 모양으로 표피 탈락이 발생하여 각질이 눈에 띄게 나타나는 현상을 비듬이라 한다. 피지선의 과다 분비, 호르몬의 불균형, 두피 세포의 과다 증식 등이 비듬의 발생에 관여한다. 피부의 정상 세균 중의 하나인 피티로스포룸 오발레(Pityrosporum ovale)라는 곰팡이의 과다 증식이 원인이 될 수 있다. 최근에는 스트레스, 환경오염, 과도한 다이어트 등이 원인이 될 수 있다는 연구 결과가 있다. 또한, 변비, 위장장애, 영양 불균형, 샴푸 후 잔여물 등도 비듬과 관련이 있다. 지루 피부염이나 건선과 같은 두피 피부 질환에 동반되며 흔히 가려움증이 발생하기도 한다.

1) 건조형 비듬 (버석거리는 타입)

피지가 부족해 건조한 두피의 피부가 벗겨져서 떨어진 타입. 두피가 건조한 상태다. 버석거리는 타입의 비듬 원인은 지나친 샴푸 사용, 드라이어를 자주 사용, 자외선, 스트레스, 수면 부족이다. 샴푸의 횟수와 드라이어 사용은 가능한 줄이고, 머리카락과 두피를 손상시키는 자외선은 모자를 써서 피한다.

2) 지성형 비듬 (끈적거리는 타입)

과잉 피지에 의해 비듬이 두피에 달라 붙었다가 딱딱해져서 떨어지는 타입. 심해지면 피부병의 원인이 되기도 한다. 끈적거리는 타입의 비듬 원인은 머리결에 남아 있는 헤어 제품, 두피에 남아 있는 샴푸, 두피의 손상, 침구류의 더러움, 스트레스 등으로 항상 두피를 청결히 유지한다.

관능평가 방법과 절차

3.1 화장품에 요구되는 품질

2005년 4월의 약사법 개정 이래, 기업 제조 책임이 클로즈업되면서 품질보증에 관한 기업 윤리나 책임의 방식이 한층 더 중시되었다. 각 기업은 품질보증 체제의 강화를 급선무 과제로 착수를 시작하였다. '품질 안정성의 중요성'은 화장품 업계에 한정된 것은 아니지만, 여기서는 화장품 품질의 안정성 전반에 대하여 설명하도록 하겠다.

화장품의 품질에 대하여 약사법에서는 품질, 유효성, 그리고 안전성은 각각 별개의 요소로 정의된다. 고객이 사용하고 평가하는 항목에 대해 기업은 안정성을 확보하여야 하고 이것이 품질의 항목이 되는 것이다. 다시 말해 품질을 생각할 때에는 기능성, 유효성, 안정성, 안전성을 고려하는 것이 중요하며 제품으로써 시장에 나왔을 때에 어떻게 고객의 요구를 만족시킬지가 중요하다. 즉 제조 직후부터 고객이 제품을 다 사용할 때까지 다음과 같은 기능성, 유효성, 안전성이 변질되지 않고 유지되는 것이 품질의 최대 조건이다.

제30조(평가 및 판정)

① 우수 화장품 제조 및 품질관리 기준 적합 판정을 받고자 하는 업소는 별지 제1호 서식에 따른 신청서(전자문서를 포함한다)에 다음 각호의 서류를 첨부하여 식품의약품안전처장에게 제출하여야 한다. 다만, 일부 공정만을 행하는 업소는 별표 1에 따른 해당 공정을 별지 제1호 서식에 기재하여야 한다.

1. 삭제〈2012. 10. 16.〉
2. 우수 화장품 제조 및 품질관리 기준에 따라 3회 이상 적용 · 운영한 자체 평가표
3. 화장품 제조 및 품질관리 기준 운영조직
4. 제조소의 시설 내역
5. 제조관리 현황
6. 품질관리 현황

② 삭제〈2012. 10. 16.〉

③ 삭제〈2012. 10. 16.〉

④ 식품의약품안전처장은 제출된 자료를 평가하고 별표 2에 따른 실태조사를 실시하여 우수화장품 제조 및 품질관리 기준 적합 판정한 경우에는 별지 제3호 서식에 따른 우수 화장품 제조 및 품질관리 기준 적합업소 증명서를 발급하여야 한다. 다만, 일부 공정만을 행하는 업소는 해당 공정을 증명서 내에 기재하여야 한다.

우수 화장품 제조 및 품질관리 기준 적합 판정을 받고자 하는 업소는 별표 1에 따른 공정별 분류(일부 공정 제조업체만 해당)로 별지 제1호 서식에 따른 신청서(전자문서를 포함한다)에 각호의 서류를 첨부하여 식품의약품안전처장에게 제출하여야 한다.

【구비 서류】

1. 우수 화장품 제조 및 품질관리 기준에 따른 3회 이상 적용 · 운영한 자체 평가표
2. 화장품 제조 및 품질관리 기준 운영조직
   1) 화장품 제조 및 품질관리 기준 조직 및 운영 현황
   2) 품질보증 책임자의 이력서
   3) 화장품 제조 및 품질관리 기준 교육규정과 실시 현황
3. 제조소의 시설 내역
   1) 제조소의 평면도(각 작업소, 시험실, 보관소, 그 밖에 제조 공정에 필요한 부대시설의 명칭과 출입문 및 복도 등을 표시한 1/100실측 평면도면)
   2) 공조 또는 환기시설 계통도
   3) 용수처리 계통도
   4) 제조시설 및 기구 내역(시설 및 기구명, 규격, 수량 등의 표시)
   5) 시험시설 및 기구 내역(시설 및 기구명, 규격, 수량 등의 표시)
4. 제조관리 현황
   1) 제조관리 기준서 및 각종 규정 목록
   2) 위 · 수탁 제조 시 위 · 수탁 제조 계약서 및 관리 현황
   3) 작업소의 구분 및 출입에 관한 규정
   4) 작업소의 청소 · 소독 방법과 관리 현황
   5) 방충 · 방서관리 규정 및 실시 현황

5. 품질관리 현황

1) 품질관리 시설 및 기구에 대한 교정 등 관리 규정과 실시 현황

2) 제조 용수관리 규정 및 시험 실시 사례

3) 품질관리 기기 및 기구에 대한 점검 규정 및 기기대장

4) 위 · 수탁 시험 시 위 · 수탁 시험 계약서 및 관리 현황

※ 각 항목에 해당하는 관련 규정서 및 실시 현황을 첨부하며, 제조소의 평면도 (1/100실측)는 대략적인 수치이며, 육안상 구분만 가능하면 된다.

제31조(우대 조치)

① 삭제 〈2012. 10. 16.〉

② 국제규격인증업체(CGMP, ISO9000) 또는 품질보증 능력이 있다고 인정되는 업체에서 제공된 원료 · 자재는 제공된 적합성에 대한 기록의 증거를 고려하여 검사의 방법과 시험 항목을 조정할 수 있다.

③ 식품의약품안전처장은 제30조에 따라 우수 화장품 제조 및 품질관리 기준 적합 판정을 받은 업소는 정기 수거 검정 및 정기 감시 대상에서 제외할 수 있다.

④ 제30조에 따라 우수 화장품 제조 및 품질관리 기준 적합 판정을 받은 업소는 별표 3에 따른 로고를 해당 제조업소와 그 업소에서 제조한 화장품에 표시하거나 그 사실을 광고할 수 있다.

제32조(사후관리)

① 식품의약품안전처장은 제30조에 따라 우수 화장품 제조 및 품질관리 기준 적합 판정을 받은 업소에 대해 별표 2의 우수 화장품 제조 및 품질관리 기준 실시 상황 평가표에 따라 3년에 1회 이상 실태조사를 실시하여야 한다.

② 식품의약품안전처장은 사후관리 결과 부적합 업소에 대하여 일정한 기간을 정하여 시정하도록 지시하거나, 우수 화장품 제조 및 품질관리 기준 적합 업소 판정을 취소할 수 있다.

③ 식품의약품안전처장은 제1항에도 불구하고 제조 및 품질관리에 문제가 있다고 판단되는 업소에 대하여 수시로 우수 화장품 제조 및 품질관리 기준 운영 실태조사를 할 수 있다.

3.2 관능 평가 방법

화장품에게 본래 요구되는 기능은 의약품과 비교하여 온화하게 작용하여 피부 및 모발을 건강한 상태로 유지하는 것이다. 그러나 화장품과 의약품의 큰 차이점은 화장품의 사용성에 관한 부가가치이다. 여기서 말하는 사용성이란 화장품을 사용하였을 때 사람이 오감으로 느끼는 모든 인상을 가리킨다. 본래 의약품에는 약효와 같은 기능이 최우선으로 설계되는 것이지만, 화장품은 피부과학적, 생물학적 유용성은 물론 매일 화장품을 사용하는 행위 속에서 실감하는 기분 좋음이나 만족감 등 감성에 관한 부분이 큰 요소를 차지하기 때문에 사용성이야말로 화장품다움이라고 말할 수 있다. 예를 들어서 용기의 형상, 구조 등에 따른 편리한 사용감을 비롯하여 용기 디자인이나 화장품의 색, 향기에 대한 기호성, 나아가 사용 시의 느낌에서 사용 후의 만족감으로 대표되는 사용감 등 소비자는 이들을 모두 종합 판단하여 화장품의 유효성을 평가한다.

이와 같은 화장품의 유효성을 평가하기 위해서는 사전에 설정된 목표 품질이 제품에서 어떻게 구현될 것인지를 검증하기 위하여 제품을 실제로 사용하였을 때의 관능 평가법과 그것을 객관적으로 증명하는 물리화학적 측정법 등이 이용되며, 평가법이나 시뮬레이션 기술을 응용한 관능 평가법은 다음과 같다.

3.2.1 관능 평가를 통한 유효성 평가

관능 평가란 인간의 오감을 측정 수단으로 하여 내용물의 품질 특성을 묘사, 식별, 비교 등을 수행하는 평가법이다. 화장품을 관능 평가할 때 인간은 단순히 촉감뿐 아니라 시각, 후각과 같은 감성을 최대한 발휘하여 유효성을 평가하며 그 복잡함 때문에 타당성이나 신뢰성이 문제가 된다.

관능 평가를 하는 방법에는 다면적인 품질 특성을 갖는 시료를 묘사하여 일반적인 위치를 매기는 프로파일법(절대평가법), 미리 스탠더드품을 결정하여 그 대상품과 시료의 차이를 수치화하는 일대비교법, 그리고 일대비교법에 있어서 차이가 미미한 경우에는 사람이 식별할 수 있을 정도의 유의차가 있는지를 확인하기 위하여 2점 식별법이나 3점 식별법 등이 있다. 또한, 다수의 시료들 간의 순위를 매기는 경우에는 시험 항목의 양쪽 중 어디에 가까운 것부터 자료의 순위를 매기고 클레이머 검정 등의 분석을 하는 순위 매김법이 있다. 이러한 관능 평가의 수법에서는 미리 시험 항목과 척도를 정한 관능 프로파일 시트를 작성하여 항목별로 시험하여 나가는 것이 일반적이다. 시험 항목은 일반적으로 부드러움~단단함과 같은 양극 용어(반의어의 조합) 항목과 광택이 없음~있음과 같은 단극 용어(없음~있음의 유무의 조합) 항목으로 크게 나뉜다. 또한, 척도는 일반적으로 5~9단계 정도의 스코어가 이용되는데 평가자의 숙련도나 시료의 사용성의 폭에 따라서 척도는 그때그때 설정되는 경우가 많다.

이때 흔히 화장품을 도포하기 전후의 사용 감촉이 중심이 되기 쉬우나 앞서 설명한 바와 같이 시각, 후각으로 인식되는 화장품의 색이나 향기, 용기 디자인에 관한 기호성 등에 대해서도 마찬가지 방법으로 관능 평가가 이용된다.

3.2.2 관능 평가의 통계학적 분석

관능 평가를 실시한 후에는 반드시 그 결과를 집계하여 분석하는데 가장 단순한 것으로는 평가 항목에서 얻은 패널 평가치의 평균치를 산출하여 시료 간의 평가치를 상대평가하는 방법이 있다. 단지, 그 결과에 타당성이 있는지의 여부를 검증하기 위해서 통계학적 수법이 이용되는 것이다. 화장품 연구에서는 단순한 하나의 평가 항목 분석은 그 품목의 단편적인 정보일 뿐 아니라 사용 초기부터 사용 후까지에 이르는 복수의 평가 항목을 종합적으로 분석하여 해석하지 않는다면 하나의 화장품의 유효성으로 성립하지 않는다. 가령 크림 제품 하나의 관능 평가 항목을 보더라도 우선 크림을 손가락에 찍었을 때의 상태(윤기, 감촉, 단단함, 탄력성, 점도, 부착)에서 시작하여 사용 중의 감촉(발림 및 그 변화도, 기름짐) 그리고 사용 후의 감촉(끈적임, 겉돎음, 매끄러움)에 이르기까지 많은 항목을 들 수 있다. 나아가 여기에 향기나 색에 대한 기호성 등의 평가를 더한다면 관능 평가가 얼마나 많은 요소의 복합인지를 알 수 있다. 이러한 경우에는 각 평가 항목에 대한 결과를 주성분 분석하는 방법이나 다변량 분석의 방법이 이용된다.

다양한 품종의 메이크업 화장품의 사용성 평가와 주성분 분석을 실시한 후, 그 하나의 예로서 립스틱의 종합적 만족도에 가장 기여하는 사용성은 '바르는 느낌이 좋음'으로서 관능 표현으로써는 '잘 발림', '촉촉함', ' 끈적이지 않음' 등이 중요하다는 것을 알게 되었다.

이렇듯 화장품의 관능 표현 및 그 평가 결과를 주성분 분석이나 다변량 분석함으로써 패널들이 그 화장품에 대해 어떠한 점을 기대하고 중시하고 있는가를 알 수 있으며 소비자의 니즈를 발굴하기 위한 하나의 방법도 될 수 있다.

3.2.3 유효성의 객관적 평가법

이상과 같이 화장품의 사용성에 관한 관능 평가법에 대하여 설명하였는데, 관능 평가법은 주관적인 데다가 화장품의 유효성을 과학적으로 검증한다는 점에서는 많은 과제가 발생한다. 예를 들어 관능 평가를 할 때에는 각 개인의 심리 상황, 기호성이나 그 장소의 환경, 평가 방법 등 많은 변동 요인을 내포되어 있으며 평가 시의 환경, 평가 방법을 일정하게 제한하더라도 그 밖의 변동 요인에 따라 크게 좌우되게 된다. 따라서 연구에 있어서는 관능 평가만으로는 신뢰성이 부족하므로 그 타당성을 증명하기 위하여 관능 평가 결과를 통하여 객관적인 근거로 뒷받침할 수 있는 것이 많으며 기기를 이용한 객관적 평가법이 개발되었다.

1) 물리화학적 평가법

객관적인 평가법으로는 크게 나누어 화장품을 피부나 모발에 도포할 때에 느끼는 '매끄러움', '촉촉함', ' 부드러움', '탄력'과 같은 촉감적 요소를 평가하는 방법이나 모발표면의 '윤기'나 메이크업을 통한 '커버력', '투명감'등의 시각적 요소를 평가하는 물리화학적 평가법을 들 수 있다. 전자에서는 피부나 모발 표면에 발생하는 마찰력을 표면마찰 측정기기(마찰감 테스터)를 통해 측정하는 방법이나 피부를 국소적으로 당겨서 흡인한 후에 다시 돌아오는 정도를 평가하는 등의 방법이 있다. 또한, 후자에 관해서는 색채색차계 등을 이용하여 직접 색감을 평가하는 방법이나 변각 분광 측정계(고니오포토스펙트라메터)나 광택계 등을 이용한 방법 등이 있다.

[표 4-5] 관능 용어를 검증하는 대표적인 물리화학적 평가법

구분	관능 용어 예	물리화학적 평가법
물리적 관능 요소	• 촉촉함 ⇔ 보송보송함 • 부들부들함 • 뽀드득함 ⇔ 매끄러움 • 가볍게 발림 ⇔ 뻑뻑하게 발림 • 빠르게 스며듬 ⇔ 느리게 스며듬 • 부드러움 ⇔ 딱딱함(화장품)	• 마찰감 테스터 • 점탄성 측정(리오미터)
	• 탄력이 있음(피부) • 부드러워짐(피부)	• 유연성 측정(Cutometer)
	• 끈적임 ⇔ 끈적이지 않음	• 핸디 압축 시험법
광학적 관능 요소	• 투명감이 있음 ⇔ 매트함 • 윤기가 있음 ⇔ 윤기가 없음	• 변색 분광 측정계 (고니오스펙트럼포토메터) • 클로스메터
	• 화장 지속력이 좋음 ⇔ 화장이 지워짐 • 균일하게 도포할 수 있음 ⇔ 뭉침, 번짐	• 색채 측정 (분광측색계를 통한 명도 측정) • 확대 비디오 관찰 (비디오마이크로스코프)
	• 번들거림(빛남) ⇔ 번들거리지 않음	• 광택계

2) 생리 심리적 평가법

유효성 중에서도 향이나 색 등에 대한 기호성에 있어서는 사람의 심리적 요소를 객관화할 필요가 있다. 사람의 심리적 요소를 직접 객관화하는 것은 매우 힘든 일이나 최근에는 화장품의 사용 전후의 스트레스 지표인 면역 항체 물질 변화나 긴장 이완의 지표인 뇌파 중의 α파의 변화 등을 조사함으로써 화장품 사용에 대한 기호성(기분 좋음)을 객관화할 수 있게 되었고, 이 분야는 향후 발전이 기대된다.

어느 것이라도 화장품의 유효성을 평가함에 있어서는 관능 평가에 의한 주관적 요소와 물리 화학적 평가에 의한 객관적 요소의 양면으로부터 접근하는 것이 중요하며 또 사람의 감성 표현을 가시화하여 해명하는 데에도 필수적이다.

3.2.4 시뮬레이션 영상을 이용한 관능 평가법

지금까지 설명한 관능 평가법이나 물리 화학적 평가법에서는 실제의 평가 대상이 되는 사람에게 화장품을 도포하지 않으면 평가를 할 수 없기 때문에, 가령 메이크업

제품의 완성도나 헤어컬러로 염색을 하였을 때의 인상은 확인할 수 없는 경우가 많다. 실제로 같은 색의 메이크업 제품이나 헤어컬러를 사용하더라도 얼굴의 형태나 피부색, 혹은 머리 모양에 따라 인상이 다른 것은 명확한 일이다. 이러한 경우는 화질이 향상된 최근의 CG 기술을 응용한 시뮬레이션이 새로운 관능 평가 기술로써 활용되고 있다. 예를 들어서 유 캔 메이크업(You can Make-up), 메이크업 미러(Make-up Mirror)는 가상현실을 통해 자신의 사진에 메이크업을 한 것과 같은 결과를 시각적으로 볼 수 있기 때문에 각각의 피부색과 립 컬러의 색채와의 연관성을 소비자가 직접 확인할 수 있으며 이에 대한 연구를 수행하며, 안면의 피부색에 어울리는 립컬러 색의 추천, 제안하는 방법 등을 보고되고 있다. 향후 소비자가 앱이나 프로그램을 통해 화장품을 화면상에서 가상으로 체험함으로써 자신의 기호성에 맞는 화장품을 선택할 수 있게 하는 시스템이 활발하게 이루어지고 있다.

3.3 관능 평가 절차

화장품의 표시 성분 수는 통상적으로 10~30개 정도이고, 많은 성분을 혼합함으로써 섬세한 사용감, 기능을 지니는 화장품이 제조된다. 그리고 향료, 유지, 식물 추출물 등 자연에서 나온 성분은 물론, 활성제, 고분자 등 화학 합성 성분도 그들 자체가 다성분의 혼합물이다. 실제로 화장품을 자세하게 분석하면 성분 수는 표시 성분 수의 수 ~ 십수 배가 된다.

이렇듯 수많은 성분으로 구성되는 화장품의 품질, 기능을 유지하기 위해서는 마치 다수의 복잡한 부품으로 이루어진 정밀기계처럼 최종 제품만이 아닌 개개의 성분(부품)이 일정한 물리 · 화학적 기준(규격)을 만족하는지 다양한 분석 · 시험법을 통하여 확인하는 것이 중요하다. 또한, 본 장에서는 화장품이 갖추어야 하는 기능으로 안정성, 안전성, 사용성, 유효성, 환경성이라는 요소의 평가 기반이 되기도 한다.

원료, 제품의 규격 및 관련 분석 · 시험법에 대하여 현재의 상황을 소개하는 동시에 제품 분석을 개괄적으로 설명하고 고도기기 분석법의 응용 사례를 나타내었다.

[표 4-6] 규격 작성 수속에서의 성분 분류

<table>
<tr><th>일반기재</th><th>계면활성제</th><th>천연 성분</th></tr>
<tr><td rowspan="3">탄화수소류
유지 · 왁스 · 에스테르류
지방산
1가 알코올(스테롤 포함)류
다가 알코올 · 당
에테르 · 케톤
유기산 / 동염
금속비누
아미노류
아미드류</td><td>음이온성 활성제(아미노산계 포함)
양이온성 활성제
양성이온 활성제
비이온성 활성제
레시틴 / 동유도체 · 기타 활성제</td><td>동물 유래물(천연색소 포함)
식물 유래물(조류, 천연색소 포함)
미생물 유래물
단백질 · 아미노산 · 핵산
암석 · 광물 유래물
무기화합물(금속 포함)
무기 · 유기 표면처리물제</td></tr>
<tr><th>고분자 화합물</th><th>약제 등</th></tr>
<tr><td>합성 고분자 화합물(라미네이트포함)
천연 고분자 화합물
반합성 고분자 화합물
실리콘
불소 화합물</td><td>비타민 / 동유도체
기타 유기 화합물
(단품 향료 포함)</td></tr>
</table>

3.3.1 원료 및 제품 규격

공정 성분 규격의 항목은 안전성 담보가 주목적이기 때문에 실용적으로 제공되는 경우에는 사용성 등 제품 독자적인 기능의 보증에 필요한 항목을 추가하여 설정한다. 화장품 성분에 관련된 유일의 공정 규격은 의약외품 원료 규격(외원규, JSQI) 2006 및 동 추보이며 화장품 허인가 제도가 폐지된 2001년 이전의 구 공정 규격인 화장품 원료기준, 화장품 종별 배합 원료 규격에 기재된 성분과 의약외품 유효 성분을 합하여 총계 약 2,600 성분이 망라되어 있으며, 2009년 6월 추가 · 개정을 기하여 정기적인 검토가 이루어지고 있다. 또한, 타르색소는 2003년 성령 개정에 기초하여 규격이 정리되었다. 한편, 허인가 제도 간소화의 일환으로서 안전성이 담보된 복수의 동족 성분을 단일 성분으로서 취급(포괄화)하게 됨으로써 보다 엄밀한 관리를 위한 실용 성분 규격으로 적용할 때에는 다시금 분류, 세분화할 필요가 있다.

규격 항목의 분류를 분석 · 시험 법례가 되는 외원규 통칙, 일반 시험법의 번호, 약칭을 함께 나타내었다. 성분의 화학구조, 조성, 유래의 동정(Identification)을 주목적으로 하며 화장품에서 중요한 요소인 점도 등에 대한 기능 관련 특성(시성치)의 확인을 하는 확인 시험과 반응 부산물, 유연 물질, 혼입 물질과 같은 혼재 물질의 한도를 규정하는 순도 시험, 그리고 함량을 구하는 정량 시험의 3가지로 분류된다.

확인 시험에서는 화학구조뿐 아니라 유지, 활성제 등 그 자체가 혼입물이며 많이 쓰이는 기제 성분 중의 친유기, 친수기의 분포 · 조성의 확인, 기능 관련성 확인이 포함되며 가장 중요한 시험으로서 위치하고 있다. 공정 규격의 순도 시험은 중금속, 비소 등의 혼입 가능성이 있는 유해물, 고분자 화합물 속의 잔류 모노머 등 안전성 관련 항목이 주체로서 양에 대한 규정도 안전성에 대한 우려에 대응하여 ppm 레벨에 이르는 경우도 많다. 실용 성분 규격에서는 제품의 제조, 특성에 영향을 미치는 혼재물, 예를 들어서 양이온성 활성제 속의 식염량, 무기 분말로부터 화장품의 대표적 용매인 물로 용출되는 성분의 총량 등의 항목을 추가할 필요가 있다. 마찬가지로 극히 미량의 분해물 등을 반영하는 성상 중의 색, 냄새도 중요한 항목이 된다.

정량 시험은 약제, 보존제 등의 특정 기능이 있는 화학적 순물질에 기본적으로 설정된다. 정량 대상 물질이 다수에 이르며 혹은 특정하기 곤란한 식물 추출물, 가수분해 단백질 등은 특정 물질 정량 대신 구성 아미노산량의 총 지표가 되는 질소의 정량, 효소 등에서는 기능 지표가 되는 역가 측정을 하는 경우도 있다. 물과 같이 타 기제 성분의 용액으로 쓰이는 성분에 대해서는 용매를 증발시킨 잔류 물량, 혹은 간접적인 용매 정량을 통하여 유효분을 총체적으로 구하는 경우도 많다.

안전성 이외의 항목 선택, 규격치의 결정은 실제 제조 스케일의 성분 3배지 정도를 사용하여 변동과 그 제품 특성으로의 영향을 시작 등의 방법으로 확인한 다음 실시한다. 공정 규격에 유사 성분을 비롯하여 기록이 없는 신규 성분은 신규 의약외품 성분, 포지티브 리스트 성분 승인 신청에 관한 '물리적 화학적 성질 및 규격 및 시험 방법에 관한 자료'작성 요령, 의약품 ICH 가이드라인의 불순물 역치 0.1%를 참고로 조성물을 전체적으로 분석한 다음 규격을 작성한다.

제품 규격의 대표적인 예는 의약외품 중 유효 성분의 확인, 정량 시험이 있다. 규격치는 일반적인 배합량의 90~110%의 범위로 설정하지만 안정성이 낮은 비타민 등에는 하한 80%까지가 인정되는 경우도 있다. 생리 처리용품, 염모제, 퍼머넌트웨이브용제, 약용 치약류에는 승인 기준으로서 규격 · 시험 방법이 일부 정해져 있다. 성상의 색, 냄새, 형상은 유효기한 표시에 관련되는 항목이기도 하며 또 화장품 기준 네거티브 리스트(배합 금지, 제한) 성분 및 포지티브 리스트(EU 화장품 지령 향료 알레르겐 표시 성분, 국제향료협회 IFRA 규제 성분 등), 경시적으로 분해, 생성될 가능성이 있는 안전성 우려 성분(포름알데히드, 니트로아민 등)도 필요에 따라 제품 규격에 포함을 요한다.

[표 4-7] 성분 규격 항목과 분석 · 시험법 예

분류	규격 항목	분석 · 시험법
확인 시험	특정 화학 구조	41. 자외선 흡수 스펙트럼, 64. 분말 X선회절, 71. 양이온성 계면활성제
	특정 화합물군	7. 액화가스, 25. 고급알코올, 26. 고급알코올 지방산에스테르, 27. 향료, 32. 지방산, 36. 실리콘, 39. 수용성 콜라겐, 40. 스테로이드, 42. 다가 알코올, 43. 다가 알코올 지방산 에스테르, 48. 당, 49. 당에스테르 · 솔비탄 지방산 에스테르, 65. 폴리옥시알킬렌글리콜킬에스테르
	표준물질(유지 시간, 유지거리)와의 일치	8. 액체크로마토그래프, 13. 가스크로마토그래프, 54. 박층크로마토그래프, 76. 납지크로마토그래프
	구성 원소, 이온	11. 염색 반응, 45. 정성 반응
	물리 · 화학상수	18. 응고점, 21. 굴절률, 22. 안개점, 51. 연화점, 53. 점도, 56. 비중 · 밀도, 57. 비시광도, 62. 끓는점 · 증류, 66. 겉보기 비용, 70. 녹는점
	평균 조성	3. 아미노가, 9. 에스테르가, 23. 비누화가, 28. 산가, 37. 수산기가, 72. 요소가
	형상	통칙 27. 성상, 17. 경검
	유래	통칙 14. 15. 본질 · 기원
순도 실험	중금속 등 혼입물	24. 원자흡광광도, 33. 중금속, 46. 철, 50. 아연, 58. 비소
	특정 반응 부산물, 유연물질, 혼재물	5. 암모늄, 8. 액체크로마토그래프, 10. 염화물, 13. 가스크로마토그래프, 15. 흡광도, 28. 산가(유리지방산), 54. 박층크로마토그래프, 72. 요소가(불포화 화합물), 74. 황산염
	수분 등 휘발성 성분	14. 건조 감량, 19. 강열 감량, 38. 수분 정량
	잔존 모노머 등	1. 아크릴 잔존 모노머, 2. 아크릴 로니트릴, 68. 메탄올
	물, 산가 · 불용성 혼재물	통칙 30.1. 용상, 29. 산가용물, 31. 산불용물, 67. 수가용물
	회분, 불휘발성 혼재물	12. 회분 · 산불용성 회분, 34. 증발 잔류물
	액성	55. pH
	미량 불순물, 기타	통칙 27. 성상(색, 냄새), 60. 불비누화물, 75. 황산정색물
정량 시험	특정 화합물, 관능기, 원소	4. 알코올 수, 8. 액체크로마토그래프, 13. 가스크로마토그래프, 15. 흡광도, 16. 흡광도비, 30. 산소플라스코연소, 44. 질소정량,47. 전기적정, 52. 이산화티타늄 정량, 59. 비타민 A 정량, 61. 불소, 69. 메톡실기 정량
	특정 화합물군	6. 음이온성 계면활성제, 7. 액화가스, 63. 프로테아제력가, 73. 리파아제력가
	총체 함량	35. 발열 잔분

3.3.2 규격 분석·시험법

규격 항목의 분석 · 시험법은 고전적인 물리 · 화학시험에서 최신 기기 분석까지 광범위한데 보유 설비, 시험 빈도, 필요 감도 · 정밀도 등을 고려하여 효율적으로 선택한다. 외원규 일반 시험법에는 화학시험과 기기분석법을 선택 가능하도록 병기되어 있는 것도 있다.

유기화합물의 구조 확인에서는 관능기 특이적인 자외선 흡수 스펙트럼법(IR)이 필수 범용기기의 하나이며 참조 · 참고 스펙트럼도 제공되고 있다. 무기 분말과 같은 결정 구조에 기초하여 확인하는 데 유용한 분말 X선회절분석법(XRD)의 범용성은 반드시 높다고는 할 수 없으며 구성 금속원소의 정성 반응을 통해서 확인하는 경우가 많다. 유지, 활성제와 같은 다성분 혼합물의 분포 · 조성 확인에는 동족 화합물의 분리가 우수하고 정량에도 극히 유효한 가스(GC), 액체(HPLC) 크로마토그래프가 각각 수소염 이온화 검출기(FID), 자외선부 검출기(UV)와 함께 범용되며, IR과 마찬가지로 필수 기기로 들 수 있다. 비누화가, 수산화가 등의 시성치는 분포 · 조성의 평균 이미지를 나타내는 분석 · 시험법으로서 유용하다.

제품에 들어 있는 약제와 같은 기능성 성분, 유해 성분의 정량에는 분리와 고감도 검출이 우수하고 복잡한 시료 전처리가 불필요한 GC, HPLC가 범용 되는데 위생 감시 관점으로부터 시험법 종합이 이루어지고 있으며 국제표준화기구 ISO에서도 가이드라인 15819 'HLPC-질량 스펙트럼법(MS)-MS에 따른 화장품 중 니트로소 제탄올아민 정량'의 2008년 발행에 기하여 다음 해 10310 '동대체 포스카럼 HPLC법', 그리고 '크로마토그래프법 베리데이션 기준' 검토로 이어지고 있으며 향후 주목을 요한다. 아연과 같은 미량 유해 중금속 정량에는 고온 불꽃 속에서의 원자화와 그 특정 파장 광흡수를 이용한 원자 흡광 스펙트럼법(AAS)도 범용 된다.

3.3.3 제품 분석 및 고도기기 분석법

앞 장의 제품 규격 관련 분석・시험 이외의 제품 분석의 주목적은 라이벌 제품의 기술 분석이었는데 2001년 화장품 전 성분 표시, 2006년 의약외품 자율적 규제를 통하여 그 필요성이 축소되었다. 한편, 복잡한 조성을 갖는 제품의 전체 분석을 위하여 개발된 기술은 고전적 분리법과 고도기기 분석법이 융화된 것으로써 광범위한 응용이 가능하므로 그 한 예를 소개하도록 하겠다.

고전적 분리법에는 증발, 용매 추출, 흡착・분배・이온교환칼럼 크로마토그래프법이 범용 되며 이러한 방법들을 통하여 같은 물리・화학적 성질을 갖는 성분군(휘발성, 무기분말, 고분자, 음이온성, 양이온성, 저・중・고극성 물질 등)으로 크게 나눈 후 성분 규격의 분석・시험법을 기반으로 한 IR, GC, HPLC 등 범용기기로 분석한다.

각종 탄소 결합 상태(화학변환)를 고분해능으로 나타내는 13C-핵자기 공명 스펙트럼법(NMR)은 데이터베이스의 검색과 반정량 정보의 조합을 통하여 복수 성분의 비분리 동정이 가능하다. 분자량 이온을 고효율적으로 발생시키는 소프트 이온화법과 더불어 다중 하전이온화, 비행시간형 측정을 통하여 십만 단위의 고분자량까지 측정이 가능해진 MS도 분포를 갖는 고분자 동족 화합물 동정에 유용하다. 고도 분리가 가능한 GC, HPLC를 각각 승온, 구배용출(그라디언트) 조건하에서 IR, MA, UV・가시광선 스펙트럼 측정이 가능한 다이오드어레이형 검출기, 원소 조성 분석이 가능한 원자발광검출기(AED), 특정 원소의 고감도 선택적 분석이 가능한 고주파 유도플라즈마 발광스펙트럼법(ICP-AES) 등과 연결하는 일종의 주사적 분석도 실시된다. 상호 분리가 곤란한 무기분말 화합물의 조성 분석에는 XRD에 더하여 X선 조사로 발생하는 원소 특이적 형광 X선 스펙트럼(XRF)을 측정하는 방법도 이용된다.

혼합물의 혼합물이라고 하는 화장품의 복잡한 처방으로 만들어지는 섬세한 기능을 염두하고 화장품의 기본이 되는 성분, 제품의 규격, 분석・시험법의 체계와 범용기기 분석법에 대하여 개략적으로 설명하였다. 또한, 제품 분석을 개략적으로 설명하면서 고도기기 분석법도 언급하였는데 전 성분 표시를 통하여 필요성이 축소되는 한편 신규 성분의 개발, 특히 자연 지향에서의 식물 추출물 등의 개발에 관련된 천연자원 분석, 혹은 화장품이 적용되는 피부, 모발과 같은 생체 기구 분석으로 유효 성분 탐색에는 고도의 분석 기술과 그들의 복잡한 조합의 필요성이 높아지고 있다. 이들을 상세하게 나타내는 완성된 문서, 충실을 화장품 분석, 생체 관련 분석에 표시하여 이어지게 하였다.

제품 상담

어떠한 제품을 판매하고 난 뒤 그 제품에 문제나 하자가 생겼을 시 고객과 제품에 대해서 상담을 할 수 있다. 제품상담일지란 제품에 대한 상담이 이루어지고 상담에 대한 내용을 작성한 문서이다. 맞춤형화장품은 소비자가 화장품을 직접 사용하는 방식으로 화장품의 표시사항에 따라 사용용도와 사용량 등을 사용방법에 따라 안전기준을 지키도록 설명하는 것이 필요하다.(네이버 백과 사전 2019. 12. 28)

제품상담일지는 상담번호, 상담 시간, 고객명, 연락처, 주소, 이메일, 상담 내용 등의 항목으로 구성되어있다. 상담을 하고 난 후 상담 내용과 결과 조치에 대해 구체적으로 작성할 수 있도록 한다.

- 각 항목에 정확한 내용만을 일지에 작성을 할 수 있도록 하여야 한다.
- 사실에 대하여 거짓 없이 작성을 하여야 한다.
- 상담내용에 대해 구체적인 작성이 이루어지도록 하여야 한다.
- 각 항목에 알맞은 내용을 작성하고, 수정할 부분은 없는지 다시 검토할 수 있도록 한다.

4.1 맞춤형화장품의 효과

화장 행위는 개인에 따른 주관적 의미만이 아닌 자신과 타인의 상호작용, 그리고 화장으로 어떻게 메시지를 전달할지, 타인에게 어떻게 보여지는가와 같은 사회적 관계성이 건강 개념의 구조와 유사하다. 맞춤형화장품은 인간의 이러한 욕구를 개개인의 필요에 따라 제조하여 사용할 수 있다는 커다란 장점을 가지게 되고 그로 인한 효과는 매우 상승하게 될 것이다. 예를 들어 피부 노화를 막기 위한 자외선 대처 케어와 동시에 건조한 피부에 대한 대처하는 케어를 동시에 만족시킬 수 있는 제품을 개인의 요구에 의해 화장법에 문제가 안 된다면 만들어 사용할 수 있는 것이다. 인간의 생체의 항상성 유지에 기여하는 것은 인간의 긴강에 대한 기여로 이어지게 된다.

4.1.1 맞춤형 화장품의 소비자 혜택

소비자가 맞춤화 제품을 구입하며 얻을 수 있는 혜택은 자신이 원하는 제품을 직접 생산에 참여하면서 꼭 필요한 제품을 가질 수 있다는 것으로 긍정적 맞춤화 과정이라고 할 수 있다. 제품의 가치를 상승시킬 수 있으며 소비자가 얻을 수 있는 상징적인 혜택은 맞춤화 과정 · 결과물을 통해 얻은 제품에 대한 실용적인 혜택과 서비스 측면에서 소비자의 욕구와 니즈(needs)를 충족시키는 기능에 대한 혜택이다.

대량생산이 소비자에게 가격에 대한 혜택을 주었지만 맞춤화는 가격은 올라가더라도 소비자의 만족도와 효용성을 결정짓는 요인으로 소비자가 제품의 생산에 직접 참여하고 결정하여 디자인한 제품에 대해 신뢰도를 가지고 만족할 수 있는 장점을 가지고 있다. 이러한 맞춤형화장품의 자가맞춤화는 심미성과 기능적인 조합이 중요하며 제품에 대한 욕구가 낮은 사람들보다 강한 소비자들이 자가맞춤화 제품의 가치를 보다 높게 인지하므로 맞춤화 제품으로부터 얻을 수 있는 주관적인 혜택 또한 소비자에 따라 다른 결과를 가져올 수 있다.

소비자는 자신이 원하는 맞춤화 제품에 대해 표준화된 제품보다 가격을 지불할 의사(WTP)가 더 높은 것으로 제품의 가치 상승에 대한 연구결과는 맞춤형화장품의 방향성을 제시한다.

맞춤화를 통해 소비자가 얻을 수 있는 혜택과 기업이 얻을 수 있는 혜택에 대해 뷰티산업은 빠르게 시장 대처를 해야한다.

4.1.2 맞춤형화장품의 소비자 가이드라인

혼합 · 판매되는 원료의 효능 · 효과 등 소비자가 알아야 할 정보에 대해 판매장에서 전달하는 방법으로 판매자는 맞춤형화장품 혼합 · 판매 시 판매장에서 소비자에게 맞춤형화장품 혼합 · 판매에 사용된 원료의 성분, 배합 목적 및 배합 한도 등에 관한 정보를 제공하여야 한다. 자율적으로 혼합 · 판매된 제품의 사용기한을 정하고 이를 소비자에게 알려주고, 혼합 · 판매 시 사용기한 등에 대하여 첨부문서 등을 활용하여 제공하고, 사용 시 이상이 있는 경우에는 소비자에게 원칙적으로 판매장이 책임이 있음을 알려야 한다.

소비자는 화장품을 사용하지만 주의사항이나 원료의 성분과 효능, 효과에 대해 알고 사용하는 사람은 많지 않다. 올바른 화장품의 사용을 위해 주의사항은 꼭 필요하다. 화장품법 개정으로 화장품 사용 시 공통의 유의사항은 다음과 같다.

[표 4-8] 화장품 사용 시 공통 유의사항 (화장품법 제19조 제3항, 2016.9.9.)

구분	내 용
공통사항	화장품 사용 시 또는 사용 후 직사광선에 의하여 사용 부위가 붉은 반점, 부어오름 또는 가려움증 등의 이상 증상이나 부작용이 있는 경우 전문의 등과 상담할 것 상처가 있는 부위 등에는 사용을 자제할 것 보관 및 취급 시의 주의 사항 어린이의 손이 닿지 않는 곳에 보관할 것 직사광선을 피해서 보관할 것.

그 외 개별적인 유의사항은 두발용 제품과 세안제, 세정제, 에어로졸 제품 등으로 구분하여 나누어진다.

(본서 2장 4.4 화장품의 사용상 주의사항 참고)

4.1.3 화장품의 품질 보증

화장품 시장은 성숙화되어 시장경쟁이 점점 더 빠르게 변화하고 있다. 또한, 여러 가지 사고가 발생하면서 소비자의 의식이 크게 변화하고 품질에 대한 '시각'에도 엄격

함이 증대되고 있다. 화장품은 기본적으로는 건강한 사람이 일상적으로 피부를 비롯한 인체에 직접 사용하는 것이기 때문에 높은 안전성과 안정성이 요구되는데, 한번 안전・안심에 대한 신뢰를 잃으면 기업의 존속까지도 달린 중대 사태로 이어진다는 것을 몇 가지의 사례가 이야기하고 있다.

품질을 보증하기 위해서는 약사법이나 PL법(Product Liability: 제조물 책임, 생산물 책임, 생산자 책임 등으로 번역되며, 일반적으로 제품을 제조하는 업자 또는 판매하는 업자가 그 제품의 사용, 소비에 의해서 일으킨 생명, 신체의 피해나 재산상의 손해에 대해서 지는 배상(賠償)책임을 말한다.)을 비롯한 관련 법규 준수는 물론, 「화장품의 CGMP(우수화장품 제조 및 품질관리기준 Cosmetic Good Manufacturing Practice, 이하 'CGMP'라 한다)」와 같은 자율적인 기준 준수가 필수이다. 이 화장품 CGMP는 자율적인 기준의 형태이기는 하지만 화장품의 규제 완화의 한 조건이기도 하고 품질 보증으로 향하는 길이기도 하므로 법규에 준하는 취급이 요구된다. 소비자가 안심하고 만족스럽게 사용할 수 있는 화장품을 제공하여 소비자로부터 신뢰를 얻기 위해서는 전사가 하나가 되어 품질 보증에 착수하여 소비자에게 신뢰받는 '제품 만들기'를 하여야 한다.

TIP CGMP 3대 요소

① 인위적인 과오의 최소화
② 미생물오염 및 교차오염으로 인한 품질 저하 방지
③ 고도의 품질관리체계 확립

1) 품질

'품질'이란 상품의 '질'뿐 아니라 사람이나 서비스 등의 '질'까지도 포함하는 폭넓은 '질'을 의미하는 것으로서, JIS Q 9000:2006(ISO9000:2005)에 의하면 "품질이란 본래 갖추고 있는 특성의 집합이나 요구사항에 대한 만족 정도"라고 정의되어 있다. 이 말 중에 '본래 갖추고 있는'이란 '부여된 것이 아닌, 그것이 존재하는 한 지니고 있는 특성'을 의미한다. 또 "요구사항이란 명시되어 있는, 암묵적으로 받아들여지고 있는, 또 의무적으로 요구되는 니즈 혹은 기대"라고 되어 있다.

화장품은 감성 품질의 기여율이 높은 감성상품의 대명사라고도 할 수 있는 것으로서 안전성, 안정성, 사용성, 미용성 등의 기능(하드웨어적인 면)의 외에도 색, 향, 사용 시 및 사용 후의 감촉, 화장 효과, 나아가 용기 디자인, 제품의 이름 등의 소프트웨어적인 면에 대한 배려가 중시된다. 따라서 항상 소비자의 잠재적 니즈 · 기대까지도 정확하게 파악하고 그에 대응한 연구개발, 제품개발, 생산, 판매 서비스 등을 전사가 하나가 되어 실시함으로써 제품과 서비스(하드웨어와 소프트웨어)를 통하여 질 좋은 상품, 브랜드, 메이커를 만들어 소비자에게 만족감 기쁨, 휴식, 안심감을 주는 좋은 '품질'의 제품을 만드는 것이 중요하다.

2) 품질관리

'품질'을 어떻게 경제적으로 생산하여 소비자의 요구에 답할 수 있을지는 기업 활동에서 중요한 부분이다. 이를 위해서는 소비자(고객)는 물론 환경이나 사회가 제품 에 대해 요구하는 품질이나 서비스를 만족시키는 '제품 만들기'를 경제적으로 수행하는 관리방법인 '품질관리'가 효과적이다. 품질관리 수행을 성과로 이어지게 하기 위해선 품질 기반이 되는 논리나 기법을 잘 활용하는 것이 중요하다. 아래에 품질관리에 대한 기본적인 논리와 대처방안을 3가지 관점에 따라 나타내었다.

① 품질에 대한 대처

- 품질을 최우선으로 생각하는 회사 경영을 한다.(품질 제일주의)
- 고객의 요구를 생각한다.(고객 지향, 시장 지향)
- 현 공정에서의 문제를 다음 공정에까지 넘기지 않는다.(다음 공정은 고객)

② 관리에 대한 대처

- 사실(데이터)에 기초하여 판단하고 행동한다.(사실에 기초한 관리)
- 좋은 프로세스, 좋은 방법에서 좋은 품질이 만들어진다. 즉, 품질은 공정에서 만들어진다.(프로세스 관리)

- 품질은 보다 이전 공정에서 만들어진다.(원류 관리)
- 목표를 달성하기 위해서 계획을 세우고(Plan) 실시하여(Do) 그 결과를 점검(Check) 하고 결과에 기초하여 처치(Action)한다. (PDCA 사이클, 관리 사이클)

③ 개선에 대한 대처

- 문제 · 현상을 크기 순으로 배열한 후 중요한 것부터 해결한다.(중점 지향)
- 문제 · 현상 · 요인 등을 나눈다.(층별)
- 결과의 분포에 주목하여 원인을 찾고 대책을 강구한다.(분포 관리)

이와 같은 기본적인 논리와 대처 방안을 통하여 '품질관리'를 실시한다.

또한, '관리'와 '개선'의 관계에 관하여 설명하자면, '관리'란 결과가 목표레벨에서 벗어나지 않도록 일정 수준을 확보하면서 조금씩 나아지게 하는 활동이며, '개선'이란 문제점을 적극적으로 찾아내어 목표를 현재보다 높은 레벨로 끌어올리는 활동이다. '관리'와 '개선'의 두 활동은 차의 양쪽 바퀴처럼 함께 추진하는 것이 중요하다.

3) 품질보증

품질관리 활동을 실시하여 제품을 만들더라도 고객이 구매해서 오랫동안 사용하고 또 다시 구매하고자 하지 않으면 기업 활동은 지속할 수 없다. 다시 말해 고객의 니즈에 부응하여 신뢰를 얻고 나아가 만족감을 줄 수 있도록 품질을 보증하는 활동, 즉 품질보증 활동이 필요하다는 것이다. '품질보증'이란 '고객, 사회의 니즈를 만족시키는 것을 확실히 하고, 확인하고, 실증하기 위하여 조직이 수행하는 체계적인 활동이다'라는 말로 표현할 수 있다. 나아가 사회 환경의 변화에 대응하여 지역은 물론 지구환경 보전까지 아우르는 사회적 책임도 함께 생각하여야 한다. 이 품질보증 활동은 아래에 나타낸 바와 같이 기업 활동의 모든 단계에서 확실히 하고 체계적으로 실시하여 나가는 것이 중요하다.

① 기획 단계의 품질보증

② 설계개발 단계의 품질보증

③ 구매 단계 · 제조 단계의 품질보증

④ 검사 단계의 품질보증

⑤ 판매, 서비스 단계의 품질보증

4) 화장품의 GMP와 ISO9001

(1) 화장품의 GMP(화장품의 제조 품질관리 기준)

일본의 화장품 제조 품질관리 기준은 일본화장품공업연합회의 자율적인 실시의 형태로 정해져 있다. 그것이 화장품 GMP(Good Manufacturing Practice)로서 1981년에 〈화장품의 제조 및 품질관리에 관한 기술지침〉으로서 제정된 이래로 1988년에 일부 개정되었는데, 2007년에는 국제 규격 ISO22716을 채용하여 전면 개정되었다. 이것은 안전성이 높은 우량한 품질의 화장품을 공급하기 위하여 원료 입수에서 최종 제품의 포장, 관리, 출하에 이르기까지의 생산 공정 전반에 걸친 관리체제 확립을 목표로 한다.

종래에는 규정되어 있지 않았던 일탈, 변경 관리, 내부 감사, 위탁, 폐기물이 규정되었다. 이 국제 규격은 세계 각국에서도 채용되고 있으며, 화장품 GMP의 국제 표준으로서의 자리매김이 확립되고 있다. 또한, 일본화장품공업연합회에서는 화장품 GMP의 원활한 운용을 도모하기 위하여 '운용 유의사항', '각종 절차서', 'Q&A' 및 '해설: 약국 등 구조설비 규칙에서의 화장품 등에 대한 적용'이 적힌 책자를 발행하였다. 화장품 GMP는 자율적으로 실시되는 형태를 취하고 있으나 품질이 좋고 우수한 화장품을 제조하여 품질을 보증하기 위해서는 법령에 준하여 엄수하여야 하는 요건이다.

(2) ISO9001(JIS Q9001)

품질 매니지먼트 시스템의 국제 규격인 ISO9001은 국제무역의 원활화를 목적으로 한 세계 공통적인 품질 매니지먼트 시스템으로서 ISO에서 제정된 국제 규격이다. 이 규격을 확실하게 실시하면 일정 수준의 품질이 보증된 제품을 만들 수 있다. 즉, '이

회사의 품질관리는 확실하다'라고 국제적으로 인정되는 품질관리의 기준으로서 제정되었으므로 제품이나 서비스의 품질보증과 고객만족 확보를 목표로 하는 것이다. 구체적으로는 ISO9001(JIS Q 9001)에서 규정되어 있는 요구사항에 대한 실시 운용 상황을 제3자 기관인 감사등록 기관이 심사하여 규격 요구사항을 만족하여야 인증된다.

요구사항의 절차화 → 문서화 → 등록화가 중시되고 있다. ISO9001(JIS Q 9001)은 화장품 GMP와 기본적인 논리는 공통적이며 화장품 GMP와 융합된 품질 매니지먼트 시스템을 구축함으로써 보다 확실한 품질보증 체제가 가능하다.

5) PL법 대책과 품질보증

제조물 책임(PL, Product Liability)은 제조물의 설계상, 제조상, 표시상의 결함으로 인하여 사람의 생명, 신체, 재산에 피해가 발생하였을 때에 제조업자에게 과실이 없더라도 제조업자 등이 손해배상을 하여야 하는 책임으로서 '무과실 책임'이라고 한다.

일반적으로 PL법 대책은

① 제조물 책임법(PL법)과 관련된 소송에 대한 대비로서 각 기록의 보존이나 PL보험 가입 등을 실시하는 '제조물 책임방어(PLD, Product Liability Defence)'

② 제품의 결함, 위험성을 제거하여 안전성을 확보하는'제품 안전(PS, Product Safety)'이 있다. 이들을 총칭하여 제조 책임 방어(PLP, Product Liability Prevention)라고 하며 품질보증 활동의 중요한 과제 중 하나이다.

6) CSR과 환경에 대한 대응

CSR은 Corporate Social Responsibility의 머리자로서 '기업의 사회적 책임'이라고 하며 '법령 준수뿐 아니라 시민, 사회, 지역을 아우르는 스테이크홀더(이해관계자)를 이롭게 하기 위하여 경제, 환경, 사회문제에 대해 균형적으로 사업 활동을 수행함으로써 기업에 적절한 이익을 가져오고 지속적인 발전을 하는 것. 또한, 그 결과를 공표하여 설명의 책임을 다하는 것'이라고 되어 있다. 지금까지 설명한 품질보증 활동은 모두

이에 일관된 것으로서 품질보증을 확실하게 실시하는 것은 CSR 그 자체와 일맥상통한다. 또한, 환경에 대한 대응으로서는 기획 · 설계 단계부터 생산 · 물류까지 전 단계에서 환경에 배려하며, 환경 매니지먼트 시스템인 ISO14001(JIS Q 14001)을 활용한 매니지먼트 실시가 효과적이다.

이상으로 화장품의 품질보증의 개요를 설명하였는데, 품질보증이란 소비자의 니즈를 정확하게 파악하여 고객만족을 얻기 위한 전사적인 활동으로서, 이를 추진함으로써 브랜드의 신뢰성, 가치, 기업의 질을 높일 수 있으므로 경영의 기본 중 한 가지라고 할 수 있다. 나아가 고객만족을 넘어서 감동을 주는 제품 만들기로도 이어진다. 품질보증 추진의 수단에는 다양한 것이 있지만, 그중에서도 화장품 GMP을 확실하게 추진하고 ISO의 인증을 취득하는 품질경영 수행, 경영을 품질이라는 관점에서 종합적으로 추진하는 'TQM(Total Quality Management)' 활동 등을 최대한 조합하여 실시함으로써 보다 확실하고 공개적인 품질보증의 형태로 하는 것이 바람직하다.

4.2 맞춤형화장품의 부작용의 종류와 현상

화장품은 건강한 사람의 피부에 반복하여 장기적으로 사용되기 때문에 의약품처럼 치료라고 하는 유효성과 부작용이라는 위험 밸런스의 가치를 따지는 것이 아니므로 절대적인 안전성이 확보되어야 한다.

소비자들은 화장품 성분에 대해 화학물질이라고 하면 천연물질에 비해 피부 트러블을 일으키고 유해하다고 인지하지만, 오랜 기간 임상과 연구를 통해 안정성을 인정받은 화학물질은 천연물질보다 안전하다는 주장도 있다. 천연물질이라도 사람에 따라서 알레르기 반응을 유발할 수 있다.

하나의 화장품을 만들기 위해서는 보통 20~50가지 성분을 배합하여 화장품을 만드는데 약 7,000가지 정도의 성분이 개발되어 있다.

화장품의 제조사가 양질의 제품을 소비자에게 판매하는 것은 가장 기본이면서 중요한 업무이다. 좋은 품질은 오로지 성능과 안전성 그리고 부작용이 없다는 전제하에,

소비의 주체인 소비자의 입장에서 제품을 직접 사용 후 느낀 만족도에 의해 결정된다. 화장품에서의 품질 특성은 제조 · 판매에 있어 안전성, 안정성, 유효성, 사용성을 말하며 소비자에게 만족을 주는 것이 품질의 기본 요건이다. 이중 인체와 피부에 부작용을 일으킬 수 있는 요인은 안전성과 안정성이다.

[표 4-9] 화장품의 안정성 평가

평가 항목		평가 기준 방법	관찰 사항
경시 안정성	상온 25℃ 30℃	2~3년 이상	분리, 산패 변색, 변취 점도 변화 변형, 증발 화학 변화 침전, 발한 발분
	Cycle -10℃ 45℃	1주~1개월 이상	
내온성	고온 37℃ 40℃ 45℃	1~2개월 이상	
	저온 0℃	1주~1개월 이상	
내광성	자연광	변퇴색: 맑은날 1~2주 변취,광분해: 2주~1개월	
	인공광	형광 Lamp: 1~2년 Carbon Arc: 100~200시간 Xenon Lamp: 20~30시간	
미생물	방부 System 선정	CTFA 안내기준 Linear gression method 기타	CFU
내 충격성	낙하시험	3mm 고무판 70~100cm 자유낙하 (3회 이상)	균열, 파손
포장재	기능	실제 적용 Test	사용 기능
	Campatibility (내온, 내광, 내습)	1~2개월 이상	변취, 변퇴색, 분리, 색소 용출, 용량

(본서 2장 5. 위해사례 판단 및 보고 참고)

4.2.1 맞춤형화장품 판매자의 유의사항

제품의 품질과 안전성 관리를 위하여 장비 세척 등 자율적으로 관리하며 위생적인 조건에서 혼합 · 판매할 수 있도록 오염 방지를 위하여 혼합 행위를 할 때에는 단정한 복장을 하며, 혼합 전 · 후에는 손을 소독하거나 씻고, 전염성 질환 등이 있는 경우에는 혼합 행위를 하지 않는다.

혼합하는 도구 또는 기기는 사용 전 · 후에는 세척 등을 통하여 오염 방지를 위한 위생 관리를 하고, 완제품 및 원료의 입고 시 제조소, 품질관리 여부를 확인하며, 필요한 경우에는 품질 성적서를 구비한다. 완제품 및 원료의 입고 시 사용기한을 확인하고 사용기한이 지난 제품은 사용하지 않는다. 사용하고 남은 제품은 개봉 후 사용기한을 정하고 밀폐를 위한 마개 사용 등 비의도적인 오염 방지를 한다.

판매장 또는 혼합 · 판매 시 오염 등 문제가 발생했을 경우에는 세척, 소독, 위생관리 등을 통하여 조치를 취하고 원료의 보관방법은 규정을 준수하고, 가능한 직사광선을 피하는 등 품질에 영향을 미치지 않는 장소에서 보관하도록 한다. 혼합 후에는 물리적 현상(층 분리 등)에 대하여 육안으로 이상 유무를 확인하고 판매하도록 한다(식약처, 화장품법 제5조 제9항 제2016-7).

4.2.2 맞춤형화장품 판매원의 개념과 인식

판매원은 "소비자에게 상품 구매를 유도하기 위한 상품의 지식과 정보를 제공함으로써 구매자를 만족시키는 것뿐만 아니라 사후관리 업무를 수행하는 사람"을 의미하며, 인적판매 담당자를 의미한다.

화장품은 생활필수품이기보다는 감성적인 구매 제품으로 소비 추세가 점점 가치 지향적으로 변해가면서 고객은 자신의 가치를 높여주고 욕구를 충족시켜 줄 수 있는 제품을 원하며, 상품 구색을 갖춘 쾌적한 매장 환경에서 판매원들의 높은 수준의 응대를 받으면서 구매하기를 희망한다. 따라서 맞춤형화장품의 판매원은 소비자에게 제품에 관한 설명뿐 아니라 사용 후 있을 수 있는 부작용에 관한 설명과 그에 따른 대처 방안까지 습득하여 화장품에 대한 정확하고 전문성 있는 정보를 제공하여야 한다. 단순 판매로 맞춤형화장품을 판매한다면 서비스의 질 저하와 고객 이탈의 또 다른 원인이 될 수 있다.

화장품 회사의 제품에 대한 교육에 관련된 연구에 의하면 방문 판매 같은 경우 판매원의 매출은 제품에 대한 전문적인 지식 교육과 연관되어 있어 매출 향상을 위해서는 교육이 중요하며, 전문적인 지식 전달과 상담 스킬이 필요한 기능성화장품의 판매를 위하여 교육에 대한 체계적인 시스템이 필요하다. 화장품을 구매하는 장소는 화장품 전문점을 가장 많이 이용하며 판매원의 전문 카운셀링이 제품 구매 욕구에 긍정적인 영향을 높이는 만큼 판매원의 전문성은 매우 중요하다. 시판 화장품 전문점의 판매원 교육은 소비자에게 상품에 대해 설명하고 신제품과 같은 새로운 상품 정보를 제공하면 매출 상승에 긍정적인 효과를 주기 때문에 판매원에게 보다 전문성과 최상의 서비스 마인드를 이끌어 내기 위해서는 서비스 교육 시스템을 강화하고 상품에 대한 효능과 사용 가치에 대해서도 충분한 교육을 통해 제품에 대한 지식을 갖추도록 하는 것이 고객 감동이라는 서비스로 확대할 수 있다. 소비자들은 화장품 판매원이 제품에 대한 충분한 전문적인 지식을 갖추어야 제품에 대한 신뢰성을 가지게 되어 맞춤형화장품 조제관리사는 원료에 대한 성분 분석과 사용 후 부작용과 같은 피부질환에 대한 충분한 지식을 가지고 직접 소비자와 상담을 통해 제품을 제조해야 하므로 제품에 대한 전문성이란 요인이 매우 중요함을 인식하여야 한다.

4.3 내용물 및 원료의 사용 제한사항

맞춤형화장품의 내용물 및 원료의 범위는 법적 규제사항은 아니지만 맞춤형화장품의 혼합 및 소분 시 발생할 수 있는 위해 요소를 예방하기 위하여 권장되는 사항이다.

맞춤형화장품의 혼합 · 판매의 원칙을 살펴보면 다음과 같다. 맞춤형화장품 혼합 행위는 무등록 제조 행위와 구별되기 위해 소비자의 직 · 간접적 요구에 기존 화장품(맞춤형 전용화장품 포함), 향료, 색소, 영양성분 등(이하 특정 성분)의 혼합으로, 혼합 범위를 제조판매업자가 특정 성분을 규정하고 있는 경우 그 범위 내에 특정 성분의 혼합과, 기본 제형(유형)이 정해져 있어야 한다.

특정 성분의 혼합으로 기본 제형(유형)의 변화가 없는 범위 안에서 가능하다. 화장품법에 따라 등록된 제조업체에서 공급된 특정 성분의 혼합이 이루어져야 하고 인위적인 공정을 거치지 않는 화학적인 변화의 성분은 아니다. 기존 표시·광고된 화장품의 효능·효과에 변화가 없는 범위 내에서 특정 성분의 혼합과 제품명이 정해져야 하며, 제품명의 변화 없이 특정 성분을 혼합하거나, 타사 제품명에 특정 성분을 혼합하여 새로운 자사제품명을 만들어 판매할 수 없으며, 원료 등만을 혼합하는 경우는 제외한다 (식약처, 화장품법 제5조 제9항 제2016-7).

(본서 2장 3. 화장품 사용제한 원료 참고)

[예외 사항] 맞춤형화장품을 기능성화장품으로 인정받아 판매하려는 경우

맞춤형화장품판매업자에게 원료를 공급하는 화장품책임판매업자가 「화장품법」 제4조에 따라

① 해당 원료를 포함하여 기능성화장품에 대한 심사를 받거나 보고서를 제출한 경우

② 대학·연구소 등이 품목별 안전성 및 유효성에 관하여 식약처장의 심사를 받은 경우 기능성 화장품의 고시 원료의 사용이 허용된다.

TIP 맞춤형화장품 원료와 내용물의 관계

원료는 맞춤형화장품의 내용물의 범위에 해당하지 않으며, 원료와 원료를 혼합하는 것은 맞춤형화장품의 혼합이 아닌 화장품 제조 행위로 판단된다.

5

맞 · 춤 · 형 · 화 · 장 · 품 · 의 · 이 · 해

제품 안내

소비자를 대상으로 한 맞춤형화장품 정보 제공의 중요성 소비자가 불만을 제기하였을 시 교환 및 환불에 대한 분쟁 발생 우려가 있으므로 제품 판매 전 소비자에게 정확한 정보를 제공하고 이해시키는 것이 중요하다. 사용 시 이상이 있는 경우 소비자가 판매자 혹은 식품의약품안전처에 안전사고 발생 내역을 신고할 수 있도록 절차를 안내한다.

1) 맞춤형화장품조제관리사의 정의

(1) 맞춤형화장품조제관리사란 맞춤형화장품판매장에서 맞춤형화장품의 내용물이나 원료의 혼합 또는 소분 업무를 하는 자

(2) 맞춤형화장품조제관리사 자격 및 자격증(「화장품법」 제3조(영업의 등록))

① 맞춤형화장품조제관리사의 자격: 맞춤형화장품조제관리사가 되려는 사람은 화장품과 원료 등에 대하여 식품의약품안전처장이 실시하는 자격시험에 합격하여야 하며, 자격시험에 합격하는 경우 자격증이 주어진다.

② 맞춤형화장품조제관리사의 의무: 맞춤형화장품판매장에서 내용물 등의 혼합 또는 소분 업무는 맞춤형화장품조제관리사 자격시험을 치러 자격을 갖춘 맞춤형화장품조제관리사만 할 수 있다.

2) 소비자에게 제공되어야 하는 정보

(1) 판매자는 혼합에 사용된 베이스 화장품 및 특정 성분, 사용용도, 최대 배합한도, 사용기한 등의 정보를 소비자에게 제공할 수 있어야 한다.

(2) 소비자를 대상으로 한 맞춤형화장품 정보 제공 방법

① 맞춤형화장품 판매 시 소비자에게 판매하는 맞춤형화장품의 내용물, 원료, 제품 사용 시의 주의사항에 대하여 설명해야 한다.

② 매장에서 전 성분, 사용기한 등의 정보를 포장에 직접 표시하기 어려운 경우 첨부문서나 온라인 등을 활용하여 관련 정보를 제공할 수 있다.

5.1 맞춤형화장품 표시사항

맞춤형화장품 기재사항(「화장품법」 시행규칙 제19조(화장품 포장의 기재 · 표시 등))

맞춤형화장품 판매 시 1차 · 2차 포장에 기재되어야 할 정보는 아래와 같다. 맞춤형화장품 혼합 및 소분에 사용되는 내용물, 원료 정보와 사용 시의 주의사항은 포장에 표기하지 않아도 되지만, 판매 시 소비자에게 설명해야 한다.

[표 4-10] 맞춤형화장품의 기재사항 (「화장품법」 시행규칙 별표 4)

구분	내용
1(필수)	다른 제품과의 구분을 위한 화장품의 명칭 (여러 제품에서 공통으로 사용하는 명칭을 포함)
2(필수)	화장품책임판매업자 및 맞춤형화장품판매업자 상호 ('화장품책임판매업자'와 '맞춤형화장품판매업자'는 각각 구분하여 기재 · 표시. 다만, '화장품책임판매업자'와 '맞춤형화장품판매업자'가 동일한 경우 구분하지 않아도 됨)
3(필수)	가격 (소비자에게 직접 화장품을 판매하는 판매업자가 개별제품에 대해 스티커 등으로 표시. 취급제품의 종류 및 진열상태 등으로 인해 개별제품의 가격 표시가 곤란한 경우 제품명과 가격이 포함된 정보를 제시하는 방법으로 별도 표시 가능)
4(필수)	맞춤형화장품의 식별번호 (제품 추적관리를 위하여 혼합 및 소분 기록을 확인할 수 있도록 판매업자가 부여한 번호로, 일반 화장품의 제조번호와 같음. 식별번호 부여 체계는 사내규정으로 정하여 관리)
5(필수)	사용기한 또는 개봉 후 사용기간 (개봉 후 사용기간 기재의 경우 혼합 · 소분일 병행 표기)
6(선택)	맞춤형화장품판매업자의 주소 (맞춤형화장품판매업신고필증에 적힌 소재지 기재 · 표시)

5.2 맞춤형화장품 안전기준의 주요사항

1) 세부 준수사항(맞춤형화장품판매업자)

① 맞춤형화장품판매업소마다 맞춤형화장품조제관리사를 둘 것

② 둘 이상의 책임판매업자와 계약하는 경우 사전에 각 책임판매업자에게 고지 후 계약 체결

- 맞춤형화장품 혼합 · 소분 시 책임판매업자와의 계약 사항 준수

③ 맞춤형화장품 판매내역(전자문서 형식 포함) 작성 · 보관

- 맞춤형화장품 식별번호(맞춤형화장품의 혼합 또는 소분에 사용되는 내용물 및 원료의 제조번호와 혼합 · 소분 기록을 포함하여 맞춤형화장품판매업자가 부여한 번호)
- 판매일자 · 판매량
- 사용기한 또는 개봉 후 사용기간 (맞춤형화장품 사용기한 또는 개봉 후 사용기간은 맞춤형화장품 혼합 또는 소분에 사용되는 내용물의 사용기한 또는 개봉 후 사용기간 초과 불가)

④ 보건위생상 위해가 없도록 맞춤형화장품 혼합 · 소분에 필요한 장소, 시설 및 기구의 정기 점검

- 작업에 지장이 없도록 위생적 관리 · 유지

⑤ 혼합 · 소분 시 오염 방지를 위한 안전관리기준 준수

- 혼합 · 소분 전에는 손을 소독 또는 세정하거나 일회용 장갑 착용
- 혼합 · 소분에 사용되는 장비 또는 기기 등은 사용 전 · 후 세척
- 혼합 · 소분된 제품을 담을 용기의 오염 여부를 사전 확인

⑥ 판매 중인 맞춤형화장품이 유통 기준에 어긋나는 화장품 중 하나에 해당되는 경우 신속히 책임판매업자에게 보고하고, 회수대상 맞춤형화장품을 구입한 소비자에게 적극적으로 회수조치

⑦ 맞춤형화장품 관련 안전성 정보(부작용 발생 사례 포함)에 대해 문제 발생 시 신속히 책임판매업자에게 보고

⑧ 맞춤형화장품 내용물 및 원료의 입고 시 품질관리 여부 확인

- 책임판매업자가 제공하는 품질성적서 구비 (다만, 책임판매업자와 맞춤형화장품 판매

업자가 동일한 경우 제외)

⑨ 맞춤형화장품 판매 시 해당 맞춤형화장품의 혼합 또는 소분에 사용되는 내용물 및 원료, 사용 시의 주의사항에 대하여 소비자에게 설명

2) 설비와 도구의 세척

설비와 도구는 적절히 세척하고 필요할 때는 소독을 해야 한다. 세척의 종류를 잘 이해하고, 자사의 설비 세척의 원칙에 따라 세척하고 판정하여 그 기록을 남겨야 한다. 제조하는 제품의 전환 시뿐만 아니라 연속해서 제조하고 있을 때에도 적절한 주기로 제조 설비와 도구를 세척해야 한다. 언제 어떻게 설비와 도구를 세척하는지의 판단은 맞춤형화장품조제관리사의 중요한 책무다.

설비와 도구의 세척에는 많은 종류가 있다. 세척대상 물질 및 세척대상 설비에 따라 "적절한 세척"을 실시해야 한다. 그리고 세척에는 "확인"이 따르기 마련이다. 맞춤형화장품 조제관리사뿐만 아니라 화장품 제조에 관련된 직원이 세척을 잘 이해해야 한다.

[표 4-11] 세척 대상 및 확인 방법

구분	내 용
세척대상 물질	- 화학물질(원료, 혼합물), 미립자, 미생물 - 동일제품, 이종제품 - 쉽게 분해되는 물질, 안정된 물질 - 세척이 쉬운 물질, 세척이 곤란한 물질 - 불용물질, 가용물질 - 검출이 곤란한 물질, 쉽게 검출할 수 있는 물질
세척대상 설비	- 설비, 배관, 용기, 호스, 부속품 - 단단한 표면(용기내부), 부드러운 표면(호스) - 큰 설비, 작은 설비 - 세척이 곤란한 설비, 용이한 설비
세척 확인 방법	- 육안 확인 - 천으로 문질러 부착물로 확인 - 린스액의 화학분석

(본서 3장 3.1 설비 기구의 위생기준 설정 참고)

쉽게 물로 제거할 수 있는 세제라도 세제 사용 후에는 문질러서 지우거나 세차게 흐르는 물로 헹구지 않으면 세제를 완전히 제거할 수 없다.

부품을 분해할 수 있는 설비와 도구는 분해해서 세척한다. 그리고 세척 후는 반드시 미리 정한 규칙에 따라 세척 여부를 판정한다. 판정 후의 설비와 도구는 건조시키고, 밀폐해서 보존한다. 설비와 도구 세척의 유효기간을 설정해 놓고 유효기간이 지난 설비는 재세척하여 사용한다.

TIP 도구와 기기 세척의 원칙

- 위험성이 없는 용제(물이 최적)로 세척한다.
- 가능한 한 세제를 사용하지 않는다.
- 증기 세척이 좋은 방법이다.
- 브러시 등으로 문질러 지우는 것을 고려한다.
- 분해할 수 있는 설비는 분해해서 세척한다.
- 세척 후는 반드시 "판정"한다.
- 판정 후의 설비와 기구는 건조 · 밀폐해서 보존한다.
- 세척의 유효기간을 설정한다.

(본서 3장 3.2 설비기구의 위생상태 판정 참고)

5.3 맞춤형화장품의 특징

최근 보건복지부에서는 K-뷰티로 명명되는 국내 화장품 산업의 육성과 함께 2020년까지 국내 화장품 산업을 세계 4대 강국으로 도약한다는 목표로 4대 전략을 수립하였으며, 그 전략 중 하나가 바로 제도와 규제 개선이다.

이에 따라 식품의약안전처에서는 화장품법 제도 개선을 진행하였다. 그 핵심 내용은 천연화장품 · 유기농화장품 인증제도의 도입, 소비자 화장품 안전관리감시원의 도입 등과 함께 맞춤형화장품의 정의 및 맞춤형화장품판매업 영역을 신설하는 것으로 2018년 2월 20일 이와 같은 내용이 화장품법(일부) 개정 법률로 국회 본회의를 통과하였다.

(본서 2장 2.2 판매가능한 맞춤형화장품 구성 참고)

5.3.1 맞춤형화장품 판매 등의 금지

1) 맞춤형화장품 판매 및 판매 목적 보관 · 진열 금지

「화장품법」 제16조(판매 등의 금지)

누구든지 다음 각호의 어느 하나에 해당하는 화장품을 판매하거나 판매할 목적으로 보관 또는 진열하여서는 안 된다.

(본서 4장 6.2 화장품 배합한도 및 금지 원료 TIP 맞춤형화장품의 영업 금지 참고)

2) 화장품 소분 판매의 금지

누구든지(맞춤형화장품조제관리사를 통해 판매하는 맞춤형화장품판매업자 제외) 화장품의 용기에 담은 내용물을 나누어 판매하여서는 안 된다.

3) 맞춤형화장품판매업의 결격 사유

다음 각호 중 어느 하나에 해당하는 자는 화장품제조업 또는 화장품책임판매업의 등록이나 맞춤형화장품판매업의 신고를 할 수 없다.

이 중 (1), (3)은 화장품제조업만 해당한다.

(1) 전문의가 화장품제조업자로서 적합하다고 인정하는 사람을 제외한 「정신건강증진 및 정신질환자 복지서비스 지원에 관한 법률」 제3조 제1호에 해당하는 정신질환자

(2) 피성년후견인 또는 파산신고를 받고 복권되지 않은 자

(3) 「마약류 관리에 관한 법률」 제2조 제1호에 따른 마약류의 중독자

(4) 「화장품법」 또는 「보건범죄 단속에 관한 특별조치법」을 위반하여 금고 이상의 형을 선고받고 그 집행이 끝나지 않았거나 그 집행을 받지 않는 것이 확정되지 않은 자

(5) 「화장품법」에 따라 등록이 취소되거나 영업소가 폐쇄(1–3호 중 해당하여 등록이 취

소되거나 영업소가 폐쇄된 경우 제외)된 날부터 1년이 지나지 않은 자

5.3.2 맞춤형화장품의 환경 문제

화장품에 대해서는 프레온 규제에 대한 대응과 같은 몇 가지의 움직임이 있기는 하였으나 큰 환경 문제에 이른 예는 찾을 수 없다. 그러나 용기의 폐기 문제, 제조 시의 공해 대책뿐 아니라 자원 · 에너지와 같은 지구 규모의 새로운 환경 문제에 대하여 적절하게 대응하고 지속적인 발전이 가능한 사회 구축을 지향하기 위해서도 환경에 대한 대처의 중요성은 점점 높아지고 있다.

환경 대책을 추진하기 위한 하나의 방책으로서 환경 계획 ISO14001 활용이 있다. ISO 14001은 기업에게 환경 활동에 대한 의무를 요구하며, 기업이 책정한 환경 방침에 따라서 환경부하저감을 지향한 환경 개선 활동을 전개하는 것이다. ISO14001은 시스템의 구축과 규정 정비에 중점을 둔 것으로서 환경 퍼포먼스(폐수 처리 성적 등)의 내용까지는 언급하지 않았기 때문에 각각의 환경 대책의 실효성에 대해서는 계속적으로 자기검증을 실시하여 성능 향상을 꾀하는 것이 중요하다.

5.4 맞춤형화장품의 사용법

화장품 제조 기술은 점도조절제, 유성물질, 계면활성제 함량 등의 다양한 요인과 기획 의도 그리고 사용 목적에 따라 달라질 수 있다. 열역학적 안정성과 입자 크기에 따라 가용화, 유화 그리고 분산으로 분류 할 수 있다.

(본서 4장 1.1.2 맞춤형화장품의 유형 [표 4-2] 맞춤형화장품으로 제조될 수 있는 화장품 제품군 참고)

5.4.1 맞춤형화장품판매업 관리

1) 맞춤형화장품판매업 관리

① 맞춤형화장품판매업소마다 맞춤형화장품조제관리사 필요

② 맞춤형화장품판매내역 명시 (식별번호, 판매일자 · 판매량, 사용기한 또는 개봉 후 사용기간)

③ 보건위생상 위해가 없도록 맞춤형화장품 혼합 · 소분에 필요한 장소, 시설 및 기구 등을 점검하여 작업에 지장이 없도록 관리 · 유지

④ 안전관리기준에 맞추어 혼합 · 소분 시 오염 방지

2) 판매장에서 맞춤형화장품 조제에 사용하는 내용물 또는 원료

① 화장품책임판매업자를 통해 일차적인 안전성 · 품질이 확보된 것을 사용

② 화장품책임판매업자는 맞춤형화장품판매업자에게 혼합 내용물 및 원료 정보(성분 · 함량, 성분 사용용도, 성분간 상호작용) 제공 필요

3) 맞춤형화장품과 기성화장품 간의 구분 필요성

맞춤형화장품은 기존의 기성화장품과는 제조방식이 구별되므로 화장품 책임판매업자와 계약 없이 기존에 시장에서 판매되고 있는 기성화장품에 특정 성분을 혼합하여 새로운 맞춤형화장품으로 판매하는 것은 허용되지 않는다.

TIP 맞춤형화장품판매업자의 세부 준수사항

- 맞춤형화장품조제관리사 자격증을 가진 자가 수행
- 화장품책임판매업자로부터 받은 내용물 및 원료 사용
- 화장품책임판매업자와 계약한 사항 준수

5.4.2 맞춤형화장품판매업 준수사항

1) 맞춤형화장품판매자의 유의사항

(본서 1장 1.4 3) 맞춤형화장품판매업 참고) 법 5조 제3항 화장품법 시행규칙 제12조

제품의 품질과 안전성 관리를 위하여 장비 세척 등 자율적으로 관리하며 위생적인 조건에서 혼합 · 판매할 수 있도록 오염 방지를 위하여 혼합 행위를 할 때에는 단정한 복장을 하며 혼합 전 · 후에는 손을 소독하거나 씻고, 전염성 질환 등이 있는 경우에는 혼합 행위를 하지 않는다.

2) 맞춤형화장품판매장 자율 위생점검

- 맞춤형화장품판매자는 자체적으로 매장 위생점검을 실시해야 하며, 미흡한 사항에 대하여 개선 조치를 취하여야 한다.
- 판매장 위생점검은 자율적으로 점검표를 구성하여 자체 점검에 활용할 수 있다.

TIP 소비자에게 제공되어야 하는 정보

판매자는 혼합에 사용된 베이스 화장품 및 특정 성분, 사용 용도, 최대 배합한도, 사용기한 등의 정보를 소비자에게 제공할 수 있어야 한다.
소비자를 대상으로 한 맞춤형화장품 정보제공 방법

① 맞춤형화장품 판매 시 소비자에게 판매하는 맞춤형화장품의 내용물, 원료, 제품 사용 시의 주의사항에 대하여 설명해야 한다.
② 매장에서 전 성분, 사용기한 등의 정보를 포장에 직접 표시하기 어려운 경우 첨부 문서나 온라인 등을 활용하여 관련 정보를 제공할 수 있다

6

혼합 및 소분

화장품에는 사용 목적이나 형태에 따라 수없이 많은 종류의 제품이 있으며, 이 제품에 사용되는 원료도 수없이 많은 종류가 있다. 화장품이라는 하나의 가치를 지닌 상품을 만들기 위해서는 화장품 하나에 통상 약 20~50여 종의 화장품 원료가 적절히 구성 배합된다. 구성 성분의 특성과 그 배합률에 따라 다양한 종류의 화장품이 만들어지는데, 약 6,500여 종의 화장품 원료 가운데 사용 목적이나 사용 형태에 맞는 성분을 선별하여 제품을 개발하게 된다.

이러한 원료들은 크게는 천연물을 가공하거나 분리하여 얻는 것과 합성하여 얻는 것으로 나눌 수 있다. 화장품의 원료는 과학 기술의 발전과 더불어 천연물, 합성물, 바이오 생산물 등 여러 부분에 걸쳐 새로운 원료들이 개발되어 화장품의 품질 향상과 다양화를 도모하여 왔다.

1980년대부터 조직 배양 발효 등의 생명공학 기법을 활용하여 과거에 고가였던 원료들을 비교적 싼 가격으로 대량으로 얻게 되어, 이러한 원료의 사용량도 늘어가는 추세이다. 생물공학적 기법에 의해 만들어진 원료는 수없이 많은데, 이들 중 대표적인 것의 예로는 히아루론산과 세라마이드 등을 들 수 있다. 현재 이러한 원료를 이용하여 개발된 화장품은 피부 생리 매커니즘에 매우 적합하며 때로는 특정 효과나 기능을 갖게 되기도 한다. 과거에는 동물 추출물과 합성원료들이 많이 사용되었으나, 최근에는 자연성 원료, 즉 식물성 원료들의 사용이 증가하고 있으며, 이에 따라 화장품도 점차 자연적인 사용감을 갖는 방향으로 개발되고 있다.

한편, 화장품은 의약품과는 달리 어떤 특정한 약효를 갖는 성분을 함유하는 것은 아니지만 점차 화장품에서도 미백, 잔주름 방지, 육모 등의 기능성을 갖는 방향으로 개발되고 있다.

6.1 원료 및 제형의 물리적 특성

원료 규격(Specification)은 원료의 전반적인 성질에 관한 것으로 원료의 성상, 색상, 냄새, pH, 굴절률, 중금속, 비소, 미생물 등 성상과 품질에 관련된 시험 항목과 그 시험 방법이 기재되어 있으며, 보관 조건, 유통기한, 포장 단위, INCI명 등의 정보가 기록되어 있다. 원료 규격서에 의해 원료에 대한 물리, 화학적 내용을 알 수 있다.

원료의 COA(Certificate of Analysis)는 원료 규격에 따라 시험한 결과를 기록한 것으로, 화장품 원료가 입고될 때 원료의 품질 확인을 위한 자료로 첨부된다. 이 COA를 보고 자가 품질 기준에 따라 원료의 첫 적합 여부를 판단한다. COA에는 일반적으로 물리화학적 물성과 외관 모양, 중금속, 미생물에 관한 정보가 기재되어 있다.

화장품에 사용되는 원료를 대략적으로 구분하면 유지, 왁스류 및 그 유도체, 계면활성제, 보습제, 보존제 자외선 흡수제, 산화방지제, 점증제, 향료, 색소, 염료, 안료 외에도 특수첨가제로 비타민류, 아미노산류, 천연추출물 등으로 광범위하다.

화장품은 인간의 피부와 모발에 직접 사용하기 때문에 사용 원료의 선택이 중요하며, 또한 그 안전성을 항상 검토하는 동시에 품질도 좋은 것을 사용하지 않으면 안 된다. 그래서 '보건복지부'에서는 화장품의 안정성 확보와 위생적인 품질 확보를 위해 '화장품 품질기준'을 정하고 있으며, 이것에 준하여 '화장품 원료 기준'을 규정하고 있다.

화장품 원료 선택조건으로서 크게 고려해야 할 것은

1. 사용 목적에 따른 기능이 우수할 것.
2. 안전성이 양호할 것.
3. 산화 안정성 등의 안정성이 우수할 것
4. 냄새가 적고 품질이 일정할 것 등이다.

합성화학을 기초로 하는 과학의 진보가 화장품 원료 분야에까지 확산되고 있으며 기능성 원료나 복합 원료의 개발로 화장품의 새로운 형태가 가능해지고, 유용성이 있는 화장품 개발에 크게 기여하고 있다. 그러나 선진국에서의 신규 원료 개발은 급속도로 발전되고 있지만, 국내에서는 시장 규모도 적어 합성세제 이외의 원료 개발이 부진한 상태다. 그렇지만 원가 절감이라는 경제성 외에 몇 가지를 고려해 볼 때, 일부 화장품 회사를 시작으로 하여 자체 기술로 기존 원료뿐만 아니라 신규 원료 개발을 추진하고 있어서 앞으로 기대할 수 있을 것으로 여겨진다.

화장품의 시대에 따라 원료와 연구의 방향이 다양하게 변하여 왔다.([표 4-12])

[표 4-12] 연도별 국내 화장품 연구 동향

연대	연구과제	내용	주요 기술
1950년대	원료 수급	1. 가내 수공업 시대 (비방에 의한 생산)	제조 처방
1960년대	안정성 유효성	1. 화장품의 체계적 연구 (해외기술 도입) 2. 제조 및 품질 관리 기술의 발전	계면화학 화학, 기계공학
1970년대	사용성 안전성	1. 원료의 다양화 2. 자연스러운 사용감	계면화학, 유동학 유기화학, 생화학
1980년대	안전성 유효성	1. 민감성 피부용 제품 2. 생명공학 기술 응용 원료 3. 유효성 평가 기술의 진보 4. 새로운 제형 재품 개발	피부과학, 생화학 생물공학 정밀화학 계면화학, 약학
1990년대 2000년대	유효성 기능성 친환경 안전성	1. 미백, 육모 등 피부에 관한 기초연구 2. 기능성 원료개발 및 제품의 고기능화 3. 유효성 연구의 확대 ECO 등 친환경 안전 강화 줄기세포등을 이용한 고기능화 Nano 기술을 이용한 유효성 강화	피부생리학, 약학 감성공학, 생화학 약리학, 계면화학 생명공학 Nano Tec. 감성공학

또한 화장품의 원료가 갖는 다양한 성질과 피부에 주는 영향으로 원료 선택 시 다양한 조건을 고려해야 하며 화장품의 기능은 피부의 청결 및 피부 보습, 피부세포의 활성, 외부 환경으로부터 피부의 보호와 아름다운 피부 색감의 표현의 5가지 기능이라고 할 수 있으며, 최근 개발되고 있는 화장품 원료들은 이러한 기능에 맞추어 개발되고 있다. 화장품의 품질 요소와 세부 요소에 관한 내용은 다음과 같다.

[표 4-13] 화장품의 품질 요소

품질요소	세부요소	세부내용	관련기술
기능	안전성	무자극, 무allergy, 중금속 등	면역학, 경피 흡수
	유효성	노화 방지, 보습, 보호, 미백, 육모 등	피부생리학, 약리학, 피부활성성분 개발 등
	안정성	미생물 오염 방지, 분리, 변취 없음 등	계면화학, 유동학, 미생물 등
감성	사용성	자연스러움, 부드러움, 지속력, 밀착감 등	관능실험, 유동학, 미용법 등
	색상	유행성, 기호성 등	색채학 등
	향취	취향, 독특함, 지속성 등	향료화학 등

(본서 2장 1.3 원료및 제품의 성분 정보 참고)

6.2 화장품 배합 한도 및 금지 원료

맞춤형화장품은 화장품에 사용할 수 없는 금지 원료를 사용할 수 없다. 맞춤형화장품의 영업 금지는 누구든지 다음 각호의 어느 하나에 해당하는 화장품을 판매(수입대행형 거래를 목적으로 하는 알선 · 수여 포함)하거나 판매할 목적으로 제조 · 수입 · 보관 또는 진열하여서는 안 된다.

TIP 맞춤형화장품의 영업 금지

- 심사를 받지 않았거나 보고서를 제출하지 않은 기능성화장품
- 전부 또는 일부가 변패된 화장품
- 병원미생물에 오염된 화장품
- 이물이 혼입되었거나 부착된 것
- 화장품에 사용할 수 없는 원료(「화장품 안전기준 등에 관한 규정」[별표 1])를 사용하였거나 유통화장품 안전관리 기준에 적합하지 아니한 화장품
- 코뿔소 뿔 또는 호랑이 뼈와 그 추출물을 사용한 화장품
- 보건위생상 위해 발생 우려가 있는 비위생적인 조건에서 제조되었거나 시설기준에 적합하지 아니한 시설에서 제조된 것

- 용기나 포장이 불량하여 해당 화장품이 보건위생상 위해를 발생할 우려가 있는 것
- 사용기한 또는 개봉 후 사용기간(병행 표기된 제조연월일 포함)을 위조·변조한 화장품

6.2.1 사용상 제한이 필요한 원료

「화장품법」 제8조 제2항에 따라 식품의약품안전처장은 보존제, 색소 자외선차단제 등과 같이 특별히 사용상의 제한이 필요한 원료에 대하여는 그 사용기준을 지정하여 고시하여야 한다.

이에 따라 사용상의 제한이 필요한 원료를 보존제 성분, 자외선 차단 성분, 기타 성분으로 나누어 각각 사용한도를 지정하고 있으며 국내에서 제조 수입 또는 유통되는 모든 화장품은 해당 사용 목적의 원료를 포함할 경우 그 사용한도를 만족하여야 한다. 앞으로도 국내 외 유해사례, 위해평가 · 결과 등을 반영하여 국민 보건상 위해 우려가 있는 원료에 대해 사용한도를 추가 지정하여 나갈 예정이다.

※ 색소에 대해서는 「화장품의 색소 종류와 기준 및 시험방법」(식약처 고시)에서 화장품의 제조 등에 사용할 수 있는 색소와 사용기준 등을 정하고 있다. 해당 업체에서는 화장품 중 보존제 성분 자외선 차단 성분 등이 지정된 사용한도 범위 내에서 사용되도록 함량 상한을 충분히 고려하여 사용한도를 초과하지 않도록 주의해야 한다.

(본서 1장 1.5.1 화장품의 안전성 [표 1-2] 검출허용기준 참고)

6.2.2 화장품에 사용할 수 없는 금지 원료

「화장품법」 제8조 제1항에 따라 식품의약품안전처장은 [별표 1]에서 화장품 제조 등에 사용할 수 없는 원료를 지정하고 있으며, 해당 원료를 국내에서 제조 수입 또는 유통되는 모든 화장품에 사용되어서는 아니 된다. 앞으로도 국내 외 유해사례, 위해평

가 결과 등을 반영하여 국민보건상 위해 우려가 있는 원료에 대해 사용할 수 없는 원료로 추가 지정하여 나갈 예정이다.

또한 [별표 1]의 사용할 수 없는 원료 외의 원료는 화장품 제조 등에 사용 가능하나 [별표 1]에 해당되지 않는 원료의 경우에도 화장품법, 「화장품법」 제2조의 화장품 정의에 부합되는 목적으로 화장품 원료를 사용하여야 하고, 원료에 대한 적절한 기준 규격 설정 및 충분한 위해성을 검토한 후 화장품 제조 등에 사용하는 것이 바람직하다.

참고로 식품의약품안전처장은 국내 · 외에서 유해물질이 포함되어 있는 것으로 알려지는 등 국민 보건상 위해 우려가 제기되는 화장품 원료 등의 경우 위해요소를 신속히 평가하여 그 위해 여부를 결정하고 해당 화장품 원료 등을 사용할 수 없는 원료로 지정하는 등의 조치를 하고 있으며, 「위해평가 방법 및 절차 등에 관한 규정」(식약처 고시)에서 과학적이고 객관적이며 투명한 화장품 위해평가 수행을 위한 방법 및 절차 등에 관한 세부사항을 정하고 있다.

【화장품법 제2조 (정의)】

1. "화장품"이란 인체를 청결 · 미화하여 매력을 더하고 용모를 밝게 변화시키거나 피부 · 모발의 건강을 유지 또는 증진하기 위하여 인체에 바르고 문지르거나 뿌리는 등 이와 유사한 방법으로 사용되는 물품으로서 인체에 대한 작용이 경미한 것을 말한다. 다만 「약사법」 제2조 제4호의 의약품에 해당하는 물품은 제외한다.

(부록 [별첨] 화장품 시행규칙 참고)

6.2.3 화장품에 있어서의 부작용의 원인

화장품은 자체의 안정성은 대개 충분한 시험을 거치기 때문에 크게 문제가 되는 경우는 많지 않으나, 화장품의 원료에 의한 영향뿐 아니라 사용 시의 온도, 습도 등의 환경조건, 잘못된 사용방법, 사용자의 체질 및 생체 리듬의 변화에 대한 경우도 있을 수 있다.

최근에는 미백이나 주름 개선을 목적으로 사용되는 여러 가지 유효성분들도 그 효과에 반하여 피부 부작용을 일으키는 경우가 많은데, 이는 체내에 존재하지 않는 성분이 신체에 접촉할 경우 이를 항원으로 인식하여 항체가 생성되면서 면역반응으로 이어지기 때문이다.

많은 경우가 처음에는 과민 반응을 보이다가도 피부에 차츰 적응하여 이상 반응을 나타내지 않게 되는 예도 많다. 이러한 현상은 화장품을 처음 사용하거나 새로운 제품으로 바꾸어 사용할 경우 흔히 발생되는데, 이럴 경우 테스터를 이용하여 사전에 간단한 적응 테스트를 거쳐 그 제품이 자신에게 이상이 있는지에 대한 정보를 파악한 후에 사용하는 것도 하나의 방법이다.

(본서 2장 4.4 화장품의 사용상 주의사항 참고)

1) 안전하지 않은 화장품

① 수은, 중금속, 비소 등이 함유된 화장품
- 피부를 일시적으로 하얗게 하지만 피부의 세포를 죽게 만들어 결국은 피부를 시퍼렇게 변하게 하는 성분

② 빛, 온도 및 습도 등에 의하여 변질되어 독성이 있는 물질로 변하는 성분을 가지는 화장품
- 광독성 물질

③ 여드름 등 면포를 야기시키는 성분을 가지는 화장품

④ 피부에 붉은 반점, 부어오름, 가려움증 및 자극 등을 일으키는 화장품

2) 기능성화장품의 기능성 성분에 대한 기준

- 심사 또는 보고한 기준에 적합하여야 함. (보통 표시량의 90.0% 이상)

3) 인체 세포 · 조직 배양액 안전기준

- 인체 세포 · 조직 및 그 배양액은 사용금지 원료이나 안전 기준에 적합한 경우에 한하여 제한적으로 화장품 제조 등에 사용 가능
- 공여자의 적격성 검사, 세포 · 조직의 채취 및 검사, 배양시설 및 환경관리, 배양액의 제조, 배양액의 안전성 평가, 배양액의 시험검사, 기록 보존 등이 관리되어야 함.

6.2.4 위험물

일반적으로 위험물이라고 하면 폭발물, 독극물, 인화물, 방사선 물질 등 그 종류가 많지만, 「소방법」상의 위험물은 화재 위험이 큰 것으로 소방법 시행령에서 정한 인화성 또는 발화성 물품을 말한다.(소방법 시행령 제12조)

이들 물품은 그 자체가 인화 또는 발화하는 것과, 인화 또는 발화를 촉진시키는 것들이 있다. 「소방법 시행령」 [별표 3]에서는 이러한 물품들의 일반 성질, 화재 예방 방법, 소화 방법 등의 공통점을 묶어 제1류에서 제6류까지 분류하고 있다. 또 각 류별 위험물 중 위험성이 높은 것을 갑종 위험물, 위험성이 낮은 것을 을종 위험물로 구분하여 제조소 등의 위치, 구조, 설비 등 기술상의 규제에 이용하고 있다.(소방 기술 기준에 관한 규칙 제145조)

1) 위험물의 저장 및 취급 시 주의 사항

- 가열, 충격, 마찰 등을 피하고 분해를 촉진하는 약품류 및 가연물과 접촉을 피할 것
- 용기가 파손되거나 공기 중에 노출되지 않도록 밀봉하여 저장할 것
- 점화원으로부터 멀리하고 가열을 피할 것
- 물과 접촉하면 가연성 가스가 발생하므로 화기로부터 멀리할 것
- 물, 유기물, 가연물 및 산화제와의 접촉을 피할 것
- 증기는 유독하므로 취급 시에는 보호구를 착용할 것
- 용기의 파손 및 균열에 주의하며, 통풍이 잘되는 냉암소에 저장할 것
- 용기는 밀전, 밀봉하고 운반 용기 및 포장 외부에는 화기 엄금, 충격 주의 등의 주의 사항을 게시 할 것

2) 물질 안전 보건 자료(MSDS)

「산업안전보건법」 제41조(물질 안전 보건 자료의 작성 비치 등) 개정에 따라 물질 안전 보건 자료(MSDS) 작성 주체가 변경되어 2012년 1월 26일 부터 시행되고 있다. 이러한

MSDS/GHS는 한국산업안전보건공단(www.kosha.or.kr)에서 홈〉정보 사항〉직업 건강 정보〉MSDS/GHS에서 볼수 있다.

MSDS(Material Safety Data Sheets)란 화학 물질의 유해 위험성, 응급조치 요령, 취급 방법 등을 설명해 주는 자료이다. 우리가 일상생활에서 냉장고와 같은 가전제품을 구입하면 그 취급 방법, 사용 시 주의 사항 등에 대한 설명서가 있고, 또 의약품을 구입하면 그 성분 및 함유량, 효능, 부작용 등을 알려 주는 설명서가 있는 것처럼 화학 제품의 안전한 사용을 위한 설명서가 바로 MSDS이다.

※ 상기 대상 물질에 대한 세부 기준은 "물질 안전 보건 자료의 작성 · 비치 등에 관한 기준"(노동부 고시) [별표 1]에 있음.

6.3 원료 및 내용물의 유효성

화장품에 사용되는 원료 및 내용물의 유효성은 스킨케어 제품과 메이크업 제품을 비롯한 헤어케어 제품이나 바디케어 제품, 나아가 향수 제품에 이르는 넓은 범위에서 고려된다. 화장품의 유효성은 다양한 평가에 의해 고객만족을 주지만, 크게 나누면 피부의 생리적인 변화에 따른 생물학적 유효성과 피부의 물성 변화에 따른 물리화학적 유효성, 그리고 마음의 변화에 따른 생리심리학적 유효성으로 분류할 수 있다. 스킨케어 · 메이크업 · 헤어케어 · 바디케어 제품에 관한 유용성에서는 주로 화장품 사용을 통한 피부 표면에서 피부 내부에 이르는 변화로 화장품별 원료와 내용물의 유효성을 살펴보고자 한다.

6.3.1 기초화장품의 유효성

1) 스킨케어의 역할

건강한 피부에서는 적당한 정도의 수분과 지질이 균형을 이루어 유지되고 있으며, 이 균형을 유지하는 메커니즘을 '호메오스타시스'라고 한다. '호메오'는 '동일', '스타

시스'는 '일정한 상태'라는 의미로 이를 '항상성 유지'라고 한다. 기초화장품은 외부의 다양한 자극에 의해 항상성 유지 기능이 무너져 질병은 아니지만 일상생활 속에서 피부의 기능이 잘 이루어지지 않을 때 그 기능을 회복하기 위하여 또는 다양한 외부 자극으로부터 피부를 지키기 위하여 사용된다.

2) 기초화장품의 3대 효능

약사법의 규정에서는 화장품의 효능 효과로서 55개 항목이 인정되고 있다.

이 기능 효과로 살펴 본 기초화장품의 역할을 정리하여 보면 3가지의 큰 효능으로 집약된다.

① 피부를 세정한다.

② 피부를 보호한다.

③ 피부를 건강하게 유지한다.

최근 종류가 상당히 늘어난 바디케어 화장품(입욕제나 입욕 시에 사용하는 바디세 정제 등을 포함)도 얼굴용 기초화장품과 비슷한 역할을 하지만 바디케어 화장품에는 슬리밍이나 데오도런트(deodorant)와 같이 얼굴의 스킨케어와는 다른 역할도 있다.

3) 기초화장품의 유효성

(1) 세정 [더러움을 씻어냄으로써 피부를 청정하게 함, 세정을 통하여 여드름, 땀띠 방지(세안제)]

(2) 보습(피부에 촉촉함을 부여, 피부에 수분 · 유분 공급)

(3) 자외선 차단(일광 화상을 방지)

(4) 유연(피부의 유연성을 유지, 피부를 부드럽게 함)

(5) 미백(일광 화상으로 인한 기미, 주근깨를 방지)

(6) 여드름 방지(세정을 통하여 여드름, 땀띠를 방지)

(7) 주름, 피부 처짐 억제(피부에 탄력을 부여)

(8) 스트레스 완화(화장요법, 마사지)

기초화장품의 유효성은 다양하며 그중에서도 '피부의 거칠어짐'과 각질층의 수분 유지 기능 혹은 피부 방어벽 기능과의 관계는 1980년경부터 연구되어 왔으며, 이 분야에 관해서는 피부의 생리 상태나 생리 기능에 관한 다양한 비침습적 측정법이 개발됨으로써 많은 지견을 얻을 수 있었다. 그 결과 피부의 보습과 항상성 유지의 관계, 모이스처 밸런스 등이 입증되었다. 즉 각질층 역에 대한 연구가 심화되어 온 것이다. 또한, '일광 화상 방지', '일광 화상으로 인한 기미나 주근깨 방지', '여드름 방지'와 같은 유용성 연구에 있어서도 피부의 생리기능 연구를 통한 메커니즘 해명과 동시에 유용한 소재의 개발도 이루어지고 있다.

6.3.2 메이크업 화장품의 유효성

1) 메이크업의 역할

메이크업의 역할과 효과에 대한 관점을 생각하였을 때 오늘날의 메이크업에는 베이스 메이크업과 포인트 메이크업이 있으며, 그 역할과 효과는 일반적으로 미적, 보호적, 심리적 유효성의 3가지가 고려된다.

(1) 미적 유효성

얼굴이나 입술, 눈꺼풀, 볼 등의 부위에 화장(색채, 광택, 탄력, 투명성 등)을 함으로써 아름답고 매력적으로 보이도록 완성하여 외견의 가치를 높이는 기능을 한다.

(2) 보호적 유효성

자외선이나 건조, 대기오염, 물리적인 외력(문지름 등) 등 외부 자극으로부터 피부나 신체부위를 지키는 기능을 한다.

(3) 심리적 유효성

화장 및 화장품은 '마음'이나 '신체'에 작용함으로써 만족감이나 안심감, 삶의 보람 등을 느끼게 하는 기능을 한다.

2) 메이크업 화장품의 미적 유효성

(1) 베이스 메이크업

베이스 메이크업에서 요구되는 미적 유용성이란 자신의 취향에 맞는 아름답고 매력적인 화장을 할 수 있는 것이다. 이를 위하여 베이스 메이크업에는 다양한 종류와 제형, 그리고 다양한 컬러(피부색)가 있다. 이들은 다양한 조건(TPO)이나 피부색, 피부 상태, 그리고 자기표현 등에 따라 알맞게 선택하여 자신이 원하는 아름다운 화장을 하기 위한 것이다. 또한, 메이크업의 완성은 약 70%가 베이스 메이크업으로 결정된다는 말처럼 메이크업을 잘 완성하는 비결은 어떻게 아름다운 피부 화장을 하는가에 달렸다고 이야기될 정도로 중요한 것이다. 이러한 화장을 실현하는 주요 조건은 '화장막의 균일성', '색채와 질감', '화장의 지속력'의 3가지로 요약할 수 있다.

(2) 포인트 메이크업

'파운데이션과 립스틱' 정도의 간결하고 단정한 화장에서 오늘날의 메이크업은 적극적인 포인트 메이크업을 통하여 자기연출(자기표현)을 하는 메이크업으로 변화했다. 포인트 메이크업의 미적 유용성은 베이스 메이크업으로 피부를 정돈한 다음 입술이나 눈꺼풀, 볼 등 각 부위에 색채나 광택, 생기, 입체감, 윤곽, 촉촉함 등을 표현함으로써 그 부위의 표정을 강조하고 전체와의 조화를 꾀하여 아름다운 모습으로 완성하는 것이다. 화장하는 부위(입술, 눈, 손톱 등)의 형태나 특성이 다르고 제품에 요구되는 물질 이나 기능 등도 천차만별이지만, 미적 유용성을 실현하기 위한 주요 조건으로는 베이스 메이크업과 마찬가지로 '화장막의 균일성', '색채와 질감', '화장의 지속력'의 3가지가 고려된다.

① 화장막의 균일성

② 색채와 질감

③ 화장의 지속력

[표 4-14] 포인트 메이크업의 종류와 미적 유효성

구분	내 용
아이섀도	눈꺼풀이나 눈가에 색이나 질감을 부여하여 깊이나 입체감, 광채가 있는 눈의 아름다움을 강조한다.
마스카라	속눈썹을 위로 올려 컬을 만들고 볼륨감을 내어 눈을 크고 또렷하게 보이게 하여서 눈가를 강조한다.
아이라이너	눈의 둘레에 라인을 그려서 윤곽을 강조하여 눈을 크고 또렷하게 보이게 하여 인상을 바꾼다.
아이브로우	눈썹을 원하는 모양으로 그려서 얼굴의 인상을 바꾼다.
매니큐어	손톱에 광택이나 색채를 부여하여 손끝에 다양한 표정을 부여한다.
입술연지	입술에 아름다운 색조나 광택, 촉촉함을 부여하여 아름답고 매력적으로 표현한다.
볼연지	볼에 색채나 질감을 부여하여 밝고 건강해 보이도록 표현한다.

3) 메이크업 화장품의 보호적 유효성

베이스 메이크업은 화장막을 통하여 자외선이나 먼지, 바람, 추위, 건조와 같은 외부자극으로부터 피부를 지키는 기능을 한다. 최근 베이스 메이크업은 적극적인 스킨케어 효과가 기대되며, 구체적으로는 건조로부터 피부를 지키는 보습 효과나 피부에 대한 부담을 줄이는 호흡성과 통기성이 있는 화장막, 소프트한 느낌의 강한 화장막 등 다방면으로 피부 보호 향상을 위한 노력이 이루어지고 있다. 포인트 메이크업을 하는 부위는 다양하지만 그 중에도 특히 입술은 점막에 가까워서 다른 피부에 비해 쉽게 거칠어지는 성질이 있으므로 건조나 자외선으로부터 입술을 보호해야 한다. 또한, 손톱은 네일 에나멜로 보호되고 강화된다. 아이 메이크업 제품은 민감한 부위에 사용해야 하므로 소프트한 느낌이나 안전성 등에 있어서도 배려되고 있다.

4) 메이크업 화장품의 심리적 유효성

메이크업은 외관을 아름답게 변화시킬 뿐 아니라 '마음'과 '신체'에도 작용하는 힘이 있다. 오늘날의 고령 사회나 스트레스 사회에서 메이크업이 심신에 작용하는 심리 효과에 대해 여러 관점을 통한 조사와 연구가 수행되고 있으며 수많은 보고가 발표되어지고 있다.

① 정신적 고양과 면역계 · 내분비계 활성화
② 고령자, 치매 환자에 대한 정신적 효능
③ 얼굴의 트러블과 마음속 고민을 개선하는 힘

6.3.3 모발용 화장품의 유효성

헤어스타일에 따른 이미지의 변화는 외적, 심리적으로 크게 작용하고 원하는 머리 상태의 구현을 목적으로 일상생활 속에서 사용되는 샴푸, 린스, 스타일링제, 육모 · 양모제와 주로 헤어살롱 등에서 사용되는 파마제, 컬러링제 등의 유효성은 다음과 같다.
(2장 2.1.3 모발용 화장품 원료의 효과 참고)

1) 샴푸

샴푸는 모발과 두피의 더러움을 제거하여 청결하게 유지하는 것이 주목적으로, 모발이 자라나는 모공에서는 항상 피지가 분비되며 그 피지는 두피의 표면이나 모발로 퍼져 나간다. 따라서 며칠 동안 머리를 감지 않으면 머리나 두피가 끈적이게 될 뿐 아니라 상재균 등에 의하여 피지가 분해되어 냄새나 가려움, 염증의 원인이 된다. 또한, 헤어왁스나 하드스프레이와 같은 스타일링제를 바른 채로 두게 되면 끈적이거나 뻣뻣해지고 모발이 엉키는 원인이 되기도 한다. 그래서 이러한 성분을 제거하기 위해서는 계면활성제를 주성분으로 하는 샴푸가 유용하다. 계면활성제에는 물로만은 완전히 제거할 수 없는 피지나 스타일링제 속의 유성 성분을 물에 녹이는 성질이 있기 때문에 물로 씻어내면서 물과 함께 제거할 수 있다.

2) 린스(컨디셔너, 트리트먼트)

사람의 모발은 염색이나 빗질 등 다양한 원인에 의하여 손상되어 매끄러움이 사라지거나 엉키게 된다. 샴푸를 한 직후의 모발은 특히 엉키기 쉬운 상태가 되므로 이를 방지하여 매끄러운 모발로 만들기 위해 린스(컨디셔너, 트리트먼트)가 사용된다. 샴푸는 피지와 같은 더러움을 씻어낼 뿐 아니라 모발의 성분인 단백질이나 지질을 녹여내며 특히 손상된 모발의 경우 이러한 모발 성분이 많이 용출된다.

3) 육모· 양모제

머리숱이 적어져서 두피가 보이면 실제 연령보다 나이들어 보이는 경우가 많다. 또한, 외견뿐 아니라 나이를 먹으면서 머리의 탄력이나 힘이 사라지거나 볼륨이 있는 헤어스타일을 만들기 어려워지게 된다. 그래서 이러한 상태를 개선하거나 머리숱이 적어지는 것을 예방하기 위하여 육모 · 양모제가 사용된다.

4) 스타일링제

자고 일어난 후의 모발은 눌리거나 뻗쳐 있다. 이러한 상태로부터 모발을 정돈하여 원하는 헤어스타일을 만들고 그 헤어스타일을 유지하기 위하여 스타일링제가 사용된다. 스타일링의 가장 첫 단계로 뻗친 머리를 원래대로 하여야 한다. 이를 위해서는 모발 내부로 물을 침투시켜야 하는데 워터 제품은 활성제나 알코올 등을 사용하여 물이 침투하기 쉽도록 처방 설계되며 뻗친 머리를 정돈하는데 효과적이다.

스타일링제에 요구되는 윤기 부여의 기능은 모발 표면에서의 빛의 반사율을 높이기 위하여 실리콘 유도체나 오일 성분 등이 사용되고, 차분하게 정돈하여 빛의 반사 방향을 맞추어 윤기를 높이기 위한 고분자 화합물 등이 쓰이기도 한다.

5) 퍼머제

퍼머제는 헤어스타일을 만들고 그 스타일을 유지하며 머리를 감은 후에도 헤어스타일이 유지되며 스타일링제와 같은 끈적임이나 뻣뻣함을 수반하지 않기 때문에 지속성이 있는 헤어스타일의 기초를 만들기 위하여 유용하다. 모발의 형태는 모발 전체의 볼륨감과도 깊은 관계가 있어서 직모에 가까운 상태에서는 볼륨이 억제된 실루엣이 되는 것에 반하여 웨이브 상태의 모발에서는 볼륨이 있는 실루엣이 된다. 이렇게 모발의 형태를 변형시키기 위하여 퍼머제가 사용된다. 퍼머제는 1, 2제가 모발에 직접 작용함으로써 상태를 변화시키기 때문에 지속성이 있는 웨이브 형성이 가능하다.

6) 염모제 · 블리치제

염모제나 블리치제는 모발의 색이나 농담(濃淡)을 변화시켜 외견의 인상을 변화시키는 데에 유용하다. 흑발이나 금발, 갈색머리 등 두발의 색은 다르다. 이러한 모발의 색은 멜라닌이라고 총칭되는 물질의 종류와 양에 따라서 결정된다. 이것은 앞서 설명한 모발 형태와 마찬가지로 선천적인 요소가 강하다. 또한, 노화로 인하여 멜라닌이 사라져서 흰머리가 난다. 흰머리 염색의 원리를 간단히 설명하면 색소의 전구물질이나 커플러라고 하는 물질을 흰머리의 내부에서 화학반응(산화중합)시켜서 흑색 또는 갈색의 색소를 형성하고 모발 내부에 고정하는 방법이다.

6.3.4 향료의 유효성

아주 오래전부터 향료를 생활 속에서 활용하여, 기원전 3세기부터 1세기까지 고대 이집트에서는 올리바눔(유향, olibanum)이나 미르라(몰약, myrrh) 등을 분향료로서 종교 의식이나 제사에서 사용하여 향긋한 향기를 신에게 바쳤다. 유향은 식용, 기호품으로서도 사랑받고 있으며 충치나 기관지염 등의 치료에도 사용된다. 몰약은 강장, 건위제로서 사용된다. 그 밖에 고대 이집트나 메소포타미아, 인도 등지에서는 아니스, 시더우드, 커민, 코리앤더, 타임, 페퍼, 카더몬, 정향, 진저, 백단향 등 현재에도 친숙한 향료가 사용되었는데, 이것들은 향료인 동시에 전통 의학에서 쓰이는 약초이다. 이뇨, 창상 치유, 진정, 진통, 각성, 가온(加溫), 최면, 면역력 향상, 항염증, 살균 등은 오랜 경험적 측면에서 발견된 향료의 다양한 효능이 과학 기술의 발달로 훌륭한 의약품이 만들어지는 현대에도 피토테라피(phytotherapy: 식물요법)이나 아로마테라피(aromatherapy: 향기요법)로서 대체의료 등의 분야에서 연구가 진행되고 있다.

1) 향료 성분의 효능과 향의 효능

향료의 효능은 그 작용 원리에 따라서 크게 2가지로 나누어 생각할 수 있다. 향료에 들어있는 성분이 직접적으로 작용하여 발생하는 약리 효과에 기초한 효능과 향료의 향을 맡음으로써 후각을 통해 발생하는 생리적 효과에 기초한 효능이다. 유럽의 전통적인 아로마테라피에서는 식물 기원의 천연향료인 정유를 도포하거나 증기를 흡입하거나 또는 내복하는데 그 효능의 작용기작은 주로 체내에 흡수된 정유 성분의 약리작용에 기초한 것이라고 생각된다. 한편, 향료 성분이 직접적으로 작용하지 않더라도 향기를 맡음으로써 후각 정보가 생체로 전달되어 인간의 심신에 다양한 향을 미친다는 것이 밝혀졌다. 향의 심리 생리 효과에 기초한 효능을 조사하여 헬스 & 뷰티 케어로의 응용을 지향하는 연구는 종래의 아로마테라피와 구분하기 위하여 아로마콜로지(aromachology: 향기 심리학)라고 불린다.

2) 향료 성분의 약리 작용

아로마테라피에서는 증상에 따라서 다양한 정유가 사용되는데 그 작용의 근거는 전적으로 경험이나 전승에 기초한 것이 주를 이룬다. 그러나 정유에는 테르펜탄화수소, 알코올, 알데히드, 케톤, 에스테르 등 다양한 종류의 유기화합물이 들어 있으므로 실제로 무언가 약리 작용을 나타내는 성분이 존재할 가능성이 있다. 최근에는 in vitro 나 in vivo 의 다양한 시험법을 이용하여 정유나 그 성분의 약리 작용이 조사되고 있으며, 중추 진정, 항불안, 항경련, 항염증, 항알러지, 항궤양, 항균, 항바이러스, 항산화 등의 작용이 확인되었다. 또한, 개개의 성분에 비하여 그 성분들이 혼합되어 있는 정유가 더욱 높은 효과를 보이는 경우도 많으므로 정유 성분의 상승 효과는 정유 사용의 이점 중 한 가지라고 생각된다. 화장품 분야에서는 스킨케어, 헤어케어, 바디케어 등으로의 응용을 목적으로 향료 성분의 약리 작용이 연구되고 있다.

① 미백 작용
② 항노화 작용
③ 육모 작용

3) 향기의 생리·심리 작용

이상으로 향료 성분의 약리 효과에 대하여 몇 가지 예를 소개하였는데, 향료 성분이 직접적으로 약리작용을 보이지 않더라도 향기를 맡음으로써 후각 정보가 생체로 전달되어 우리들의 심신에 다양한 향을 미치는 것으로 알려져 있다. 심리학, 생리학, 생화학 등 다양한 분야의 시험방법을 이용한 연구를 통하여 향이 기분이나 심리 상태뿐만 아니라 뇌기능, 신경계, 내분비계, 면역계, 나아가 피부와 같은 말초기관에도 향을 미치는 것이 밝혀졌다. 피로감의 경감, 작업 효율의 향상, 수면 개선, 의식 수준의 각성, 진정, 스트레스 완화, 자율신경 기능의 조정, 면역기능 개선 등 향기의 다양한 작용이 보고되었다.

① 긴장완화 · 피로 회복 효과
② 스트레스 완화 효과
③ 스킨케어 작용
④ 슬리밍 작용
⑤ 향기의 생리 · 심리 작용의 메커니즘

냄새분자는 분자량 약 20에서 300의 휘발성 저분자 유기화합물로서 수십만 종류가 있다고 한다. 호흡과 함께 구강 내로 들어온 냄새분자는 후상피에 존재하는 후세포에서 발현되는 냄새분자 수용체를 통해 인식된다. 사람의 경우 약 350종류의 냄새분자 수용체가 있는 것으로 추정되고 있으며 냄새분자를 감지하는 센서의 역할을 하고 있다.

향료에는 중추 진정, 항불안, 항경련, 항염증, 항알러지 등의 약리 작용이나 피로감 경감, 수면 개선, 의식 수준의 각성, 진정, 스트레스 완화 등 후각을 경유한 향기에 의한 생리심리적 효과가 실증되었다. 종래 화장품은 신체의 외면에서 케어하는 방법밖에 하지 못하였으나 향료, 특히 향기의 효능을 이용함으로써 자율신경계나 내분비계 등에 작용하여 신체의 내면에서도 케어가 가능해졌다.

6.4 화장품의 원료 및 내용물의 규격

6.4.1 화장품의 제형과 제품군

화장품의 모체가 되는 제형에 관한 전체적인 화장품 타입은 다음과 같다.

① 투명액상 각종 원료를 물 등의 용매에 용해 혹은 가용화한 것으로서 안정성 면에서 보존 중에 침전이나 혼탁, 퇴색이 발생하지 않도록 주의를 기울일 필요가 있다.

② 분산액상 대표적인 제품은 네일 에나멜로 용매에 색재가 균일하게 분산(흩어져 퍼짐)되어 있는 것이다. 색재의 비중이 커서 보존 중에 이들이 가라앉아 분리되면 외관이 나쁘므로 안정성 면에서 이러한 일이 발생하지 않도록 주의를 기울일 필요가 있다.

③ 로션이 대표적인 제품이다. 최근에는 유화 기술의 진보를 통하여 안정성 등이 뛰어 난 제품이 시장에 나와 있는데, 안정성 면에서는 보존 중에 분리가 발생하지 않도록 주의를 기울일 필요가 있다.

④ 크림 화장품 중 대표적인 제형으로서 많은 제품에서 이용되고 있다. 크림 역시 로션과 마찬가지로 유화 기술이나 실리콘계의 새로운 계면활성제의 이용을 통하여 안정성, 사용성 등이 양호한 제품이 만들어지고 있다.

⑤ 겔 사용이 편한 타입의 제품으로서 수계와 유계의 것이 있다. 색재, 펄제를 분산시켜서 예쁘게 만든 제품도 있으며, 수계의 것은 깔끔하므로 여름철에 사용하기 알맞다.

⑥ 반고형 액상과 고형의 중간의 제품으로서 유화하지 않은 제품을 의미한다. 여름철과 겨울철을 통틀어 사용성이 가능한 한 변치 않아야 하며 안정성에도 주의가 기울여지고 있다.

⑦ 고형 화장품, 특히 메이크업 화장품의 대표적인 세형으로서 낳은 제품이 이 타입에 속한다. 그중 파운데이션과 립스틱에 대하여 설명하자면 전자는 색재, 분체가 주가되는 제품으로서 여기에 유분, 계면활성제 등이 추가된다. 색재, 분체의 표면을 처리하거나 복합화하여 광학적으로 빛의 투과나 확산반사를 컨트롤함으로써 주름, 모공과 같은 요철을 감추거나 흐리게 하는 것도 가능해졌다.

⑧ 거품 베이스에 공기를 넣으면 거품(무스)상의 제품이 되며 사용감도 소프트해서 잘 발리는 제품을 만들 수 있다. 두발 등에 사용된다.

⑨ 분말 ⑦에서 기술한 바와 같이 색재, 분체의 표면처리 기술의 진보를 통하여 분말상 제품에 있어서도 사용감이 뛰어난 타입이 생겨났다. 또한, 분체에 스킨케어 요소를 넣음으로써 보습 효과가 있는 분체가 만들어져서 고형상, 분말상 제품에 응용되고 있다.

⑩ 제품을 균일하고 넓게 도포하기 위해서는 에어로졸식이 좋으며 헤어 제품, 데오도런트(deodorant) 제품에 널리 사용되고 있다.

⑪ 기타 시트 타입의 미백제나 팩, 클렌징 제품 등이 있으며 휴대가 편리하고 사용이 간단하여 사용이 광범위해지고 있다.

[표 4-15] 화장품의 제형과 그 제품군

구분	내 용
투명액상	스킨, 투명 에센스, 퍼머제, 세트로션, 샴푸, 바스오일, 클렌징 오일, 향수, 육모제 등
분산액상	네일 에나멜, 물분 등
로션	로션, 린스, 리퀴드파운데이션, 아이라이너 등
크림	크림, 마스카라, 아이섀도, 헤어왁스, 크림파운데이션 등
겔	팩, 립로스, 클렌징젤 등
반고형	백분, 고체향수 등
고형	고형분, 각종 파운데이션, 립스틱, 아이섀도, 아이브로우, 비누 등

거품	클렌징폼, 무스 등
분말, 과립	가루분, 팩, 베이비파우더, 클렌징파우더, 입욕제 등
에어로졸	헤어스프레이, 데오드런트 파우더 스프레이 등
기타 – 시트, 다층, 롤온 타입 등	제모 테이프, 팩, 카마인로션 등

6.4.2 화장품의 pH

pH는 물의 산성이나 알칼리성의 정도를 나타내는 수치로서 수소 이온 농도의 지수이다. 물(수용액)은 그 일부가 전리하여 수소 이온(H+)과 수산 이온(OH-)이 공존하며, H+ 농도와 OH- 농도가 동일하면 중성이고, H+가 많으면 산성, OH- 쪽이 많으면 알칼리성으로 된다.

즉, pH란 'Percentage of Hydrogen ions'의 약자로 산성 정도를 수치로 표시한 것이며, 중성은 pH 7, 산성은 pH 1~6, 알칼리성(염기성)은 pH 8~14로 표시한다.

건강한 피부의 pH 수치는 5.5~5.9이며, 약산성에 해당한다. 건강한 피부는 유분막으로 덮여 있어 세균이나 곰팡이 등 유해 성분으로부터 우리 몸을 보호한다. 특히 수분 유지 방어 기능이 있어 알칼리 환경을 선호하는 세균을 억제해 주며, 정상 피부가 약산성인 이유는 피지선과 땀샘에서 나오는 분비물 때문이다.

1) pH 시험법

pH 시험법은 따로 규정이 없는 한 검체 약 2g 또는 2ml를 100ml 비이커에 넣고 물 30ml를 넣어 수욕상에서 가온하여 지방분을 녹이고 흔들어 섞은 다음 냉장고에서 지방분을 응결시켜 여과한다. 이때 지방층과 물층이 분리되지 않을때는 그대로 사용한다. 여액을 가지고 VI-1, 원료 47. pH측정법에 따라 시험한다. 다만, 성상에 따라 맑은 액상인 경우에는 그대로 측정한다.

(1) pH의 범위

영 · 유아용 제품류(영 · 유아용 샴푸, 영 · 유아용 린스, 영 · 유아 인체 세정용 제품, 영 · 유아 목욕용 제품 제외), 눈 화장용 제품류, 색조 화장용 제품류, 두발용 제품류(샴푸, 린스 제외), 면도용 제품류(셰이빙 크림, 셰이빙 폼 제외), 기초화장용 제품류(클렌징 워터, 클렌징 오일, 클렌징 로션, 클렌징 크림 등 메이크업 리무버 제품 제외) 중 액, 로션, 크림 및 이와 유사한 제형의 액상제품은 pH 기준이 3.0~9.0 이어야 한다. 다만, 물을 포함하지 않는 제품과 사용한 후 곧바로 물로 씻어 내는 제품은 제외한다.

TIP　pH의 범위

① 미산성 약5 ~ 약6.5
② 미알칼리성 약7.5 ~ 약9
③ 약산성 약3 ~ 약5
④ 약알칼리성 약9 ~ 약11
⑤ 강산성 약3 이하
⑥ 강알칼리성 약11 이상

2) pH 측정법

pH 측정에는 유리전극을 단 pH메터를 쓴다. pH의 기준은 다음 표준완충액을 쓰며 그 pH값은 +0.02 이내의 정확도를 갖는다.

표준완충액을 조제하는데 쓰이는 물은 정제수를 증류하여 유액을 15분 이상 끓여서 이산화탄소를 날려 보내고 소다석회관을 달고 식힌다. 표준완충액은 경질유리병 또는 폴리에칠렌병에 보관한다. 산성표준액은 3개월 이내에 사용하며 알칼리성의 표준액은 소다석회관을 달아서 보관하고 1개월 이내에 사용한다.

1) 수산염완충액

테트라수산칼륨(pH측정용)를 고운 가루로 하여 데시케이터(실리카 겔)속에서 건조한 다음 12.70g(0.05mol)을 정밀하게 달아 물을 넣어 녹여 정확하게 1L로 한다.

2) 프탈산염완충액

프탈산수소칼륨(pH측정용)를 고운가루로 하여 110℃에서 2시간 이상 건조한 다음 10.22g(0.05mol)을 정밀하게 달아 물을 넣어 녹여 정확하게 1L로 한다.

3) 인산염완충액

인산이수소칼륨(pH측정용) 및 무수인산일수소나트륨(pH측정용)을 고운가루로 하고 110℃에서 3시간 이상 건조한 다음 인산이수소칼륨 3.40g(0.025mol) 및 인산일수소나트륨 3.55(0.025mol)을 정밀하게 달아 물을 넣어 녹여 정확하게 1L로 한다.

4) 봉산염완충액

봉산나트륨(pH측정용)를 데시케이터(물에 적신 브롬화나트륨)속에서 방치하여 항량으로 한다음 그 3.81g(0.01mol)을 정밀하게 달아 물을 넣어 녹여 정확하게 1L로 한다.

5) 탄산염완충액

탄산수소나트륨(pH측정용)을 데시케이터(실리카 겔)속에서, 탄산나트륨을 300℃에서 각각 함량이 될 때까지 건조한 다음 탄산수소나트륨을 2.10g(0.025mol) 및 탄산나트륨 2.65g(0.025mol)을 정밀하게 달아 물을 넣어 녹여 정확하게 1L로 한다.

6) 수산화칼슘완충액

수산화칼슘(pH측정용)를 고운가루로 하고 5g을 플라스크에 넣고 물 1L를 넣어 잘 흔들어 섞는다. 23~27°에서 충분히 포화시켜 이 온도에서 상징액을 여과하여 맑은 여액(약 0.02mol)을 쓴다.

이를 표준완충액의 각 온도에서의 pH값은 다음표에 표시한다.

이 표에 없는 온도의 pH값은 표의 값에서 내삼법으로 구한다.

[표 4-16] 표준완충액의 각 온도에서의 pH값

온도	수산염완충액	프탈산염 완충액	인산염 완충액	붕산염 완충액	탄산염 완충액	수산화칼슘 완충액
0°	1.67	4.01	6.98	9.46	10.32	13.43
5°	1.67	4.01	6.95	9.39	10.25	13.21
10°	1.67	4.00	6.92	9.33	10.18	13.00
15°	1.67	4.00	6.90	9.27	10.12	12.81
20°	1.68	4.00	6.88	9.22	10.07	12.63
25°	1.68	4.01	6.86	9.18	10.02	12.45
30°	1.69	4.01	6.85	9.14	9.97	12.30
35°	1.00	4.02	6.84	9.10	9.93	12.14
40°	1.70	4.03	6.84	9.07		11.99
50°	1.71	4.06	6.83	9.01		11.70
60°	1.73	4.09	6.84	8.96		11.45

pH메터의 구조 pH메터는 보통 유리전극, 기준전극 및 온도보정용 감온부가 달려있는 검출부 및 검출된 pH값을 나타내는 지시부로 되어있다. 지시부는 일반적으로 제로점 조절꼭지가 있고 또한 온도보정용 감온부가 없는 것에는 온도보정꼭지가 있다. pH메터는 다음 조작법에 따라 검출부를 인산염완충액에 5분이상 담그어 두었다가 조절한 다음 같은 온도의 프탈산염완충액 및 붕산염완충액의 pH를 측정할 때 측정값과 표시값과의 차이가 +0.05 이하이다.

조작법: 유리전극은 미리 물 또는 염기성완충액에 수시간 이상 담그어 두고 pH메터는 전원에 연결하고 10분 이상 두었다가 쓴다. 검출부를 물로 잘 씻어 묻어있는 물은 여과시 같은 것으로 가볍게 닦아낸 다음 쓴다. 온도보정꼭지가 있는 것은 그 꼭지를 표준완충액의 온도와 같게 하여 거출부의 검체의 pH값에 가까운 표준완충액중에 담그어 2분이상 지난 다음 pH메터의 지시가 그 온도에 있어서의 표준완충액의 pH값이 되도록 제로점 조절꼭지를 조절한다. 다시 검출부를 물로 잘 씻어 부착된 물을 여과지와

같은 것으로 가볍게 닦아낸 다음 검액에 담그어 2분이상 지난 다음 측정값을 읽는다.

＊주의 : pH 11 이상에서 알칼리금속이온을 함유하는 액은 알칼리 오차가 적은 전극을 쓰고 또한 필요하면 보정한다. 다만 그 측정오차는 pH 0.1~0.5에 달할 수 있다.

검액의 온도는 표준완충액의 온도와 같은 것이 좋다. 그 차가 1℃이상 있을 때는 온도보정꼭지 또는 온도보정용 감온부로 보정한다. 보정을 했더라도 그 측정오차가 pH 0.1이상 될 때가 있다. 특히 염기성 액은 그 오차가 크므로 조심해야한다.

6.4.3 화장품의 색재

빛의 성질을 컨트롤하여 아름다운 피부로 보이게 하는 기능을 갖는 분체가 개발, 상품화되고 있다. 예를 들어 형상 변경(구체나 이형)이나 다층구조화를 통하여 빛의 투과나 확산 반사를 컨트롤한 분체, 간섭색 펄을 이용함으로써 특정 파장의 반사 컨트롤을 목적으로 한 분체 등이 많이 사용되고 있다. 전자는 주름, 모공과 같은 피부의 요철을 감추거나 흐리게 하는 제제에 사용되며, 후자는 피부를 밝아 보이게 하거나 투명감이 있는 피부로 보이게 하는 파운데이션에 사용된다. 이들이 사용되는 것은 피부가 맑고 투명하며 자연스러워 보인다고 하는 키워드에 기초하여 맨살의 질감을 중시하고 요철이나 기미, 주근깨와 같은 결점을 자연스럽게 커버 가능한 베이스 메이크업 화장품이 요구되고 있기 때문이다. 그리고 최근에는 실리콘겔 속에 배열한 폴리스틸렌 입자로 이루어진 콜로이드 결정으로는 색소를 쓰지 않아도 선명한 색을 만들어낼 수 있게 되었다. 향후에는 이러한 기능성 분체나 소재를 통하여 베이스 메이크업이나 포인트 메이크업 화장품이 개발, 상품화될 것이라고 생각된다.

화장품용 색재는 유기계 색재, 무기계 색재, 유기 · 무기 복합 색재로 분류된다. 그리고 유기계 색재는 합성 색재[염료, 안료(법정색소), 합성 고분자 분체]와 천연 색재(천연 색소, 천연 분체)에 또 무기계 색재는 체질안료, 착색안료, 백색안료, 진주광택안료, 기능성 분체로 분류된다.

(본서 2장 1.3.7 색소 참고)

6.4.4 화장품의 향료

좋은 향은 몸에 뿌리고 즐기거나 화장품을 사용하는 사람의 기분을 풍요롭게 하여 사용자의 매력을 부각시키는 효과가 있다. 또한 주위 사람들에게 좋은 인상을 줄 목적으로 사용하거나 좋지 않은 냄새를 마스킹하기 위해서 향료가 이용된다. 화장품의 좋은 향기는 소비자가 제품을 선택할 때에 중요한 역할을 담당하며, 제품의 사용 감촉이나 효과에도 영향을 미치므로 매우 중요하다. 최근에는 향기가 사람의 생리 · 심리 효과에 향을 미친다는 것이 밝혀져 향기가 긴장 이완, 스트레스 완화, 기분 전환, 또는 슬리밍 효과 등을 갖는다고 하는 아로마콜로지의 연구가 진행되어 향료가 단순히 제품에 좋은 향기를 부가하는 것이 아니라 이와 같은 유용성을 지닌 것으로서도 사용되게 되었다.

1) 천연 향료

기원에 따라서 식물성 향료와 동물성 향료로 나눌 수 있다.

- 식물성 향료: 식물의 꽃, 잎, 전초, 과피, 나무, 수피, 줄기, 뿌리 등으로부터 추출
- 동물성 향료: 동물의 분비선 등에서 채취한 것

머스크(사향), 시벳(묘향), 카스토르(해구향), 앰버그리스(용연향)의 4가지로 멸종 위기의 동물을 보호하기 위한 워싱턴조약이나 동물 애호의 관점에서 최근에는 동물 향료가 사용되지 않게 되었다.

2) 합성 향료

단일 화학구조로 표시되는 향료를 지칭하며 화학 합성으로 합성되는 것뿐 아니라 천연 향료에서 분리된 단리 향료도 포함된다. 그 화학구조 혹은 관능기에 따라 일반적으로 탄화수소, 알코올, 알데히드, 케톤, 에스테르, 락톤, 페놀, 옥사이드, 아세타르 등으로 분류된다.

3) 조합 향료

천연 향료나 합성 향료를 목적에 따라서 블랜딩한 것으로서 향료를 블랜딩하는 전문가를 조향사(퍼퓨머)라고 한다. 화장품에 향을 입히기 위해서는 천연 향료나 합성 향료 그대로 단독 사용되는 경우는 적으며, 많은 경우 이들 소재를 목적에 따라 조합한 조합 향료가 이용되는 경우가 일반적이다.

6.5 혼합·소분에 필요한 도구·기기

맞춤형화장품을 혼합 소분하기 위한 과정 중, 수천 종류나 되는 화장품 원료(성분)들을 화장품의 아이템에 알맞게 골라 원료(성분)를 혼합하여 로션 타입, 크림 타입, 겔 타입, 스틱 타입, 프레스 타입 등 다양한 제형의 균일하고 안정된 제품을 만들기 위해선 필요한 도구와 기기가 있다.

특히 성질이 서로 다른 원료(성분), 즉 물과 기름처럼 서로 섞이지 않는 원료의 접촉계면의 안정화를 목적으로 계면활성제의 힘(화학적 방법)을 빌어 표면장력을 감소시킴으로써 표면을 넓히기 쉽게 하고, 이와 동시에 교반력(물리적 방법)을 가하여 표면이 넓어지고 미립자 상태가 되어 안정된 균일계(에멀전 상태)의 제품이 만들어지게 된다.

6.5.1 화장품의 배합

화장품은 기본적으로 분산 공정, 유화 공정, 가용화 공정, 혼합 공정, 분쇄 공정에 의해 벌크 제품이 제조된다. 대부분 5가지 공정을 통해 화장품이 제조되지만, 제조하는 제품의 특성이나 적용하는 제조 설비에 따라 일부 공정이 생략되기도 한다. 기초화장품과 메이크업화장품은 제조 공정이 서로 다르기 때문에 각각 공정별로 구분하여 이해할 필요가 있다. 화장품의 기능이나 품질은 원료의 배합법과 기기 능력에 의해 만들어지는 것으로 좋은 화장품을 만들기 위해서는 처방뿐 아니라 높은 수준의 제조 기술과 제조 장치도 중요하다고 할 수 있다. 화장품은 여러 가지 성질이 다른 원료(성분)

를 혼합하여 균일하고 안정된 상태로 만든 것인데 원료의 선택과 혼합 방식(예를 들어 미립자 분산과 조 분산 등)에 따라 화장품의 품질이나 기능, 즉 발림, 부착, 사용감과 같은 감촉 면이나 화장 지속, 화장막과 같은 기능면, 나아가 안정성 등에 큰 영향을 미치게 되는 것이다.

[표 4-17] 사용 재료에 따른 공정

공정	사용 재료
분산 공정	수용성 점증제(천연 고분자, 합성 고분자, 무기물)
유화 공정	고급 지방산, 유지, 왁스 에스테르, 고급 알코올, 탄화수소, 유화제(계면활성제), 방부제, 합성 에스테르, 실리콘 오일, 산화방지제, 보습제, 점증제, 중화제, 금속 이온 봉쇄제, 첨가제, 향료, 색소, 정제수
가용화 공정	보습제, 중화제, 점증제, 수렴제, 산화 방지제, 금속 이온 봉쇄제, 알코올, 가용화제(계면활성제), 보존제, 첨가제, 향료, 색소, 정제수
혼합 공정	유기 합성 색소, 천연 색소, 기능성 안료, 무기 안료, 진주 광택 안료, 고분자 분체
분쇄 공정	분체, 결합제, 보존제, 산화방지제, 첨가제, 보습제, 향료

혼합하는 방법에는 여러 가지가 있으나 화장품의 혼합 방식은 가용화, 유화, 분산의 3가지 기본적인 기술(개념)을 중심으로 이루어져 왔다.

1) 가용화

한 종류의 액체(용매)에 계면활성제를 이용하여 불용성 물질을 콜로이드 과학적으로 투명하게 용해시키는 것으로서 그 대표적인 화장품으로는 투명스킨, 헤어토닉 등이 있다.

2) 유화

한 종류의 액체(분산상)에 불용성의 액체(분산매)를 미립자 상태로 분산시키는 것이다. 이 미립자 분산에 빛이 반사되어 용액 전체가 유백색을 띠게 된다. 그 대표적인 화장품으로는 로션, 크림 등이 있다.

3) 분산

하나의 상에 다른 상이 미세한 상태로 분산되어 있으므로 유액도 일종의 분산계라고 할 수 있지만, 일반적으로는 한 고체 물질이 한 분산상에 미립자상으로 분산되어 있는 상태를 말한다. 대표적인 화장품으로 립스틱, 파운데이션 등이 있다.

6.5.2 제조 장치

화장품의 제조 장치는 크게 원료를 섞어 균일하고 안정된 제품을 제조(벌크제조)하는 장치와 그것을 성형, 충진, 포장하는 장치로 나뉜다. 화장품 제조 공정에 사용되는 도구 및 기기는 다음과 같다.

[표 4-18] 각 공정에 따른 도구 및 기기

공 정	도구 및 기기
분산 공정	용해 탱크, 아지 믹서(Agi Mixer), 모터
유화 공정	용해 탱크, 열교환기, 호모 믹서(Homo Mixer), 패들 믹서(Paddle Mixer), 모터, 온도 기록계, 압력계, 냉각기, 여과 장치
가용화 공정	용해 탱크, 아지 믹서, 모터, 여과 장치
혼합 공정	혼합기, 믹서, 모터, 여과 장치
분쇄 공정	분쇄기, 믹서, 모터, 여과 장치

1) 제품을 제조하는 장치

① 분쇄기는 화장품의 분체가 모두 미분쇄된 것이 사용되므로 2차 응집시킨 분체를 1차 입자로 부수어서 빠르게 혼합이나 분산할 목적으로 사용된다.

아이섀도나 파우더 파운데이션처럼 분체가 주체가 되는 제품은 다양한 성질의 분체(안료)에 약간의 유분을 가하여 균일 분산한 것인데, 균일 분산계를 얻기 위하여 수행하는 혼합, 분산, 분쇄(1차 입자화)의 제조 공정에 이용되는 주요 장치가 바로 헨셀믹서나 해머믹서와 같은 분쇄기이다.

② 분산기 중 한 가지는 립스틱처럼 왁스나 오일의 배합량이 많을 때 안료나 진주광택 안료와 같은 분말을 직접 분산시키기 어려우므로 사전에 오일에 충분히 분산, 분쇄(1차 입자화)한 콘크베이스를 만들기 위한 장치로 주요한 것은 분산력이 강한 3개단의 롤러밀이나 콜로이드밀 등이 있다.

③ 유화기는 로션, 크림, 리퀴드 파운데이션 등의 제조(교반 및 유화)에 폭넓게 사용된다. 현재에는 다양한 유화기가 개발되었으며 그중에서 가장 단순한 유화기는 프로펠러형 교반기로 이것은 유화 능력이 낮고 교반 중에 다량의 기포가 혼입되는 등의 문제가 있어 로션, 크림 등의 유화기로서는 많이 사용되지 않으며 주로 스킨, 헤어토닉, 오데코롱 류와 같은 액체 제품의 제조에 사용된다.

2) 진공유화기

① 진공 밀폐 상태에서 교반, 유화하기 때문에 기포가 들어가지 않게 무균 제품제조가 가능하다.

② 교반 날개의 형상이나 조합, 회전수를 변화시켜 다양한 기능(능력)을 가지므로 응용 범위가 넓다.

③ 가열 용해 공정에서 유화 공정, 냉각 공정까지 모든 공정을 일관하여 수행하는 것이 가능하다.

또한, 새로운 유화 방법인 초미립자상의 유화, 유화제를 쓰지 않는 유화, 리포좀 유화 등은 강력한 기계력이 있는 장치가 요구된다. 이 때문에 고압에서 고속으로 분출시킨 액체 방울끼리 충돌시킴으로써 매우 작은 입자를 만들어내는 고압 호모게나이저가 사용된다.

유화 공정에서 간과하기 쉬운 부분으로 고압에서 유화한 양호한 상태를 상온으로 되돌리는 냉각 공정이 있다. 일반적으로 유화기는 2중 구조로 되어있어서 냉각수를 통해 패들로 교반시키면서 냉각하는 것이 많으나 연속적으로 냉각하는 열교환기법 등도 있다.

6.5.3 화장품 제조용 믹서의 종류 및 특징

1) 가용화용 교반기

① 교반기의 종류는 교반기 설치 위치에 따라 입형(Top Mixer), 측면형(Side Mixer), 저면형(Bottom Mixer)이 있고, 회전 날개의 종류에 따라 프로펠러(Propeller)형과 임펠러(Impeller)형으로 나누고 있다.

② 교반기의 회전 속도는 240~3,600r/m으로 화장품 제조에서 분산 공정의 특성에 맞게 선택해 사용하고 있다. 주로 사용되는 입형(Top Mixer) 교반 장치의 교반 효율을 높이기 위해서 올바른 교반기 설치가 중요하다.

③ 교반의 목적, 액의 비중, 점도의 성질, 혼합 상태, 혼합 시간 등을 고려하여 교반기를 편심 설치하거나 중심 설치를 한다.

2) 유화용 호모 믹서

유화기(Homomixer)의 임펠러(Impeller)는 터빈형의 회전 날개를 원통으로 둘러싼 구조로, 물의 흐름에 대류가 일어나게 하여 균일한 유화 입자를 얻을 수 있게 설계되어 있다. 보조 장치로 스테이터 로드(Stator Rod), 운류판, 모터 등이 있으며, 고점도용과 저점도용이 있다.

3) 분산용 혼합기

혼합기의 종류는 회전형과 고정형으로 나뉜다. 회전형은 용기 자체가 회전하는 것으로 원통형, 이중 원추형, 정입방형, 피라미드형, V-형 등이 있으며, 고정형은 용기가 고정되어 있고, 내부에서 스크루(Screw)형, 리본(Ribbon)형 등의 교반 장치가 회전한다.

(4) 분쇄기

분쇄 공정은 혼합 공정에서 예비 혼합된 분체 입자를 분쇄기에 의해 분체의 응집을 풀고, 크기를 완전히 균일하게 분쇄하는 작업 과정이다. 분쇄기 종류는 습식, 건식, 연결식, 배치식, 알갱이, 초미 분쇄용 등으로 나뉘며, 화장품 제조에서는 건식 분쇄기를 가장 많이 사용한다.

TIP 기기 사용 시 주의사항

제조량이 커질수록 온도를 제외한 믹서의 교반 속도, 교반 시간 등은 달라지며, 이는 기기의 제조 용량이 달라지거나 같은 기기라도 제조량이 달라질 경우, 내용물에 미치는 믹싱 파워가 달라지기 때문이다. 또 같은 온도 조건에서 같은 원료를 용해시킬 경우에도 제조량에 따라 완전히 용해시키는데 걸리는 시간은 차이가 생긴다. 이러한 점을 고려하여 제조 용량에 따라 용해 또는 혼합 시간을 조정하여 공정에 적용하여야 한다.

6.6 맞춤형화장품판매업 준수사항에 맞는 혼합·소분 활동

사회 통념으로는 화장품인 것이 약사법상으로는 의약외품의 규제를 받는 것이 있으므로 화장품 등으로 정확하게 표현하기도 하지만, 화장품법은 의약품과는 달리 판매 규제가 없다.

화장품 업계 판매 시스템의 기본적 분류법은

① 제도품 유통

② 일반품 유통

③ 방문판매 유통(방판)

④ 통신판매 유통(통판)의 4가지가 있다.

제도품은 메이커와 소매점의 직접 유통이며, 일반품은 메이커에서 도매점을 경유하는 소매 판매 유통이다. 방판과 통판은 소매점을 경유하지 않는 유통이다. 실제 시장에서는 메이커가 복수의 유통 채널로 판매하는 등 채널이 보더리스화(Borderless: 무국경화)되는 경향이 있다.

6.6.1 판매 형태

화장품이 어디서 판매되는지, 어떻게 판매되는지가 판매 형태의 분류이다. 소비자의 편에서 살펴본다면 화장품은 어디서 구매할 수 있는지, 상담 가능한 곳은 어디인지에 대한 내용이다. 화장품이 개발되어 생산되고 제품으로서 시장에 유통되어 최종적으로 고객에게 전달되는 방법, 거점이 판매 형태이다. 많은 소비자를 겨냥하여 생산되는 화장품은 개개인의 고객에게 판매되는 소매업으로 취급된다. 화장품을 다루는 업종이 화장품 소매업인데 화장품을 단순히 파는 것만이 아닌 어떻게 판매하는지, 화장품의 정보를 어떻게 소비자에게 전달하는지 등의 방법 차이에 따라서 다양한 업태가 발생한다.

백화점에는 화려한 화장품 판매코너 그룹이 있으며, 거리에는 화장품 전문점이 있고, 드럭스토어에서도 화장품이 넘치고 있다. 쇼핑센터에도 화장품코너가 있으며 길가의 편의점에도 화장품을 판매한다. 이들은 모두 점포에서 판매를 하는 소매업이다. 인터넷 판매나 텔레비전 판매, 카탈로그 판매, 팩스나 전화를 이용하여 직접 사용자와 연결하는 소위 통판이나 직접 눈으로 보기 어려운 방문 판매 등은 점포를 갖지 않는 무점포 소매업이다. 본래는 화장품을 업무용으로 소비하는 미용 · 이용 살롱이나 에스테틱 살롱 등에서 화장품도 판매한다면 그것은 소매이다. 판매 형태는 소비자의 선택의 편리성과 생산자 측에서의 제품 정보 전달의 적합성, 유통비용 등의 균형에 따라서 선택된다. 그 결과 소매 업태의 다양한 모습으로 나타나게 된 것이다. 맞춤형화장품은 이러한 판매 형태를 통해 소지자에게 전달되므로 판매업의 준수사항을 지켜 혼합 · 소분한 화장품을 판매하여야 한다.

6.6.2 맞춤형화장품판매업

맞춤형화장품판매업이 신설됨에 따라 화장품 업종의 분류가 기존 '화장품제조업 · 화장품제조판매업'에서 '화장품제조업 · 화장품책임판매(변경) · 맞춤형화장품판매업(신설)'으로 개편된다. 화장품책임판매업은 2019년 3월 14일 변경되며, 신설되는 맞춤형화장품판매업은 2020년 3월 14일 시행된다.

맞춤형화장품판매업자의 경우에는 판매장 시설 · 기구의 관리 방법 · 혼합 · 소분에 대해 총리령으로 정하는 안전관리기준을 준수하여야 할 의무가 있으며, 혼합 · 소분되는 내용물과 원료에 대한 설명 의무 등을 준수해야 한다.

1) 맞춤형화장품조제관리사

식약처에서는 맞춤형화장품 제도의 원활한 운영을 위해 맞춤형화장품조제관리사에 대한 정의와 자격시험제도를 마련할 방침이다.

맞춤형화장품조제관리사가 되기 위해서는 화장품과 원료 등에 대하여 식품의약품안전처장이 시행하는 자격시험에 합격하여 자격증을 취득하여야 한다. 구체적인 자격시험의 시기, 절차, 방법, 시험과목, 자격증의 발급, 시험 운영기관의 지정 등 자격시험에 필요한 사항은 총리령으로 정하게 되며, 추후 세부적인 시행규칙이 마련될 예정이다. 맞춤형화장품조제관리사는 매년 화장품 안전성 확보 및 품질관리에 관한 교육을 이수하여야 한다.(화장품법(법률 제14264호) 제5조(영업자의 의무 등))

2) 유통 형태

유통이란 상품, 서비스가 생산자로부터 소비자에게 도달하기까지의 모든 과정을 포함한 활동이다. 상품의 보존 · 운송 · 상품 준비 · 판매에 관계된 경영 활동을 의미한다. 경영 활동이란 상품의 흐름뿐만 아니라 거래의 흐름이기도 하다. '물적 유통'과 '상적 유통'이 동시에 관련된 정보에 따라서 이루어지는 것이 유통이라는 경제 활동이다.

상품을 만들어도 소비자가 선택하여 구매를 하는 것으로 모든 화장품이 판매되는 것이 아니다. 맞춤형화장품의 경우 소비자가 원하는 상품을 직접 만들어 판매하는 것으로 재고의 부담이 적고 바로 유통이 가능하다. 맞춤형화장품판매업자는 화장품 정보에 관련한 소프트웨어를 전달하는 역할을 담당해야 하며 화장품 원료에 관한 지식뿐만 아니라 피부와 모발에 어떤 효능과 효과가 있는지 또는 건강과 현재 유행과 관련한 패션 정보를 소비자에게 전달하여야 한다. 정보를 보다 잘 전달하기 위하여 다양한 유통 과정이 마련되어 있으며, 유통은 소비자에게 상품을 선택받을 수 있도록 정보를 전달하는 서비스의 흐름이라고도 이해할 수 있다. 화장품에 대하여 소비자가 무엇을 원하고 있는지, 어떠한 정보를 얻고자 하는지, 그리고 시장 환경의 변화에 따라서 업태도 변화한다. 화장품이 과학기술의 진보나 시대의 요청에 따라서 변화하는 것처럼 그 유통 형태도 시대의 변화에 대응하는 것이다. 유통을 소비자의 입장에서 생각하면 소비생활의 요구에 대응하기 위하여 생산된 다양한 상품이 고객에게 선택받고 구입되며 소비되기까지의 일련의 프로세스를 포함한 경제 활동이라고 할 수 있다

[표 4-19] 맞춤형화장품의 유통 경로

단계	유통 경로
생산자 유통 경로 소비자	자가 브랜드(맞춤형화장품) – 판매회사 – 도매점 – 소매점 – 소비자
	자가 브랜드(맞춤형화장품) – 판매회사(도매점) – 소비자
	타사 브랜드 – 생산위탁업자(맞춤형화장품) – 판매회사 – 도매점 – 소매점 – 소비자

화장품은 백화점의 화장품 코너나 화장품 전문점에 있는 미용 개별 상담 서비스, 이미용 살롱·에스테틱 살롱 등의 시술 서비스 등 사람의 수고를 거친 정보 서비스를 수반한 대면 판매에 대하여 쇼핑센터나 드럭스토어 등의 진열대에서 자유 선택(셀프 셀렉션)의 판매 방식이 큰 시장을 형성하게 되었다. 점포의 규모나 상품 진열 센스나 상품의 풍부함, 가격이나 부대 서비스의 좋고 나쁨 등 소비자는 상품 선택에 앞서 유통 형태 선택도 하는 것이다. 무점포의 판매 형태에서는 방문 판매와 같이 사람이 사람을 방문하는 인간관계가 기본이 되는 업태에서 인터넷이나 텔레비전, 카탈로그와 같은 버추얼(virtual)한 정보 네트 서비스 판매 형태가 확대되는 등 사람으로부터 멀어지는 경향이 계속되고 있다.

3) 유통책임 표시와 품질 보증

화장품 유통시장에서의 품질, 유효성 및 안전성을 확보하기 위해서 약사법은 사업자를 규제하고 있다. 시장에 불량 화장품이 유출되지 않도록 우선 출구 규제를 한다. 그렇지만 만일 불량 화장품이 시장에서 발견되었을 때에 즉시 제품의 제조번호로 부

터 – 출하 기록 – 제조 기록 – 원재료 기록 등을 되짚어가는 조사를 하여 제품 이력이 명확해지도록 규제가 이루어지고 있다. 화장품의 유통은 출구 규제를 제외하고는 그 다음은 원칙상 자유이다. 화장품은 제조판매업자의 허가를 취득하지 않으면 제품의 출하, 상시를 할 수 없다고 약시법에 정해져 있다. 그 증거로서 제품에는 세조판매업자의 명칭, 주소 기재가 의무화되어 있다. 유통 형태의 여부에 관계없이 약사법상의 책임은 제조판매업자에게 있으나 화장품의 브랜드 업자명이 병기되어 있는 경우가 있다. 그것은 실제로 유통 판매를 수행하는 브랜드 메이커가 약사법상의 제조판매업자에게 생산을 위탁하였음을 의미한다.

[표 4-20] 발매원 업자명의 병기

표시의 의미	표시 구분	표시의 내용	업자의 구분
생산자 책임	표시 의무	위탁생산자명	제조판매업(약사법)
유통업 책임	임의 병기	생산위탁자명	브랜드업(발매원)

약사법상의 의무 표시 외에도 '발매원 업자의 명칭 · 주소'를 병기하는 것은 브랜드 업자가 유통업자로서 유통 책임을 고객에게 고지하는 것이다. 화장품 제조를 위탁 하는 대형소매업 프라이빗 브랜드, 유통업자 브랜드, 업무용 브랜드 등의 업자 표시가 이에 해당한다. 유통 책임 표시는 유통업자가 소비자에 대하여 제조판매업자와 함께 품질 보증을 하는 것을 명시한 것이다.

자주적인 유통 책임 표시는 소비자 기본법 속하며, 소비자의 권익 옹호 및 증진에 관한 종합적인 소비자 정책의 추진과 합치하는 것으로 소비자의 합리적인 선택 확보로 이어지게 된다. 유통 책임 표시는 상품을 공급하는 기업의 품질 보증 표시이기도 하다. 소비자가 화장품에 대하여 무언가 의문을 느끼고 확인하고 싶을 때, 불편함이 있을 때 문의하는 연락처이다. 화장품이라고 하더라도 절대 안전하다고는 할 수 없다. 살아 있는 사람에게는 개성이 있어서 화장품이 피부에 위화감을 주고 트러블도 일으키므로 상담 창구의 전화번호가 명기되어 있는 경우도 많다. 리스크에 대한 즉각적인 대응 자세도 품질 보증의 일환이다.

6.6.3 사용법, 취급, 폐기까지

화장품의 사용설명서에는 상품의 특징이나 사용법, 사용상의 주의사항 등이 자세하게 적혀 있다. 그러나 적혀 있는 것을 반드시 사용자가 읽고 이해하다고 믿기에는 품질 보증 체제로서 부족하기 때문에 공급자 기업은 다양한 노력을 기울이고 있다. 우선 업계에서 소비자에게 개발 정보를 지속적으로 발신하고자 《화장품을 올바르게 사용하기 위하여》라고 하는 소책자를 작성하여 알리고 있다.

정보의 요지는 법 규제에 맞는 '안전성'이나 '품질'이 보증되어 있더라도 아래의 내용을 유의하여 사용하길 바란다고 공지하는 것이다.

1) 안전한 화장품 사용방법

이것은 기업의 상담창구로 문의된 상담 내용을 토대로 소비의 실태에 맞게 항목 설정을 한 것이다.

(본서 2장 4.4 화장품의 사용상 주의사항 참고)

(1) 반드시 사용설명서를 잘 읽은 후 사용하도록 철저히 할 것

(2) 적절한 사용 방법으로 트러블을 예방하고 기대한 효과를 얻을 수 있도록 할 것

(3) 화장품을 사용할 때에 주의를 철저히 할 것

① 상처나 습진이 있는 피부에는 사용하지 말 것
② 손이나 손가락, 스펀지 등 화장품에 닿는 것은 청결하게 할 것
③ 화장품이 눈에 들어가지 않도록 주의할 것
④ 한 번 덜어낸 화장품은 용기에 다시 넣지 말 것
⑤ 분체를 성형한 화장품은 충격에 약하므로 떨어뜨리지 않도록 주의할 것

(4) 화장품 취급 방법, 관리상의 주의를 철저히 할 것

① 용기의 입구는 청결하게 하고 뚜껑을 잘 닫을 것
② 개봉한 화장품을 사용하지 않고 장기 보존하지 말 것

③ 직사광선, 습도 변화가 심한 곳을 피하고 상온에서 보관할 것
④ 화장대나 세면대 등의 위에 제품을 직접 올려놓지 말 것
⑤ 유 · 소아의 손이 닿지 않는 곳에 보관할 것

(5) 폐기 시 주의할 점

① 사용을 마친 화장품 용기의 폐기는 각 자치제의 분류 방식에 따를 것
② 에어로졸 제품은 남은 가스를 배출하여 각 자치제의 분류 방식에 따를 것

이와 같은 환경 문제도 아울러서 설명하고 있다. 나아가 만일 피부 트러블이 발생하였을 때의 주의사항에 대한 설명이나 피부과 전문의에게 상담의 포인트도 기재하고 있다. 화장품을 잘못 마시거나 먹는 것은 유 · 소아뿐 아니며 고령자나 애완동물까지 다양한 상황이 있을 수 있다. 제대로 된 품질 보증 체제는 공급자로부터 소비자로의 계발 활동을 거쳐 사회적인 정보 공유화를 가능하게 하는 것이 하나의 목표일 것이다.

2) 제품 사용 후 문제 발생 시

소비자의 신고 판매자 또는 식약처에 제품 사용 후 문제 발생 사실 신고 가능
(본서 2장 5. 위해사례 판단 및 보고 참고)

(1) 제품 사용 후 문제 발생 시 판매자의 역할(「화장품법」 제9조(안전용기 · 포장 등): 부록 6페이지 참고)

① 식약처가 제품 안전성을 평가할 수 있도록 정보(원료 · 혼합 등) 제공
② 맞춤형화장품판매업자는 국민보건에 위해를 끼치거나 끼칠 우려가 있는 화장품이 유통 중인 사실을 알게 된 경우 바로 맞춤형화장품의 내용물 등의 계약을 체결한 책임판매업자에게 보고한다.
③ 소비자 정보를 활용하여 회수 대상 제품을 구입한 소비자에게 회수 사실을 알리고 반품 조치를 취하는 등 적극적으로 회수 활동 수행

(2) 식품의약품안전처와 판매처 간 정보 교환 및 후속 조치 식약처의 후속 조치(판매

금지, 폐기 등)에 따라 판매자는 이를 이행해야 하며, 소비자에게 피해 보상 등의 사후 조치를 취하도록 한다.

(3) 제품 사용 후 문제 발생에 대비한 사전관리 문제 발생 시 추적 · 보고가 용이하도록 판매자는 개인정보수집 동의하에 고객카드 등을 만들어 아래와 같은 관련 정보 기록 · 관리

① 판매 고객 정보(성명, 진단내용 등)

② 혼합에 사용한 베이스 화장품 및 특정 성분의 로트(lot) 번호

③ 혼합 정보

④ 기타 관련 정보

충진 및 포장

화장품 용기는 소비자 개성의 다양화와 기술의 진보에 따라 그 형태나 소재가 매우 다양해졌다. 용기의 가장 기본적인 기능은 내용물의 보호에 있으며, 이런 기본 기능에 충실하면서 고기능, 다기능화를 추구하고 품질 보증을 해야 하는 것이 용기 설계의 요점이다. 또한 용기의 비용이나 판매 촉진성, 환경을 고려해 용기를 디자인을 해야 한다.

용기의 형태는 입구의 크기가 몸체보다 작은 세구병, 입구의 외경이 큰 광구병, 튜브 타입, 마스카라 용기에 이용되는 원통상 용기, 파우더 용기, 콤팩트 용기, 스틱 용기, 펜슬 용기 등으로 다양하다.

맞춤형화장품 용기는 화장품 용기에 사용되는 재료와 마찬가지로 플라스틱, 유리, 금속, 종이 등이 단독 또는 조합되어 사용된다. 이들 포장을 합리적으로 조합하여 외부 환경으로부터 내용물의 품질을 보호하고, 용기 그 자체의 품질 유지(내용물, 약품성, 내부식성, 내광성 등)를 할 수 있도록 적합한 재료와 기구를 선택할 필요가 있다. 용기 설계에 있어 시각적인 효과나 매력 있는 디자인으로 설계하는 것은 좋지만, 화장품 용기가 미적인 요건을 충족하여도 사용하기 어려운 용기는 좋지 않으므로 디자인과 기능이 일치하여 인체 공학적인 사용 편리성을 고려하는 것이 필요하다. 또한 지나치게 디자인을 중시하여 많은 형상을 변형시켜서 생산 라인에서 포장하기 어려운 용기는 바람직하지 못하다. 형태상으로나 양적으로도 합리적인 생산성을 가미하여 경제성을 고려하는 것이 바람직하다.

용기 및 포장 재료 성분의 위생상의 안전성과 사용 환경, 사용 방법에 의한 형태 및 구조상의 안전성과 더불어 지구 환경 보전 관점에서 적정 포장과 분해성을 충분히 고려할 필요가 있다.

7.1 제품에 맞는 충진 방법

안정 · 운송성의 기능에는 내내용물성, 내후성, 내충격성 · 내진동성을 들 수 있다. 내내용물성은 내용물의 영향으로 용기 자체에 변화가 발생하지 않는 것이다. 화장품 내용물에 함유되어 있는 유성 성분의 일부는 수지용기에 환경응력파괴(ESC, Environmental Stress Cracking)를 유발하여 용기가 파괴되는 경우가 있다.

환경응력파괴의 메커니즘은 불명확하나, 가설로는 성형품 속으로 유성 성분 등이 침투 확산되어서 수지의 분자사슬 사이에 존재하는 반데르발스의 힘이 사라지고 그 결과 분자 사슬이 이동함으로써 박리가 발생하며, 여기에 외적인 힘이 가해짐으로써 크랙이 발생하고, 성형품의 파괴까지 진행되어 버리는 것이라고 생각된다. 환경응력파괴로 인한 파괴 면은 기계적 파괴와 달리 매우 매끄러운 거울 면인 것이 특징이며, 그 발생 장소는 화장품 용기의 경우 캡의 나사 부분, 컴팩트 용기의 경첩부 · 후크 등 스트레스가 가해지는 부분에서 발생한다. 이에 대한 대책으로는 유성 성분의 영향을 잘 받지 않는 수지로 변경하는 것이 효과적이다.

내후성이란 빛이나 외기로 인한 용기 자체의 열화를 방지하는 것이다. 수지제의 용기가 장기간 태양광이나 형광등과 같은 빛 조사를 받음으로써 수지가 열화되어 용기의 파손이나 변취의 원인이 되는 경우가 있다.

내충격성 · 내진동성은 운송 중 용기에 상처가 나거나 찌그러지는 등의 품질 저하 예방을 고려한 것이다. 발포폴리스티렌과 같은 발포시트나 진공성형품 대좌를 통한 완충 효과, 골판지와 같은 상자로 보호한다.

7.1.1 성형·충진·포장

일반적으로는 원료를 혼합, 제조한 상태는 아직 제품이라고 할 수 없으며 다양한 형상(스틱 상태, 프레스 상태 등)으로 성형되거나 유리용기나 튜브 등 화장품 용기에 충진 된 후 포장(완성 공정)되어야 비로소 제품이 된다.

1) 성형

화장품의 성형에는 립스틱의 스틱 성형과 분말 제품의 프레스 성형이 대표적이다.

① 립스틱의 기본적인 성형은 금형 성형이다. 금속제로 스틱 모양을 한 금형 틀에 용융시킨 립스틱을 흘려 넣어 냉각시킨 후 금형에서 꺼내어 용기에 삽입하는 방법이다. 그 후 제품의 표면에 광택을 내어 완성시키는데 이 작업 공정이 손이 많이 가서 최근에는 다양한 방법이 실시되고 있다. 대표적인 것은 캡슐 성형으로 자동적으로 이루어지는 방식이다. 립스틱의 처방이나 립스틱의 모양, 성형 온도나 냉각시간 등에 따라서 립스틱 의 사용 특성이 다양하게 변화하므로 다방면의 연구에 기초하여 성형이 이루어지고 있다.

② 분말 제품의 프레스 성형의 기본적인 것은 금형 성형이다. 凸형과 凹형의 1쌍 의 금형의 凹형의 바닥에 그릇을 넣은 후 일정량의 분말을 넣고 凸형으로 위에서 일정 압력으로 프레스 성형한 다음 그것을 꺼내서 용기에 넣는 것이다. 이 방법은 매우 손이 많이 가므로 요즈음에는 분말 자동 프레스기가 사용된다.

이것은 그릇 공급 → 분말 계량 → 일정 압력 프레스 → 프레스 제품을 꺼내는 일련의 작업이 자동적으로 이루어지는 것이다. 이 방법은 분말의 상태 (유동성, 충진성 등)이나 접시의 형상(크기나 형태 등)에 따라서 큰 영향을 받으므로 다양한 테스트를 수행하여 양산화되고 있다. 또한, 프레스 제품의 감촉이나 기능을 높이기 위하여 습식충진법이 이루어지기도 한다. 분체 제품을 휘발성 용매(알코올 등)와 섞어서 슬러리 상태로 만들어 그릇에 충진하고 천이나 종이로 프레스하면서 용매를 빨아들인 후 건조하여 성형하는 방법이다.

2) 충진

화장품에는 이 밖에도 액상, 크림상, 겔상 등 다양한 제형이 있다. 이들 제형은 유리병이나 플라스틱 용기, 튜브 등에 충진되어 제품화되는데 여기에 쓰이는 주요 충진기로는 크림 충진기, 튜브 충진기, 액체 충진기가 있다.

① 크림 충진기는 주로 크림 제품을 유리병이나 플라스틱 용기에 충진할 때에 쓰이는 것으로서 피스톤식의 것이 많다. 피스톤으로 호퍼에서 일정량 흡인하여 용기로 압출하여 정량 충진하는 것이다.

② 튜브 충진기는 주로 크림상 제품을 튜브에 충진할 때에 사용하는 것이다. 튜브에는 플라스틱제, 금속제, 라미네이트(플라스틱과 금속을 겹친 것)의 3종류가 사용된다. 튜브의 바닥부터 충진하여 그 후 실링하는데 플라스틱은 열판으로 압착 실링, 금속을 접어 말고 라미네이트는 초음파로 가열 압착하여 실링한다.

③ 액체 충진은 액상 화장품인 스킨을 비롯하여 로션이나 샴푸 등을 충진하는 데 사용된다. 피스톤식이나 중량식, 에어센서식, 로터리펌프식 등이 있는데 모두 자동적으로 정량하기 위한 장치 개발로 이루어지고 있다.

3) 포장

포장기(완성 공정)는 다양한 용기로 충진이나 성형된 제품에 라벨을 붙이고 날인, 포장하여 상자에 담는 작업이다. 화장품은 다품종 소량 생산이므로 자동화를 위한 자동 포장기(라벨 접착기, 날인기, 곤포기 등)도 다양하게 개발, 개선이 이루어지고 있다. 포장 시 포장재 출고 의뢰서와 포장재 명, 포장재 코드 번호, 규격, 수량, '적합' 라벨 부착 여부, 시험 번호, 포장 상태 등을 확인하여 맞춤형화장품의 정확한 내용을 정리한다.

[표 4-21] 화장품 포장재 소재의 주요 용도

소재	주요 용도
종이	라벨, 낱개 케이스, 장식재, 부품
플라스틱	병, 마개, 용기, 튜브, 장식재
목재	빗,
실, 끈	포장재, 장식재,
금속	용기, 마개, 부품, 장식재
고무	마개, 화장용품
돌	장식재
유리, 세라믹	병, 마개, 장식재
천, 가죽, 모	포장재, 장식재, 브러시, 퍼프

해면	스펀지, 유분 제거제,
뿔	장식재, 빗, 보호용구
저밀도 폴리에틸렌(LDPE)	병, 튜브, 마개, 패킹 등
고밀도 폴리에틸렌(HDPE)	화장수, 유화 제품, 린스 등의 용기, 튜브
폴리프로필렌(PP)	원터치 캡
폴리스티렌(PS)	콤팩트, 스틱 용기 등
AS 수지	콤팩트, 스틱 용기, 캡 등
ABS 수지	금속 느낌을 주기 위한 도금 소재로 사용
PVC	리필 용기, 샴푸 용기, 린스 용기 등
PET	스킨, 로션, 크림, 샴푸, 린스 등의 용기
소다 석회 유리	스킨, 로션, 크림 용기
칼리 납 유리	고급 용기, 향수 용기 등
유백색 유리	크림, 로션 등의 용기
알루미늄	립스틱, 콤팩트, 마스카라, 스프레이 등
황동	코팅용 소재로 사용
스테인리스 스틸	부식되면 안 되는 용기, 광택 용기
철	스프레이 용기 등

TIP 맞춤형화장품 포장 시 지켜야 할 기술 및 태도

① 화장품의 품질 특성 4가지(안전성, 유효성, 안정성, 사용성) 모두를 충족
② 포장재 선입, 선출, 관리, 보관 기술
③ 원료의 입출고 절차 준수 의지
④ 보관 장소의 철저한 관리 및 위생, 정돈 의지

7.1.2 화장품과 방부

화장품은 기름이나 물을 주성분으로 하여 미생물의 탄소원이 되는 글리세린이나 솔비톨 등이나 질소원이 되는 아미노산 유도체, 단백질 등이 배합된 것이 많기 때문에 식품류와 마찬가지로 세균 등의 미생물이 침투하기 쉽다. 물론 식품에 비하면 화장품

의 사용 기간은 비교되지 않을 만큼 길지만 병원균이나 곰팡이, 효모, 세균, 박테리아 등의 미생물로 인한 오염, 변취로부터 화장품을 장기간 보존하기 위해 보존제를 첨가할 필요가 있다.

이들 병원균에나 세균, 진균 등의 번식에 따른 화장품의 변질은 화장품의 안전성이나 안정성에 최대 영향을 주기 때문에 품질 관리상 매우 중시하여야 한다. 제품의 미생물 오염은 공장 제조 단계에서 유래하는 오염(1차 오염)과 소비자에 의해 사용 중 오염(2차 오염)으로 구별한다.

1) 1차 오염

공장 제조 단계에서 유래하는 오염을 1차 오염이라 하며, 제조 공정에 있어 제조 환경이나 작업자 위생, 첨가물이나 물을 포함한 화장품 원료뿐만 아니라 용기나 용구 등에 있어 철저한 멸균이 필요하다.

2) 2차 오염

보존제에 따른 오염 방지 외에도 용기의 구조 개선과 용기의 소량화에 따른 사용 기간의 단축, 소비자의 위생적 사용에 따른 방지책, 소비자에게 사용상 주의점을 알리는 등 여러 각도에서 2차 오염을 방지할 필요가 있다. 소비자에 의한 2차 오염은 인체의 피부 상재균, 손가락에 덜었던 화장품을 도로 넣 는 습관이나 화장품 뚜껑을 열어 놓는 습관 등에 의해 화장품이 미생물에 오염되는 것 이다. 이를 방지하기 위해서는 항균력이 있는 원료나 오염되기 어려운 튜브와 같은 용 기를 사용하든가, 보존제를 적절히 사용하여 미생물의 번식을 어렵게 하는 처방을 할 필요가 있다. 화장품은 사용 원료나 제품의 종류와 제형이 여러 종류 · 여러 형태이므로 그것만으로도 미생물이 번식하기 쉬운 조건을 다수 가지고 있기 때문에, 화장품제조업자가 미생물의 1차 오염에 관해서는 절대적으로 방지하는 것은 당연한 것이고, 출고 후 소비자의 손에서 일어나는 2차 오염에 대해서도 어떻게든 방지하도록 노력해야 한다.

7.2 제품에 적합한 포장 방법

포장의 경우, 원칙은 제조와 동일하다. 완제품이 기존의 정의된 특성에 부합하는지를 보증하기 위한 조치가 이루어져야 한다.

포장을 시작하기 전에, 포장 지시가 이용 가능하고 공간이 청소되었는지 확인하는 것이 필요하다. 이러한 포장 라인의 청소는 세심한 주의가 필요한 작업이다. 누락의 위험이 상당히 많이 존재한다. 예를 들면 병, 튜브, 캡이나 인쇄물 등을 빠뜨리기 쉽다. 결과적으로, 청소는 혼란과 오염을 피하기 위해 적절한 기술을 사용하여, 규칙적으로 실시되어야 한다.

작업 전 위생 상태 및 포장재 등의 준비 상태를 점검하는 체크리스트를(line start-up) 작성하여 기록관리 한다.

제조번호는 각각의 완제품에 지정되어야 한다.

용량 관리, 기밀도, 인쇄 상태 등 공정 중 관리(In-process control)는 포장하는 동안에 정기적으로 실시되어야 한다.

공정 중의 공정검사 기록과 합격 기준에 미치지 못한 경우의 처리 내용도 관리자에게 보고하고 기록하여 관리되어야 하며, 시정 조치가 시행될 때가지 공정을 중지시켜야 한다. 이는 벌크제품과 포장재의 손실 위험을 방지하기 위함이다.

포장의 마지막 단계까지, 위생관리는 오염을 피하기 위해 적절한 절차로 일관되게 실시되어야 한다.

7.2.1 화장품 포장재

포장재에는 많은 재료가 포함된다. 1차 포장재, 2차 포장재, 각종 라벨, 봉함 라벨까지 포장재에 포함된다. 라벨에는 제품 제조번호 및 기타 관리번호를 기입하므로 실수 방지가 중요하여 라벨은 포장재에 포함하여 관리하는 것을 권장한다.

1) 용기(병, 캔 등)의 청결성 확보

포장재는 모든 공정 과정과 그 과정 중 실수 방지는 필수이며, 일차적으로 포장재의 청결성 확보가 중요하다.

용기(병, 캔 등)의 청결성 확보에는 자사에서 세척할 경우와 용기 공급업자에 의존할 경우가 있다. 자사에서 세척할 경우는 세척방법의 확립이 필수다. 일반적으로는 절차로 확립한다. 세척 건조 방법 및 세척 확인 방법은 대상으로 하는 용기에 따라 다르다. 실제로 용기 세척을 개시한 후에도 세척 방법의 유효성을 정기적으로 확인해야 한다.

용기의 청결성 확보를 용기 공급업자(실제로 제조하고 있는 업자)에게 의존할 경우에는 그 용기 공급업자를 감사하고 용기 제조 방법이 신뢰할 수 있다는 것을 확인하는 일부터 시작한다. 신뢰할 수 있으면 계약을 체결한다. 용기는 매번 배치 입고 시, 무작위 추출하여 육안 검사를 실시하여 그 기록을 남긴다.

청결한 용기를 제공할 수 있는 공급업자로부터 구입하여야 한다. 기존의 공급업자 중에서 찾거나 현재 구입처에 개선을 요청해서 청결한 용기를 입수할 수 있게 한다. 일반적으로는 절차에 따라 구입한다.

2) 제18조(포장 작업)

① 포장 작업에 관한 문서화된 절차를 수립하고 유지하여야 한다.

② 포장 작업은 다음 각호의 사항을 포함하고 있는 포장지시서에 의해 수행되어야 한다.

1. 제품명
2. 포장 설비명
3. 포장재 리스트
4. 상세한 포장 공정
5. 포장 생산 수량

③ 포장 작업을 시작하기 전에 포장 작업 관련 문서의 완비 여부, 포장 설비의 청결

및 작동 여부 등을 점검하여야 한다.

화장품 포장 공정은 벌크 제품을 용기에 충전하고 포장하는 공정이다. 화장품 포장 공정은 제조번호 지정부터 시작하는 많은 작업으로 구성되어 있다.

- 제조지시서 발행 → 포장지시서 발행
- 제조기록서 발행 → 포장기록서 발행
- 원료 갖추기 → 벌크 제품, 포장재 준비
- 벌크 제품 보관 → 완제품 보관
- 제품기록서 완결 → 포장기록서 완결
- 원료 재보관 → 포장재 재보관

으로 바뀌어 있을 뿐이며, 새로운 종류의 작업이 추가된 것은 아니다.

7.2.2 화장품 용기의 역할

화장품 용기는 생산된 내용물이 나누어 담겨져 운송, 보관, 판매 그리고 고객에게 전달된 후 사용 기간 동안 내용물의 품질을 유지하는 역할을 담당한다. 그리고 화장품에 있어서 내용물뿐 아니라 용기 역시 상품의 중요한 구성 요소로 고려되고 있으며, 고객이 좋아하는 이미지를 부여하여 구매 의욕을 환기시키는 것으로 중요시되고 있다. 기호의 확장에 따른 기호의 다양화, 포장 용기 형태의 다양화, 포장 기술의 진보, 그리고 용기 재활용법의 완전 시행이나 사용하기 편한 형태, 확인하기 편한 표시 등 이른바 '유니버설 디자인'의 사고방식을 도입함으로써 다종, 다양한 화장품 용기가 개발되었다. 화장품 용기의 역할로는 '내용물 보호', '사용성', '정보전달 기능', '생산성', '안정 · 운송성', '환경보전' 등 6가지를 들 수 있다.

1) 내용물 보호

내용물 보호 기능으로 가스 배리어성, 차광성, 내충격성을 들 수 있다.가스 배리어성은 내용물의 수분과 기타 성분의 증산을 억제하는 것을 의미하며, 화장품의 경우 내용물의 양이 표시량의 97%를 확보하지 않으면 안 된다. 이것은 '화장품 표시에 관한 공정 경쟁 규약'에 의하여 내용량의 부족 측적 성량이 표시량의 -3% 이내라고 되어 있기 때문이기도 하다. 이 규약에 따라서, 특히 수지용기의 경우 투과로 인한 감량에 주의하지 않으면 안 된다. 차광성은 가시광선 혹은 자외선 영역의 빛의 영향을 억제하는 것이다. 비타민 C나 일부 향료 성분은 빛에 의해 변색, 변취가 유발되는 것이 있다.

내충격성은 유통, 판매, 사용 시 각각의 단계에서 가해지는 충격으로부터 내용물 을 보호하는 기능으로서 대표적인 예로 파운데이션이나 아이섀도와 같은 고형품이 갈라지지 않도록 진공성형품 등에 끼워 넣어서 충격으로 보호하는 방법 등이 이용되고 있다.

2) 사용성

사용성의 기능으로는 안전성, 편리성, 그리고 인지성을 들 수 있다. 안전성이란 사용 시 사용자에게 위해를 가해서는 안 됨을 의미한다. 용기 자체에 예리한 부분이 있거나 유리병의 파손되어 생긴 예리한 부분과의 접촉하여 사용자가 상처를 입어서는 안 된다. 욕실 내에서 사용하는 화장품 용기는 유리로 된 것이 거의 없다. 이것은 만일 욕실 내에서 유리병이 파손된 경우 그 파편이 위험물이 되기 때문이다. 편리성의 면에서는 사용자가 화장 행위를 할 때에 수월한 동작을 할 수 있도록 인간공학적 지식에 기초하여 디자인 및 설계할 필요가 있다. 캡의 개폐, 필름을 벗기기, 포장지를 뜯는 등의 힘을 필요로 하는 행위는 사람의 역학적 특성을 배려한 재료나 구조의 기준에 기초하여 설계한다.

인지성의 면에서는 상품 선별할 때와 사용할 때에 인간의 신체 기능이나 인지성 (affordance) 등을 고려하여 인간공학적인 관점으로 설계할 필요가 있다.

3) 정보 전달 기능(디자인)

화장품은 '브랜드 이미지'를 의식하여 상품으로서 개발되므로 화장품 용기는 고객에게 정서적인 인상을 부여함으로써 브랜드의 세계관, 내용물의 품질까지도 표현하여야 한다. 또한, 제품의 특징 등 고객에게 특별히 어필하고 싶은 사항은 POP 등을 통해 아이캐치 효과를 주어서 판매촉진 효과를 갖게 할 수도 있다. 또한, 효과 효능은 물론 주의 표시, 전성분 표시 등을 고객에게 전달하는 기능을 아울러 정보 전달 기능이라고 한다.

[표 4-22] 화장품 용기 및 포장의 기능

구분	내용
내용물의 보호성	수송과 온습도, 미생물, 빛 등의 보관 환경에서 내용물의 품질을 보호한다.
취급의 편리성	제품의 취급, 물건 취급에 편리한 중량, 치수, 형상이나 표기 및 용기 개폐의 쉬움 등을 목적으로 한다.
판매 촉진성	용기, 포장은 상품의 일부로서 특히 셀프 서비스 방식의 판매에서는 말할 것도 없고, 그 자체가 세일즈맨이 되기도 하며 기업 이미지(CI)를 상징한다.

4) 주의사항 표시

주의 표시에는 사용상의 주의사항, 제조물 책임법, 고압가스 보안법/소방법, 자원 유효 이용 촉진법에 관한 기재가 있으며, 사용상의 주의사항에서는 "본 제품을 사용하여 다음과 같은 이상이 있을 경우에는 사용을 중지하여야 하며, 계속 사용하면 증상을 악화시키므로 피부과 전문의 등에게 상담할 것"을 표기 해야 한다.

① 사용 중 붉은 반점, 부어오름, 가려움, 자극 등의 이상이 있는 경우

② "적용 부위가 직사광선에 의해 위와 같이 이상이 있을 경우", "고온 내지 저온의 장소 및 직사광선이 닿는 곳에는 보관하지 말 것" 등 보관 방법, 피부 트러블 등에 대한 대처 방법이 기재된다.

제조물 책임법은 제품의 결함으로 인하여 생명, 신체 또는 재산에 손해를 입었을 때를 증명하여 피해자가 제조회사 등에 대해 손해배상을 청구할 수 있는 법률이다. 이러한 손해배상을 청구할 만한 손해를 주지 않도록 적절한 사용 방법을 명시할 필요가 있다.

5) 생산성

여기서 말하는 생산성에는 2가지의 의미가 있는데, 첫 번째는 화장품 용기 그 자체를 제조하는 생산성, 그리고 또 한 가지는 화장품 내용물을 충진하여 포장하는 생산성이다. 디자인을 중시한 나머지 극단적으로 모양이 복잡해지거나 용기 소재 자체의 두께가 증가되는 경우에는 용기 제조 장치에서의 생산이 곤란해진다. 또한, 병의 입구가 좁아서 충진성에 문제가 있는 경우나 용기 자체가 불안정하여 생산라인에서의 운반성에 영향을 미치는 경우 등은 포장 용기로 적합하지 않다. 또한, 생산성이 저하되면 단위시간당 생산 수량이 저하되어 비용 상승의 요인이 되며, 특히 대량 생산품에 영향이 생긴다. 2가지 생산성을 고려한 형상 · 소재를 검토하여 화장품 용기를 제작할 필요가 있다.

6) 환경 보전

'재활용을 추진하기 위해 쓰레기 분류에 대응한 용기 설계를 실시', '리필 제품으로 용기를 재사용', '용기 자체의 사용 재료 감소로 쓰레기를 줄이는 리듀스' 등이다. 지구환경에 대한 대처로서 기업 이미지 향상으로도 이어지는 중요한 항목이다.

자원 유효 이용 촉진법은 친환경 사회 형성을 위하여 필요한 3R(reduce · reuse · recycle) 착수를 종합적으로 추진하기 위한 법률로서 플라스틱제 용기 포장의 'PET'와 지제 용기 포장의 '종이' 표시가 의무화되었다.

7.2.3 포장 재료

(본서 3장 5.6.2 포장재 소재별 품질 특성 비교 참고)

7.2.4 제품의 포장 재질 및 포장 방법

① 「자원의 절약과 재활용 촉진에 관한 법률」에 따른 포장 폐기물의 발생 억제, 재활용 촉진

② 재활용이 쉬운 포장재 사용, 중금속이 함유된 재질의 포장재 제조 및 유통 금지

③ PVC(폴리염화비닐)를 사용하여 첩합(Lamination), 수축 포장 또는 도포(코팅)한 포장재(제품의 용기 등에 붙이는 표지를 포함) 사용 금지

④ PVC(폴리염화비닐)를 사용하여 수축 포장한 포장재를 사용하지 아니하면 포장재의 기능에 장애를 일으킬 우려가 있는 경우 PVC 사용.(포장과 법률 - 「자원의 절약과 재활용 촉진에 관한 법률」 일부 개정 법률안 검토 보고서, (사)한국포장협회, 2012)

⑤ 포장재의 사용량과 포장 횟수를 줄여 불필요한 포장 억제

⑥ 포장 용기를 재사용할 수 있는 비율

- 화장품 중 색조 화장품(메이크업)류: 100분의 1 이상
- 합성수지 용기를 사용한 액체 세제류 · 분말 세제류: 100분의 50 이상
- 두발용 화장품 중 샴푸 · 린스류: 100분의 25 이상
- 위생용 종이 제품 중 물티슈류: 100분의 60 이상

⑦ 제품의 종류별 포장 방법(포장 공간 비율 및 포장 횟수)에 대한 기준

- 인체 및 두발 세정용 제품류: 15 % 이하, 2차 이내
- 그 밖의 화장품류(방향제를 포함한다): 10 % 이하(향수 제외), 2차 이내
- 세제류: 15 % 이하, 2차 이내
- 종합 제품 화장품류: 25 % 이하, 2차 이내

		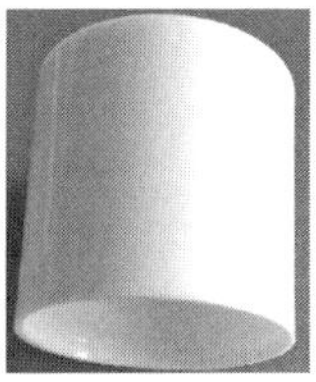
AS	HDPE	PP
	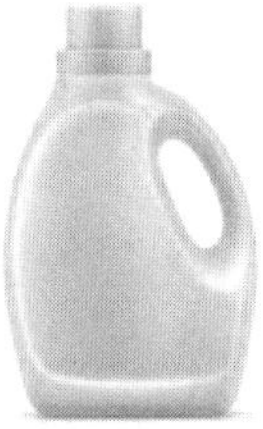	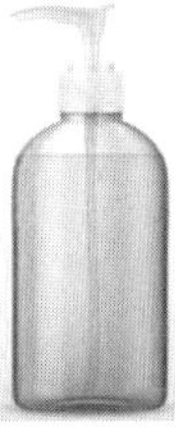
PVC	PE	PETE

ABS	PET	철

유백색 유리	투명 유리	유색 유리
	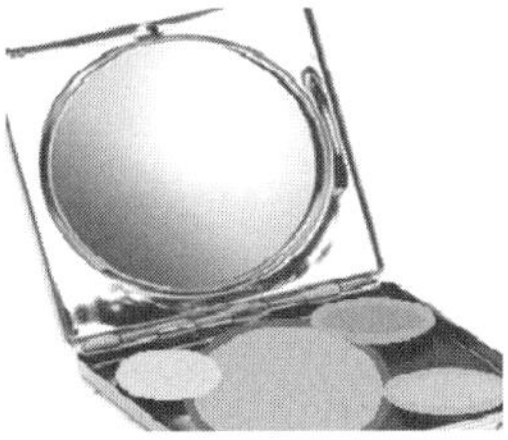	
황동	스테인리스 스틸	알루미늄

7.3 용기 기재사항

7.3.1 맞춤형화장품의 표시 및 기재사항

(본서 4장 5.1 맞춤형화장품 표시사항 참고)

7.3.2 맞춤형화장품 라벨링

맞춤형화장품 혼합 후 새로운 용기에 담는 경우와 베이스 화장품 용기에 성분을 첨가하여 용기를 그대로 사용할 경우의 라벨링으로 구분된다. 안전사고 발생 시 신고절차 등을 체계화하기 위하여 판매자 상호 및 소재지 정보를 추가할 것을 권고한다.(「화장품법」시행규칙 제19조(화장품 포장의 기재 · 표시) 참고)

① 새로운 용기에 제품을 담아 판매할 경우: 스티커를 새로운 용기에 부착하여 기재사항을 표시

② 베이스 화장품 용기에 성분을 첨가하여 용기를 그대로 사용하는 경우: 기존 라벨과의 혼동을 방지 하기 위하여 기존 라벨을 제거 후 라벨을 부착하거나 오버라벨링(over-labeling) 방식 사용 가능

7.3.3 포장 문서

(본서 3장 5.2.1 포장재 관리를 위한 문서관리 참고)

1) 작업 동안 제조물 책임(PL)에 따라, 모든 포장 라인은 최소한 다음의 정보가 확인 가능해야 한다.

- 제조된 완제품은 추적 가능하도록 특정한 제조번호를 부여한다.
- 포장 라인명 또는 확인 코드
- 완제품명 또는 확인 코드
- 완제품의 배치 또는 제조번호

모든 완제품이 규정 요건을 만족시킨다는 것을 확인하기 위한 공정 관리가 이루어져야 한다. 중요한 속성들이 규격서에서 확인할 수 있는 요건들을 충족시킨다는 것을 검증하기 위해 평가를 실시하여야 한다.(즉, 미생물 기준, 충전 중량, 미관적 충전 수준, 뚜껑/마개의 토크, 호퍼(hopper) 온도 등). 규정 요건은 제품 포장에 대한 허용 범위 및 한계치(최소값-최대값)를 확인해야 한다.

TIP 맞춤형화장품 광고 시 주의사항

맞춤형화장품판매업자는 다음과 같은 표시 또는 광고를 해서는 안 된다.

(1) 의약품으로 잘못 인식할 우려가 있는 경우
(2) 기능성화장품이 아닌 화장품은 기능성화장품으로 잘못 인식할 우려가 있거나 기능성화장품의 안전성·유효성에 관한 심사결과와 다른 내용의 경우
(3) 천연화장품 또는 유기농화장품이 아닌 화장품을 천연화장품 또는 유기농화장품으로 잘못 인식할 우려가 있는 경우
(4) 그 밖에 사실과 다르게 소비자를 속이거나 잘못 인식할 우려가 있는 경우

2) 화장품 전성분 표시제

보건복지부는 2008년 화장품 소비자의 알권리 증진 및 부작용 발생 시 원인 규명을 쉽게하기 위하여 화장품 용기 등에 화장품 제조에 사용된 모든 성분을 한글로 표시하는 '화장품 전 성분 표시 의무제'를 도입하였다.

2008년 10월 18일부터 시행된 전 성분 표시제는 화장품 속 성분을 모두 표기하는 제도로 화장품 선진국에서는 오래전부터 시행되어 왔다. 이는 제조자로 하여금 화장품에 보다 안전한 원료를 사용할 수 있도록 촉진하여 품질 향상에 도움이 될 것이며, 소비자는 화장품 표시 사항을 살펴 자신의 체질이나 기호에 맞는 상품을 선택함이 용이해질 것이다. 또한, 화장품 사용으로 인한 피부 부작용 발생 시 제품 용기 또는 포장에 기재된 성분을 통해 전문가 상담을 거쳐 부작용의 원인 규명을 쉽게 하고 신속히 대처할 수 있게 되었다.

성분은 함량순으로 표기되며 제일 앞에 표기된 것이 가장 함량이 많은 성분이며, 착향제 성분은 '향료'라고 표시하고, 총 25종의 알레르기 유발 성분은 별도로 표시하여야 한다. 단, 성분 함량이 1% 이하인 것은 순서에 관계없이 표기 가능하다.

그리고 50ml 이하 제품은 전 성분을 표시하기 어려워 타르 색소, 보존제 등 일부 성분만 표시하고, 나머지 성분은 소비자가 쉽게 확인해 볼 수 있도록 업체 전화번호와 홈페이지 주소 등을 제품에 표시하도록 하였다.

3) 사용기한 또는 개봉 후 사용기간

(1) 사용기한은 "사용기한" 또는 "까지"등의 문자와 "연월일"을 소비자가 알기 쉽도록 기재 · 표시하여야 한다. 다만, "연월"로 표시하는 경우 사용기한을 넘지 않는 범위에서 기재 · 표시하여야 한다.

(2) 개봉 후 사용기간은 "개봉 후 사용기간"이라는 문자와 "○○월" 또는 "○○개월"을 조합하여 기재 · 표시하거나, 개봉 후 사용기간을 나타내는 심벌과 기간을 기재 · 표시할 수 있다.(「화장품법 시행 규칙」(별표4) 화장품 포장의 표시 기준 및 표시 방법)

8

유·통·화·장·품·안·전·관·리

재고관리

화장품 및 원료의 입고는 입고 시 제조사 및 품질관리 여부를 확인하고 품질성적서를 구비한다. 맞춤형화장품에 사용되는 원료 등은 가능한 품질에 영향을 미치지 않는 온도와 습도 등을 고려한 장소에서 보관하며 (예: 직사광선을 피할 수 있는 장소 등), 각각의 원료 등의 사용기한을 확인 후 관련 기록 보관, 사용기한이 지난 경우 폐기 처리하여 안전한 화장품을 제조 · 판매할 수 있도록 관리한다.

8.1 원료 및 내용물의 재고 파악

1) 맞춤형화장품 원료 등의 재 보관 및 잔여 원료 재사용

① 사용 후 남은 원료 및 제품은 밀폐를 위한 마개 사용 등 비의도적인 오염을 방지할 수 있도록 해야 하며, 밀폐 후 본래 보관 환경에서 보관하는 경우 우선 사용 권장

② 원료 등의 재 보관 시 품질 열화 및 오염 관리 권장

③ 품질 열화하기 쉬운 원료들은 재사용을 지양하고 재 보관 횟수가 많은 원료는 조금씩 소분하여 보관

2) 맞춤형화장품 혼합단계 주의사항

① 작업대 및 도구(교반봉, 주걱 등)는 소독제(에탄올 등)를 이용하여 소독

② 혼합의 주체가 소비자인 경우 혼합방법 및 위생상 주의사항에 대해 충분히 설명한 후 혼합

③ 혼합 후 층 분리 등 물리적 현상에 대한 이상 유무 확인 후 판매

④ 혼합 시 교차오염 발생 방지

* 도구가 작업대에 닿지 않도록 주의
* 작업대나 작업자의 손 등에 용기 안쪽 면이 닿지 않도록 주의

3) 제11조(입고관리)

(본서 3장 4.1 내용물 및 원료의 입고기준 참고)

[표 4-23] 공급자 선정 시의 주의사항

구분	내용
정보를 제공할 수 있는가?	원료 · 포장재 일반정보, 안전성 정보, 안정성 · 사용기한 정보, 시험기록
"품질계약서"를 교환할 수 있는가?	구입이 결정되면 품질계약서 교환이 필요해진다. 변경사항을 알려주는가? 필요하면 방문감사와 서류감사를 수용할 수 있는가? ※ "공급자"는 제조원을 의미한다. ※ 판매회사 등을 포함할 때도 있다.
공급자 승인	공급자가 "요구 품질의 제품을 계속 공급할 수 있다"는 것을 확인하고 인정할 것 일반적으로는 품질보증부(or 구매부서)가 승인한다 . "조사"+"감사"결과로 승인한다. 조사 시 고려할 점 - 과거의 실적: 일탈의 유무, 서비스의 좋고 나쁨 등 - 세간의 소문, 신뢰도 - 제품이나 회사의 특이성 - 실시할 감사(Audit) - 방문감사 - 서류감사(질문서로 실시)과소개

모든 원료와 포장재는 화장품 제조(판매)업자가 정한 기준에 따라서 품질을 입증할 수 있는 검증자료를 공급자로부터 공급받아야 한다.

이러한 보증의 검증은 주기적으로 관리되어야 하며, 모든 원료와 포장재는 사용 전에 관리되어야 한다.

8.1.1 원료 및 내용물의 구매

원료 및 내용물의 구매 시에는 다음 사항을 고려해야 한다. 요구사항을 만족하는 품목과 서비스를 지속적으로 공급할 수 있는 능력 평가를 근거로 한 공급자의 체계적 선정과 승인이 필요하며, 합격판정기준, 결함이나 일탈 발생 시의 조치 그리고 운송 조건에 대한 문서화된 기술 조항의 수립을 한다.

협력이나 감사와 같은 회사와 공급자 간의 관계 및 상호 작용의 정립하여 품질의 안정화와 품질 보증을 할 수 있어야 한다.

(본서 3장 4.3 입고된 원료 및 내용물 관리기준 참고)

제품을 정확히 식별하고 혼동의 위험을 없애기 위해 라벨링을 해야 한다. 원료 및 포장재의 용기는 물질과 배치 정보를 확인할 수 있는 표시를 부착해야 한다. 제품의 품질에 영향을 줄 수 있는 결함을 보이는 원료와 포장재는 결정이 완료될 때까지 보류상태로 있어야 한다. 원료 및 포장재의 상태(즉, 합격, 불합격, 검사 중)는 적절한 방법으로 확인되어야 한다. 확인 시스템(물리적 시스템 또는 전자시스템)은 혼동, 오류 또는 혼합을 방지할 수 있도록 설계되어야 한다.

TIP 제품의 라벨링

① 원료 및 포장재의 확인은 다음 정보를 포함해야 한다.
- 인도문서와 포장에 표시된 품목·제품명
- 만약 공급자가 명명한 제품명과 다르다면, 제조 절차에 따른 품목·제품명

② 해당 코드번호
- CAS번호(적용 가능한 경우)
- 적절한 경우, 수령 일자와 수령 확인번호
- 공급자명
- 공급자가 부여한 배치 정보, 만약 다르다면 수령 시 주어진 배치 정보
- 기록된 양

[표 4-24] 원료, 포장재의 검체 채취

<table>
<tr><th>구분</th><th colspan="2">내용</th></tr>
<tr><td>어디서, 누가, 방법, 표시</td><td>- "시험자가 실시한다"가 원칙
- 미리 정해진 장소에서 실시한다.
- 검체 채취 절차를 정해 놓는다.
- 검체 채취 한 용기에는 "시험 중"라벨을 부착한다.</td><td>① 검체 채취 방법
② 사용하는 설비
③ 검체 채취 양
④ 필요한 검체 작게 나누기
⑤ 검체 용기
⑥ 검체 용기 표시
⑦ 보관 조건
⑧ 검체 채취 용기, 설비의 세척과 보관</td></tr>
<tr><td>환경</td><td colspan="2">- 적절한 환경에서 실시한다.
※ 원료 등에 대한 오염이 발생하지 않는 환경</td></tr>
<tr><td>검체 채취 수</td><td colspan="2">- 배치를 대표하는 부분에서 검체 채취를 한다.
- 원료의 중요도, 공급자의 이력 등을 고려하여 검체채취 수를 조정할 수 있다.</td></tr>
<tr><td>검체 채취 양</td><td colspan="2">기록된 양과 비교</td></tr>
</table>

8.1.2 원료 코드 기재 방법

화장품의 원료는 종류가 다양하여 원료 관리를 수월하게 하기 위하여 화장품 원료에 코드를 부여하여 원료를 관리하고 있다. 회사마다 코드 방법은 다르지만 일반적인 방법은 다음과 같다. 예를 들면 CO-12345의 형식으로 만든다. 여기서 CO는 회사 이름을, 맨 앞자리 1은 화장품 원료의 종류로 1은 미용성분, 2는 색소 분체 파우더, 3은 액제/오일 성분, 4는 향, 5는 보존제, 6은 점증제(폴리머), 7은 기능성화장품 원료, 8은 계면활성제, BS BASE 원료로 회사 자체적으로 혼합하여 만든 원료들, BS99999는 물(정제수)이며, 다음 자리 2345는 원료가 들어온 순으로 계속하여 순번을 매기면 된다.

1) 제조 지시서의 이해

제조 지시서를 보면 제조 계획에 대하여 쓰여 있는데 화장품 생산에 따른 필요한 원료를 파악하며, 원료의 종류가 무엇인지를 파악하고, 원료가 어느 위치에 있는지를 파악하고, 원료의 총 필요량을 계산 할 수 있다. 제조 지시서에 사용된 원료명, 분량, 시험 번호 및 단위당 실사용량은 제품 표준서에 있는 "원료명, 분량 및 제조 단위당 기준량"을 실제 생산량으로 환산한 수치이다.

(1) 원료 규격(Specification)

원료의 전반적인 성질에 관한 것으로 원료의 성상, 색상, 냄새, pH, 굴절률, 중금속, 비소, 미생물 등 성상과 품질에 관련된 시험 항목과 그 시험 방법이 기재되어 있으며, 보관 조건, 유통 기한, 포장 단위, INCI 명 등의 정보가 기록되어 있다. 원료 규격서에 의해 원료에 대한 물리, 화학적 내용을 알 수 있다.

(2) 원료의 COA(Certificate of Analysis)

원료 규격에 따라 시험한 결과를 기록한 것으로, 화장품 원료가 입고될 때 원료의 품질 확인을 위한 자료로 첨부된다. 이 COA를 보고 자가 품질 기준에 따라 원료의 첫 적합 여부를 판단한다. COA에는 일반적으로 물리 화학적 물성과 외관 모양, 중금속, 미생물에 관한 정보가 기재되어 있다.

(3) 원료의 물질 안전 보건 자료(MSDS/GHS)

「산업안전보건법」 제41조(물질 안전 보건 자료의 작성 비치 등) 개정에 따라 물질 안전 보건 자료(MSDS) 작성 주체가 변경되어 2012년 1월 26일 부터 시행되고 있다.(MSDS/GHS는 한국산업안전보건공단(www.kosha.or.kr))

① MSDS (Material Safely Data Sheet)

화학 물질을 제조, 수입 취급하는 사업주가 해당 물질에 대한 유해성 평가 결과를 근거로 작성한 자료로 화학 물질의 이름, 물리 화학적 성질, 유해성, 위험성, 폭발성, 화재 발생 시 방재 요령, 환경에 미치는 영향 등을 기록한 서류이다. 화장품 원료 제품 취급 설명서와 주의 사항 등이 기재되어 있다. 즉 화학 물질에 대한 제품 취급 설명서가 물질 안전 보건 자료이다.

② GHS (The Globally Harmonized System of Classification and Labeling of Chemicals)의 정의

GHS란 화학 물질 분류, 표시에 대한 세계 조화 시스템으로, 전 세계적으로 통일된 분류 기준에 의거 화학 물질의 분류 기준에 따라 유해 위험성을 분류하고 통일된 형태의 경고 표지 및 MSDS로 정보를 전달하는 방법을 말한다.

③ GHS 제도의 필요성

- 국제적으로 통용되는 유해성 정보 전달 시스템으로 사람의 건강과 환경 보호 강화
- 기존 시스템이 없는 국가들에게 인정된 기본 체계 제공
- 화학 물질의 중복 시험 및 평가 방지
- 유해성이 국제적으로 적정하게 평가되고 확인됨에 따라 화학 물질의 국제 교역의 편리 도모
- 개별 법령에 따라 동일 화학 물질에 대한 다른 분류
- 경고 표지도 달라 다른 방식의 표지 이중 부착
- 서로 다른 유해 위험성 내용을 교육해서 안전 및 건강에 위험

8.2 적정 재고를 유지하기 위한 발주

8.2.1 화장품 원료의 발주 관리

생산 계획서에 의거 제품에서 각각의 원료량을 산출하여 적정한 재고를 관리해야 한다.

1) 화장품 원료 사용량 예측

생산 계획서(제조 지시서)에 의거하여 본제품 각각의 원료 사용량을 산출하고, 원료 목록장을 작성하여 재고를 관리한다.

[표 4-25] 화장품 원료 목록장

판매점	주소	연락처	담당자

2) 화장품 원료 거래처 관리

(1) 화장품의 원료는 70% 이상 외국에서 수입되므로 거래처 관리에 신경을 쓰고, 원료의 수급 기간을 고려하여 최소 발주량을 산정해 발주해야 한다.

(2) 거래처 발주 시에는 원료 발주 공문(구매 요청서)으로 발주한다.

[표 4-26] 화장품 원료 관리와 거래처 관리

제품명	거래처	최소 판매단위	가격	유통기한	포장방법 및 단위	수급기간

3) 화장품 원료의 입고/출고 관리

품질 관리부에서 화장품 원료 시험 결과 적합 판정된 것만을 선입 선출 방식으로 출고하고 이를 확인할 수 있다.

(1) 화장품의 원료를 거래처로부터 받아서 원료의 구매 요청서와 성적서, 현품이 일치하는가를 살핀 후에 원료 입출고 관리장에 기록한다.

[표 4-27] 화장품 원료 입/출고 관리장

입/출고일	원재료명	제품 코드	입고량	출고량	구입처	원료 사용 합격 여부

2) 원료가 출고될 때는 원료의 수불장에 기록한다.

[표 4-28] 화장품 원료 수불장

원료명 :				
일자	입고량	사용량	현재고	비고(입고예정일)

8.2.2 화장품 원료의 발주 준수

화장품 원료의 적정 재고를 유지 관리하기 위해서는 원료 규격, 원료 COA, 원료 물질 안전 보건 자료(한국어/영어판 MSDS/GHS)의 일치 여부를 확인한다. 그에 따라 원료의 재고량과 구입량을 정확히 파악, 검토하여 거래처에 발주해야 하며, 원료의 재고량과 구입량을 정확히 파악하여 부족한 원료나 신규 원료에 대해 거래처에 발주해야 한다.

원료 발주의 준수 사항은 다음과 같다.

① 원료 규격서에 원료의 성상, 색상, 냄새, pH, 굴절률, 중금속, 비소, 미생물, 보관 조건, 유통 기한, 포장 단위, INCI 명 등이 기재되어 있는지 기록내용을 확인한다.
② 원료의 물질 안전 보건 자료(MSDS/GHS)를 확인한다.

- 한국산업안전보건공단 홈페이지(www.kosha.or.kr)에서 홈〉정보 사항〉직업 건강 정보〉MSDS/GHS에서 해당 원료의 물질 안전 보건 자료를 검색한다.
- 원료의 MSDS/GHS를 보고 화학 물질에 대한 정보와 응급 시 알아야 할 사항, 응급 사항 시 대응 방법, 유해 상황 예방책, 기타 중요한 정보를 확인한다.

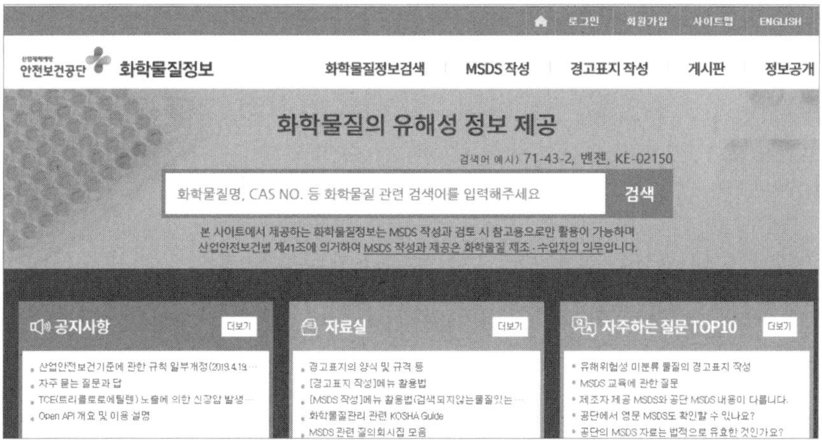

[그림 4-13] 한국산업안전보건공단 홈페이지에서 MSDS/GHS(2020. 01.06)

③ 원료의 COA를 보고 물리 화학적 물성과 외관 모양, 중금속, 미생물에 관한 정보를 파악하고, 원료 규격서 범위에 일치하는가를 판단한다.

④ 생산 계획서 및 제조 지시서를 보고 원료 재고량과 신규 구입량을 파악하여 원료를 구입한다.

- 생산 계획서 및 제조 지시서를 확인한다.
- 생산 계획서 및 제조 지시서에 기존 원료와 신규 원료를 파악한다.
- 원료 구입 시 원료 거래처의 수급 기간을 확인한다.
- 기존 원료의 경우 재고량 확인 후 부족 시 거래처에서 원료를 구입한다.
- 신규 원료의 경우 원료 거래처 파악 후에 원료를 구입한다.

⑤ 원료 거래처에 원료 발주서를 작성한다.

원료 발주서에는 발신/수신/기안일시/납품처와 필요원료 목록/단위/발주량/비고(입고 예정일) 등을 기록한다.

TIP

화장품 원료의 규격, 원료의 COA, 원료 물질 안전 보건 자료(한국어/영어판 MSDS/GHS)의 정확한 정보를 알 수 있어야 한다.
생산 계획서 및 제조지시서를 보고 원료 총 소요량을 산출하고, 원료 재고량과 신규 구입량을 파악하여 원료를 구입하며, 원료를 선입 선출하는 자료로 활용한다.
원료 발주서를 기안해서 원료 거래처에 정확한 원료 발주를 할 수 있도록 한다.

8.2.3 화장품 원료의 보관 관리

맞춤형화장품에 사용되는 원료는 적정한 재고관리를 위해 적절한 보관과 원료 보관소의 환경과 설비를 적절히 유지하여야 한다.

1) 보관 관리 정의와 조건

모든 원료를 규정된 설비를 이용하여 최적의 조건으로 유지 · 관리하는 것이다.

(1) 여름: 고온, 다습하지 않을 것.

겨울: 동결 또는 동파되지 않을 것.

(2) 적합한 용기(기밀 용기, 밀폐 용기, 차광 용기, 밀봉 용기)에 보관

(3) 바닥과 벽 사이에 공간을 두어 통풍을 원활히 하여 변질 방지

(4) 사용하고 남은 원료 및 반제품은 원래의 보관 조건으로 보관
(본서 3장 4.6 내용물 및 원료의 개봉 후 사용기한 확인 판정 참고)

2) 원료 보관소

원료 보관 환경은 방충 · 방서를 위해 벌레 유인등 및 초음파 방서기를 출입구 안쪽 천장에 설치한다.

(1) 벌레 유인등

① 원리: 곤충이나 감지하기 쉬운 파장의 불빛으로 유인하여 고전압으로 전격 살충한다.

② 적용 해충: 모기, 파리, 나방, 날파리 외

③ 설치 장소: 출입구 안쪽 천장에 설치

④ 전압: 4,300 V

(2) 초음파 방서기

① 원리: 동물이 해충이 싫어하는 전자 음파를 발생시켜 특정 구역 접근을 차단

② 적용 해충: 쥐 등

③ 설치 장소: 출입구 하부(바닥에서 0.5 m 내외)

④ 주파수: 5.000~47,000 Hz

⑤ 기타: 창고 넓이에 따른 수량 설치(반경 25 m)

TIP 작업원의 개인 위생

(1) 작업원 자신이 항상 청결에 유의한다.
(2) 평소 좋은 건강 습관을 가진다.
(3) 규정된 복장을 착용하며 세탁을 통한 청결함을 유지한다.
(4) 정기적인 건강 검진을 통한 병의 치료가 필요하다.
(5) 작업 전 및 화장실 출입 후에는 항상 손을 씻는다.

8.2.4 화장품 원료의 보관 방법

화장품 원료 관리 시에는 입고 시 품명, 규격, 수량 및 포장의 훼손 여부에 대한 확인 방법과 훼손되었을 때 그 처리 방법을 숙지하고 있어야 한다. 또 원료의 보관 장소 및 보관 방법을 알고 있어야 하며, 원료 시험 결과 부적합품에 대한 처리 방법도 알아야

한다. 취급 시의 혼동 및 오염 방지 대책을 알고, 출고 시 선입 선출 및 칭량된 용기의 표시 사항, 재고 관리 방법에 대해서도 숙지한다.

(본서 3장 4.3.4 화장품 원료의 보관장소 및 보관방법 참고)

물질안전보건자료
(Material Safety Data Sheet)

H&A PharmaChem
Company that Admires Human & nature
Bucheon-city, South Korea

1. 화학제품과 회사에 관한 정보

가. 제품명	SKIN LIPID LAMELLA
나. 제품의 권고 용도와 사용상의 제한	
제품의 권고 용도	화장품 원료로만 사용할 것.
제품의 사용상의 제한	화장품 원료로만 사용할 것.
다. 공급자 정보(수입품의 경우 긴급 연락 가능한 국내 공급자 정보 기재)	
회사명	파마켐
주소	경기도 부천시 원미구
긴급전화번호	전화: 팩스:

2. 유해성 · 위험성

가.유해성 · 위험성 분류	폭발성 물질: 등급1.4
	인화성 액체: 구분2
	피부 부식성/피부 자극성: 구분2
나. 예방조치문구를 포함한 경고표지 항목	
그림문자	

[그림 4-14] MSDS/GHS 예시

chapter 05

실전 예상문제

1. 맞춤형화장품조제관리사 자격시험 예시문항
2. 맞춤형화장품조제관리사 예상문제
3. 정답 및 해설

맞춤형화장품조제관리사 자격시험 예시문항

※ 과목명: 화장품법의 이해[1-4번]

1. 화장품법상 등록이 아닌 신고가 필요한 영업의 형태로 옳은 것은?

① 화장품제조업
② 화장품수입업
③ 화장품책임판매업
④ 화장품수입대행업
⑤ 맞춤형화장품판매업

정답: ⑤

2. 고객 상담 시 개인정보 중 민감 정보에 해당 되는 것으로 옳은 것은?

① 여권법에 따른 여권번호
② 주민등록법에 따른 주민등록번호
③ 출입국관리법에 따른 외국인등록번호
④ 도로교통법에 따른 운전면허의 면허번호
⑤ 유전자검사 등의 결과로 얻어진 유전 정보

정답: ⑤

3. 맞춤형화장품판매업소에서 제조 · 수입된 화장품의 내용물에 다른 화장품의 내용물이나 식품의약품안전처장이 정하는 원료를 추가하여 혼합하거나 제조 또는 수입된 화장품의 내용물을 소분(小分)하는 업무에 종사하는 자를 (　㉠　)(이)라고 한다. ㉠에 들어갈 적합한 명칭을 작성하시오.

정답: 맞춤형화장품조제관리사

4. 다음 〈보기〉는 화장품법 시행규칙 제18조 1항에 따른 안전용기 · 포장을 사용하여야 할 품목에 대한 설명이다. 괄호에 들어갈 알맞은 성분의 종류를 작성하시오.

ㄱ. 아세톤을 함유하는 네일 에나멜 리무버 및 네일 폴리시 리무버
ㄴ. 개별 포장당 메틸 살리실레이트를 5% 이상 함유하는 액체상태의 제품
ㄷ. 어린이용 오일 등 개별포장 당 (　　)류를 10% 이상 함유하고 운동점도가 21 센티스톡스(섭씨 40도 기준) 이하인 비에멀젼 타입의 액체상태의 제품

정답: 탄화수소

※ 과목명: 화장품제조 및 품질관리[5-10번]

5. 화장품에 사용되는 원료의 특성을 설명 한 것으로 옳은 것은?

① 금속이온봉쇄제는 주로 점도증가, 피막형성 등의 목적으로 사용된다.
② 계면활성제는 계면에 흡착하여 계면의 성질을 현저히 변화시키는 물질이다.
③ 고분자화합물은 원료 중에 혼입되어 있는 이온을 제거할 목적으로 사용된다.
④ 산화방지제는 수분의 증발을 억제하고 사용감촉을 향상시키는 등의 목적으로 사용된다.
⑤ 유성원료는 산화되기 쉬운 성분을 함유한 물질에 첨가하여 산패를 막을 목적으로 사용된다.

정답: ②

6. 맞춤형화장품의 내용물 및 원료에 대한 품질검사결과를 확인해 볼 수 있는 서류로 옳은 것은?

① 품질규격서　② 품질성적서　③ 제조공정도　④ 포장지시서　⑤ 칭량지시서

정답: ②

7. 맞춤형화장품 매장에 근무하는 조제관리사에게 향료 알레르기가 있는 고객이 제품에 대해 문의를 해왔다. 조제관리사가 제품에 부착된 〈보기〉의 설명서를 참조하여 고객에게 안내해야 할 말로 가장 적절한 것은?

> 제품명: 유기농 모이스춰로션
>
> 제품의 유형: 액상 에멀젼류
>
> 내용량: 50g
>
> 전 성분: 정제수, 1,3부틸렌글리콜, 글리세린, 스쿠알란, 호호바유, 모노스테아린산글리세린, 피이지 소르비탄지방산에스터, 1,2헥산디올, 녹차추출물, 황금추출물, 참나무이끼추출물, 토코페롤, 잔탄검, 구연산나트륨, 수산화칼륨, 벤질알코올, 유제놀, 리모넨

① 이 제품은 유기농 화장품으로 알레르기 반응을 일으키지 않습니다.
② 이 제품은 알레르기는 면역성이 있어 반복해서 사용하면 완화될 수 있습니다.
③ 이 제품은 조제관리사가 조제한 제품이어서 알레르기 반응을 일으키지 않습니다.
④ 이 제품은 알레르기 완화 물질이 첨가되어 있어 알레르기 체질 개선에 효과가 있습니다.
⑤ 이 제품은 알레르기를 유발할 수 있는 성분이 포함되어 있어 사용 시 주의를 요합니다.

정답: ⑤

8. 다음 〈보기〉에서 ㉠에 적합한 용어를 작성하시오.

> (㉠)(이)란 화장품의 사용 중 발생한 바람직하지 않고 의도되지 아니한 징후, 증상 또는 질병을 말하며, 해당 화장품과 반드시 인과관계를 가져야 하는 것은 아니다

정답: 유해사례

9. 다음 〈보기〉에서 ㉠에 적합한 용어를 작성하시오.

> 계면활성제의 종류 중 모발에 흡착하여 유연효과나 대전 방지 효과, 모발의 정전기 방지, 린스, 살균제, 손 소독제 등에 사용되는 것은 (㉠)계면활성제이다.

정답: 양이온

10. 다음 〈보기〉 중 맞춤형화장품조제관리사가 올바르게 업무를 진행한 경우를 모두 고르시오.

> ㄱ. 고객으로부터 선택된 맞춤형화장품을 조제관리사가 매장 조제실에서 직접 조제하여 전달하였다
> ㄴ. 조제관리사는 썬크림을 조제하기 위하여 에틸헥실메톡시신나메이트를 10%로 배합, 조제하여 판매하였다.
> ㄷ. 책임판매업자가 기능성화장품으로 심사 또는 보고를 완료한 제품을 맞춤형화장품 조제관리사가 소분하여 판매하였다.
> ㄹ. 맞춤형화장품 구매를 위하여 인터넷 주문을 진행한 고객에게 조제관리사는 전자상거래 담당자에게 직접 조제하여 제품을 배송까지 진행하도록 지시하였다.

정답: ㄱ, ㄷ

※ 과목명: 유통화장품 안전관리[11-13번]

11. 다음 〈보기〉에서 맞춤형화장품 조제에 필요한 원료 및 내용물 관리로 적절한 것을 모두 고르면?

ㄱ. 내용물 및 원료의 제조번호를 확인한다.
ㄴ. 내용물 및 원료의 입고 시 품질관리 여부를 확인한다.
ㄷ. 내용물 및 원료의 사용기한 또는 개봉 후 사용기한을 확인한다.
ㄹ. 내용물 및 원료 정보는 기밀이므로 소비자에게 설명하지 않을 수 있다.
ㅁ. 책임판매업자와 계약한 사항과 별도로 내용물 및 원료의 비율을 다르게 할 수 있다.

① ㄱ, ㄴ, ㄷ ② ㄱ, ㄴ, ㄹ ③ ㄱ, ㄷ, ㅁ
④ ㄴ, ㅁ, ㄹ ⑤ ㄷ, ㅁ, ㄹ

정답: ①

12. 맞춤형화장품의 원료로 사용할 수 있는 경우로 적합한 것은?

① 보존제를 직접 첨가한 제품
② 자외선차단제를 직접 첨가한 제품
③ 화장품에 사용할 수 없는 원료를 첨가한 제품
④ 식품의약품안전처장이 고시하는 기능성화장품의 효능 · 효과를 나타내는 원료를 첨가한 제품
⑤ 해당 화장품책임판매업자가 식품의약품안전처장이 고시하는 기능성화장품의 효능 · 효과를 나타내는 원료를 포함하여 식약처로부터 심사를 받거나 보고서를 제출한 경우에 해당하는 제품

정답: ⑤

13. 다음 〈보기〉의 우수화장품 품질관리기준에서 기준일탈 제품의 폐기 처리 순서를 나열한 것으로 옳은 것은?

ㄱ. 격리 보관
ㄴ. 기준 일탈 조사
ㄷ. 기준일탈의 처리
ㄹ. 폐기처분 또는 재작업 또는 반품
ㅁ. 기준일탈 제품에 불합격라벨 첨부
ㅂ. 시험, 검사, 측정이 틀림없음 확인
ㅅ. 시험, 검사, 측정에서 기준 일탈 결과 나옴

① ㄷ→ㄴ→ㅂ→ㅅ→ㄹ→ㄱ→ㅁ
② ㅁ→ㄴ→ㅂ→ㄷ→ㅅ→ㄱ→ㄹ
③ ㅅ→ㄴ→ㄹ→ㄷ→ㅁ→ㅂ→ㄱ
④ ㅅ→ㄴ→ㅂ→ㄷ→ㅁ→ㄱ→ㄹ
⑤ ㅅ→ㄴ→ㅂ→ㄷ→ㅁ→ㄹ→ㄱ

정답: ④

※ 과목명: 맞춤형화장품의 이해[14-19번]

14. 맞춤형화장품에 혼합 가능한 화장품 원료로 옳은 것은?

① 아데노신 ② 라벤더오일 ③ 징크피리치온
④ 페녹시에탄올 ⑤ 메칠이소치아졸리논

정답: ②

15. 피부의 표피를 구성하고 있는 층으로 옳은 것은?

① 기저층, 유극층, 과립층, 각질층
② 기저층, 유두층, 망상층, 각질층
③ 유두층, 망상층, 과립층, 각질층

④ 기저층, 유극층, 망상층, 각질층
⑤ 과립층, 유두층, 유극층, 각질층

정답: ①

16. 맞춤형화장품조제관리사인 소영은 매장을 방문한 고객과 다음과 같은 〈대화〉를 나누었다. 소영이가 고객에게 혼합하여 추천할 제품으로 다음 〈보기〉 중 옳은 것을 모두 고르면?

대화

고객: 최근에 야외활동을 많이 해서 그런지 얼굴 피부가 검어지고 칙칙해졌어요. 건조하기도 하구요.

소영: 아. 그러신가요? 그럼 고객님 피부 상태를 측정해 보도록 할까요?

고객: 그럴까요? 지난번 방문 시와 비교해 주시면 좋겠네요.

소영: 네. 이쪽에 앉으시면 저희 측정기로 측정을 해드리겠습니다.

피부측정 후,

소영: 고객님은 1달 전 측정 시보다 얼굴에 색소 침착도가 20% 가량 높아져있고, 피부 보습도도 25% 가량 많이 낮아져 있군요.

고객: 음. 걱정이네요. 그럼 어떤 제품을 쓰는 것이 좋을지 추천 부탁드려요.

보기

ㄱ. 티타늄디옥사이드(Titanium Dioxide) 함유 제품
ㄴ. 나이아신아마이드(Niacinamide) 함유 제품
ㄷ. 카페인(Caffeine) 함유 제품
ㄹ. 소듐하이알루로네이트(Sodium Hyaluronate)함유제품
ㅁ. 아데노신(Adenosine)함유제품

① ㄱ, ㄷ ② ㄱ, ㅁ ③ ㄴ, ㄹ ④ ㄴ, ㅁ ⑤ ㄷ, ㄹ

정답: ③

17. 다음의 〈보기〉는 맞춤형화장품의 전 성분 항목이다. 소비자에게 사용된 성분에 대해 설명하기 위하여 다음 화장품 전 성분 표기 중 사용상의 제한이 필요한 보존제에 해당하는 성분을 다음 〈보기〉에서 하나를 골라 작성하시오.

> 정제수, 글리세린, 다이프로필렌글라이콜, 토코페릴아세테이트, 다이메티콘/비닐다이메티콘크로스폴리머, C12-14파레스-3, 페녹시에탄올, 향료

정답: 페녹시에탄올

18. 다음 〈보기〉는 맞춤형화장품에 관한 설명이다. 〈보기〉에서 ㉠, ㉡에 해당하는 적합한 단어를 각각 작성하시오

> ㄱ. 맞춤형화장품 제조 또는 수입된 화장품의 (㉠)에 다른 화장품의 (㉠)(이)나 식품의약품안전처장이 정하는 (㉡)(을)를 추가하여 혼합한 화장품
> ㄴ. 제조 또는 수입된 화장품의 (㉠)(을)를 소분(小分)한 화장품

정답: ㉠: 내용물, ㉡: 원료

19. 다음 〈보기〉는 유통화장품의 안전관리기준 중 pH에 대한 내용이다. 〈보기〉 기준의 예외가 되는 두 가지 제품에 대해 모두 작성하시오.

> 영·유아용 제품류(영·유아용 샴푸, 영·유아용 린스, 영·유아 인체 세정용 제품, 영·유아 목욕용 제품 제외), 눈 화장용 제품류, 색조 화장용 제품류, 두발용 제품류(샴푸, 린스 제외), 면도용 제품류(셰이빙 크림, 셰이빙 폼 제외), 기초화장용 제품류(클렌징 워터, 클렌징 오일, 클렌징 로션, 클렌징 크림 등 메이크업 리무버 제품 제외) 중 액, 로션, 크림 및 이와 유사한 제형의 액상제품은 pH 기준이 3.0~9.0 이어야 한다.

정답: 물을 포함하지 않는 제품, 사용 후 곧바로 씻어 내는 제품

1회 맞춤형화장품조제관리사 예상문제

자격 종목	시험 시간	수험번호	이름

01 화장품법의 이해 [1-10번]

1. 화장품 사용 후 문제가 발생되었을 때, 책임판매업자의 역할이 아닌 것은?

① 맞춤화장품 판매업자는 국민 보건에 위해를 끼칠 것이라 판단하여 즉시 내용물의 원료 제조업자에게 보고한다.

② 반품 조치를 취하는 등 적극적으로 회수 활동을 수행한다.

③ 식품의약품안전처가 제품 안전성을 평가할 수 있도록 정보를 제공한다.

④ 소비자 정보를 활용하여 회수 대상 제품을 구입한 소비자에게 회수 사실을 알린다.

⑤ 식품의약품안전처의 후속 조치에 따라 그대로 이행한다.

2. 다음 (　　)에 들어갈 적합한 용어를 쓰시오.

> 맞춤형화장품판매업소에서 제조 · 수입된 화장품의 내용물에 다른 화장품의 내용물이나 식품의약품안전처장이 정하는 원료를 추가하여 (　　)하거나 제조 또는 수입된 화장품의 내용물을 (　　)하는 업무에 종사하는 자를 맞춤형화장품조제관리사라고 한다.

3. 맞춤형화장품판매업 신고 시, 필요한 제출 서류들이 아닌 것은?

① 맞춤형화장품조제관리사 자격증, 책임판매자와 체결한 보험 계약서
② 맞춤형화장품판매업 신고서, 마약류 및 정신건강 입증 건강진단서
③ 맞춤형화장품조제관리사 자격증, 소비자 피해 보상을 위한 보험 계약서
④ 맞춤형화장품판매업 신고서, 맞춤형화장품조제관리사 자격증
⑤ 소비자 피해 보상을 위한 보험계약서, 맞춤형화장품판매업 신고서 전자문서

4. 화장품법에서 말하는 용어의 정의로 옳은 것은?

① '사용기한'은 화장품이 제조되어 출하한 날부터 제품의 고유 특성을 간직한 채 소비자가 안정적으로 사용할 수 있는 최소한의 기한을 말한다.
② '표시'는 화장품의 용기 및 포장으로 1차, 2차 포장을 의미한다.
③ '안전용기 · 포장'은 만 3세 미만의 어린이가 개봉하기 어렵게 설계 · 고안된 포장을 말한다.
④ '영 · 유아용 제품류'는 만 3세 이하의 어린이용 제품류를 말한다.
⑤ '2차 포장'은 1차 포장 이전에 미리 한 번 더 안전하게 보호재 역할로 사용되는 포장을 말한다.

5. 다음 (　　)에 들어갈 적합한 용어를 쓰시오.

> (　　)(이)란 물에 녹지 않거나 부분적으로 녹는 물질이 계면활성제에 의해 투명하게 되어 있는 상태로 화장수, 에센스, 향수 등의 화장품 분야에 널리 응용되는 기술이다.

6. 고객 상담 시, 개인보호법에 근거하여 올바르게 업무를 진행한 경우를 다음에서 선택하면?

ㄱ. 회원 가입서에 개인정보를 받을 때 수집 항목, 보유기간, 수집 목적, 동의 거부가 가능함을 알려주고 동의를 받는다.
ㄴ. 필수 정보만 수집하고 보유기간 만료 시, 한 달 후에 파기한다.
ㄷ. 개인정보 처리 방침을 만들고 홈페이지나 사업장에 개시한다.
ㄹ. 주민등록번호를 수집하는 경우 법령 근거가 있어야 수집이 가능하며, 그 외 고유 식별번호 수집 시 기존 양식에 따라 진행한다.

① ㄱ, ㄴ ② ㄴ, ㄷ ③ ㄴ, ㄹ
④ ㄱ, ㄷ ⑤ ㄷ, ㄹ

7. 화장품의 품질 요소와 관련하여 설명한 것 중 올바르게 설명한 것은?

① 품질 요소 중 안전성은 제품의 물리 · 화학적 변화를 최소화하는 것을 말하는 것이다.
② 자외선을 차단하고, 미백에 도움을 주며, 주름 개선과 관련된 것이 사용성을 의미한다.
③ 화장품이 부드럽게 잘 발리고 촉촉한 느낌을 주는 것은 유효성이다
④ 피부 자극을 최소화하고 건강하게 화장품을 사용할 수 있는 것은 안정성과 관련된다.
⑤ 안정성은 화장품을 모두 사용할 때까지 응집, 침전, 분리되지 않는 것과 연관된 것이다.

8. 다음 (　　)에 들어갈 적합한 용어를 쓰시오.

> 책임판매관리자는 수집한 안전관리 정보를 검토하여 기록하고 그 결과, 조치가 필요하다고 판단될 때, 회수, 폐기, 판매 정지 또는 첨부 문서의 개정, 식품의약품안전처에 보고하는 등의 (　　)(을)를 해야 한다.

9. 맞춤형화장품판매업의 결격 사유가 아닌 것은?

① 파산선고를 받고 복권되지 않은 자
② 등록이 취소되거나 영업소가 폐쇄된 날부터 1년이 지나지 않은 자
③ 화장품법을 위반하여 금고 이상의 형을 선고받고 그 집행이 끝나지 않은 자
④ 마약류 관리에 관한 법률에 따른 마약류의 중독자
⑤ 피성년후견인

10. 다음 화장품법 입법 취지와 관련된 것을 선택하면?

> ㄱ. 화장품 산업의 경쟁력 배양을 위한 제도 도입 요망
> ㄴ. 국내 화장품의 외국 화장품과 경쟁 여건 확보를 위하여
> ㄷ. 개인에게 취향에 따른 적합한 화장품 도입의 필요
> ㄹ. 의약품과 유사하게 규제하기 위하여
> ㅁ. 화장품의 특성에 부합되는 적절한 관리의 필요

① ㄱ, ㄴ, ㄷ　② ㄱ, ㄴ, ㅁ　③ ㄱ, ㄷ, ㅁ
④ ㄴ, ㅁ, ㄹ　⑤ ㄷ, ㅁ, ㄹ

02 화장품 제조 및 품질관리[11-35번]

11. 다음 중 색재에 대한 설명으로 옳지 않은 것은?

① 체질 안료는 제품의 사용 감촉, 색조 및 광택 등을 조정하는 데 사용된다.
② 우리가 일반적으로 알고 있는 타르(tar)색소는 유기합성색소이다.
③ 유기 안료는 물과 오일. 용제에 용해되지 않는 유색 분말이다.
④ 천연 색소는 합성 색소에 비해 착색력이나 내광성, 내약품성이 우수하다.
⑤ 염료는 화장품 기제 중에 용해 상태로 존재하여 색상을 부여한다.

12. 다음 중 화장품 품질의 안전성 검사항목에 해당하지 않는 것은?

① 광감작성 시험
② 특수 · 가혹 보존 시험
③ 변이원성시험
④ 연속 피부 자극성 시험
⑤ 인체 패치테스트

13. 화장품 사용상 공통 주의사항이 아닌 것은?

① 직사광선을 피해서 보관할 것
② 눈 주위를 피하여 사용할 것
③ 상처가 있는 부위 등에는 사용을 자제할 것
④ 어린이의 손이 닿지 않는 곳에 보관할 것
⑤ 화장품 사용 시 붉은 반점, 가려움증 등의 이상 증상이 있을 시, 전문의 등과 상담할 것

14. 착향제 중 알레르기 유발 물질이 <u>아닌</u> 것은?

① 나무 이끼 추출물 ② 나이아신아마이드 ③ 리날룰
④ 리모넨 ⑤ 쿠마린

15. 화장품에 존재하는 위해요소로부터 인체가 노출되었을 때 발생 가능한 유해 영향과 발생 확률을 과학적으로 예측하는 과정이 <u>아닌</u> 것은?

① 유효성 확인 ② 위험성 확인 ③ 노출 평가
④ 위험성 결정 ⑤ 위해도 결정

16. 향수의 선택 요령에 관한 설명 중 <u>틀린</u> 것은?

① 향수를 사용한 상태에서 다른 향수를 선택하지 않는다.
② 향취는 가벼운 향에서 무거운 향으로 맡는다.
③ 향수병을 열고 코에 직접 맡지 않는다.
④ 한 번에 3종류 이상의 향을 맡아도 향을 구별하는 데 별 문제가 없다.
⑤ 손목에 1~2방울 묻힌 후, 알코올이 날아간 본래의 향취를 맡도록 한다.

17. 다음 중 전 성분 표시제의 설명이 <u>아닌</u> 것은?

① 함유량이 많은 것에서 적은 순으로 표시
② 원료 제조 과정 중 제거된 보존제는 표기 안 해도 무관
③ 착향제의 개별 성분은 표기 안 함
④ 1% 이하 성분, 착향제, 착색제는 순서에 상관없이 표기 가능
⑤ 30ml 이상의 제품에만 전 성분을 의무적으로 표기

18. 다음 염모제 사용상 주의사항 중 제품 사용을 하면 안 되는 경우가 아닌 것은?

① 패치 테스트 결과 이상이 발생한 경험이 있는 경우
② 두피나 얼굴 등에 부스럼, 상처, 피부병 있는 경우
③ 정신질환이 있는 경우
④ 생리 중, 임신 중 또는 임신 가능성이 있는 경우
⑤ 특이체질, 신장질환, 혈액질환이 있는 경우

19. 다음 중 위험성 노출 평가에서 노출 시나리오 작성 시 고려사항이 아닌 것은?

① 1달 사용 횟수
② 피부 흡수율
③ 제품 접촉 피부 면적
④ 어린이 등의 소비자 유형
⑤ 바르거나 씻어내는 제품의 적용 방법

20. 모발용 샴푸 사용 시의 주의사항이 아닌 것은?

① 상처가 있는 부위 등에는 사용을 자제할 것
② 어린이의 손이 닿지 않는 곳에 보관할 것
③ 만 3세 이하 어린이에게는 사용하지 말 것
④ 눈에 들어갔을 때 즉시 씻어낼 것
⑤ 사용 후 물로 씻어내지 않으면 탈모 또는 탈색의 원인이 될 수 있으므로 주의할 것

21. 계면활성제의 종류 중 세정력과 거품 형성 작용이 우수하여 화장품에서 주로 클렌징 제품에 이용되는 계면활성제는?

① 양이온 계면활성제
② 음이온 계면활성제
③ 양쪽성 이온 계면활성제
④ 비이온 계면활성제
⑤ 천연 계면활성제

22. 다음 중 위해평가가 필요한 경우가 <u>아닌</u> 것은?

① 현 사용 한도 성분의 기준 적절성
② 위험에 대한 충분한 정보 부족
③ 화장품 안전 이슈 성분의 위해성
④ 비의도적 오염물질의 기준 설정
⑤ 위해관리 우선순위를 설정

23. 다음 중 사용 제한이 있는 보존제 성분이 <u>아닌</u> 것은?

① 페녹시에탄올 (Phenoxy ethanol)
② 메칠 파라벤 (Methyl paraben)
③ 소르빅애씨드 (Sorbic acid)
④ 메칠이소치아졸리논 (Methylisothiazolinone)
⑤ 1,2-헥산디올 (1,2-Hexanediol)

24. 다음 중 징크옥사이드(Zinc Oxide)를 자외선 차단제로 사용할 경우 사용 한도는 얼마인가?

① 10% ② 25% ③ 5% ④ 7.5% ⑤ 1.0%

25. 다음 중 샴푸의 기능이 <u>아닌</u> 것은?

① 불필요한 피지류는 씻어내고 피부에 필요한 피지는 남기는 선택 세정성이 우수할 것
② 물로 씻어내기 쉽고 비듬이나 가려움을 방지할 것
③ 거품이 크고 거칠며 풍부할 것
④ 눈이나 두피에 자극이 없고 머리를 감을 때 모발 손상 방지 효과가 높을 것
⑤ 머리를 감은 후 모발에 자연스러운 윤기와 적당한 유연성을 부여할 것

26. 다음 중 위해도 결과 보고서 작성 시 기술하는 것이 아닌 것은?

① 결과에 영향을 미치는 불확실성, 한계점 및 선택된 가정과 이에 따라 예상되는 영향도 기술
② 위해 평가 요약, 목적, 범위, 지침, 내용, 방법, 결론 및 참고문헌 등 작성하고 관련 정보 첨부
③ 과학적 정보와 불확실성 등을 고려하여 정량적 또는 정성적으로 위해성을 명시하되, 과학적으로 가능한 범위 내에서 정량화
④ 위해의 특성과 발생 가능성에 대한 시나리오 및 활용된 자료 선택의 타당성을 가급적 명확하고 간략하게 기술
⑤ 위해 평가 보고서 양식에 따라 작성하고 인체, 동물 독성자료 또는 피부 독성자료를 반드시 상세하게 기술하여 첨부

27. 미백화장품 식약처 고시 원료 중 나이아신아마이드의 배합 한도로 옳은 것은?

① 0.5~2% ② 2~5% ③ 2.5~7.5% ④ 5~10% ⑤ 7.5~10%

28. 화장품의 기본을 구성하고 있는 원료의 사용 선택에 있어서 고려해야 할 주요 조건이 <u>아닌</u> 것은?

① 안전성이 양호해야 한다.
② 냄새가 적어야 한다.
③ 사용 목적에 따른 기능이 우수해야 한다
④ 산화 안전성 등의 안정성이 우수해야 한다.
⑤ 원료의 공급이 어려울수록 좋다.

29. 다음 (　　　)에 들어갈 적합한 용어를 쓰시오.

화장품은 피부에 직접 바르거나 투여하는 등 인체와 관계되기 때문에 그 원료에 대해 법으로 규정하고 있다. 따라서 화장품에는 (　　　　)이 확보된 원료를 사용하여야 하며, 사용에 제한이 있는 원료, 사용할 수 없는 원료 등을 정하고 있으므로 화장품 관련 법 규정을 확인해야 한다.

30. 화장품 원료 중 유성 원료로 옳은 것은?

① 실리콘 오일
② 에탄올
③ 아스코르빈산인산 에스터
④ 잔탄검
⑤ 부틸렌글라이콜

31. 다음 (　　　)에 들어갈 적합한 용어를 쓰시오.

식품의약품안전처에서 2020년 1월 1일부터 화장품 제조 시 착향제로 사용되는 원료 중에서 (　　　　)를 유발하는 성분 25가지를 고시하여 이 중 향료로 사용한 성분은 구체적인 명칭을 포장지에 표기해야 한다고 밝혔다. 단, 사용 후 씻어내는 제품에는 0.01% 초과, 사용 후 씻어내지 않는 제품에는 0.001% 초과 함유하는 성분의 경우에 한한다.

32. 다음 (　　　)에 들어갈 적합한 용어를 쓰시오.

(　　　　)는 알코올 수용액에 혈액순환 촉진제와 같은 약용 성분, 보습제 등을 첨가한 외용제이다. 두피에 사용하여 헤어 사이클 기능의 정상화를 돕고 혈액순환을 원활하게 하며 모공의 기능을 향상시킴으로써 모발의 성장을 촉진하거나 탈모를 방지하고 아울러 비듬이나 가려움을 방지하는 제품이다.

33. 향수 제품 중 지속 시간이 가장 오래가는 제품은?

① 오드퍼퓸 ② 샤워코롱
③ 오드코롱 ④ 오드트왈렛
⑤ 퍼퓸

34. 다음 (　　　)에 들어갈 적합한 용어를 쓰시오.

> 모발 케라틴 속의 이황화결합(-S-S-)을 환원제로 부분적으로 절단한 다음 산화제로 재결합시켜서 모발에 웨이브를 만들어 변형시키는 것을 (　　　)라고 한다. 시술 시에는 모발을 로트에 말고 1액(환원제 용액)을 발라서 소정의 시간 동안 방치한다. 그 후 물로 씻고 타월 드라이하여 2액(산화제액)을 바르고 소정의 시간 동안 방치한다. 최종적으로 컬의 상태를 조사한 다음 물로 씻고 로트를 빼낸다.

35. 다음 (　　　)에 들어갈 적합한 용어를 쓰시오.

> 체모 제거제는 체모를 제거하는데 도움을 주는 제품을 말하며, (　　　) 작용으로 변화시키는 제품만이 해당된다. 고시성분으로는 치오글리콜산 80%, 치오글리콜산 80% 크림제가 있다.

03 유통화장품 안전관리 [36-60번]

36. 직원의 위생에 대한 사항으로 바르지 못한 것은?

① 적절한 위생관리 기준 및 절차를 마련하고 제조소 내의 모든 직원은 이를 준수해야 한다.
② 작업소 및 보관소 내의 모든 직원은 화장품의 오염 방지를 위해 규정된 작업복을 착용해야 하고 음식물 등을 반입해서는 아니 된다.
③ 피부에 외상이 있거나 질병에 걸린 직원은 건강이 양호해지거나 화장품의 품질에 영향을 주지 않는다는 의사의 소견이 있기 전까지는 화장품과 직접적으로 접촉되지 않도록 격리되어야 한다.
④ 제조 구역별 접근 권한이 없는 작업원 및 방문객도 방문 신청을 하면 제조, 관리 및 보관 구역 내에 들어갈 수 있다.
⑤ 불가피한 경우 사전에 직원 위생에 대한 교육 및 복장 규정에 따르도록 하고 감독하여야 한다.

37. 작업장의 시설에 대한 기준이다. 설명이 잘못된 부분은?

① 제조하는 화장품의 종류 · 제형에 따라 적절히 구획 · 구분되어 있어 교차오염 우려가 없을 것
② 세척실과 화장실은 접근이 쉬워야 하나 생산 구역과 분리되어 있을 것
③ 외부와 연결된 창문은 잘 열리고 닫혀서 환기가 잘되고 청결할 것
④ 작업소 내의 외관 표면은 가능한 매끄럽게 설계하고, 청소, 소독제의 부식성에 저항력이 있을 것
⑤ 작업소 전체에 적절한 조명을 설치하고, 조명이 파손될 경우를 대비한 제품을 보호할 수 있는 처리 절차를 마련할 것

38. 방충 · 방서를 위한 관리 방법으로 <u>틀린</u> 것은?

① 외부에서 날벌레 등이 건물에 들어올 수 있는 곳에는 유인등을 설치한다.
② 건물 내부로 들어올 수 있는 문은 자동으로 닫힐 수 있게 만든다.
③ 실내에서의 해충 제거를 위하여 내부의 적절한 장소에 포충등을 설치한다.
④ 공기 조화 장치를 이용하여 실내압을 외부보다 낮도록 유지한다.
⑤ 창문은 차광하고 문 하부에는 스커트를 설치한다.

39. 청정도 충진실에 해당하는 화장품 내용물이 노출되는 작업실에서의 관리기준이 옳은 것은?

① 낙하균: 10개/h 또는 부유균: 20개/㎥
② 낙하균: 30개/h 또는 부유균: 200개/㎥
③ 낙하균: 10개/h 또는 부유균: 200개/㎥
④ 낙하균: 30개/h 또는 부유균: 300개/㎥
⑤ 낙하균: 50개/h 또는 부유균: 300개/㎥

40. 이상적인 소독제의 조건이 <u>아닌</u> 것은?

① 제품이나 설비와 잘 반응할 수 있어야 한다.
② 사용 농도에서 독성이 없어야 한다.
③ 사용 기간 동안 활성을 유지해야 한다.
④ 광범위한 항균 스펙트럼을 가져야 한다.
⑤ 경제적이어야 한다.

41. 설비 관리에 대한 지침으로 설명이 잘못된 것은?

① 사용 목적에 적합하고, 청소가 가능하며, 필요한 경우 위생 · 유지관리가 가능하여야 한다.

② 사용하지 않는 연결 호스와 부속품은 건조한 상태로 유지하고, 호스는 정해진 지역에 바닥에 닿지 않도록 정리하여 보관한다.

③ 설비의 표면은 제품 및 청소 소독제와 화학 반응을 일으키지 않아야 하고, 청소하기 용이한 재료로 설계해야 한다.

④ 천정 주위의 대들보, 파이프, 덕트 등은 노출이 잘 되도록 설계하여 청소가 용이하도록 한다.

⑤ 배관 및 배수관의 설치로 제품과 설비가 오염되지 않도록 하고, 모든 배관이 사용될 수 있도록 설계하며 배수관은 역류되지 않도록 관리한다.

42. 설비 세척의 원칙으로 설명이 잘못된 것은?

① 가능하면 세제를 사용하지 않는다.

② 물이 최적의 용제이다.

③ 증기 세척은 좋은 방법이다.

④ 브러시 등으로 문질러 지우는 것을 고려한다.

⑤ 세척 시 설비를 분해하면 안 된다.

43. 다음 중 혼합 · 소분 시 작업자의 위생관리 규정으로 잘못 설명한 것은?

① 화장품을 혼합하거나 소분하기 전에는 손을 소독, 세정하거나 일회용 장갑을 착용해야 한다.

② 혼합 시 작업자의 손 등에 용기의 안쪽 면이 닿지 않도록 주의하여 교차오염을 예방한다.

③ 피부에 외상이나 질병이 있는 경우는 위생복과 마스크, 일회용 장갑을 반드시 착용하도록 한다.

④ 작업대나 설비 및 도구(교반봉, 주걱 등)는 에탄올 70% 등의 소독제를 이용하여 소독한다.
⑤ 혼합 · 소분 시에는 위생복과 마스크를 착용하고, 도구가 작업대에 닿지 않도록 주의한다.

44. 설비 · 기구의 폐기를 위해 불용 처분으로 판단하는 기준에 적합하지 못한 것은?

① 고장이 발생하는 경우 설비의 부품 수급이 가능한지 여부
② 경제적인 판단으로 설비 수리 · 교체에 따른 비용이 신규 설비의 도입 비용을 초과하는 경우
③ 내용연수가 경과한 설비에 대하여 정기 점검 결과, 작동 및 오작동에 대한 장비의 신뢰성이 확인되는 경우
④ 내용연수가 도래하지 않은 설비의 잦은 고장으로 인해 신규 장비 도입을 하는 것이 경제적인 경우
⑤ 내용연수가 도래하지 않은 설비의 부품 수급이 불가능한 경우

45. 다음 중 세제를 사용한 설비 세척을 권장하지 않는 이유로 옳지 않은 것은?

① 세제는 설비 내벽에 남기 쉽다.
② 잔존한 세척제는 제품에 악영향을 미친다.
③ 세척의 유효기간을 설정하고 그 기간에는 세제를 사용한다.
④ 화장품 제조 설비의 세척용으로 물이 가장 안전하다.
⑤ 쉽게 물로 제거하도록 설계된 세제의 경우에도 완전 제거가 어렵다.

46. 입고관리에 따른 원자재 용기 및 시험 기록서의 필수 기재사항으로 옳은 것은?

① 원자재 공급자가 정한 제품명, 원자재 공급자명, 수령일자, 관리번호
② 원자재 공급자가 정한 제품명, 원자재 수령자명, 수령일자, 공급자가 부여한 제조번호
③ 원자재 공급자가 정한 제품명, 원자재 공급자명, 발주일자, 공급자가 부여한 제조번호
④ 원자재 공급자가 정한 제품명, 원자재 공급자명, 발주일자, 관리번호
⑤ 원자재 공급자가 정한 제품명, 원자재 수령자명, 수령일자, 관리번호

47. 화장품 안전기준 등에 관한 규정에서 허용하는 미생물 한도로 잘못된 것은?

① 총호기성 생균수는 영·유아용 제품류 및 눈화장용 제품류의 경우 500개/g(mL) 이하
② 물휴지의 경우 세균 및 진균수는 각각 500개/g(mL) 이하
③ 기타 화장품의 경우 1,000개/g(mL) 이하
④ 대장균(Escherichia Coli), 녹농균(Pseudomonas aeruginosa)은 불검출
⑤ 황색포도상구균(Staphylococcus aureus)은 불검출

48. 화장품 안전기준 등에 관한 규정에서 pH 기준이 3.0~9.0이어야 한다고 정하고 있는 제품에 해당하지 않는 것은?

① 영·유아용 제품류(영·유아용 샴푸, 린스, 영·유아 인체 세정용 제품, 영·유아 목욕용 제품 제외)
② 눈 화장용 제품류 및 색조화장용 제품류
③ 물을 포함하지 않는 제품과 사용한 후 곧바로 물로 씻어내는 제품류
④ 면도용 제품류(셰이빙 크림, 셰이빙 폼 제외)
⑤ 두발용 제품류(샴푸, 린스 제외)

49. 화장품의 제조 시에 비의도적 유래 물질로 인정되는 물질의 검출 허용 한도가 잘못된 것은?

① 비소: 10㎍/g 이하
② 수은: 10㎍/g 이하
③ 안티몬: 10㎍/g 이하
④ 카드뮴: 5㎍/g 이하
⑤ 디옥산: 100㎍/g 이하

50. 다음 〈보기〉의 우수 화장품 품질관리 기준에서 입고된 원료를 처리하는 순서가 바르게 나열된 것은?

ㄱ. 거래 명세서 및 발주 요청서에 의하여 실물 대조 확인을 한다.
ㄴ. 검체 채취 전이라는 라벨을 붙인 후 판정 대기 보관소에 보관한다.
ㄷ. 시험 의뢰서를 작성하고 품질보증팀에 의뢰한다.
ㄹ. 시험 판정 결과(적합/부적합)에 따라 보관 장소별로 보관한다.
ㅁ. 원료의 사용 여부에 대한 결과가 나오면 적합/부적합 라벨을 붙인다.
ㅂ. 검체 채취 및 시험을 하기 위해 '시험 중'이라는 황색 라벨 부착 여부를 확인한다.

① ㄱ → ㄴ → ㄷ → ㄹ → ㅁ → ㅂ
② ㄱ → ㄷ → ㄹ → ㅁ → ㅂ → ㄴ
③ ㄱ → ㄷ → ㄴ → ㅂ → ㅁ → ㄹ
④ ㄷ → ㄴ → ㅂ → ㄱ → ㅁ → ㄹ
⑤ ㄷ → ㄴ → ㄱ → ㅂ → ㅁ → ㄹ

51. 입고된 원료의 처리 단계에서 부착하는 라벨의 색과 처리 단계가 바르게 연결된 것은?

① 검체 채취 전- 황색 라벨
② 검체 채취 및 시험- 백색 라벨
③ 적합 판정 시- 청색 라벨
④ 검체 채취 전- 청색 라벨
⑤ 부적합 판정 시- 백색 라벨

52. 다음 중 포장 설비의 선택 시 고려사항으로 적절하지 않는 것은?

① 제품의 오염을 최소화할 수 있도록 설계되어야 한다.
② 화학적으로 반응이 있어서는 안 되고 흡수성이 좋아야 한다.
③ 제품과 접촉되는 부위의 청소 및 위생관리가 용이하게 만들어져야 한다.
④ 표면이나 벌크 제품과 닿는 부분은 제품의 위생 처리와 청소가 용이해야 한다.
⑤ 물리적인 오염물질 축적의 육안 식별이 용이하게 해야 한다.

53. 제조 관련 설비의 유지관리에 대한 설명이나 점검 항목이 잘못된 것은?

① 외관 검사로 더러움, 녹, 이상 소음, 이취 등을 확인한다.
② 스위치의 작동 확인 및 연동성 등을 체크하도록 한다.
③ 각 설비의 회전수, 전압, 투과율, 감도 등 기능 측정을 실시한다.
④ 정기적으로 교체하여야 하는 부속품들에 대하여 시정 실시를 한다.
⑤ 설비(제조탱크, 충전 설비, 타정기 등) 및 시험 장비에 대한 예방적 활동을 실시 한다.

54. 탱크의 구성 재질에 대한 요건의 설명으로 잘못된 것은?

① 온도/압력 범위가 조작 전반과 모든 공정 단계의 제품에 적합해야 한다.
② 세제 및 소독제와 반응해서는 안 된다.
③ 용접, 나사, 나사못, 용구 등을 포함하는 설비 부품들 사이에 전기화학 반응을 최소화하도록 고안되어야 한다.
④ 스테인리스스틸이나 주형 물질로 만들고 모든 용접, 결합은 가능한 한 매끄럽고 평면이어야 한다.
⑤ 유리로 안을 댄 강화 유리섬유 폴리에스터와 플라스틱으로 안을 댄 탱크를 사용할 수 있다.

55. 화장품 제조 설비 중 혼합 또는 교반 장치에 대한 설명으로 적절하지 <u>못한</u> 것은?

① 혼합 또는 교반 장치는 제품의 균일성을 얻기 위해 또 희망하는 물리적 성상을 얻기 위해 사용된다.

② 전기화학적인 반응을 피하기 위해서 믹서의 재질이 믹서를 설치할 모든 젖은 부분 및 탱크와의 공존이 가능한지를 확인해야 한다.

③ 봉인(seal)과 개스킷과 제품과의 공존 시의 적용 가능성이 확인되어야 하고 온도, pH 그리고 압력과 같은 작동 조건의 영향에 대해서도 확인해야 한다.

④ 혼합기는 제품에 영향을 미치며 많은 경우에 제품의 안전성에 영향을 미치므로 의도된 결과를 생산하는 믹서를 고르는 것이 매우 중요하다.

⑤ 혼합기를 작동시키는 사람은 회전하는 샤프트와 잠재적인 위험 요소를 생각하여 안전한 작동 연습을 적절하게 훈련받아야 한다.

56. 입고된 원료 또는 포장재의 검체를 채취한 경우 '시험중' 이라는 용기에 부착하여야 할 라벨의 색깔은?

① 백색 라벨 ② 황색 라벨 ③ 청색 라벨 ④ 적색 라벨 ⑤ 흑색 라벨

57. 출고관리에 대한 설명으로 적절하지 <u>못한</u> 것은?

① 원료의 불출은 승인된 자만이 절차를 수행할 수 있도록 규정되어야 한다.

② 원료와 내용물의 불출은 오래된 것이 먼저 사용되도록 처리되어야 한다.

③ 모든 보관소에서는 입고된 순서에 따라 선출하는 것으로 선입선출의 절차가 사용되어야 한다.

④ 나중에 입고된 물품이 유효기한이 짧은 경우 먼저 입고된 물품보다 먼저 출고할 수 있다.

⑤ 특별한 사유가 있을 경우에는 담당자의 재량에 따라 나중에 입고된 물품을 먼저 출고할 수도 있다.

58. 포장 지시서에 포함되지 않아도 되는 사항은?

① 제품명
② 포장 설비명
③ 상세한 포장 공정
④ 포장 날짜
⑤ 포장 생산 수량

59. 포장재 설비 중 제품 충전기(PRODUCT FILLER)의 구성 재질에 대한 설명이 잘못된 것은?

① 제품 충전기의 표면은 규격화되고 매끈한 것이 바람직하며 주형 물질(Cast material)이 추천된다.
② 제품에 의해서나 어떠한 청소 또는 위생 처리 작업에 의해 부식되거나, 분해되거나 스며들게 해서는 안 된다.
③ 충전기는 조작 중에 제품이 뭉치는 것을 최소화하도록 설계되어야 하며, 설비에서 물질이 완전히 빠져나가도록 해야 한다.
④ 용접, 볼트, 나사, 부속품 등의 설비 구성 요소 사이에 전기화학적 반응을 피하도록 구축되어야 한다.
⑤ 가장 널리 사용되는 제품과 접촉되는 표면 물질은 300시리즈 스테인리스스틸이다.

60. 제품의 보관관리와 처리에 대한 설명으로 잘못된 것은?

① 원료와 포장재, 벌크 제품과 완제품이 적합 판정 기준을 만족시키지 못할 경우 "기준 일탈 제품"으로 지칭한다.
② 기준 일탈이 된 완제품 또는 벌크 제품도 재작업할 수 있다.
③ 제조된 벌크 제품은 잘 보관하고, 남은 원료는 관리 절차에 따라 재보관(Re-stock)한다.
④ 변질 및 오염이 발생할 가능성이 있으므로 사용하고 남은 벌크는 재보관하지 않는다.
⑤ 보관기한의 만료일이 가까운 원료부터 사용하도록 하며 문서화된 절차가 있어야 한다.

04 맞춤형화장품의 이해 [61-100번]

61. 맞춤형화장품에 관한 설명 중 옳은 것은?

① 맞춤형화장품 판매장에서 화장품 원료 및 내용물을 피부 자극성 시험을 통해 판매
② 제조 또는 수입된 화장품의 내용물에 다른 화장품의 내용물이나 색소, 향 등 식약처장이 정하는 원료를 추가하여 혼합한 화장품
③ 화장품판매장에서 판매원과의 상담을 통해 피부 측정 및 진단을 한 후 자신에게 맞는 원료를 혼합하고 제조
④ 화장품 원료는 보건소장의 승인을 받아 원료 및 내용물을 추가하여 배합한 후 작은 용기에 소분한 화장품
⑤ 맞춤형화장품의 혼합 과정에서 기본 제형의 변화가 있어도 무방함

62. 맞춤형화장품 유형에 속하지 <u>않는</u> 것은?

① 방향용, 눈 주위 제품
② 립스틱, 파운데이션, 아이브로우
③ 바디 제품, 세정용, 메이크업 리무버
④ 파운데이션, 에센스 · 오일
⑤ 로션, 크림, 피부 연화 제품

63. 맞춤형화장품 중 방향용 제품이 <u>아닌</u> 것은?

① 향수 ② 분말향 ③ 수렴수
④ 향낭 ⑤ 콜롱

64. 맞춤형화장품 혼합 · 판매의 원칙에서 옳은 설명이 아닌 것은?

① 맞춤형화장품의 기본 골격이 되는 맞춤형 전용 화장품을 베이스화장품이라 한다.
② 베이스화장품 제조는 공급자의 결정에 따라 생산할 수 있다.
③ 기본 제형의 변화가 없는 범위 내에서 특정 성분이 이루어져야 한다.
④ 매장에서 판매자가 임의로 브랜드명을 변경하여 판매할 수 있다.
⑤ 최종 혼합된 맞춤형화장품에 식약처 고시 성분에서 등록한 효능 성분은 정량을 함유해야 한다.

65. 맞춤형화장품의 화장품 원료 유효성에 해당하지 않는 것은?

① 생리학적 유효성: 거친 피부 개선(보습), 주름 개선, 미백, 탈모 방지 등
② 물리화학적 유효성: 자외선 차단, 메이크업에 의한 기미, 주근깨 커버 효과, 체취 방지, 갈라진 모발의 개선 효과 등
③ 심리학적 유효성: 향기요법, 메이크업의 색채 심리 효과 등
④ 기능적 유효성: 바이오테크놀러지에 의한 신원료, 신약제의 개발이나 정밀화학에 의한 신소재의 실험
⑤ 기호적 유효성: 색, 냄새, 감촉이라는 관능적인 효과

66. 맞춤형화장품에 해당하지 않는 것은?

② 벌크제품에 식약처장이 정한 원료 추가
③ 벌크제품에 식약처장이 정한 색소 추가
④ 벌크제품에 식약처장이 정한 향 추가
⑤ 벌크제품에 식약처장이 고시한 기능성원료 추가

67. 표피(epidermis)의 구성 세포와 작용이 <u>아닌</u> 것은?

① 필라그린과 보습작용
② 멜라닌형성세포와 자외선 차단작용
③ 랑게르한스세포와 면역작용
④ 섬유아세포와 콜라겐생성 작용
⑤ 머켈세포와 촉각작용

68. 다음은 진피(dermis)에 관한 설명이다. (　　)에 들어갈 적합한 단어를 쓰시오.

피부의 두 번째 층인 진피층의 두께는 2~4mm 정도이며, 진피는 (　　)과 (　　)이 서로 얽혀 있고 그 사이를 산성 뮤코다당(히알루론산 등을 주성분으로 하는 리코사미노리칸)이라고 하는 수분을 많이 함유하는 물질이 채우고 있는 구조를 하고 있으며, 이를 통해 피부에 탄력이 생긴다.

69. 다음은 맞춤형화장품 중 색조화장용 제품이다. 소비자에게 판매할 수 있는 색조화장품 외에 제품을 다음에서 두 개만 쓰시오.

립스틱, 메이크업 리무버, 페이스파우더, 페이스 페인팅 제품, 파운데이션, 메이크업 픽서티브, 마스크, 볼연지, 바디페인팅 제품

70. 스킨케어 화장품의 유효성에 대한 설명이 <u>잘못</u> 짝지어진 것은?

① 세정을 통하여 여드름, 땀띠 방지)
② 주름, 피부 처짐 억제(피부에 탄력을 부여)
③ 여드름 방지(세정을 통하여 여드름, 땀띠를 방지)

④ 거친 피부에 촉촉함을 부여(보습, 개선 효과)
⑤ 피지 억제(일광화상으로 인한 기미, 주근깨를 방지)

71. 포인트 메이크업 제품과 그 용도를 바르게 설명되지 못한 것은?

① 아이라이너: 눈의 둘레에 라인을 그려서 윤곽을 강조하여 눈을 크고 또렷하게 보이게 하여 인상을 바꾼다.
② 아이브로우: 눈썹을 원하는 모양으로 그려서 얼굴의 인상을 바꾼다.
③ 매니큐어: 손톱에 광택이나 색채를 부여하여 손끝에 다양한 표정을 부여한다.
④ 아이섀도: 입술에 아름다운 색조나 광택, 촉촉함을 부여하여 아름답고 매력적으로 표현한다.
⑤ 볼연지: 볼에 색채나 질감을 부여하여 밝고 건강해 보이도록 표현한다.

72. 방향제 원료를 사용하여 맞춤형화장품을 만들고자 한다. 향료가 가진 성분의 약리 효과가 아닌 것은?

① 스트레스 완화 효과
② 긴장 완화 · 피로회복 효과
③ 스킨케어 작용
④ 혈액순환의 심리작용
⑤ 향기의 생리 · 심리작용의 메커니즘

73. 화장품 원료의 안전성 시험에 해당하지 않는 것은?

① 1차 피부 자극시험
② 다회성 투여 독성시험
③ 안점막 자극 또는 기타 점막 자극시험
④ 피부 감작성 시험
⑤ 광독성 및 광감작성 시험

74. 맞춤형화장품조제관리사의 역할이 아닌 것은?

① 자격증을 소지한 사람이 고객 개개인의 특성과 기호에 맞게 맞춤형화장품 판매장에서 화장품 원료 및 내용물을 혼합한다.
② 자격증을 소지한 사람이 화장품을 소분하여 혼합한 화장품을 말한다.
③ 고객 개인별 피부 특성, 색 · 향 등 취향에 따라 맞춤형화장품 판매장에서 맞춤형화장품 조제관리사 자격증을 가진 자가 혼합한 화장품이다.
④ 제조 또는 수입된 화장품의 내용물을 소분(小分)하는 업무를 한다.
⑤ 피부 전문가의 도움을 받아 전문성을 가진 기계로 고객의 피부 상태를 직관적으로 진단하고 전문가가 선호하는 제형, 향을 고려하여 제조한 전문가의 화장품이다.

75. 화장품 용기의 역할에 속하지 않는 것은 ?

① 생산성
② 내용물 보호, 환경 보전
③ 사회성
④ 정보 전달 기능
⑤ 안정 · 운송성

76. 화장품이 갖추어야 하는 품질 특성 4가지를 바르게 나열한 것은?

① 유효성, 안전성, 안정성, 사용성
② 유효성, 배합성, 안정성, 보관성
③ 관리성, 안전성, 배합성, 사용성
④ 유효성, 보관성, 안정성, 혼합성
⑤ 혼합성, 안전성, 관리성, 사용성

77. 맞춤형화장품 판매 및 판매 목적 보관 · 진열 금지에 해당하지 않는 것은?

① 영업 등록을 하지 않은 자가 제조 · 수입하여 유통 · 판매한 화장품, 판매업 신고를 하지 않은 자가 판매한 제품, 맞춤형화장품조제관리사를 두지 않고 판매한 제품
② 기재 · 표시 사항에 위반되는 화장품 또는 의약품으로 잘못 인식할 우려가 있게 기재 · 표시된 화장품
③ 화장품의 포장 및 기재 · 표시사항을 훼손(맞춤형화장품 판매를 위해 필요한 경우 제외) 또는 위조 · 변조한 것
④ 화장품 용기를 디자인하여 제품 설명서를 따로 적어 주는 경우
⑤ 코뿔소 뿔 또는 호랑이 뼈와 그 추출물을 사용한 화장품

78. 방향용 맞춤형화장품을 출시한 브랜드에서 개인 소비자에게 제품을 추천하기 위해 상담을 하고 있다. 고객에게 제품을 혼합하여 추천하기 위해 다음 중 조제사가 꼭 알아야 하는 내용이 아닌 것으로 짝지어진 것은?

대화

고　객: 저에게 맞는 향을 찾고 싶습니다.
조제사: 어떠한 향을 좋아 하시나요? 선호하는 향은 있으신가요?
고　객: 아니요. 하지만 강한 냄새는 싫고 부드러운 게 좋습니다.
조제사: 요즘 스트레스를 받으시거나 잠은 잘 주무시나요?
고　객: 특별히 스트레스를 받지는 않지만 잠을 잘 자지 못하여서 피곤한데 깊이 잠을 이루지 못합니다.
향료 테스트 후
조제사: 마음에 드시는 향 중 수면에 효과가 있는 천연 아로마오일로 라벤더, 그레이프 후루츠, 레몬그라스, 카모마일 등을 추천해 드립니다.
고　객: 네, 향이 아주 마음에 듭니다. 정말 효과가 있었으면 좋겠습니다.

보기

ㄱ. 미용사 피부 국가 자격증
ㄴ. 심리 테스트
ㄷ. 효능 · 효과를 나타내는 에센셜오일
ㄹ. 고객의 성향, 체질
ㅁ. 유전체 생물 정보분석 기술

① ㄱ, ㄷ ② ㄹ, ㅁ ③ ㄴ, ㄹ ④ ㄴ, ㄷ ⑤ ㄱ, ㅁ

79. 화장품의 기능에 해당하는 것이 아닌 것은?

① 피부의 청결과 보습
② 피부세포의 활성
③ 외부 환경으로부터 피부의 보호
④ 피부 재생으로 주름 제거
⑤ 아름다운 피부 색감의 표현

80. 모발의 강도를 결정짓는 결합에 대해 화학적 손상을 최소화하여 머리카락의 형태를 바꾸고 재결합을 한다. 이 중 화학적 결합이 아닌 것은?

① 공유 결합 ② 큐티클 결합 ③ 이온 결합
④ 에스테르 결합 ⑤ 수소 결합

81. 화장품을 제조하는 공정에 속하지 않는 것은?

① 공유 공정 ② 유화 공정 ③ 분산 공정
④ 분쇄 공정 ⑤ 가용화 공정

82. 맞춤형화장품에 사용할 수 있는 식물성 오일 중 다음에서 식물성 오일이 아닌 것을 모두 고르시오.

피마자유, 올리브유, 아몬드 오일, 로즈 힙 오일, 밍크 오일, 시어버터, 소맥 배아유, 면실류, 난황 오일, 그레이프 시드 오일, 참깨유, 썬플라워 오일, 동백 오일, 벌꿀

83. 화장품의 원료 중에는 산, 알칼리 등과 같은 자극성이 있는 원료가 포함되며, 배합량이나 배합비 등에 따라 자극이 생기는 것이 있다. 신중하게 취급해야 할 맞춤형화장품의 원료를 다음에서 모두 고르시오.

ㄱ. 자외선 흡수제 함유 제품
ㄴ. 올리브유, 호호바오일 함유 제품
ㄷ. 정제수, 글리세린 함유제품
ㄹ. 다이프로필렌글라이콜, 보존제 함유 제품
ㅁ. 산화방지제, 금속 봉쇄제 함유 제품

① ㄱ, ㄷ, ㄹ ② ㄱ, ㅁ, ㄴ ③ ㄱ, ㄹ, ㅁ
④ ㄴ, ㅁ, ㄷ ⑤ ㄷ, ㄹ, ㅁ

84. 원료 규격(Specification)은 전반적인 원료의 성질에 관한 것으로 성상과 품질에 관련된 시험 항목과 그 시험 방법이 기재된다. 해당되지 않는 항목은?

① 원료의 성상 ② 색상, 냄새 ③ pH
④ 용해 ⑤ 중금속, 비소, 미생물

85. 다음 중 화장품에 사용되는 무기계 안료에 해당하지 않는 것은?

① 체질 안료(마이카, 탈크, 카오린, 무수규산)
② 기능성 안료(질화붕소, 포트크로믹안료, 안료 복합제)
③ 백색 안료(이산화티타늄, 산화아연)
④ 유성 안료(프타록시아닌 불루)
⑤ 착색 안료(산화철, 산화크롬, 군청, 감청)

86. 계면활성제에 관한 내용으로 화장품용 계면활성제가 갖추어야 하는 조건에 대해 다음에서 (   ) 해당하는 적합한 단어를 각각 쓰시오.

> 물과 기름의 유대관계를 맺어주는 화합물로 분자 속에 친유성의 원자단 친수성의 원자단이 있다. 화장품용 계면활성제가 갖춰야 할 조건은 색상이 (㉠)에 가깝고, 냄새가 적고 불쾌취가 없어야하며, 피부에 대하여 자극을 주거나 (㉡)이 없고, 안정성이 높고 특히 색상, 냄새에 대한 경시 변화가 작아야 한다.

87. 다음 제품 중 유화 기술에 의해 제조되는 제품은?

① 스킨 ② 로션 ③ 아이새도
④ 향수 ⑤ 팩트

88. 다음 중 맞춤형화장품 기재사항 중 필수가 아닌 것은?

① 다른 제품과의 구분을 위한 화장품의 명칭
② 화장품책임판매업자 및 맞춤형화장품판매업자 상호
③ 맞춤형화장품의 식별번호
④ 사용기한 또는 개봉 후 사용기간
⑤ 맞춤형화장품판매업자의 주소

89. 피부의 땀샘에 관한 설명으로 다음 (   )에 들어갈 적합한 용어를 쓰시오.

> 분비 · 배설과 체온 조절 작용 땀샘에는 (㉠)과 (㉡)이 있다. (㉠)은 겨드랑이, 외음부 등에 있으며 모낭 상부로 연결되어 액취를 야기한다. (㉡)은 전신에 분포하며 땀을 배설하는 동시에 체온조절을 수행한다.

90. 맞춤형화장품 혼합에 사용할 수 없는 원료 조건이 아닌 것은?

① '화장품에 사용할 수 없는 원료' 리스트에 포함된 경우
② 기능성화장품에 대한 심사를 받거나 보고서를 제출한 경우
③ '화장품에 사용상의 제한이 필요한 원료' 리스트에 포함된 경우
④ 식약처장이 고시한 기능성화장품의 효능 · 효과를 나타내는 제한 원료인 경우
⑤ 대학 · 연구소 등이 품목별 안전성 및 유효성에 관하여 보건소장의 심사를 받은 경우

91. 맞춤형화장품 제조 중 도구와 기기 세척의 원칙이 아닌 것은?

① 위험성이 없는 용제(물이 최적)로 세척한다.
② 청결을 위해 반드시 세제를 사용한다.
③ 브러시 등으로 문질러 지우는 것을 고려한다.
④ 분해할 수 있는 설비는 분해해서 세척한다.
⑤ 세척의 유효기간을 설정한다.

92. 동물성 향료로 동물의 분비선 등에서 채취한 것으로 다음 중 옳은 것은?

ㄱ. 알데히드(자향)	ㄴ. 카스토르(해구향)	ㄷ. 시벳(묘향)
ㄹ. 머스크(사향)	ㅁ. 앰버그리스(용연향)	ㅂ. 칸델릴라(정향)

① ㄱ, ㄷ, ㄹ ② ㄱ, ㅁ, ㄴ ③ ㄴ, ㄹ, ㅁ
④ ㄴ, ㅁ, ㅂ ⑤ ㄷ, ㄹ, ㅂ

93. 노화에 관한 설명이다. 다음에서 ( )에 들어갈 적합한 단어를 쓰시오.

> 일반적으로 '노화'는 사람이 병들지 않고 정상적인 상태에서 나이가 들어감에 따라 겪게 되는 신체의 모든 생리적 변화 과정을 일컫는다. 이 과정에서 크게 외적 변화와 내적 변화로 구분된다. 피부 노화의 원인은 유전자 복제 손상, 내분비선 장애, 면역력 약화, 세포주기의 저하 등 많은 요인이 있지만 대표적으로 ( )와 ( ), 2가지로 생각할 수 있다.

94. 계면활성제에 대한 설명으로 바르지 못한 것은?

① 계면활성제는 친수기와 친유기를 동시에 갖는 물질이다.
② 계면활성제 종류는 물에 용해되었을 때 해리되는 이온 성질에 따라 분류된다.
③ 화장품에 주로 사용되는 계면활성제는 양이온이다.
④ 물과 오일을 혼합할 때 계면활성제를 유화제라 한다.
⑤ 계면활성제는 계면의 성질을 변화시킬 수 있는 특성이 있다.

95. 화장품 품질 기준에 준하여 화장품 원료 기준을 규정하고 있다. 화장품 원료 선택 조건으로서 고려해야 할 것이 아닌 것은 ?

① 원료의 수급이 어려울 것

② 냄새가 적고 품질이 일정할 것
③ 안전성이 양호할 것
④ 산화 안정성 등의 안정성이 우수할 것
⑤ 사용 목적에 따른 기능이 우수할 것

96. 맞춤형화장품 혼합과 포장 시 지켜야 할 기술 및 태도가 아닌 것은 ?

① 보관 장소의 철저한 관리 및 위생, 정돈 의지
② 원료의 입출고 절차 준수 의지
③ 포장재 선입 · 선출, 관리 · 보관 기술
④ 화장품의 품질 특성 4가지(안전성, 유효성, 안정성, 사용성) 모두를 충족
⑤ 혼합할 시 제형이 다른 제품을 혼합

97. 맞춤형화장품조제관리사인 지민은 매장을 방문한 고객과 다음과 같은 '대화'를 나누었다. 지민 조제관리사가 고객에게 추천할 제품의 설명으로 틀린 것은?

대 화

고객: 나이가 들어 기미가 생겨 얼굴 피부가 검어지고 칙칙해졌어요.
건조하기도 하구요.
지민: 우선 정확한 진단을 하기 위해 고객님 피부 상태를 측정해 보도록 할까요?
고객: 어떻게 하는 건가요?
지민: 네, 이쪽에 앉으시면 설문 응답 후 피부 측정기로 측정을 해드리겠습니다.

피부 측정 후,

지민: 고객님은 40대 평균적인 피부와 비교하여 건조하고 얼굴에 색소침착도가 20%가량 높아져 있어 미백화장품을 추천해 드립니다.
고객: 음. 걱정이네요. 미백화장품은 어떤 제품인지 설명해 주세요.

① 자외선으로 인한 멜라닌 색소 생성 억제, 멜라닌 색소의 환원, 멜라닌 색소의 배출을 촉진시키는 작용을 하는 화장품
② 항염작용으로 인해 박테리아 발생을 방지하고 레티놀 성분으로 멜라닌 배출에 효과가 있는 화장품
③ 멜라닌 생성을 억제하는 비타민 C와 그 유도체, 알부틴, 엘라그산, 루시놀, 루타티온, 카모마일 추출물, t-AMCHA(트라넥섬산) 등을 사용
④ 멜라닌을 환원시키기 위해 비타민 C와 그 유도체를 사용
⑤ 티로시나아제 작용을 억제하기 위한 코직산, 감초 추출물이 들어 있는 제품

98. 올바른 화장품의 사용을 위해 주의사항은 꼭 필요하다. 화장품법 개정으로 화장품 사용 시 공통의 유의사항이 <u>아닌</u> 것은?

① 상처가 있는 부위 등에는 사용을 자제할 것
② 부작용이 있는 경우 전문의 등과 상담할 것
③ 눈, 코 또는 입 등에 닿지 않도록 주의하여 사용할 것
④ 직사광선을 피해서 보관할 것
⑤ 어린이의 손이 닿지 않는 곳에 보관할 것

99. 모발의 설명으로 <u>틀린</u> 것은?

① 모낭: 털을 만들어 내는 기관으로 작고 긴 모양을 띠고 있다. 피부 안쪽으로 움푹 들어가 모근을 유지해 주며 모근을 싸고 있다.
② 모구: 모유두의 윗부분을 뜻하며 전구 모양으로 털이 성장하기 시작하는 부분이다. 모질세포와 멜라닌세포로 구성되어 있다.
③ 모유두: 모낭 끝에 작은 말발굽 모양의 돌기조직으로 모구와 맞물려지는 부분이다. 대부분 모발을 형성시켜 주는 특수하고 작은 세포층이며 자율신경이 분포되어 있다.
④ 피지선: 모간과 연결되어 땀과 피지가 섞여 비듬을 유발한다. 모낭벽에 붙어 있으며, 피지를 분비하여 탈모를 촉진한다.

⑤ 입모근: 모낭의 측면에 위치한 작은 근육이다. 자신의 의지로는 움직일 수 없으나, 이것이 수축되면 모근부를 잡아당기게 되고 털이 수직으로 일어난다.

100. 사용 제한 자외선 차단 성분 중 에칠헥실메톡시신나메이트의 사용 한도는 몇 %인가?

① 15% ② 10% ③ 7.5% ④ 5% ⑤ 2.5%

2회 맞춤형화장품조제관리사 예상문제

자격 종목	시험 시간	수험번호	이름

01 화장품법의 이해 [1-10번]

1. 다음의 ㉠과 ㉡ 에 들어갈 적합한 단어를 쓰시오.

> 화장품법 제1장 총칙에서와 같이 화장품법의 목적(제1조)은 화장품의 제조 · 수입 · 판매 및 수출 등에 관한 사항을 규정함으로써 (㉠)(와)과 (㉡)에 기여하기 위함이다.

2. 개인정보보호법 제15조에 근거하여 고객 상담 시, 고객에게 알리거나 동의를 구해야 하는 항목이 아닌 것은?

① 정보처리자의 개인정보 항목
② 개인정보의 수집 · 이용 목적
③ 동의를 거부할 권리가 있다는 사실 및 거부에 따른 불이익이 있을 경우 그 불이익의 내용
④ 개인정보의 보유 및 이용 기간
⑤ 수집하려는 개인 정보의 항목

3. 화장품법 제26조 영업자의 지위 승계와 관련하여 바르게 설명한 것은?

① 영업자가 사망하는 경우에는 지위가 승계되지 않는다.
② 영업자의 지위 승계 시, 행정제재 처분은 승계되지 않는다.
③ 승계한 자의 위반 사실을 몰랐을 경우에만 행정제재 처분이 승계되지 않는다.
④ 지위를 승계한 경우 종전 영업자의 행정 처분 기간까지 승계된다.
⑤ 종전 영업자의 행정제재 처분의 효과는 처분 기간이 끝난 날부터 1년간 승계된다.

4. 화장품의 유형에 속하는 사항으로 올바른 것은?

① 액체비누 - 치약 - 여드름 크림 - 흑채 - 남성용 탤컴
② 제모왁스 - 세안용 고체비누 - 흑채 - 액체비누 - 남성용 탤컴
③ 아토피로션 - 액체비누 - 세안용 고체비누 - 흑채 - 데오도런트
④ 여드름 크림 - 세안용 고체비누 - 액체비누 - 데오도런트
⑤ 흑채 - 액체비누 - 남성용 탤컴 - 아토피로션 - 제모왁스

5. 화장품법 제5조 영업의 의무에 근거하여 맞춤형화장품조제관리사의 교육에 관한 내용으로 옳은 것은?

① 맞춤형화장품조제관리사는 화장품의 안전성 확보 및 고객관리에 관한 내용의 교육을 받는다.
② 맞춤형화장품조제관리사는 격년 교육 이수가 필수이다.
③ 식품의약품안전처에서 지정하는 화장품 교육기관에서 실시한다.
④ 미이수 시, 과태료는 100만 원이다.
⑤ 맞춤형화장품조제관리사가 둘 이상의 장소에서(제조업, 책임판매업 등) 영업을 하는 경우에도 각각 교육을 따로 받아야 한다.

6. 다음 설명 중 화장품법 제5조 제3항 및 시행규칙 제12조에 근거하여, 맞춤형화장품판매업자의 준수사항에 해당하는 경우를 모두 고르시오.

> ㄱ. 다수의 책임판매자와 계약 시에는 따로따로 모두에게 공개할 필요는 없다.
> ㄴ. 전자문서 형식은 제외하고, 화장품 판매 내역을 작성하여 보관해야 한다.
> ㄷ. 책임판매업자와 맞춤형화장품판매업자가 동일 시에는 제외하고, 책임판매업자가 제공하는 품질 성적서를 구비해야 한다.
> ㄹ. 부작용 사례가 발생하면 즉시 책임판매자에게 보고한다.

① ㄱ, ㄴ ② ㄴ, ㄷ ③ ㄱ, ㄷ ④ ㄱ, ㄹ ⑤ ㄷ, ㄹ

7. 다음은 화장품법 제2조 제2항에 관한 설명이다. ㉠과 ㉡에 들어갈 적합한 단어를 쓰시오.

> 화장품법 제2조 2항과 관련하여 직접 제조한 화장품을 유통 · 판매하려는 경우를 (㉠), 화장품의 포장(1차 포장에 한함)을 하려는 경우를 (㉡)(이)라 한다.

8. 다음 내용은 화장품에 적용된 기술로서 ( ) 안에 들어갈 적합한 단어를 쓰시오.

> 유분과 수분은 서로 섞이지 않은 성질을 가지고 있으며, 이렇듯 성상이 다른 원료들을 적절히 혼합하여 알맞은 사용감과 제품 본래의 기능을 얻기 위해 ( )의 작용이 필수적이다.

9. 화장품법 제13조에 근거하여 부당한 표시 · 광고 행위 등의 금지사항이 아닌 것은?

① 천연화장품 또는 유기농화장품이 아닌 화장품을 천연화장품 또는 유기농화장품으로 잘못 인식할 우려가 있는 표시 · 또는 광고
② 기능성화장품이 아닌 화장품을 기능성화장품으로 잘못 인식할 우려가 있거나 기능성화장품의 안전성 · 유효성에 관한 심사 결과와 다른 내용의 표시 · 또는 광고
③ 한자 또는 외국어를 함께 기재한 표시 또는 광고
④ 의약품으로 잘못 인식할 우려가 있는 표시 또는 광고
⑤ 그 밖에 사실과 다르게 소비자를 속이거나 소비자가 잘못 인식하도록 할 우려가 있는 표시 또는 광고

10. 다음 중 화장품의 품질요소 내용을 올바르게 설명한 것을 모두 고르시오.

ㄱ. 관능평가와 물리화학적 측정법은 품질요소 중 사용성과 관련이 있다.
ㄴ. 안정성 평가법은 생리물학적, 물리화학적, 생리심리학적 평가법으로 분류할 수 있다.
ㄷ. 다양한 조건에 따른 제품의 물리적 화학적 변화는 품질요소 중 안전성에 해당된다.
ㄹ. 방향 제품의 기능성은 생리 · 심리학적 평가법이 이용되고 있다.
ㅁ. 피부 부작용이나 피부자극 등과 관련된 내용은 품질요소 중 안전성과 관련이 깊다.

① ㄱ, ㄴ, ㄷ　② ㄱ, ㄹ, ㅁ　③ ㄱ, ㄷ, ㅁ
④ ㄴ, ㅁ, ㄹ　⑤ ㄷ, ㄹ, ㅁ

02 화장품 제조 및 품질관리 [11-35번]

11. 다음 내용의 (   ) 안에 들어갈 숫자는?

> 식약처에서는 알레르기가 있는 소비자들의 안전을 확보하기 위하여 전 성분에 표시된 성분 외에도 향료 성분에 대한 정보를 제공하고자 총 (   )종의 성분을 발표하여 별도로 표시하도록 하였다.

12. 알레르기 유발 성분 함량에 따른 표기 순서를 별도로 정하고 있지는 않다. 하지만 전 성분 표시 방법의 적용을 권장하고 있다. 다음 중 알레르기 유발 성분 표기법으로 소비자의 오해·오인 우려로 불가한 표기법은?

① A, B, C, D, 향료, 리날룰, 리모넨
② A, B, C, D, 향료(리날룰, 리모넨)
③ A, B, 리날룰, C, D, 향료, 리모넨 (함량 순으로 기재)
④ A, B, 향료, C, D, 리날룰, 리모넨 (함량 순으로 기재)
⑤ A, B, C, D, 리날룰, 향료, 리모넨

13. 다음 내용에서 (   ) 안에 들어갈 적합한 용어를 쓰시오.

> 화장품의 품질 (   )은 소비자가 사용하는 단계에서 그 기대나 Needs에 부합되어야 한다는 것이 전제가 된다. 따라서 생산자로부터 소비자에 이르기까지 각종 유통 경로와 실제 사용 기간을 고려하여 화학적, 물리적 변화가 일어나지 않아야 한다.

14. 다음 중 기능성화장품의 범위에 속하지 않는 것은?

① 미백에 도움을 주는 화장품
② 주름 개선에 도움을 주는 화장품
③ 여드름 완화에 도움을 주는 화장품 (인체 세정용 제품)
④ 액취 발생 억제에 도움을 주는 제품
⑤ 체모 제거에 도움을 주는 화장품 (화학적 제거 제품)

15. 다음의 원료 중 백색 안료에 속하는 것은?

① 산화아연
② 황색산화철
③ 카올린
④ 마이카
⑤ 무수규산

16. 다음 내용에서 (   ) 안에 들어갈 적합한 용어를 쓰시오.

(   )는 지용성 비타민으로 영양학적으로 성장 촉진과 야맹증 등에 효과가 있다. 화장품에서는 피부 세포의 신진대사 촉진과 피부 저항력의 강화, 피지 분비의 억제 효과 등이 있는 것으로 알려져 있다. 즉, 화장품에서 피부 분화의 촉진, 자외선 등에 효과가 있는 것으로 알려지고 있으며, 대략 사용량은 2,500 IU/g 정도이다.

이 성분은 극히 불안정한 물질로 변질되기 쉬우므로 과거에는 주로 레티닐팔미테이트의 유도체로 사용되었으나, 이 물질 역시 안정도가 좋지 않으며 피부에 효과가 적은 편이다.

17. 다음 내용에서 (   ) 안에 들어갈 적합한 용어를 쓰시오.

화장품에 (   )을 사용하는 이유는 히알루로닉애씨드나 콜라겐과 같이 보습 등의 어떤 특징적인 기능을 부여하기 위해 사용되는 경우도 있지만, 대개는 제품의 점성을 높이거나, 사용감을 개선하거나, 피막을 형성하기 위한 목적으로 이용된다.

특히 유화 제품에서 적절히 사용하면 유화 안정성을 크게 향상시키고, 화장수 등에서 적절히 사용 시 특이한 사용감을 가지게 할 수 있다.

18. 화장품의 유성원료에 포함되지 않는 것은?

① 실리콘 ② 탄화수소류 ③ 에스터류
④ 폴리올류 ⑤ 왁스

19. 다음 내용의 (   ) 안에 들어갈 적합한 용어를 쓰시오.

(   )은 실록산 결합(-Si-O-Si-)을 가지는 유기규소 화합물의 총칭이다. 이것은 화학적으로 합성되며 무색, 투명하고, 냄새가 거의 없다. 이 원료는 퍼짐성이 우수하고 가볍게 발라지며, 피부 유연성과 매끄러움, 광택을 부여한다. 색조화장품의 내수성을 높이고, 모발 제품에 자연스러운 광택을 부여한다.

20. 다음 설명 중 (   ) 안에 들어갈 적합한 용어가 순서대로 나열된 것은?

양쪽성 이온 계면활성제는 한 분자 내에 양이온과 음이온을 동시에 가진다. 알칼리에서는 (   ), 산성에서는 (   )의 효과를 지니며, 다른 이온성 계면활성제에 비하여 피부 안전성이 좋고 세정력, 살균력, 유연 효과를 지닌다.

① 비이온, 양이온 ② 비이온, 음이온

③ 음이온, 양이온 ④ 양이온, 음이온
⑤ 양이온, 비이온

21. 다음 중 향료에 대한 설명으로 틀린 것은?

① 향료는 화장품을 사용하는 사람의 매력을 끌어내는 데 도움을 준다.
② 향료를 사용하여 화장품 원료의 나쁜 냄새를 감출 수 있다.
③ 상품적 가치를 높이는데 생리적, 심리적 효과를 줄 수 있다.
④ 향료는 인체에 무해한 것으로 화장품 제조에 있어 필수불가결한 것이다.
⑤ 화장품에서 무향은 향이 첨가 되지 않은 제품을 의미한다.

22. 식약처에서 고시한 주름 개선에 도움을 주는 화장품 원료는?

① 닥나무 추출물 ② 옥시벤존 ③ 치오글리콜산
④ 나이아신아마이드 ⑤ 레티닐팔미테이트

23. 다음 세안제 화장품 중 용제형 형태의 제품이 아닌 것은?

① 클렌징 크림 ② 클렌징 젤 ③ 클렌징 폼
④ 클렌징 로션 ⑤ 클렌징 워터

24. 다음 설명 중 (　　) 안에 들어갈 적합한 용어는?

(　　)은 눈꺼풀이나 눈 주위에 도포하여 입체감을 내고 눈의 아름다움을 강조하기 위하여 사용하는 화장품으로 연고, 크림 타입과 고형 타입이 있다. 색제로는 무기안료, 유기 허가 안료, 운모티탄계의 펄제 등이 사용된다.

① 아이라이너 ② 아이섀도우 ③ 마스카라
④ 아이브로우 ⑤ 네일 에나멜

25. 다음 중 헤어 린스의 기능이 <u>아닌</u> 것은?

① 두발을 유연하게 할 것
② 모발의 표면을 매끄럽게 할 것
③ 불필요한 피지류는 씻어내고 피부에 필요한 피지는 남길 것
④ 건조 후 빗이나 브러시로 잘 빗기게 할 것
⑤ 건조 후 정전기를 방지할 것

26. 다음 중 위해도 결과 보고서 작성 시 기술하는 것이 <u>아닌</u> 것은?

① 결과에 영향을 미치는 불확실성, 한계점 및 선택된 가정과 이에 따라 예상되는 영향도 기술
② 위해평가 요약, 목적, 범위, 지침, 내용, 방법, 결론 및 참고문헌 등 작성하고 관련 정보 첨부
③ 과학적 정보와 불확실성 등을 고려하여 정량적 또는 정성적으로 위해성을 명시하되, 과학적으로 가능한 범위 내에서 정량화
④ 위해의 특성과 발생 가능성에 대한 시나리오 및 활용된 자료 선택의 타당성을 가급적 명확하고 간략하게 기술
⑤ 위해평가보고서 양식에 따라 작성하고 인체, 동물 독성자료 또는 피부 독성자료를 반드시 상세하게 기술하여 첨부

27. 계면활성제의 종류 중 세정작용이 있으며 피부 자극이 적어 저자극 샴푸, 베이비 샴푸 등에 사용되는 계면활성제는?

① 양이온성 계면활성제
② 음이온성 계면활성제
③ 비이온성 계면활성제
④ 양쪽성 계면 활성제
⑤ 천연 계면활성제

28. 두피에 사용하여 모발의 성장을 촉진하거나 탈모를 방지하고 아울러 비듬이나 가려움을 방지하는 제품을 육모제라 한다. 다음 중 육모제의 기능이 아닌 것은?

① 혈액순환 촉진
② 보습제
③ 모모세포 성장 촉진
④ 모유두 세포의 활성화
⑤ 모발의 시스틴 결합 환원 촉진

29. 다음 설명에서 (   ) 안에 들어갈 적합한 용어를 쓰시오.

> 화장품의 원료 중 천연보습제로 화장품을 만들 때 첨가하여 보습 효과를 주며 무색 투명의 냄새가 없고 단맛이 나는 액체로 공기중의 수분을 흡수하는 능력이 우수하다. (   )은 다가알코올로 화장품에서가장 널리 사용되고 있는 보습제이다.

30. 제한 · 데오도런트(deodorant) 화장품의 체취가 발생하는 과정을 고려한 기능이 아닌 것은?

① 땀을 억제하는 제한 기능
② 피부상재균의 증식을 억제하는 항균 기능
③ 발생한 체취를 억제하는 탈취 기능
④ 향기를 통한 마스킹 기능
⑤ 모공 수축 기능

31. 향수의 요건이 아닌 것은?

① 아름다운 향이 나며 세련되고 격조 높은 향일 것
② 향에 특징이 있을 것
③ 향의 지속력이 있어야 할 것
④ 향의 확산성이 좋을 것
⑤ 조향사의 느낌으로 만들어져야 할 것

32. 다음 중 화장품 품질의 특성에 속하지 않는 것은?

① 안전성 ② 안정성 ③ 공정성 ④ 사용성 ⑤ 유효성

33. 화장품 보관 시 보관 구역의 기준이 아닌 것은?

① 매일 바닥의 폐기물을 치워야 한다.
② 동물이나 해충이 침입하기 쉬운 환경은 개선되어야 한다.
③ 용기(저장조 등)들은 닫아서 깨끗하고 정돈된 방법으로 보관한다.
④ 물건 이동 시 교차오염이 없도록 통로를 넓게 설계해야 한다.
⑤ 손상된 팔레트는 수거하여 수선 또는 폐기한다.

34. 다음 설명에서 ( ) 안에 들어갈 적합한 용어가 순서대로 나열된 것은?

> 위해평가란 화장품에 존재하는 위해요소로부터 인체가 노출되었을 때 발생 가능한 유해 영향과 발생 확률을 과학적으로 예측하는 과정으로 4단계인 ( ), 위험성 결정, ( ), 그리고 위해도 결정의 단계에 따라 수행된다.

① 위험성 평가, 노출 확인
② 위험성 확인, 노출 평가
③ 비의도적 확인, 위험성 확인
④ 의도적 확인, 위험성 평가
⑤ 독성 확인, 노출 조건 결정

35. 다음 중 포인트 메이크업 제품에 속하지 않는 것은?

① 파운데이션 ② 립스틱 ③ 블러셔 ④ 아이섀도 ⑤ 아이라이너

03 유통화장품 안전관리 [36~60번]

36. 다음 작업소의 위생관리에 대한 사항으로 옳은 것은?

① 작업장 내의 외관 표면은 가능한 매끄럽게 설계하고, 소독제의 부식성에 저항력이 낮아야 한다.
② 청정 등급을 설정한 구역은 기준에 제시된 청정도 등급 이상으로 관리 기준을 설정하고 등급의 유지 여부를 정기적으로 모니터링한다.
③ 외부와 연결된 창문은 잘 열리는지 확인하고 밀폐된 공간이 되지 않도록 환기를 자주 시키도록 한다.
④ 세제 또는 소독제는 최소한으로 잔류하는 제품을 사용하여, 소독제가 적용하는 표면에 이상을 초래하지 않도록 한다.
⑤ 생산 구역 내에는 세척실과 화장실을 설치하여 직원들의 외부 출입을 줄이도록 한다.

37. 다음은 작업장의 공기 조절을 위한 필터에 대한 설명이 <u>아닌</u> 것은?

① 화장품 제조에 사용할 수 있는 에어 필터의 종류, 설치 장소, 취급 방법 등을 확인한다.
② 화장품 제조를 위한 작업장이라면 적어도 중성능 필터를 설치한다.
③ 고도의 환경관리가 필요한 경우에는 고성능 필터(HEPA 필터)의 설치하는 것이 좋다.
④ 비용이 많이 드는 단점이 있지만 성능 면에서는 초고성능 필터를 설치하는 것이 가장 바람직하다.
⑤ 작업장의 목적에 맞는 필터를 선택해서 설치하는 것이 중요하며, 특히 HEPA 필터의 완전성을 주기적으로 점검하고 필요한 경우 교체하도록 한다.

38. 작업장의 위생 유지를 위한 청소 및 소독에 대한 설명으로 옳은 것은?

ㄱ. 소독 시에는 기계, 기구류, 내용물 등에 오염되지 않도록 한다.
ㄴ. 작업대와 테이블을 100% 에탄올을 거즈에 묻혀서 닦아낸다.
ㄷ. 이동 설비의 소독을 위하여 세척실은 UV 램프를 점등하여 내부를 멸균한다.
ㄹ. 세균 오염 또는 세균수 관리의 필요성이 있는 작업실은 매일 낙하균 시험을 수행하여 확인하여야 한다.
ㅁ. 포장 라인 주위에 부득이하게 충전 노즐을 비치할 경우 보관함에 UV 램프를 설치하여 멸균 처리한다.
ㅂ. 알코올, 페놀, 알데하이드 등의 작용기전은 단백질 응고 또는 변경에 의한 세포 기능 장해를 이용하는 것이다.

① ㄱ, ㄴ, ㄷ, ㄹ
② ㄱ, ㄷ, ㅁ, ㅂ
③ ㄱ, ㄷ, ㄹ, ㅁ
④ ㄱ, ㄷ, ㄹ, ㅂ
⑤ ㄱ, ㄴ, ㅁ, ㅂ

39. 작업장 내 직원의 위생기준에 대한 설명으로 틀린 것은?

① 직원은 의약품을 제외한 개인적인 물품을 별도의 지역에 보관해야 하며, 음식, 음료수 및 흡연 구역 등은 제조 및 보관 지역과 분리된 지역에서만 섭취하거나 흡연하여야 한다.
② 제조 구역별 접근 권한이 있는 작업원 및 방문객은 가급적 제조, 관리 및 보관 구역 내에 들어가지 않도록 한다.
③ 피부에 외상이 있거나 질병에 걸린 직원은 화장품과 직접적으로 접촉되지 않도록 격리되어야 한다.
④ 작업소 및 보관소 내의 모든 직원은 화장품의 오염을 방지하기 위해 규정된 작업복을 착용해야 한다.
⑤ 제품 품질과 안전성에 악영향을 미칠지도 모르는 건강 조건을 가진 직원은 원료, 포장, 제품 또는 제품 표면에 직접 접촉하지 말아야 한다.

40. 유화기 등의 일반적인 제조설비의 세척에 대한 설명이 <u>아닌</u> 것은?

① 세척 방법에 제1선택지, 제2선택지, 심한 더러움 시의 대안을 마련하고 세척 대책이 되는 설비의 상태에 맞게 세척 방법을 선택한다.
② 유화기 등의 일반적인 제조설비에는 물과 브러시로 세척하는 것이 가장 바람직한 제1선택지이다.
③ 분해할 수 있는 부분은 분해해서 세척하는 것이 좋다. 제조 품목이 바뀔 때는 반드시 분해할 부분을 설비마다 정해 놓으면 좋다.
④ 서로 상이한 제품 간에 호스와 여과천 등을 공용으로 사용하는 경우에는 매일 소독을 실시하도록 한다.
⑤ 세척 후에는 반드시 "판정"을 실시해야 하며, 육안 판정을 제1선택지로 하고, 육안 판정을 할 수 없는 부분은 닦아내기 판정, 린스 정량의 순으로 실시한다.

41. 안전 위생의 교육훈련을 받지 않은 사람들이 제조, 관리, 보관 구역으로 출입하는 경우 실시하는 교육훈련 내용에 포함할 사항이 <u>아닌</u> 것은?

① 직원용 안전 대책에 관한 사항
② 작업 위생 규칙에 대한 내용
③ 작업복 등의 착용에 관한 사항
④ 설비 및 기구의 소독에 관한 내용
⑤ 손 씻는 절차

42. 다음은 우수 화장품 품질관리기준에서 원료의 선정 절차이다. 순서를 바르게 나열한 것은?

ㄱ. 중요도 분류
ㄴ. 제조 개시 후 정기적 모니터링
ㄷ. 요구할 품질 결정
ㄹ. 공급자 선정 및 승인
ㅁ. 시험 방법 선정 및 확립
ㅂ. 품질 결정 및 품질계약서 공급계약 체결

① ㄱ → ㄴ → ㄷ → ㄹ → ㅁ → ㅂ
② ㄷ → ㄹ → ㅁ → ㅂ → ㄱ → ㄴ
③ ㄱ → ㄹ → ㅁ → ㄷ → ㅂ → ㄴ
④ ㄷ → ㄹ → ㅁ → ㄱ → ㅂ → ㄴ
⑤ ㄱ → ㄷ → ㄹ → ㅁ → ㅂ → ㄴ

43. 설비 · 기구의 구성 재질(Materials of Construction)에 대한 요건으로 <u>잘못된</u> 설명은?

① 온도/압력 범위가 조작 전반과 모든 공정 단계의 제품에 적합해야 한다.
② 제품, 또는 제품 제조 과정, 설비 세척, 또는 유지관리에 사용되는 다른 물질이 스며들어서는 안 된다.
③ 세제 및 소독제에 잘 반응하여 세척이 잘 되어야 하고 부식되거나 분해를 초래하는 반응이 있어서는 안 된다.
④ 대부분 원료와 포뮬레이션에 대해 스테인리스스틸은 탱크의 제품에 접촉하는 표면 물질로 일반적으로 선호된다.
⑤ 용접, 나사, 나사못, 용구 등을 포함하는 설비 부품들 사이에 전기화학 반응을 최소화하도록 고안되어야 한다.

44. 설비나 기구의 세척에 대한 원칙에 대한 설명이 <u>아닌</u> 것은?

① 물과 브러시를 사용하여 세척하는 것이 가장 바람직하다.
② 증기 세척은 높은 온도로 인하여 설비나 기구에 영향을 줄 수 있으므로 가급적 피하도록 한다.
③ 판정 후의 설비는 건조 · 밀폐해서 보존하고 유효기간을 설정한다.
④ 물로 제거하도록 설계된 세제라도 문질러서 지우거나 세차게 흐르는 물로 헹구지 않으면 세제를 완전히 제거할 수 없다.
⑤ 분해할 수 있는 설비는 분해해서 위험성이 없는 용제로 세척한다.

45. 청정도 1급지인 Clean Bench에서의 미생물 관리기준으로 옳은 것은?

① 낙하균: 10개/h 또는 부유균: 20개/㎥
② 낙하균: 30개/h 또는 부유균: 100개/㎥
③ 낙하균: 10개/h 또는 부유균: 100개/㎥
④ 낙하균: 30개/h 또는 부유균: 200개/㎥
⑤ 낙하균: 10개/h 또는 부유균: 200개/㎥

46. 화장품 안전기준 등에 관한 규정에서는 사용상의 제한이 필요한 원료와 그 사용기준을 정하고 있다. 다음 살균 보존제로 규정된 성분 중 기타에서 지정한 사용목적과 허용기준의 연결이 옳은 것은?

ㄱ. 살리실릭애씨드 및 그 염류-사용 후 씻어내는 제품류에 최대 사용 한도 3%,
ㄴ. 살리실릭애씨드 및 그 염류-사용 후 씻어내는 두발용 제품류에 최대 사용 한도 3%,
ㄷ. 징크피리치온-비듬 및 가려움을 덜어주고 씻어내는 제품에 최대 사용 한도 1.0%
ㄹ. 징크피리치온 - 탈모 증상의 완화에 도움을 주는 화장품에 최대 사용 한도 1.0%
ㅁ. 트리클로산 - 사용 후 씻어내는 제품류에 최대 사용 한도 1.0%
ㅂ. 트리클로카반(트리클로카바닐리드) - 사용 후 씻어내는 제품류에 최대 사용 한도 3%

① ㄱ, ㄴ, ㄷ
② ㄴ, ㄷ, ㄹ
③ ㄷ, ㄹ, ㅁ
④ ㄱ, ㄷ, ㅂ
⑤ ㄴ, ㄷ, ㅁ

47. 유통 화장품의 안전관리기준에 대한 설명으로 잘못된 것은?

① 국내·외에서 제조, 생산 또는 유통되는 모든 화장품은 유통 화장품의 안전기준에 적합하여야 한다.
② 비의도적 검출 허용 한도, 미생물 한도 및 내용량 등의 기준을 정하고 있어 이에 적합하여야 한다.
③ 화장품의 유형별로 pH, 기능성화장품인 경우 주원료의 함량, 퍼머넌트웨이브용 및 헤어스트레이트너 제품인 경우 개별 기준에 추가적으로 적합하여야 한다.
④ 유통 화장품 안전관리기준에 설정된 전 항목은 초도생산 및 주기적으로 적합 여부에 대해 실험을 통해 확인하여야 한다.
⑤ 기능성화장품인 경우 심사받거나 보고한 기준 및 시험 방법을 포함하여야 한다.

48. 유통 화장품의 안전관리기준에서 정하고 있는 기준이 잘못 설명된 것은?

① 내용량의 기준은 제품 3개를 가지고 시험할 때 그 평균 내용량이 표기량에 대하여 97% 이상일 것
② 미생물의 허용 한도에서 대장균(Escherichia Coli)은 검출되지 않을 것
③ 물휴지의 경우 세균 및 진균수는 각각 500개/g(ml) 이하일 것
④ 총호기성 생균수는 영·유아용 제품류 및 눈화장용 제품류의 경우 500개/g(mL) 이하일 것
⑤ 두발용 제품류(샴푸, 린스 제외)의 pH 기준이 3.0~9.0일 것

49. 우수 화장품 품질관리기준의 보관 및 출고관리에 대한 규정으로 잘못된 것은?

① 원자재는 시험 결과 적합 판정된 것만을 출고해야 하고, 이를 확인할 수 있는 체계가 확립되어 있어야 한다.
② 원자재, 시험 중인 제품 및 부적합품의 보관 시에는 각각의 용기에 라벨을 붙여 서로 혼동되지 않도록 구분한다.
③ 출고는 선입선출 방식으로 하되, 타당한 사유가 있는 경우에는 문서화된 절차에 따라 나중에 입고된 물품을 먼저 출고할 수 있다.
④ 원료의 불출은 승인된 자만이 절차를 수행할 수 있도록 규정되어야 한다.
⑤ 설정된 보관기한이 지나면 사용의 적절성을 결정하기 위해 재평가 시스템을 확립하여야 하며, 동 시스템을 통해 보관기한이 경과한 경우 사용하지 않도록 규정한다.

50. 원료나 포장재의 상태는 적절한 방법으로 확인되어야 한다. 백색 라벨은 어떤 상태임을 의미하는가?

① 검체 채취 전
② 검체 채취 후 시험 중
③ 적합 판정
④ 기준 일탈 상태
⑤ 부적합 판정

51. 원자재 용기 및 시험기록서의 필수적인 기재사항이 아닌 것은?

① 원자재 공급자가 정한 제품명
② 원자재 공급자명
③ 원자재 사용기한
④ 원자재 수령일자
⑤ 관리번호

52. 완제품 보관용 검체에 대한 주요사항으로 적절하지 않은 것은?

① 제품을 사용기한 중에 재검토(재시험 등)해야 할 경우를 대비하기 위해 보관한다.
② 재검토 작업은 품질상에 문제가 발생하여 재시험이 필요할 때 사용한다.

③ 발생한 불만에 대처하기 위하여 품질 이외의 사항에 대한 검토가 필요하게 될 때 사용

④ 일반적으로는 각 배치별로 제품 시험을 1번 실시할 수 있는 양을 보관한다.

⑤ 사용기한 경과 후 1년간 또는 개봉 후 사용기간을 기재하는 경우에는 제조일로부터 3년간 보관한다.

53. 다음은 폐기 처리 등에 관한 규정이다. 괄호 안에 들어갈 숫자가 옳은 것은?

ㄱ. 품질에 문제가 있거나 회수·반품된 제품의 폐기 또는 재작업 여부는 품질보증 책임자에 의해 승인되어야 한다.

ㄴ. 재작업은 그 대상이 다음 각호를 모두 만족한 경우에 할 수 있다.

1. 변질·변패 또는 병원미생물에 오염되지 아니한 경우
2. 제조일로부터 ( )년이 경과하지 않았거나 사용기한이 ( )년 이상 남아 있는 경우

ㄷ. 재입고할 수 없는 제품의 폐기 처리 규정을 작성하여야 하며, 폐기 대상은 따로 보관하고 규정에 따라 신속하게 폐기하여야 한다.

① 1, 1　② 1, 2　③ 1, 3　④ 2, 1　⑤ 1, 3

54. 불만 처리 담당자는 제품에 대한 모든 불만을 취합하고, 제기된 불만에 대해 신속하게 조사하고 그에 대해 적절한 조치를 취하여야 한다. 불만 처리 담당자가 기록·유지해야 하는 사항으로 옳지 않은 것은?

① 불만 접수 연월일
② 불만 제기자의 이름과 연락처 및 주소
③ 불만 조사 및 추적 조사 내용, 처리 결과 및 향후 대책
④ 제품명, 제조번호 등을 포함한 불만 내용
⑤ 다른 제조번호의 제품에도 영향이 없는지 점검

55. 우수 화장품 품질관리기준의 공정관리 규정에서는 반제품의 보관 시 용기에 표시할 사항을 명시하고 있다. 이에 해당하지 않는 것은?

① 명칭 또는 확인코드
② 보관 날짜
③ 완료된 공정명
④ 보관 조건(필요 시)
⑤ 제조번호

56. 제조위생관리기준서에 포함되어야 하는 항목이 아닌 것은?

① 검체 채취를 위한 설비 · 기구의 관리 방법
② 제조시설의 세척 및 평가
③ 작업원의 건강관리 및 건강 상태의 파악 · 조치 방법
④ 작업실 등의 청소 방법 및 청소 주기
⑤ 곤충, 해충이나 쥐를 막는 방법 및 점검 주기

57. 제품 및 원료의 보관관리와 처리에 대한 설명이 잘못된 것은?

① 사용하고 남은 원료는 재보관(Re-stock)이 가능하다.
② 사용하고 남은 벌크는 재보관이 가능하다.
③ 적합 판정기준을 만족시키지 못할 경우 기준 일탈 제품으로 지칭한다.
④ 기준일탈이 된 완제품 또는 벌크 제품은 재작업을 할 수 없다.
⑤ 부적합이 확정되면 적색 라벨을 부착하고 부적합 보관소에 격리 보관한다.

58. 다음 보기의 내용 중 시험용 검체의 용기에 포함되어야 할 내용이 맞는 것은?

ㄱ. 명칭 또는 확인 코드
ㄴ. 제조번호 또는 제조단위
ㄷ. 검체 채취량
ㄹ. 검체 채취 날짜 또는 기타 적당한 날짜
ㅁ. 검체 채취를 위해 사용될 설비 • 기구

① ㄱ, ㄴ, ㄷ ② ㄱ, ㄷ, ㅁ ③ ㄱ, ㄴ, ㄹ
④ ㄴ, ㄷ, ㅁ ⑤ ㄷ, ㄹ, ㅁ

59. 다음 중 포장재에 대한 설명으로 적절하지 <u>못한</u> 것은?

① 포장재는 제품과 직접적으로 접촉하는지 여부에 따라 1차 포장재 또는 2차 포장재라고 말한다.
② 포장재란 화장품의 포장에 사용되는 모든 재료를 말하며 운송을 위해 사용되는 외부 포장재를 포함한다.
③ 포장재에는 각종 라벨, 봉함 라벨을 포함한다.
④ 화장품의 제조 시 사용된 원료, 용기, 포장재, 표시 재료, 첨부문서 등을 원자재라고 한다.
⑤ 2차 포장에는 보호재 및 표시의 목적으로 한 포장(첨부문서) 등이 포함된다.

60. 다음 중 포장 지시서에 포함되어야 할 내용으로 맞는 것은?

① 포장 설비명, 포장 생산 수량, 포장 작업자
② 포장 설비명, 포장재 리스트, 포장 날짜
③ 포장 설비명, 포장 생산 수량, 상세한 포장 공정
④ 포장 생산 수량, 상세한 포장 공정, 포장 작업자
⑤ 포장재 리스트, 포장 생산 수량, 포장 날짜

04 맞춤형화장품의 이해 [61-100번]

61. 맞춤형화장품 내용물 관리에 대한 설명으로 옳지 않은 것은?

① 제조 또는 수입된 화장품의 내용물에 다른 화장품의 내용물이나 식품의약안전처장이 정하는 원료를 추가하여 혼합한 화장품
② 제조 또는 수입된 화장품의 내용물을 소분한 화장품
③ 반제품: 충전(1차 포장) 이전의 제조 단계까지 끝낸 화장품
④ 유통 화장품 안전관리기준에 적합해야 한다.
⑤ 원료와 원료를 혼합하는 것은 맞춤형화장품의 혼합이 아닌 화장품의 제조 행위이다.

62. 맞춤형화장품 유형과 품목에 관한 설명으로 옳은 것은?

① 기초화장품 제품류에는 에센스, 클렌징 워터, 비비크림이 포함된다.
② 기초화장용 제품류에는 영양 화장수, 피부 연화 제품, 양모제가 포함된다.
③ 색조화장용 제품류에는 바디페인팅, 페이스페인팅 제품이 포함된다.
④ 색조화장용 제품류에는 파운데이션, 볼연지, 마스카라가 포함된다.
⑤ 방향 제품류 품목은 향수, 향낭, 데오도런트, 콜롱이다.

63. 피부 상태를 결정하는 요인에 대한 설명이 옳지 않은 것은?

① 경피수분손실(TEWL): 경피수분손실이 클수록 각질층의 보습 능력이 저하된다.
② 천연보습인자(NMF): 정상 피부도 잘못된 세안제 사용으로 인해 현저하게 감소될 수 있다.
③ 천연보습인자(NMF): 과립층에서 생산되며 물에 잘 녹는 물질로 되어 있다.
④ 지질(Lipids): 필라그린의 분해산물인 아미노산과 그 대사물로 이루어져 있다.
⑤ 지질(Lipids): 피부의 지질에는 지방산, 스쿠알렌, 트리글리세라이드, 왁스 등이 있다.

64. 맞춤형화장품에 혼합 가능한 화장품 원료로 옳은 것은?

① 나프탈렌 ② 벤조일퍼옥사이드 ③ 갈란타민
④ 페녹시에탄올 ⑤ 히알루론산

65. 맞춤형화장품판매업자의 준수사항이 아닌 것은?

① 맞춤형화장품 판매 업소마다 맞춤형화장품조제관리사를 둘 것
② 맞춤형화장품 판매 내역 작성 · 보관
③ 보건위생상 위해 예방을 위한 위생관리
④ 혼합 · 소분 시 오염 방지를 위한 안전관리 기준 준수
⑤ 맞춤형화장품 관련 안전성 정보에 대해 문제 발생 시 맞춤형화장품조제관리사에게 보고

66. 피부의 표피를 구성하고 있는 층의 순서로 옳은 것은?

① 각질층-투명층-과립층-유극층-기저층
② 각질층-투명층-유극층-과립층-기저층
③ 투명층-각질층-유극층-과립층-기저층
④ 기저층-과립층-유극층-각질층-투명층
⑤ 기저층-투명층-유극층-과립층-각질층

67. 진피(dermis)에 존재하는 세포로 옳은 것은 ?

① 비만세포 ② 랑게르한스세포 ③ 멜라닌세포
④ 각질형성세포 ⑤ 머켈세포

68. 다음은 맞춤형화장품 안전성 평가 항목의 내용에 관한 설명이다. ㉠, ㉡에 해당하는 안전성 평가 항목을 쓰시오.

- (㉠)시험: 피부상의 피시험 물질이 자외선에 폭로되었을 때 생기는 접촉 감작성을 검출하는 방법으로 감작성 시험에 광조사가 가해지는 것이다.
- (㉡)시험: 유전 독성을 평가하기 위해 돌연변이나 염색체 이상을 유발하는지를 조사하는 방법으로 세균, 배양 세포 마우스를 이용하여 실행하는 실험이다.

69. 다음에 나열된 피부의 구성 요소 중 진피의 구성 요소를 2가지만 고르시오.

콜레스테롤, 엘라스틴, 머켈세포, 림프구, 멜라닌세포, 랑게르한스세포, 각질형성세포

70. 맞춤형화장품의 관리 요령 설명 중 틀린 것은?

① 베이스 화장품 및 원료 입고 시 제조사 및 품질관리 여부를 확인하고 품질성적서를 구비한다.
② 원료 등은 가능한 품질에 영향을 미치지 않는 장소에 보관하도록 한다.
③ 혼합 시에는 교차오염이 발생되지 않도록 주의한다.
④ 품질 열화하기 쉬운 원료들은 재사용을 지양하고 재보관 횟수가 많은 원료는 대량으로 보관한다.
⑤ 원료 등의 사용기한을 확인 후 관련 기록을 보관하고 사용기한이 지난 경우는 폐기한다.

71. 맞춤형화장품 판매업 준수사항에 맞는 혼합 · 소분에 대한 설명으로 옳지 않은 것은?

① 보건위생상 위해가 없도록 맞춤형화장품 혼합 · 소분에 필요한 장소, 시설 및 기구를 정기 점검하여 작업에 지장이 없도록 위생적으로 관리 · 유지할 것

② 혼합 · 소분 전에는 손을 소독 또는 세정하거나 일회용 장갑을 착용할 것
③ 혼합 · 소분에 사용되는 장비 또는 기기 등은 사용 전 · 후 세척할 것
④ 혼합 · 소분에 사용되는 제품을 담을 용기의 오염 여부를 사용 후에 확인할 것
⑤ 맞춤형화장품의 사용기한 또는 개봉 후 사용기한은 맞춤형화장품의 혼합 · 소분에 사용되는 내용물의 사용기한 또는 개봉 후 사용기한을 초과할 수 없다.

72. 안전용기 · 포장과 안전용기 · 포장을 사용하여야 하는 품목에 대한 설명으로 옳은 것은?

① 일회용 제품, 용기 입구 부분이 펌프 또는 방아쇠로 작동되는 분무 용기 제품, 압축 분무 용기 제품(에어로졸 제품 등)을 포함한다.
② 아세톤을 함유하는 네일 에나멜 리무버 및 네일 폴리시 리무버는 안전용기 · 포장을 사용한다.
③ 성인은 개봉하기는 어렵지 아니하나 만 3세 미만의 어린이가 개봉하기는 어렵게 된 것이어야 한다.
④ 개봉하기 어려운 정도의 구체적인 기준 및 시험 방법은 산업통상자원부 장관이 정하여 고시하는 바에 따른다.
⑤ 어린이용 오일 등 개별 포장당 탄화수소류를 20% 이상 함유하고 운동 점도가 40℃ 이하인 비에멀젼 타입의 액체 상태 제품은 안전용기 · 포장을 사용한다.

73. 맞춤형화장품으로 일어날 수 있는 부작용에 대한 설명으로 옳지 않은 것은?

① 화장품은 건강한 사람의 피부에 장기적으로 사용되기 때문에 절대 부작용이 있으면 안 된다.
② 접촉성 피부염, 홍반, 부종 등의 부작용이 생길 수 있다.
③ 화학 성분은 천연 성분에 비해 피부 트러블을 일으킬 가능성이 높다.
④ 화장품의 품질 특성 중 인체와 피부에 부작용을 일으킬 수 있는 요인은 안정성과 안전성이다.
⑤ 여드름, 아토피가 악화되는 부작용이 생길 수 있다.

74. 맞춤형화장품 혼합에 사용할 수 없는 원료는?

① 글리세린 ② 감초 추출물 ③ 산화철 색소
④ 하이드로퀴논 ⑤ 호호바오일

75. 다음 원료 중 자극이 있어 신중하게 취급해야 할 원료가 아닌 것은?

① 점도 조절제 ② 산화방지제 ③ 금속봉쇄제
④ 타르계 색소 ⑤ 자외선 흡수제

76. 다음은 화장품의 품질 특성 중 어떠한 특성에 해당하는가?

> 주름 개선 효과, 미백 효과, 자외선 차단 및 방어 효과

① 유효성 ② 환경성 ③ 안정성 ④ 안전성 ⑤ 사용성

77. 맞춤형화장품 원료 등의 재보관 및 잔여 원료 재사용에 대한 설명으로 틀린 것은?

① 사용 후 남은 원료 및 제품은 밀폐를 위한 마개 등을 사용한다.
② 밀폐 후 본래 보관 환경에 보관하는 경우 우선 사용을 권장한다.
③ 원료 등의 재보관 시에는 품질 열화 및 오염이 되지 않도록 관리한다.
④ 품질 열화하기 쉬운 원료들은 재사용을 지양한다.
⑤ 재보관 횟수가 많은 원료는 되도록 소분하여 보관하지 않도록 한다.

78. 맞춤형화장품을 출시한 브랜드에서 개인 소비자에게 제품을 추천하기 위해 피부 상태를 측정하고 있다. 고객에게 제품을 혼합하여 추천하기 위해 다음 〈보기〉 중 조제사가 화장품에 혼합해 줄 수 없는 원료는 무엇인가?

> 고객: 요즘 환절기라 피부가 많이 건조하고 당겨요.
>
> 조제사: 정확한 진단을 위해 피부 상태를 측정해 보도록 할게요.
>
> 고객: 지난번 방문했을 때 결과와 비교해 주시면 좋겠네요.
>
> 조제사: 네, 우선 이쪽에서 측정해 드리겠습니다.
>
> 피부 측정 후
>
> 조제사: 고객님 지난 달보다 피부 수분 함유량이 15% 감소하고 피부결도 많이 거칠어 졌네요. 보습에 좋은 원료를 배합하는 것을 추천해 드려요.
>
> 고객: 어떤 원료를 배합해서 사용하면 좋을까요?

① 살리실산 ② 세라마이드 ③ 글리세린
④ 마린콜라겐 ⑤ 히아루론산

79. 다음 중 기초화장품의 사용 목적에 대한 설명으로 틀린 것은?

① 피부를 청결히 한다.
② 피부를 치료하고 매력을 증진시킨다.
③ 피부의 신진대사를 촉진시킨다.
④ 피부의 수분 밸런스를 유지시킨다.
⑤ 피부를 유해한 환경 인자로부터 보호한다.

80. 모발은 크게 3개의 구조로 나뉜다. 모발에 구조에 대한 설명으로 틀린 것은?

① 가장 바깥쪽에는 모소피라고 불리는 비늘 모양의 조직으로 덮여 있다.
② 모소피는 모발의 색상을 결정하는 부분이다.
③ 모소피는 모발의 건조 방지 및 모발 내부를 보호하는 기능을 한다.
④ 모피질은 모발의 강도, 탄력성, 굵기 등을 결정한다.
⑤ 모수질은 모발의 중심층으로 부드러운 케라틴이 주성분이다.

81. 원료 및 내용물의 재고 파악에 대한 설명으로 옳은 것은?

① 공급자는 제조업자에 대한 관리 감독을 적절히 수행하여 입고 관리가 철저히 이루어지도록 하여야 한다.
② 원자재의 입고 시 구매 요구서, 원자재 공급업체 성적서 및 현품이 서로 불일치하여야 한다.
③ 원자재 용기에 제조번호가 없는 경우 관리번호를 부여하지 않고 보관한다.
④ 원자재 용기 및 시험기록서의 필수적인 기재사항에는 수령 일자가 포함된다.
⑤ 입고된 원자재는 "적합", "부적합"의 상태를 표시하지 않아도 된다.

82. 다음은 맞춤형화장품의 전 성분 항목이다. 소비자에게 사용된 성분에 대해 설명하기 위하여 다음 화장품 전 성분 표기 중 사용상의 제한이 필요한 보존제에 해당하는 성분을 다음 중에서 하나만 쓰시오.

정제수, 글리세린, 부틸렌글라이콜, 1,2-헥산디올, 암모늄아크릴로일다이메틸우레이트, 소듐하이알루로네이트, 디엠디엠하이단토인

83. 피부 미백에 도움이 되는 기능성화장품 성분으로 옳은 것은?

ㄱ. 레티놀	ㄴ. 알부틴	ㄷ. 징크옥사이드
ㄹ. 에칠아스코빌에텔	ㅁ. 유용성 감초 추출물	ㅂ. 아데노신

① ㄱ, ㄴ, ㄹ ② ㄱ, ㄷ, ㅁ ③ ㄴ, ㄹ, ㅁ
④ ㄴ, ㅁ, ㅂ ⑤ ㄷ, ㄹ, ㅂ

84. 사용금지 원료와 검출 허용 한도가 바르게 짝지어진 것은?

① 납-점토를 원료로 사용한 분말 제품 50μg/g, 그 외 제품 20μg/g
② 비소-1μg/g
③ 수은-0.1μg/g
④ 메탄올-0.4%, 물휴지는 0.004%
⑤ 디옥산-10μg/g

85. 다음 중 식물성 오일이 <u>아닌</u> 것은?

① 메도우폼 오일 ② 재스민 오일 ③ 난황 오일
④ 로즈메리 오일 ⑤ 아보카도 오일

86. 다음은 모근에 대한 설명이다. ㉠과 ㉡에 들어갈 용어를 쓰시오.

- (㉠)는(은) (㉡)과 맞물려 있으며 볼록한 전구 모양의 형태로 아랫부분은 움푹파여 있다. 털이 성장하는 곳으로 모질세포와 멜라닌세포로 구성되어 있다.
- (㉡)의 표면에는 수많은 모모세포로 덮여 있으며 모세혈관과 자율신경이 많이 분포되어 있어서 각종 영양소 및 호르몬 등과 함께 산소 공급을 하여 모발 성장에 큰 역할을 하는 부분이다.

87. 다음 제품 중 유화 기술에 의해 제조되는 제품은?

① 스킨 ② 로션 ③ 마스카라 ④ 팩트 ⑤ 향수

88. 다음 중 화장품 제조 기술에 대한 설명으로 <u>틀린</u> 것은?

① 가용화란 물에 소량의 오일 성분이 계면활성제에 의해 용해된 것을 말한다.
② 스킨, 향수는 가용화 제품에 속한다.
③ 유화란 물과 오일이 계면활성제에 의해 우윳빛으로 백탁화된 상태이다.
④ O/W형 유화 제품은 땀이나 물에 잘 지워진다.
⑤ 분산 제품은 빛이 통과할 정도로 입자가 매우 작기 때문에 투명하다.

89. 다음은 모발의 주기에 대한 설명이다. ㉠과 ㉡에 들어갈 용어를 쓰시오.

> 자라고 있는 체모는 언젠가는 자연히 빠지고 같은 곳에 다시 체모가 자란다. 이러한 주기를 (㉠)라고 한다. 이 (㉠)는 크게 성장기-(㉡)-휴지기 3단계로 진행된다. 이와 같은 주기를 갖기 때문에 비록 개인차는 있으나 머리를 감거나 빗을 때 매일 70~100개 정도가 빠지는 것은 자연스러운 일이다.

90. 기능성화장품과 일반 화장품의 차이에 대한 설명으로 <u>틀린</u> 것은?

① 기능성화장품은 기능성화장품으로 표시하여 구분하여야 한다.
② 기능성화장품은 11가지 품목으로 확대되었다.
③ 일반 화장품은 미백, 주름, 자외선 차단 등에 대한 광고를 할 수 없다.
④ 일반 화장품은 식품의약품안전처에서 허가를 받아야 한다.
⑤ 기능성화장품은 기능성을 부여하는 주성분을 표기하여야 한다.

91. 자외선 차단 제품 중 UVB로부터 피부를 보호할 수 있는 정도를 나타내는 표기는?

① MED ② SPF ③ MPPD ④ PA ⑤ DDS

92. 다음 중 계면활성제의 용도가 아닌 것은?

① 파우더작용 ② 유화작용 ③ 가용화작용
④ 세정작용 ⑤ 분산작용

93. 주름은 크게 세 가지로 분류된다. 다음 〈보기〉의 ㉠, ㉡에 들어갈 단어를 쓰시오.

- (㉠)주름: 눈가나 미간의 노화로 발생하며 자연 노화를 반영하고 일광 노출로 증가된다.
- (㉡)주름: 볼이나 목 등에 깊은 골이 교차하여 마름모나 삼각형으로 보이는 주름으로 일광 노출이 원인이다.

비정형 주름: 복부 등 이완된 부분에 발생하는 가는 아코디언 모양의 주름

94. 다음에서 설명하고 있는 피부 부속기관의 명칭을 쓰시오.

표면에 노출된 가볍고 완곡한 판상의 부분을 가리키며 이 부분을 조갑이라고도 한다. 조갑은 조모에서 형성되며 연령, 성별 등에 따른 차이는 있으나 하루에 약 1mm씩 자란다.

95. 건성피부는 얼굴 전체적으로 유 · 수분이 부족한 상태이다. 건성피부의 특징이 아닌 것은?

① 눈가 잔주름이 생긴다.
② 목부터 노화가 시작된다.

③ 잦은 사우나로 피부가 더 예민하거나 건조해질 수 있다.
④ 모세혈관이 확장되어 있다.
⑤ 여름이 지나 가을로 접어드는 환절기에 건성으로 바뀌기 쉽다.

96. 맞춤형화장품 판매 시 포장에 기재되어야 할 정보가 아닌 것은?

① 맞춤형화장품의 제조 방법
② 사용기한 또는 개봉 후 사용기간
③ 맞춤형화장품의 식별번호
④ 다른 제품과의 구분을 위한 화장품의 명칭
⑤ 가격

97. 맞춤형화장품조제관리사인 소정은 매장을 방문한 고객과 다음과 같은 〈대화〉를 나누었다. 소정 조제관리사가 고객에게 추천할 제품으로 옳은 것은?

대화

고객: 요즘 나이가 들어서 그런지 얼굴 탄력이 떨어지고 잔주름이 늘은 것 같아요. 건조하기도 하구요.
소정: 그러신가요? 정확한 진단을 하기 위해 고객님 피부 상태를 측정해 보도록 할게요.
고객: 측정은 어떻게 하나요?
소정: 네, 이쪽에 앉으시면 설문 응답 후 피부 측정기로 측정을 해드리겠습니다.

피부 측정 후,
소정: 고객님은 30대 평균적인 피부와 비교하면 피부 탄력도가 20%가량 낮고 주름은 15%가량 깊어 주름화장품을 추천해 드립니다.
고객: 음, 걱정이네요. 주름화장품은 어떤 제품을 쓰면 좋을까요?

보기

ㄱ. 레티닐팔미테이트(Retinyl Palmitate) 함유 제품
ㄴ. 하이드로퀴논(Hydroquinone) 함유 제품
ㄷ. 히아루론산 함유 제품
ㄹ. 알부틴(Albutin) 함유 제품

① ㄱ, ㄴ ② ㄱ, ㄷ ③ ㄴ, ㄷ ④ ㄴ, ㄹ ⑤ ㄷ, ㄹ

98. 다음 중 진피에 대한 설명이 아닌 것은?

① 천연보습인자가 피부의 수분 보유량을 조절한다.
② 진피의 장력을 담당하는 주성분은 콜라겐이다.
③ 진피의 조직은 콜라겐, 엘라스틴, 뮤코다당류 등으로 구성된다.
④ 기질의 주성분인 히아루론산은 우수한 수분 보유력을 가진다.
⑤ 혈관, 림프관, 신경, 한선과 모낭 등을 포함하고 있으며 표피층에 영양분을 공급한다.

99. 색조화장품의 기능에 대한 설명으로 올바른 것은 ?

① 아이섀도: 눈매를 그윽하고 풍성하게 한다.
② 파우더: 볼 부위를 발그스레하게 하여 밝게 해준다.
③ 마스카라: 속눈썹이 있는 부위의 윤곽을 선명하게 강조한다.
④ 메이크업베이스: 파운데이션을 잘 받게 하며 피부색을 보정한다.
⑤ 아이브로우: 눈의 윤곽을 또렷하게 하여 눈의 모양을 강조하며 인상적인 눈매 연출을 한다.

100. 미백 기능성화장품 성분 중 유용성 감초 추출물의 고시 원료 함량은 몇 %인가?

① 0.5% ② 0.2% ③ 0.15% ④ 0.1% ⑤ 0.05%

1회 정답 및 해설

01 화장품법의 이해 (1-10번)

1	2	3	4	5	6	7	8	9	10
①	혼합, 소분	②	④	가용화	④	⑤	안전 확보 조치	④	②

해설

3. 마약류 및 정신건강 입증 진단서는 제조업자에게 해당
6. 보유 기간 만료 시 즉시 파기한다. 고유 식별번호 수집에 대한 별도의 동의 필요
9. 제조업자에 해당

02 화장품 제조 및 품질관리(11~35번)

11	12	13	14	15	16	17	18	19	20
④	②	②	②	①	④	⑤	③	①	③
21	22	23	24	25	26	27	28	29	30
②	②	⑤	②	③	⑤	②	⑤	안전성	①
31	32	33	34	35					
알레르기	육모제	⑤	퍼머넌트 웨이브	화학적					

03 유통화장품 안전관리 (36~60번)

					36	37	38	39	40
					④	③	④	②	①
41	42	43	44	45	46	47	48	49	50
④	⑤	③	③	③	①	②	③	②	③
51	52	53	54	55	56	57	58	59	60
③	②	④	④	④	②	⑤	④	①	④

해설

12. 특수·가혹 보존 시험은 화장품의 경시 안정성을 평가하기 위한 방법이다.
36. CGMP 규정상, 제조 구역별 접근 권한이 있는 작업원 및 방문객만이 들어갈 수 있다.
37. 외부와 연결된 창문은 가능한 열리지 않도록 할 것
38. 공기 조화 장치를 이용하여 실내압을 외부보다 높게 유지한다.
40. 제품이나 설비와 반응하지 않아야 한다.
41. 분해할 수 있는 설비는 분해하여 세척한다.
42. 보기가 모두 설비 세척의 원칙에 해당
43. 피부에 외상이나 질병이 있는 경우는 회복되기 전까지 혼합과 소분 행위를 금지해야 한다.
44. 작동 및 오작동에 대한 설비의 신뢰성이 지속적인지 여부로 판단하므로 장비의 신뢰성이 확인되었다면 불용처분을 하지 않는다.
45. 세척의 유효기간을 설정해야 하는 것은 설비 세척의 기본 원칙이다.
46. 원자재 용기 및 시험 기록서의 필수적인 기재사항은 원자재 공급자가 정한 제품명, 원자재 공급자명, 수령일자, 공급자가 부여한 제조번호 또는 관리번호이다.
47. 물휴지의 경우 세균 및 진균수는 각각 100개/g(mL) 이하
48. 물을 포함하지 않는 제품과 사용한 후 곧바로 물로 씻어 내는 제품류는 pH 기준에서 제외
49. 수은: 1μg/g 이하
51. 검체 채취 전 - 백색, 검체 채취 및 시험 - 황색, 적합 판정 시 - 청색, 부적합 판정 시 - 적색
52. 화학반응을 일으키거나, 제품에 첨가되거나, 흡수되지 않아야 한다.
53. 시정 실시는 망가지고 나서 수리하는 일을 말하는 용어로서 설비의 유지관리에서는 시정 실시를 하지 않고 연간 계획을 통한 정기점검을 하는 등의 예방적 실시가 원칙이다.
54. 주형 물질(Cast material) 또는 거친 표면은 제품이 뭉치게 되어 깨끗하게 청소하기가 어려워 미생물 또는 교차오염 문제를 일으킬 수 있으므로 화장품에 추천되지 않는다.
55. 혼합기는 제품에 영향을 미치며 많은 경우에 제품의 안정성에 영향을 미친다.
56. 검체를 채취 한 용기에는 “시험 중” 라벨을 부착한다.

57. 특별한 사유가 있을 경우에는 적절하게 문서화된 절차에 따라 나중에 입고된 물품을 먼저 출고할 수 있다.
58. 포장 날짜는 포함되지 않는다.
59. 주형 물질(Cast material) 또는 거친 표면은 제품이 뭉치게 되어 미생물 막에 좋은 환경이 되므로 화장품에 추천하지 않는다.
60. 남은 벌크를 재보관하고 재사용할 수 있다. 밀폐할 수 있는 용기에 들어 있는 벌크는 절차서에 따라 재보관할 수 있으며, 재보관 시에는 내용을 명기하고 재보관임을 표시한 라벨 부착이 필수다.

04 맞춤형화장품의 이해 (61~100번)

61	62	63	64	65	66	67	68	69	70
②	③	③	④	④	⑤	④	콜라겐(교원섬유), 엘라스틴(탄력섬유)	메이크업 리무버, 마스크	⑤

71	72	73	74	75	76	77	78	79	80
④	④	②	⑤	①	①	④	⑤	④	②

81	82	83	84	85	86	87	88	89	90
①	밍크 오일, 난황 오일, 벌꿀	③	④	④	㉠: 백색 또는 무색 ㉡:독성	②	⑤	㉠: 아포크린샘 ㉡: 에크린샘	②

91	92	93	94	95	96	97	98	99	100
②	③	광노화 자연노화	③	①	⑤	②	③	④	③

해설

62. 맞춤형화장품의 유형
- 기초화장용 제품류 10종 [클렌징워터·오일·로션·크림 등 메이크업리무버, 수렴·유연·영양 화장수(face lotions), 눈 주위 제품, 에센스·오일, 로션, 크림, 마사지 크림, 팩, 마스크, 파우더, 바디 제품, 손·발의 피부 연화 제품]
- 색조화장용 제품류 8종 [메이크업베이스(make-up bases), 볼연지, 리퀴드(liquid)·케이크·크림파운데이션(foundation), 페이스 케이크(facecakes), 페이스 파우더(face powder), 립밤(lip balm)·립글로스(lip gloss), 립라이너(lip liner)·립스틱, 메이크업 픽서티브(make-upfixatives), 페이스·바디페인팅(face·body painting) 분장용 제품]
- 방향용 제품류 4종 [향낭(香囊), 콜롱(cologne), 향수, 분말향]

66. 맞춤형화장품의 정의는 제조, 수입한 화장품을 소비자 요구에 맞춰 혼합, 판매하는 화장품으로 고객이 선호하는 제형, 향을 고려하여 제조한 화장품을 맞춤형화장품이라 한다.

67. 표피의 대부분은 각질형성세포(keratinocyte)이며, 그 이외에 멜라닌세포(melanocyte, 색소세포), 랑게르한스세포(Langerhans cell, 면역세포)로 구성된다. 표피의 최하층에는 끊임없이 새로운 표피세포를 만드는 기저세포가 있으며 이 표피세포의 분열과 효소 등의 작용을 통한 다양한 분화 과정을 거쳐서 각질층 세포가 형성된다. 이것을 표피의 턴 오버(turn over)라고 한다.

④는 진피의 구성 세포와 작용이다..

71. 아이섀도

눈꺼풀이나 눈가에 색이나 질감을 부여하여 음영을 통해 눈에 입체감을 주고 개성과 분위기에 따라 인상적인 눈매를 표현한다.

섀도 팁이나 브러시를 이용하여 밝은 색 → 어두운 색 순으로 펴 발라 준다.

그라데이션 효과를 줄 수 있으며 원하는 눈 위치에 밀착되도록 섬세하게 펴 바른다.

77. 맞춤형화장품의 영업 금지

- 심사를 받지 않았거나 보고서를 제출하지 않은 기능성화장품
- 전부 또는 일부가 변패된 화장품
- 병원미생물에 오염된 화장품
- 이물이 혼입되었거나 부착된 것
- 화장품에 사용할 수 없는 원료(「화장품 안전기준 등에 관한 규정」[별표 1])를 사용하였거나 유통화장품 안전관리 기준에 적합하지 아니한 화장품
- 코뿔소 뿔 또는 호랑이 뼈와 그 추출물을 사용한 화장품
- 보건위생상 위해 발생 우려가 있는 비위생적인 조건에서 제조되었거나 시설기준에 적합하지 아니한 시설에서 제조된 것
- 용기나 포장이 불량하여 해당 화장품이 보건위생상 위해를 발생할 우려가 있는 것
- 사용기한 또는 개봉 후 사용기간(병행 표기된 제조연월일 포함)을 위조·변조한 화장품

85. 무기 안료의 특징

구분	특징
백색 안료	이산화티타늄, 산화아연
착색 안료	황색산화철, 흑색산화철, 적색산화철, 군청
체질 안료	탤크, 카올린, 마이카, 탄산칼슘, 탄산마그네슘, 무수규산
진주 광택	안료 티타네이티드마이카, 옥시염화비스머스
특수 기능 안료	질화붕소, 포토크로믹 안료, 미립자 티타늄다이옥사이드

100. 2장 표 2-8 참조

2회 정답 및 해설

01 화장품법의 이해 (1-10번)

1	2	3	4	5	6	7	8	9	10
국민보건 향상, 화장품 산업의 발전	①	⑤	②	③	⑤	화장품책임판매업, 제조업	계면활성제	③	②

해설

3. 지위 승계 시, 행정 처분 역시 승계되며, 승계받은 자가 이를 몰랐을 경우 입증자료가 필요
4. 화장비누-고형, 흑채, 제모왁스 화장품 전환
5. 안전성 확보 및 품질관리 관한 내용의 교육을 매년 받아야 하며, 미이수 과태료는 50만 원이다.
6. 다수 계약 시, 모두에게 알려야 하며, 전자문서 포함 작성하고 보관한다.
9. 알기 쉽고 이해하기 쉬운 한글과 함께 한자 또는 외국어를 기재할 수 있다.
10. ㄴ은 기능성(유효성)과 관련 있으며, ㄷ 은 안정성에 해당한다.

02 화장품 제조 및 품질관리 (11~35번)

11	12	13	14	15	16	17	18	19	20
25	②	안정성	④	①	비타민 A (레티놀)	고분자 화합물	④	실리콘	③

21	22	23	24	25	26	27	28	29	30
④	⑤	③	②	③	⑤	④	⑤	글리세린(Glycerin) 혹은 글리세롤(glycerol)	⑤

31	32	33	34	35					
⑤	③	④	②	①					

해설

18. 폴리올류는 수성원료에 포함된다.
25. 불필요한 피지류는 씻어내고 피부에 필요한 피지는 남기는 선택 세정력이 우수한 기능은 샴푸의 기능이다.
33. 통로는 적절하게 설계되어야 하며 교차오염의 위험이 없어야 한다.
34. 위해평가의 4단계는 위험성 확인, 위험성 결정, 노출 평가, 그리고 위해도 결정이다.

03 유통화장품 안전관리 (36~60번)

					36	37	38	39	40
					②	④	②	①	④
41	42	43	44	45	46	47	48	49	50
④	⑤	③	②	①	②	①	③	②	①
51	52	53	54	55	56	57	58	59	60
③	④	①	②	②	①	④	③	②	③

해설

36. 작업장 외관 표면은 소독제의 부식성에 저항력이 높아야 하고, 잔류하여서는 안 된다. 세척실과 화장실은 접근이 쉬워야 하지만 생산 구역과 분리되어야 하며, 외부와 연결된 창문은 가능한 열리지 않도록 한다.
37. 초고성능 필터를 설치했을 경우에는 정기적인 포집 효율 시험이나 필터의 완전성 시험 등이 필요하게 되고 이들 시험을 실시하지 않으면 본래의 성능이 보증되지 않는다. 또한, 초고성능 필터를 설치한 작업장에서 일반적인 작업을 실시하면 바로 필터가 막혀 버려서 오히려 작업 장소의 환경이 나빠진다.
38. 에탄올은 70%에서 소독력이 가장 높으며, 낙하균 시험은 정기적으로 실시하도록 한다.
39. 직원은 의약품을 포함한 개인적인 물품을 모두 별도의 지역에 보관해야 한다.
40. 호스와 여과천 등은 서로 상이한 제품 간에서 공용해서는 안 된다.
41. 영업상의 이유, 신입 사원 교육 등을 위하여 안전 위생의 교육훈련을 받지 않은 사람들이 제조, 관리, 보관 구역으로 출입하는 경우의 교육훈련이므로 설비 및 기구의 소독에 관한 내용은 해당되지 않는다.
43. 세제 및 소독제와 반응해서는 안 된다.
44. 설비 세척에 있어 증기 세척은 좋은 방법이다.
46. 살리실릭애씨드 및 그 염류 - 인체세정용 제품류에 살리실릭 애씨드로서 2%
    트리클로산 - 사용 후 씻어내는 제품류에 최대 사용 한도 0.3%
    트리클로카반(트리클로카바닐리드) - 사용 후 씻어내는 제품류에 최대 사용 한도 1.5%
47. 국내 제조, 수입 또는 유통되는 모든 화장품은 유통 화장품의 안전관리 기준에 적합하여야 한다.
48. 물휴지의 경우 세균 및 진균수는 각각 100개/g(ml) 이하일 것
49. 원자재, 시험 중인 제품 및 부적합품은 각각 구획된 장소에서 보관하여야 한다.

50. 검체 채취 전 - 백색, 검체 채취 및 시험 - 황색, 적합 판정 시 - 청색, 부적합 판정 시 - 적색
51. 원자재 용기 및 시험기록서의 필수적인 기재사항은 원자재 공급자가 정한 제품명, 원자재 공급자명, 수령일자, 공급자가 부여한 제조번호 또는 관리번호이다.
53. 제조일로부터 1년이 경과하지 않았거나 사용기한이 1년 이상 남아 있는 경우
54 불만 제기자의 이름과 연락처는 기록해야 하는 사항이지만 주소는 해당되지 않는다.
55. CGMP 제17조 공정관리의 규정에 보관 날짜는 포함되지 않는다.
57. 기준 일탈이 된 완제품 또는 벌크 제품도 품질보증 책임자의 승인에 의해 재작업을 할 수 있다.
58. 시험용 검체의 용기에는 명칭 또는 확인 코드, 제조번호 또는 제조단위, 검체 채취 날짜 또는 기타 적당한 날짜, 가능한 경우, 검체 채취 지점(point)
59. 포장재란 화장품 포장에 사용되는 모든 재료를 말하며 운송을 위해 사용되는 외부 포장재는 제외
60. 포장 지시서에 포함되어야 할 내용에 포장 날짜는 해당되지 않는다.

04 맞춤형화장품의 이해 (61~100번)

61	62	63	64	65	66	67	68	69	70
③	③	④	⑤	⑤	①	①	㉠ : 광감작성 ㉡ : 변이원성	엘라스틴, 림프구	④

71	72	73	74	75	76	77	78	79	80
④	②	③	④	①	①	⑤	①	②	②

81	82	83	84	85	86	87	88	89	90
④	디엠디엠하이단토인	③	①	③	㉠: 모구, ㉡: 모유두	②	⑤	㉠: 모주기 (헤어사이클), ㉡: 퇴행기	④

91	92	93	94	95	96	97	98	99	100
②	①	㉠: 선상 ㉡: 도형	손톱	④	①	②	①	④	①

해설

63. 피부의 지질에는 지방산(fatty acid), 스쿠알렌(squalene), 왁스(wax eswter), 트리글리세라이드(triglysceride), 콜레스테롤(chloesterol), 콜레스테롤 에스테르(chloesterol ester) 등이 있다. 각질층의 피부 지질은 과립층과 피지선 등에서 만들어지며 천연보습인자가 세포 내부에 있을 수 있도록 하여 수분을 조절한다. 피지가 과다하게 분비되면 지성피부가 되고 지루성피부나 여드름(Acne)피부로 발전할 수 있다.

64. 보습제- 글리세린, 프로필렌글리콜, 부틸렌글리콜, 폴리에틸렌글리콜, 히알루론산, PCA, 당류, 아미노산류 등

69. 진피는 표피와 피하지방층 사이에 위치하고 불규칙성 치밀섬유 결합조직이다. 두께는 약 0.5~4mm 정도로 표피보다 20~40배 정도 더 두꺼우며 피부의 주체를 이룬다. 피부 조직 외에도 부속기관인 혈관, 신경관, 림프관, 땀 샘, 기름샘, 모발과 입모근을 포함한다. 진피의 조직은 교원섬유(collagen fiber), 탄력섬유(elastic fiber)의 두 가지 섬유와 섬유아세포(fibrobrast), 비만세포(mast cell), 대식세포(macrophage) 등으로 구성되어 있다.

74. 하이드로 퀴논은 화장품 성분의 배합 금지 원료임.

75. 신중하게 취급해야 할 화장품의 원료

• 보존제 • 산화방지제 • 금속봉쇄제 • 자외선 흡수제 • 타르계 색소

78. 살리실산의 효과- 건조, 인설 또는 못(굳은살)의 피부의 박리

80. 모발은 안쪽에서부터 모수질(메듈라), 모피질(코텍스), 모소피(큐티클)의 3개의 부분으로 구성되며, 그 표면을 관찰하면 기와처럼 겹쳐진 큐티클을 볼 수 있다.

82. 화장품에서는 보존제라고 하며 산화방지제라고도 한다.

일반적인 화장품 보존제는 파라벤 종류(메칠 파라벤, 에칠 파라벤, 부틸 파라벤, 프로필 파라벤 등), 페녹시에탄올, 이미다졸리디닐우레아, 디아졸리디닐우레아 등이 대표적이다.

84. 비소 : 10μg/g 이하, 수은 : 1μg/g 이하, 디옥산 : 100μg/g 이하, 메탄올-0.2%, 물휴지는 0.002% 이하

91. ① MED (minimal erythema dose) : 최소 홍반량

② SPF (sun protection factor) : 자외선 B 차단지수

③ MPPD (minimum persistent pigment darkening dose) : 최소 지속형 즉시 홍반량

④ PA(Protection Factor of UVA) : 자외선 A 차단

⑤ DDS (drug delivery system) : 약물 전달 시스템

96. 맞춤형화장품 판매시 포장에 기재하여할 정보

1) 제품명 그리고/또는 확인 코드

2) 화장품 사용으로 인한 부작용 발생시 주의사항

3) 완제품의 배치 또는 제조번호

4) 가격

5) 화장품 전성분 표시

6) 다른 제품과의 구분을 위한 화장품의 명칭

7) 포장 라인명 또는 확인 코드

8) 포장 작업 완료 후, 사용기한 또는 개봉 후 사용기한

부록

[별표 1] 사용할 수 없는 원료
[별표 2] 사용상의 제한이 필요한 원료
[별표 3] 인체 세포 · 조직 배양액 안전기준(별표 1 관련)
[별표 4] 유통화장품 안전관리 시험방법(제6조 관련)

별표 1 사용할 수 없는 원료

갈라민트리에치오다이드
갈란타민
중추신경계에 작용하는 교감신경흥분성아민
구아네티딘 및 그 염류
구아이페네신
글루코코르티코이드
글루테티미드 및 그 염류
글리사이클아미드
금염
무기 나이트라이트(소듐나이트라이트 제외)
나파졸린 및 그 염류
나프탈렌
1,7-나프탈렌디올
2,3-나프탈렌디올
2,7-나프탈렌디올 및 그 염류(다만, 2,7-나프탈렌디올은 염모제에서 용법·용량에 따른 혼합물의 염모성분으로서 1.0 % 이하 제외)
2-나프톨
1-나프톨 및 그 염류(다만, 1-나프톨은 산화형염모제에서 용법·용량에 따른 혼합물의 염모성분으로서 2.0 % 이하는 제외)
3-(1-나프틸)-4-히드록시코우마린
1-(1-나프틸메칠)퀴놀리늄클로라이드
N-2-나프틸아닐린
1,2-나프틸아민 및 그 염류
날로르핀, 그 염류 및 에텔
납 및 그 화합물
네오디뮴 및 그 염류
네오스티그민 및 그 염류(예 : 네오스티그민브로마이드)
노닐페놀[1] ; 4-노닐페놀, 가지형[2]
노르아드레날린 및 그 염류
노스카핀 및 그 염류
니그로신 스피릿 솔루블(솔벤트 블랙 5) 및 그 염류
니켈
니켈 디하이드록사이드
니켈 디옥사이드

니켈 모노옥사이드
니켈 설파이드
니켈 설페이트
니켈 카보네이트
니코틴 및 그 염류
2-니트로나프탈렌
니트로메탄
니트로벤젠
4-니트로비페닐
니트로소디프로필아민
2,2'-(니트로소이미노)비스에탄올
4-니트로소페놀
3-니트로-4-아미노페녹시에탄올 및 그 염류
니트로스아민류
니트로스틸벤, 그 동족체 및 유도체
2-니트로아니솔
5-니트로아세나프텐
니트로크레졸 및 그 알칼리 금속염
2-니트로톨루엔
5-니트로-o-톨루이딘 및 5-니트로-o-톨루이딘 하이드로클로라이드
6-니트로-o-톨루이딘
3-[(2-니트로-4-(트리플루오로메칠)페닐)아미노]프로판-1,2-디올(에이치씨옐로우 No. 6) 및 그 염류
4-[(4-니트로페닐)아조]아닐린(디스퍼스오렌지 3) 및 그 염류
2-니트로-p-페닐렌디아민 및 그 염류(예 : 니트로-p-페닐렌디아민 설페이트)(다만, 니트로-p-페닐렌디아민은 산화형염모제에서 용법·용량에 따른 혼합물의 염모성분으로서 3.0 % 이하는 제외)
4-니트로-m-페닐렌디아민 및 그 염류(예 : p-니트로-m-페닐렌디아민 설페이트)
니트로펜
니트로퓨란계 화합물(예 : 니트로푸란토인, 푸라졸리돈)
2-니트로프로판
6-니트로-2,5-피리딘디아민 및 그 염류
2-니트로-N-하이드록시에칠-p-아니시딘 및 그 염류
니트록솔린 및 그 염류
다미노지드
다이노캡(ISO)
다이우론
다투라(Datura)속 및 그 생약제제
데카메칠렌비스(트리메칠암모늄)염(예 : 데카메토늄브디옥산로마이드)
데쿠알리니움 클로라이드
덱스트로메토르판 및 그 염류
덱스트로프로폭시펜
도데카클로로펜타사이클로[5.2.1.02,6.03,9.05,8]데칸

도딘
돼지폐추출물
두타스테리드, 그 염류 및 유도체
1,5-디-(베타-하이드록시에칠)아미노-2-니트로-4-클로로벤젠 및 그 염류(예 : 에이치씨 옐로우 No10)(다만, 비산화형염모제에서 용법·용량에 따른 혼합물의 염모성분으로서 0.1 % 이하는 제외)
5,5'-디-이소프로필-2,2'-디메칠비페닐-4,4'디일 디히포아이오다이트
디기탈리스(Digitalis)속 및 그 생약제제
디노셉, 그 염류 및 에스텔류
디노터브, 그 염류 및 에스텔류
디니켈트리옥사이드
디니트로톨루엔, 테크니컬등급
2,3-디니트로톨루엔
2,5-디니트로톨루엔
2,6-디니트로톨루엔
3,4-디니트로톨루엔
3,5-디니트로톨루엔
디니트로페놀이성체
5-[(2,4-디니트로페닐)아미노]-2-(페닐아미노)-벤젠설포닉애씨드 및 그 염류
디메바미드 및 그 염류
디메칠니트로소아민
7,11-디메칠-4,6,10-도데카트리엔-3-온
2,6-디메칠-1,3-디옥산-4-일아세테이트(디메톡산, o-아세톡시-2,4-디메칠-m-디옥산)
4,6-디메칠-8-tert-부틸쿠마린
[3,3'-디메칠[1,1'-비페닐]-4,4'-디일]디암모늄비스(하이드로젠설페이트)
디메칠설파모일클로라이드
디메칠설페이트
디메칠설폭사이드
디메칠시트라코네이트
N,N-디메칠아닐리늄테트라키스(펜타플루오로페닐)보레이트
N,N-디메칠아닐린

·
·
·
·

이후 내용은 국가법령정보센터(http://law.go.kr/)-화장품 안전기준 등에 관한 규정-「별표」 서식을 참고

별 표 2 사용상의 제한이 필요한 원료

■ 보존제 성분

원료명	사 용 한 도	비고
글루타랄(펜탄-1,5-디알)	0.1%	에어로졸(스프레이에 한함) 제품에는 사용금지
데하이드로아세틱애씨드(3-아세틸-6-메칠피란-2,4(3H)-디온) 및 그 염류	데하이드로아세틱애씨드로서 0.6%	에어로졸(스프레이에 한함) 제품에는 사용금지
4,4-디메칠-1,3-옥사졸리딘(디메칠옥사졸리딘)	0.1% (다만, 제품의 pH는 6을 넘어야 함)	
디브로모헥사미딘 및 그 염류 (이세치오네이트 포함)	디브로모헥사미딘으로서 0.1%	
디아졸리디닐우레아(N-(히드록시메칠)-N-(디히드록시메칠-1,3-디옥소-2,5-이미다졸리디닐-4)-N'-(히드록시메칠)우레아)	0.5%	
디엠디엠하이단토인 (1,3-비스(히드록시메칠)-5,5-디메칠이미다졸리딘-2,4-디온)	0.6%	
2, 4-디클로로벤질알코올	0.15%	
3, 4-디클로로벤질알코올	0.15%	
메칠이소치아졸리논	사용 후 씻어내는 제품에 0.01% (단, 메칠클로로이소치아졸리논과 메칠이소치아졸리논 혼합물과 병행 사용 금지)	기타 제품에는 사용금지
메칠클로로이소치아졸리논과 메칠이소치아졸리논 혼합물(염화마그네슘과 질산마그네슘 포함)	사용 후 씻어내는 제품에 0.0015% (메칠클로로이소치아졸리논:메칠이소치아졸리논=(3:1)혼합물로서)	기타 제품에는 사용금지
메텐아민(헥사메칠렌테트라아민)	0.15%	
무기설파이트 및 하이드로젠설파이트류	유리 SO_2로 0.2%	
벤잘코늄클로라이드, 브로마이드 및 사카리네이트	• 사용 후 씻어내는 제품에 벤잘코늄클로라이드로서 0.1% • 기타 제품에 벤잘코늄클로라이드로서 0.05%	

원료명	사용한도	비고
벤제토늄클로라이드	0.1%	점막에 사용되는 제품에는 사용금지
벤조익애씨드, 그 염류 및 에스텔류	산으로서 0.5% (다만, 벤조익애씨드 및 그 소듐염은 사용 후 씻어내는 제품에는 산으로서 2.5%)	
벤질알코올	1% (다만, 염모용 제품류에 용제로 사용할 경우에는 10%)	
벤질헤미포름알	사용 후 씻어내는 제품에 0.15%	기타 제품에는 사용금지
보레이트류 (소듐보레이트, 테트라보레이트)	비즈왁스, 백납의 유화의 목적으로 사용시 0.76% (이 경우, 비즈왁스 · 백납 배합량의 1/2을 초과할 수 없다)	기타 목적에는 사용금지
5-브로모-5-나이트로-1,3-디옥산	사용 후 씻어내는 제품에 0.1% (다만, 아민류나 아마이드류를 함유하고 있는 제품에는 사용금지)	기타 제품에는 사용금지
2-브로모-2-나이트로프로판-1,3-디올 (브로노폴)	0.1%	아민류나 아마이드류를 함유하고 있는 제품에는 사용금지
브로모클로로펜(6,6-디브로모-4,4-디클로로-2,2'-메칠렌-디페놀)	0.1%	
비페닐-2-올(o-페닐페놀) 및 그 염류	페놀로서 0.15%	
살리실릭애씨드 및 그 염류	살리실릭애씨드로서 0.5%	3세 이하 어린이 사용금지 (다만, 샴푸는 제외)
세틸피리디늄클로라이드	0.08%	
소듐라우로일사코시네이트	사용 후 씻어내는 제품에 허용	기타 제품에는 사용금지
소듐아이오데이트	사용 후 씻어내는 제품에 0.1%	기타 제품에는 사용금지
소듐하이드록시메칠아미노아세테이트(소듐하이드록시메칠글리시네이트)	0.5%	

원료명	사 용 한 도	비고
소르빅애씨드(헥사-2,4-디에노익 애씨드) 및 그 염류	소르빅애씨드로서 0.6%	
아이오도프로피닐부틸카바메이트(아이피비씨)	• 사용 후 씻어내는 제품에 0.02%(목욕용 제품, 샤워 젤류 및 샴푸류를 제외하고는 3세 이하 어린이 사용금지) • 사용 후 씻어내지 않는 제품에 0.01%(3세 이하 어린이 사용 금지) • 다만, 데오드런트에 배합할 경우에는 0.0075%(3세 이하 어린이 사용금지)	입술에 사용되는 제품, 에어로졸(스프레이에 한함) 제품, 바디로션 및 바디크림에는 사용금지
알킬이소퀴놀리늄브로마이드	사용 후 씻어내지 않는 제품에 0.05%	
알킬(C_{12}-C_{22})트리메칠암모늄 브로마이드 및 클로라이드(브롬화세트리모늄 포함)	두발용 제품류를 제외한 화장품에 0.1%	
에칠라우로일알지네이트 하이드로클로라이드	0.4%	입술에 사용되는 제품 및 에어로졸(스프레이에 한함) 제품에는 사용금지
엠디엠하이단토인	0.2%	
알킬디아미노에칠글라이신하이드로클로라이드용액(30%)	0.3%	
운데실레닉애씨드 및 그 염류 및 모노에탄올아마이드	사용 후 씻어내는 제품에 산으로서 0.2%	기타 제품에는 사용금지
이미다졸리디닐우레아(3,3'-비스(1-하이드록시메칠-2,5-디옥소이미다졸리딘-4-일)-1,1'메칠렌디우레아)	0.6%	
이소프로필메칠페놀(이소프로필크레졸, o-시멘-5-올)	0.1%	
징크피리치온	사용 후 씻어내는 제품에 0.5%	기타 제품에는 사용금지
쿼터늄-15 (메텐아민 3-클로로알릴클로라이드)	0.2%	
클로로부탄올	0.5%	에어로졸(스프레이에 한함) 제품에는 사용금지
클로로자이레놀	0.5%	

·
·
·
·

이후 내용은 국가법령정보센터(http://law.go.kr/) - 화장품 안전기준 등에 관한 규정-「별표」 서식을 참고

별표 3 인체 세포 · 조직 배양액 안전기준(별표 1 관련)

1. 용어의 정의

이 기준에서 사용하는 용어의 정의는 다음과 같다.

가. "인체 세포·조직 배양액"은 인체에서 유래된 세포 또는 조직을 배양한 후 세포와 조직을 제거하고 남은 액을 말한다.

나. "공여자"란 배양액에 사용되는 세포 또는 조직을 제공하는 사람을 말한다.

다. "공여자 적격성검사"란 공여자에 대하여 문진, 검사 등에 의한 진단을 실시하여 해당 공여자가 세포배양액에 사용되는 세포 또는 조직을 제공하는 것에 대해 적격성이 있는지를 판정하는 것을 말한다.

라. "윈도우 피리어드(window period)"란 감염 초기에 세균, 진균, 바이러스 및 그 항원 · 항체 · 유전자 등을 검출할 수 없는 기간을 말한다.

마. "청정등급"이란 부유입자 및 미생물이 유입되거나 잔류하는 것을 통제하여 일정 수준 이하로 유지되도록 관리하는 구역의 관리수준을 정한 등급을 말한다.

2. 일반사항

가. 누구든지 세포나 조직을 주고받으면서 금전 또는 재산상의 이익을 취할 수 없다.

나. 누구든지 공여자에 관한 정보를 제공하거나 광고 등을 통해 특정인의 세포 또는 조직을 사용하였다는 내용의 광고를 할 수 없다.

다. 인체 세포·조직 배양액을 제조하는데 필요한 세포 · 조직은 채취 혹은 보존에 필요한 위생상의 관리가 가능한 의료기관에서 채취된 것만을 사용한다.

라. 세포·조직을 채취하는 의료기관 및 인체 세포 · 조직 배양액을 제조하는 자는 업무수행에 필요한 문서화된 절차를 수립하고 유지하여야 하며 그에 따른 기록을 보존하여야 한다.

마. 화장품제조판매업자는 세포·조직의 채취, 검사, 배양액 제조 등을 실시한 기관에 대하여 안전하고 품질이 균일한 인체 세포·조직 배양액이 제조될 수 있도록 관리·감독을 철저히 하여야 한다.

3. 공여자의 적격성검사

가. 공여자는 건강한 성인으로서 다음과 같은 감염증이나 질병으로 진단되지 않아야 한다.

- B형간염바이러스(HBV), C형간염바이러스(HCV), 인체면역결핍바이러스(HIV), 인체T림프영양성바이러스(HTLV), 파보바이러스B19, 사이토메가로바이러스(CMV), 엡스타인-바 바이러스(EBV) 감염증
- 전염성 해면상뇌증 및 전염성 해면상뇌증으로 의심되는 경우
- 매독트레포네마, 클라미디아, 임균, 결핵균 등의 세균에 의한 감염증
- 패혈증 및 패혈증으로 의심되는 경우
- 세포 · 조직의 영향을 미칠 수 있는 선천성 또는 만성질환

나. 의료기관에서는 윈도우 피리어드를 감안한 관찰기간 설정 등 공여자 적격성검사에 필요한 기준서를 작성하고 이에 따라야 한다.

4. 세포 · 조직의 채취 및 검사

가. 세포·조직을 채취하는 장소는 외부 오염으로부터 위생적으로 관리될 수 있어야 한다.

나. 보관되었던 세포·조직의 균질성 검사방법은 현 시점에서 가장 적절한 최신의 방법을 사용해야 하며, 그와 관련한 절차를 수립하고 유지하여야 한다.

다. 세포 또는 조직에 대한 품질 및 안전성 확보에 필요한 정보를 확인할 수 있도록 다음의 내용을 포함한 세포·조직 채취 및 검사기록서를 작성·보존하여야 한다.

(1) 채취한 의료기관 명칭
(2) 채취 연월일
(3) 공여자 식별 번호
(4) 공여자의 적격성 평가 결과
(5) 동의서
(6) 세포 또는 조직의 종류, 채취방법, 채취량, 사용한 재료 등의 정보

5. 배양시설 및 환경의 관리

가. 인체 세포 · 조직 배양액을 제조하는 배양시설은 청정등급 1B(Class 10,000) 이상의 구역에 설치하여야 한다.

나. 제조 시설 및 기구는 정기적으로 점검하여 관리되어야 하고, 작업에 지장이 없도록 배치되어야 한다.

다. 제조공정 중 오염을 방지하는 등 위생관리를 위한 제조위생관리 기준서를 작성하고 이에 따라야 한다.

6. 인체 세포 · 조직 배양액의 제조

가. 인체 세포 · 조직 배양액을 제조할 때에는 세균, 진균, 바이러스 등을 비활성화 또는 제거하는 처리를 하여야 한다.

나. 배양액 제조에 사용하는 세포·조직에 대한 품질 및 안전성 확보를 위해 필요한 정보를 확인할 수 있도록 다음의 내용을 포함한 '인체 세포·조직 배양액'의 기록서를 작성·보존하여야 한다.

(1) 채취(보관을 포함한다)한 기관명칭
(2) 채취 연월일
(3) 검사 등의 결과
(4) 세포 또는 조직의 처리 취급 과정
(5) 공여자 식별 번호
(6) 사람에게 감염성 및 병원성을 나타낼 가능성이 있는 바이러스 존재 유무 확인 결과

다. 배지, 첨가성분, 시약 등 인체 세포·조직 배양액 제조에 사용된 모든 원료의 기준규격을 설정한 인체 세포·조직 배양액 원료규격 기준서를 작성하고, 인체에 대한 안전성이 확보된 물질 여부를 확인 하여야 하며, 이에 대한 근거자료를 보존하여야 한다.

라. 제조기록서는 다음의 사항이 포함되도록 작성하고 보존하여야 한다.

(1) 제조번호, 제조연월일, 제조량
(2) 사용한 원료의 목록, 양 및 규격

(3) 사용된 배지의 조성, 배양조건, 배양기간, 수율
(4) 각 단계별 처리 및 취급과정

마. 채취한 세포 및 조직을 일정기간 보존할 필요가 있는 경우에는 타당한 근거자료에 따라 균일한 품질을 유지하도록 보관 조건 및 기간을 설정해야 하며, 보관되었던 세포 및 조직에 대해서는 세균, 진균, 바이러스, 마이코플라즈마 등에 대하여 적절한 부정시험을 행한 후 인체 세포 · 조직 배양액 제조에 사용해야 한다.

바. 인체 세포 · 조직 배양액 제조과정에 대한 작업조건, 기간 등에 대한 제조관리 기준서를 포함한 표준지침서를 작성하고 이에 따라야 한다.

7. 인체 세포 · 조직 배양액의 안전성 평가

가. 인체 세포 · 조직 배양액의 안전성 확보를 위하여 다음의 안전성시험 자료를 작성·보존하여야 한다.

(1) 단회투여독성시험자료
(2) 반복투여독성시험자료
(3) 1차피부자극시험자료
(4) 안점막자극 또는 기타점막자극시험자료
(5) 피부감작성시험자료
(6) 광독성 및 광감작성 시험자료(자외선에서 흡수가 없음을 입증하는 흡광도 시험자료를 제출하는 경우에는 제외함)
(7) 인체 세포·조직 배양액의 구성성분에 관한 자료
(8) 유전독성시험자료
(9) 인체첩포시험자료

나 안전성시험자료는 「비임상시험관리기준」(식품의약품안전처 고시)에 따라 시험한 자료이어야 한다. 다만, 인체첩포시험은 국내·외 대학 또는 전문 연구기관에서 실시하여야 하며, 관련분야 전문의사, 연구소 또는 병원 기타 관련기관에서 5년 이상 해당시험에 경력을 가진 자의 지도 감독 하에 수행·평가되어야 한다.

다. 안전성시험자료는 인체 세포·조직 배양액 제조자가 자체적으로 구성한 안전성평가위원회의(독성전문가 등 외부전문가 위촉) 심의를 거쳐 적정성을 평가하고 그 평가결과를 기록·보존하여야 한다. 안전성평가위원회는 가목의 안전성시험 자료 평가 결과에 따라 기타 필요한 안전성 시험자료(발암성시험자료 등)를 작성·보존토록 권고할 수 있다.

8. 인체 세포 · 조직 배양액의 시험검사

가. 인체 세포·조직 배양액의 품질을 확보하기 위하여 다음의 항목을 포함한 인체 세포·조직 배양액 품질관리 기준서를 작성하고 이에 따라 품질검사를 하여야 한다.

(1) 성상
(2) 무균시험
(3) 마이코플라스마 부정시험
(4) 외래성 바이러스 부정시험
(5) 확인시험
(6) 순도시험
- 기원 세포 및 조직 부재시험
- '항생제', '혈청' 등 [별표 1]의 '사용할 수 없는 원료' 부재시험 등 (배양액 제조에 해당 원료를 사용한

경우에 한한다.)

나. 품질관리에 필요한 각 항목별 기준 및 시험방법은 과학적으로 그 타당성이 인정되어야 한다.

다. 인체 세포·조직 배양액의 품질관리를 위한 시험검사는 매 제조번호마다 실시하고, 그 시험성적서를 보존하여야 한다.

9. 기록보존

화장품제조판매업자는 이 안전기준과 관련한 모든 기준, 기록 및 성적서에 관한 서류를 받아 완제품의 제조연월일로부터 3년이 경과한 날까지 보존하여야 한다.

별표 4 유통화장품 안전관리 시험방법(제6조 관련)

Ⅰ. 일반 화장품

1. 납

다음 시험법 중 적당한 방법에 따라 시험한다.

가) 디티존법

① 검액의 조제 : 다음 제1법 또는 제2법에 따른다.

- 제1법 : 검체 1.0g을 자제도가니에 취하고(검체에 수분이 함유되어 있을 경우에는 수욕상에서 증발건조한다) 약 500℃에서 2~3시간 회화한다. 회분에 묽은염산 및 묽은질산 각 10mL씩을 넣고 수욕상에서 30분간 가온한 다음 상징액을 유리여과기(G4)로 여과하고 잔류물을 묽은염산 및 물 적당량으로 씻어 씻은 액을 여액에 합하여 전량을 50mL로 한다.
- 제2법 : 검체 1.0g을 취하여 300mL 분해 플라스크에 넣고 황산 5mL 및 질산 10mL를 넣고 흰 연기가 발생할 때까지 조용히 가열한다. 식힌 다음 질산 5mL씩을 추가하고 흰 연기가 발생할 때까지 가열하여 내용물이 무색~엷은 황색이 될 때까지 이 조작을 반복하여 분해가 끝나면 포화 수산암모늄 용액 5mL를 넣고 다시 가열하여 질산을 제거한다. 분해물을 50mL 용량 플라스크에 옮기고 물 적당량으로 분해 플라스크를 씻어 넣고 물을 넣어 전체량을 50mL로 한다.

② 시험 조작 : 위의 검액으로 「기능성화장품 기준 및 시험방법」(식품의약품안전처 고시) Ⅵ. 일반시험법 Ⅵ-1. 원료의 "7. 납시험법"에 따라 시험한다. 비교액에는 납표준액 2.0mL를 넣는다.

나) 원자 흡광광도법

① 검액의 조제 : 검체 약 0.5g을 정밀하게 달아 석영 또는 테트라플루오로메탄제의 극초단파 분해용 용기의 기벽에 닿지 않도록 조심하여 넣는다. 검체를 분해하기 위하여 질산 7mL, 염산 2mL 및 황산 1mL을 넣고 뚜껑을 닫은 다음 용기를 극초단파 분해 장치에 장착하고 다음 조작 조건에 따라 무색~엷은 황색이 될 때까지 분해한다. 상온으로 식힌 다음 조심하여 뚜껑을 열고 분해물을 25mL용량 플라스크에 옮기고 물 적당량으로 용기 및 뚜껑을 씻어 넣고 물을 넣어 전체량을 25mL로 하여 검액으로 한다. 침전물이 있을 경우 여과하여 사용한다. 따로 질산 7mL, 염산 2mL 및 황산 1mL를 가지고 검액과 동일하게 조작하여 공시험액으로 한다. 다만, 필요에 따라 검체를 분해하기 위하여 사용되는 산의 종류 및 양과 극초단파 분해 조건을 바꿀 수 있다.

〈조작 조건〉
최대 파워 : 1000W
최고 온도 : 200℃
분해 시간 : 약 35분

위 검액 및 공시험액 또는 디티존법의 검액의 조제와 같은 방법으로 만든 검액 및 공시험액 각 25mL를 취하여 각각에 구연산암모늄용액(1→4) 10mL 및 브롬치몰블루시액 2방울을 넣어 액의 색이 황색에서 녹색이 될 때까지 암모니아시액을 넣는다. 여기에 황산암모늄용액(2→5) 10mL 및 물을 넣어 100mL로 하고 디에칠디치오카르바민산나트륨용액(1→20) 10mL를 넣어 섞고 몇 분간 방치한 다음 메칠이소부틸케톤 20.0mL를 넣어 세게 흔들어 섞어 조용히 둔다. 메칠이소부틸케톤층을 여취하고 필요하면 여과하여 검액으로 한다.

② 표준액의 조제 : 따로 납 표준액(10 μg/mL) 0.5mL, 1.0mL 및 2.0mL를 각각 취하여 구연산 암모늄 용액(1→4) 10mL 및 브롬치몰블루시액 2방울을 넣고 이하 위의 검액과 같이 조작하여 검량선용 표준액으로 한다.

③ 조작 : 각각의 표준액을 다음의 조작 조건에 따라 원자흡광광도기에 주입하여 얻은 납의 검량선을 가지고 검액 중 납의 양을 측정한다.

〈조작 조건〉
사용 가스 : 가연성가스 아세칠렌 또는 수소
지연성가스 공기
램 프 : 납중공음극램프
파 장 : 283.3nm

다) 유도결합플라즈마분광기를 이용하는 방법

① 검액의 조제 : 검체 약 0.2g을 정밀하게 달아 석영 또는 테트라플루오로메탄제의 극초단파분해용 용기의 기벽에 닿지 않도록 조심하여 넣는다. 검체를 분해하기 위하여 질산 7mL, 염산 2mL 및 황산 1mL을 넣고 뚜껑을 닫은 다음 용기를 극초단파 분해 장치에 장착하고 다음 조작 조건에 따라 무색~엷은 황색이 될 때까지 분해한다. 상온으로 식힌 다음 조심하여 뚜껑을 열고 분해물을 50mL 용량 플라스크에 옮기고 물 적당량으로 용기 및 뚜껑을 씻어 넣고 물을 넣어 전체량을 50mL로 하여 검액으로 한다. 침전물이 있을 경우 여과하여 사용한다. 따로 질산 7mL, 염산 2mL 및 황산 1mL를 가지고 검액과 동일하게 조작하여 공시험액으로 한다. 다만, 필요에 따라 검체를 분해하기 위하여 사용되는 산의 종류 및 양과 극초단파 분해 조건을 바꿀 수 있다.

〈조작 조건〉
최대 파워 : 1000W
최고 온도 : 200℃
분해 시간 : 약 35분

② 표준액의 조제 : 납 표준원액(1000 μg/mL)에 0.5% 질산을 넣어 농도가 다른 3가지 이상의 검량선용 표준액을 만든다. 이 표준액의 농도는 액 1mL당 납 0.01~0.2 μg 범위 내로 한다.

③ 시험 조작 : 각각의 표준액을 다음의 조작 조건에 따라 유도결합플라즈마분광기(ICP spectrometer)에 주입하여 얻은 납의 검량선을 가지고 검액 중 납의 양을 측정한다.

〈조작 조건〉
파장 : 220.353nm(방해 성분이 함유된 경우 납의 다른 특성 파장을 선택할 수 있다)
플라즈마가스 : 아르곤(99.99 v/v% 이상)

라) 유도결합플라즈마-질량분석기를 이용한 방법

① 검액의 조제 : 검체 약 0.2g을 정밀하게 달아 테플론제의 극초단파분해용 용기의 기벽에 닿지 않도록 조심하여 넣는다. 검체를 분해하기 위하여 질산 7mL, 불화수소산 2mL를 넣고 뚜껑을 닫은 다음 용기를 극초단파분해 장치에 장착하고 다음 조작 조건 1에 따라 무색~엷은 황색이 될 때까지 분해한다. 상온으로 식힌 다음 조심하여 뚜껑을 열어 희석시킨 붕산 (5→100) 20mL를 넣고 뚜껑을 닫은 다음 용기를 극초단파분해 장치에 장착하고 다음 조작 조건 2에 따라 불소를 불활성화시킨다. 다만, 기기의 검액 도입부 등에 석영 대신 테플론재질을 사용하는 경우에 한해 불소 불활성화 조작은 생략할 수 있다. 상온으로 식힌 다음 조심하여 뚜껑을 열고 분해물을 100mL 용량 플라스크에 옮기고 증류수 적당량으로 용기 및 뚜껑을 씻어 넣고 증류수를 넣어 100mL로 한다. 침전물이 있을 경우 여과하여 사용한다. 이를 증류수로 5배 희석하여 검액으로 한다. 따로 질산 7mL, 불화수소산 2mL를 가지고 검액과 동일하게 조작하여 공시험액으로 한다. 다만, 필요하면 검체를 분해하기 위하여 사용되는 산의 종류 및 양과 극초단파분해 조건을 바꿀 수 있다.

〈조작 조건 1〉

최대 파워 : 1000W
최고 온도 : 200℃
분해 시간 : 약 20분

〈조작 조건 2〉

최대 파워 : 1000W
최고 온도 : 180℃
분해 시간 : 약 10분

② 표준액의 조제 : 납 표준원액(1000 μg/mL)에 희석시킨 질산(2→100)을 넣어 농도가 다른 3가지 이상의 검량선용 표준액을 만든다. 이 표준액의 농도는 액 1mL당 납 1～20 ng 범위를 포함하게 한다.

③ 시험 조작 : 각각의 표준액을 다음의 조작 조건에 따라 유도결합플라즈마-질량분석기(ICP-MS)에 주입하여 얻은 납의 검량선을 가지고 검액 중 납의 양을 측정한다.

〈조작 조건〉
원자량 : 206, 207, 208(간섭 현상이 없는 범위에서 선택하여 검출)
플라즈마 기체 : 아르곤(99.99 v/v% 이상)

2. 니켈

① 검액의 조제 :검체 약 0.2 g을 정밀하게 달아 테플론제의 극초단파분해용 용기의 기벽에 닿지 않도록 조심하여 넣는다. 검체를 분해하기 위하여 질산 7 mL, 불화수소산 2 mL를 넣고 뚜껑을 닫은 다음 용기를 극초단파분해 장치에 장착하고 조작 조건 1에 따라 무색 ～ 엷은 황색이 될 때까지 분해한다. 상온으로 식힌 다음 조심하여 뚜껑을 열어 희석시킨 붕산 (5→100) 20 mL를 넣고 뚜껑을 닫은 다음 용기를 극초단파분해 장치에 장착하고 조작 조건 2에 따라 불소를 불활성화시킨다. 다만, 기기의 검액 도입부 등에 석영 대신 테플론재질을 사용하는 경우에 한해 불소 불활성화 조작은 생략할 수 있다. 상온으로 식힌 다음 조심하여 뚜껑을 열고 분해물을 100 mL 용량 플라스크에 옮기고 물 적당량으로 용기 및 뚜껑을 씻어 넣고 물을 넣어 100 mL로 한다. 침전물이 있을 경우 여과하여 사용한다. 이 액을 물로 5배 희석하여 검액으로 한다. 따로 질산 7 mL, 불화수소산 2 mL를 가지고 검액과 동일하게 조작하여 공시험액으로 한다. 다만, 필요하면 검체를 분해하기 위하여 사용되는 산의 종류 및 양과 극초단파분해 조건을 바꿀 수 있다.

〈조작 조건 1〉

최대 파워 : 1000W
최고 온도 : 200℃
분해 시간 : 약 20분

〈조작 조건 2〉

최대 파워 : 1000W
최고 온도 : 180℃
분해 시간 : 약 10분

② 표준액의 조제 : 니켈 표준원액(1000 μg/mL)에 희석시킨 질산(2→100)을 넣어 농도가 다른 3가지 이상의 검량선용 표준액을 만든다. 표준액의 농도는 1 mL당 니켈 1～20 ng 범위를 포함하게 한다.

③ 조작 : 각각의 표준액을 다음의 조작 조건에 따라 유도결합플라즈마-질량분석기(ICP-MS)에 주입하여 얻은 니켈의 검량선을 가지고 검액 중 니켈의 양을 측정한다.

〈조작 조건〉
원자량 : 60(간섭 현상이 없는 범위에서 선택하여 검출)
플라즈마 기체 : 아르곤(99.99 v/v% 이상)

④ 검출시험 범위에서 충분한 정량한계, 검량선의 직선성 및 회수율이 확보되는 경우 유도결합플라즈마-질량분석기(ICP-MS) 대신 유도결합플라즈마분광기(ICP) 또는 원자흡광분광기(AAS)를 사용하여 측정할 수 있다.

3. 비소

다음 시험법 중 적당한 방법에 따라 시험한다.

가) 비색법 : 검체 1.0g을 달아 「기능성화장품 기준 및 시험 방법」(식품의약품안전처 고시) VI. 일반시험법 VI-1. 원료의 "15. 비소시험법" 중 제3법에 따라 검액을 만들고 장치 A를 쓰는 방법에 따라 시험한다.

나) 원자 흡광광도법

① 검액의 조제 : 검체 약 0.2g을 정밀하게 달아 석영 또는 테트라플루오로메탄제의 극초단파 분해용 용기의 기벽에 닿지 않도록 조심하여 넣는다. 검체를 분해하기 위하여 질산 7mL, 염산 2mL 및 황산 1mL을 넣고 뚜껑을 닫은 다음 용기를 극초단파 분해 장치에 장착하고 다음 조작 조건에 따라 무색~엷은 황색이 될 때까지 분해한다. 상온으로 식힌 다음 조심하여 뚜껑을 열고 분해물을 50mL 용량 플라스크에 옮기고 물 적당량으로 용기 및 뚜껑을 씻어 넣고 물을 넣어 전체량을 50mL로 하여 검액으로 한다. 침전물이 있을 경우 여과하여 사용한다. 따로 질산 7mL, 염산 2mL 및 황산 1mL를 가지고 검액과 동일하게 조작하여 공시험액으로 한다. 다만, 필요에 따라 검체를 분해하기 위하여 사용되는 산의 종류 및 양과 극초단파의 분해 조건을 바꿀 수 있다.

〈조작 조건〉
최대 파워 : 1000W
최고 온도 : 200℃
분해 시간 : 약 35분

② 표준액의 조제 : 비소 표준원액(1000μg/mL)에 0.5% 질산을 넣어 농도가 다른 3가지 이상의 검량선용 표준액을 만든다. 이 표준액의 농도는 액 1mL당 비소 0.01~0.2μg 범위 내로 한다.

③ 시험 조작 : 각각의 표준액을 다음의 조작 조건에 따라 수소화물 발생장치 및 가열 흡수 셀을 사용하여 원자흡광광도기에 주입하고 여기서 얻은 비소의 검량선을 가지고 검액 중 비소의 양을 측정한다.

〈조작 조건〉
사용 가스 : 가연성가스 아세칠렌 또는 수소
지연성가스 공기
램프 : 비소중공음극램프 또는 무전극방전램프
파장 : 193.7 nm

다) 유도결합플라즈마분광기를 이용한 방법

① 검액 및 표준액의 조제 : 원자흡광광도법의 표준액 및 검액의 조제와 같은 방법으로 만든 액을 검액 및 표준액으로 한다.

② 시험 조작 : 각각의 표준액을 다음의 조작 조건에 따라 유도결합플라즈마분광기(ICP spectrometer)에 주입하여 얻은 비소의 검량선을 가지고 검액 중 비소의 양을 측정한다.

〈조작 조건〉
파장 : 193.759nm(방해성 분이 함유된 경우 비소의 다른 특성 파장을 선택할 수 있다)
플라즈마가스 : 아르곤(99.99 v/v% 이상)

·
·
·
·

이후 내용은 국가법령정보센터(http://law.go.kr/)-화장품 안전기준 등에 관한 규정-「별표」 서식을 참고

참고문헌

김주덕·경기열·조진훈,『화장품 과학 가이드 제2판』, 광문각, 2011.
김주덕·신정은,『최신화장품학』, 광문각 2018.
김주덕·지홍근,『화장품 제조 및 실습』, PRIME 교재, 2018.
김주덕·김상진·김한식·박경환·이화순·진공인,『신화장품학』, 동화기술, 2008.
김문주·김윤정·이연희·이화정·최성임·최숙경·황해정,『미용인을 위한 피부과학』, 예림, 2009.
김세정·이유미·장순남,『서비스인을 위한 고객관계관리』, 구민사, 2014.
권혜영·권혜진·김미령·김봉인·김수미·신규옥·안선례·윤미숙·함명옥,『NEW피부과학』, 메디시언 2016.
아사다 야스오 지음/이영아·이길영 옮김,『미용피부과학』, 신정, 2009.
양재찬,『화장품학의 이해』, 라이프사이언스, 2019.
윤경섭,『화장품학』, 구민사, 2019.
천병수·허정록·손은선·이용행·이선옥,『신전개 피부과학』, 유한문화사, 2010.
홍란희·김윤정·송다해·석은경,『최신 피부과학』, 광문각, 2012.

공선미, 김민신,「연령별 소비자의 맞춤화장품 사용실태 및 선호유형」, 숙명여자대학교 원격대학원, 2018.
김서현,「화장품의 제품 속성이 저가 화장품 구매행동에 미치는 영향에 대한 연구」, 서경대학교 경영대학원, 2013.
양미선,「여성의 기능성화장품에 대한 지식 및 사용실태에 관한 연구」, 숙명여자대학교 원격대학원, 2009.
이재연,「용기 디자인이 여대생의 화장품 구매 행동에 미치는 영향」, 숙명여자대학교 원격대학원, 2011.
정영옥,「맞춤화장품의 유형 및 소비자혜택에 관한 연구」, 건국대학교 산업대학원, 2017.
최선미,「20~50대 여성의 맞춤형화장품에 대한 인식과 발전방향에 관한 연구」, 건국대학교 산업대학원, 2019.
최윤범,「연령별 여성소비자의 기초화장품 용기디자인 요소에 대한 선호도 연구: 국내 브랜드 기초화장품을 중심으로」, 국민대학교 디자인대학원, 2015.
함주현,「라이프스타일에 따른 피부건강신념과 화장품 사용행태」, 숙명여자대학교, 원격대학원, 2015.

화장품 위해평가 가이드라인, 식품의약품안전평가원, 2017.
우수 화장품 제조 및 품질관리기준(CGMP) 해설서(민원인 안내서) 제2 개정, 식품의약품안전처, 2018.
국정도서편찬위원회, 고등학교 피부관리, 교육과학기술부, 2009.
식품의약품안전처 화장품법 시행규칙
행정안전부 개인보호법
한국의약품수출입협회
대한화장품협회
화장품 정책설명회, 식품의약품안전처, 2019.12.10
화장품 안전기준 등에 관한 규정 해설서(민원인 안내서) 제1 개정, 식품의약품안전처, 2018.
기능성화장품 기준 및 시험방법, 식품의약품안전처 고시 제2018-111호, 시행 2018. 12. 26.
우수화장품 제조 및 품질관리기준, 식품의약품안전처 고시 제2015-58호, 시행 2015. 9. 2.
화장품 안전기준 등에 관한 규정, 식품의약품안전처 고시 제2019-93호, 시행 2020. 4. 18.

국가법령정보센터 : http://www.law.go.kr
국가직무 능력 : https://www.ncs.go.kr
국가건강정보포털 : http://health.mw.go.kr
식품의약품안전처 : http://www.kfda.go.kr
질병관리본부 : http://www.cdc.go.kr
행정안전부 : https://www.mois.go.kr/frt/a01/frtMain.do
개인정보보호 종합포털 : https://www.privacy.go.kr/
고객관리프로그램운용 도봉구청 : http://www.dobong.go.kr/Contents.asp?code=10004021

NCS기반 두피모발관리

전희영, 김모진, 김해영 외 공저
152쪽 / 정가 20,000원 / 컬러

남성을 위한
생활 기초커트

한국우리머리연구소 채선숙, 윤아람, 전혜민 공저
B5 변형/ 152쪽 / 정가 19,000원

신간
블로우드라이 & 아이론

정찬이, 김동분, 반세나, 임순녀 공저
A4 /176쪽/ 정가 27,000원

헤어컷 디자인

오지영, 반효정, 이부형 외 공저
B5 / 208쪽 / 정가 25,000원

두피 모발 관리학

강갑연, 석유나, 이명화 외 공저
B5 / 256쪽 / 정가 20,000원

최신
업&스타일링

신부섭, 심인섭, 고성현 외 공저
A4 / 158쪽 / 정가 30,000원

NCS 기반
베이직 헤어커트

최은정, 김동분 공저
A4 /176쪽 / 정가 24,000원

응용 디자인 헤어 커트

최은정, 문금옥, 임선희 외 공저
224쪽 / 정가 25,000원

헤어디자인 창작론

최은정 · 노인선 · 진영모 지음
A4 /256쪽/ 정가 27,000원

기초 헤어커트 실습서

최은정, 강갑연 공저
A4/104쪽 / 정가 14,000원

신간
NCS기반 헤어트렌드 분석 및 개발
헤어 캡스톤 디자인

최은정, 맹유진 공저
A4 /272쪽/ 정가 28,000원

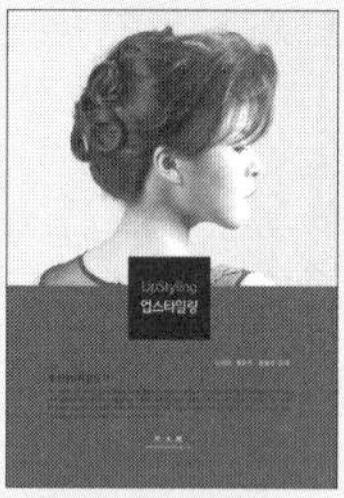

업스타일링

김지연, 류은주, 유명자 공저
A4 / 134쪽 / 정가 24,000원

실전 남성커트 & 이용사 실기 실습서

최은정, 진영모 공저
A4/ 128쪽 / 정가 19,000원

블로드라이&업스타일

김혜경, 김신정, 김정현 외 공저
B5 / 224쪽 / 정가 23,000원

Hair mode

임경근 저
A4 / 143쪽 / 정가 35,000원

헤어컬러즈&컬러즈

김홍희, 유의경, 현지원 공저
B5 변형 / 144쪽 / 정가 20,000원

업스타일 정석

김환, 장선엽, 이현진 공저
A4 / 200쪽 / 정가 32,000원

헤어펌 웨이브 디자인

권미윤, 최영희, 이부형 외 공저
B5 / 200쪽 / 정가 22,000원

Hair DESIGN & Illustration

임경근 저
A4 / 207쪽 / 정가 38,000원

미용 서비스 관리론

장선엽 지음
46배판 / 185쪽 / 정가 24,000원 /

모발학 사전

류은주, 김애숙, 김정희 외 공저
신국판 / 1166쪽 / 정가 35,000원

인터랙티브 헤어모드(스타일)

임경근 저
B5변형 / 204쪽 / 정가 32,000원

고전으로 본 전통머리

조성옥, 강덕녀, 김현미 외 공저
B5 / 248쪽 / 정가 28,000원

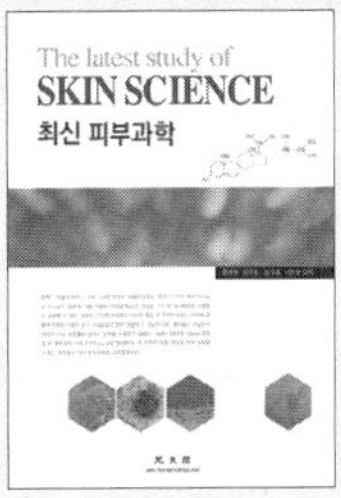

최신 피부과학

홍란희, 김윤정, 송다해 외 공저
B5 / 200쪽 / 정가 22,000원

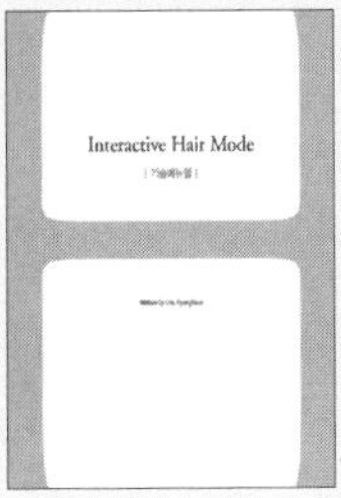

인터랙티브 헤어모드(기술메뉴얼)

임경근 저
B5 변형/ 243쪽 / 정가 27,000원

뷰티 디자인

김진숙, 정영신, 차유림 외 공저
B5 / 314쪽 / 정가 22,000원

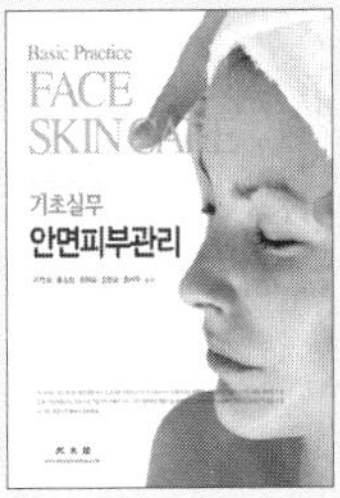

기초 실무 안면피부관리

이연희, 홍승정, 장매화 외 공저
B5 / 128쪽 / 정가 17,000원

Hair 장

장철환 글, 그림
B5 /176쪽/ 정가 12,000원

미용문화사

정현진, 정매자, 이명선 외 공저
신국판 / 216쪽 / 정가 20,000원

키 성장 마사지&체형관리

배정아, 현경화, 김미영 공저
B5 / 232쪽 / 정가 20,000원

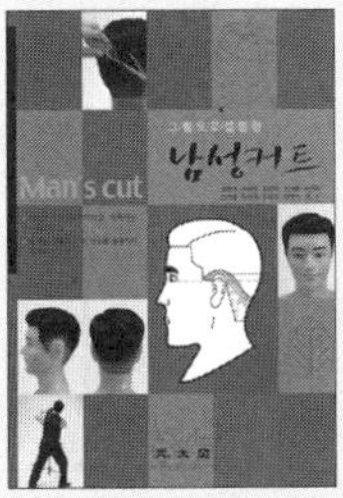

그림으로 설명한 남성 커트

최원희, 석영복, 장만우 외 공저
B5 / 344쪽 / 정가 25,000원

미용경영학&CRM

최영희 , 안현경, 권미윤 외 공저
B5 / 286쪽 / 정가 23,000원

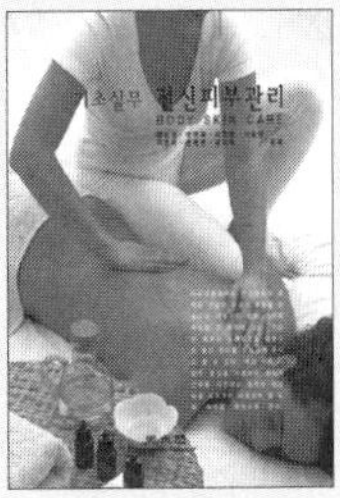

기초 실무 전신피부관리

홍승정, 이연희, 최은영 외 공저
B5 / 128쪽 / 정가 17,000원

현대미용 총론 Beauty&hair art

정매자 저
B5 / 272쪽 / 정가 28,000원

임상헤어 두피관리

이향욱, 유미금, 김정숙 외 공저
46배판 / 326쪽 / 정가 40,000원

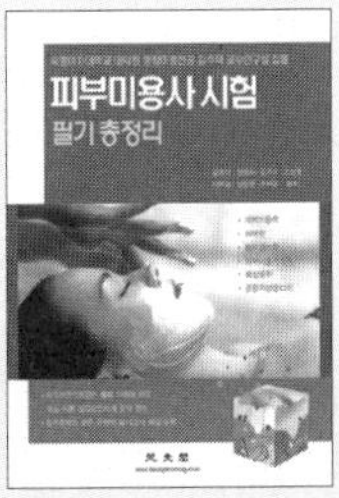

피부미용사시험 필기 총정리

김주덕, 정영희, 김기숙 외 편저
B5 /696쪽 / 정가 30,000원

기초 피부관리 실습
김금란, 이유미, 장순남, 외 공저
B5 / 164쪽 / 정가 20,000원

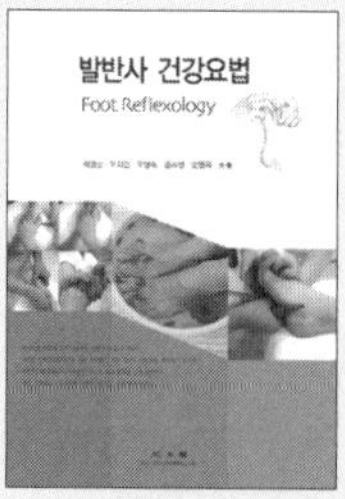

발반사 건강요법
이명선, 오지민, 오영숙 외 공저
B5 / 172쪽 / 정가 22,000원

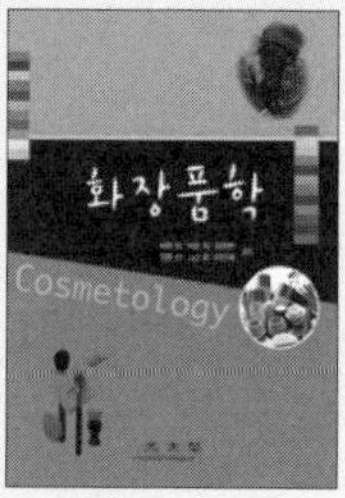

화장품학
최경임, 허순득, 장정현 외 공저
46배판/ 380쪽 / 정가 25,000원

경락미용과 한방
이덕수, 김문주, 김영순 외 공저
46배판/ 384쪽 / 정가 22,000원

미용과 건강을 위한
활용 아로마테라피
이애란, 현경화, 조아랑 외 공저
46배판 / 320쪽 / 정가 28,000원

최신 화장품 과학
이성옥, 김기영, 이만성 외 공저
B5/ 376쪽 / 정가 22,000원

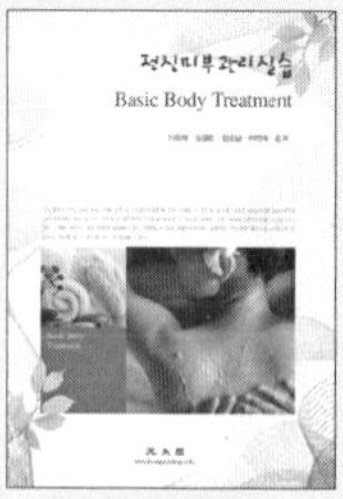

전신피부관리 실습
이유미, 김금란, 장순남 외 공저
46배판 / 168쪽 / 정가 20,000원

뷰티테라피
정숙희, 하문선, 박주아 외 공저
B5 / 260쪽 / 정가 27,000원

패션과
뷰티디자인을 위한
토털 코디네이션
이건희, 김서영, 김형철 외 공저
A4 / 216쪽 / 정가 25,000원

아로마테라피 마사지
Sarah Porter 저
김봉인, 홍란희, 이성내, 외 공역
A4변형판 / 215쪽 / 정가 25,000원

신간
미용과 건강
최영희, 전영선, 현경화 외 공저
46배판 /376쪽/ 정가 24,000원

신간
단장에서 화장까지
최신 화장품학
김주덕, 신정은 공저
46배판 / 280쪽 / 정가 27,000원

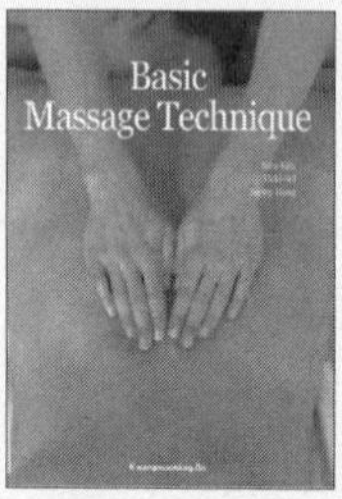

Basic Massage Technique (개정판)
김주연, 설현, 홍승정 공저
A4 / 175쪽 / 정가 17,000원

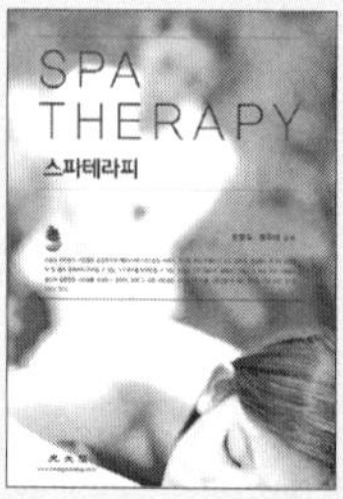

스파테라피
오영숙, 정주미 공저
B5 / 128쪽 / 정가 18,000원

메이크업 패턴북
임여경 저
A4 / 72쪽 / 정가 15,000원

클리니컬 아로마테라피 성분학
홍란희, 송다해, 한채정 외 공저
46배판 / 184쪽 / 정가 23,000원

신간
메이크업디자인 컨설팅 실습서
양은, 임옥주 지음
A4 / 112쪽 /정가 20,000 원

화장품 과학 가이드
김주덕, 경기열, 조진훈 공역
46배판 / 456쪽 / 정가 32,000원

메이크업 디자인북

그레이스 강 저
타블로이드판 / 정가 22,000원

아트메이크업

김양은, 이미희, 송미영 외 공저
B5 / 128쪽 / 정가 20,000원

네일아트 매뉴얼 북

김경미, 김연희, 정철순 외 공저
B5 / 248쪽 / 정가 26,000원

메이크업 디자인

양진희, 박춘심, 이종란 외 공저
B5 / 200쪽 / 정가 23,000원

색채디자인

김희선, 박춘심, 양수미 외 공저
B5 변형 / 164쪽 / 정가 20,000원-

실용 메이크업

노희영, 김용선, 이정민 외 공저
B5 / 180쪽 / 정가 24,000원

뷰티 일러스트레이션

최영숙, 김양은, 곽지은 외 공저
B5 / 208쪽 / 정가 23,000원

NCS기반

네일미용학

이미춘, 이서윤, 조미자 외 공저
B5 / 368쪽 / 정가 28,000원

미용사메이크업 필기시험

양진희, 김선영, 문정은 외 편
46배판 / 464쪽 / 정가 25,000원

뷰티 일러스트레이션

임여경 저
A4 / 136쪽 / 정가 20,000원

한권으로 합격하기

미용사 네일 필기시험 (개정판)

이서윤, 이미춘, 조미자 외 공저
한국네일미용학회 감수
46배판/ 472쪽 / 정가 29,000원

화장품 생물 신소재

안봉전, 이진태, 이창언 공저
46배판 / 278쪽 / 정가 20,000원

성격분장

정기훈, 이미희, 김은희 외 공저
46배판 /296쪽 / 정가 28,000원

응용 네일아트

이서윤, 이미춘, 김은영 외 공저
B5 / 224쪽 / 정가 26,000원

수정괄사요법

한중자연족부괄사건강연구협회,
한국대체요법연구회 저
B5 / 391쪽 / 정가 25,000원

미용색채

김용선, 노희영, 이경희 외 공저
A4 / 186쪽 / 정가 25,000원

에어브러시

문정은 저
46배판 / 112쪽 / 정가 22,000원

화장테라피

시세이도 뷰티솔루션 개발센터 저 /
김주덕 · 임효정 공역
신국판 /264쪽 / 정가 14,000원

국가
공인

30일 완성 총정리

맞춤형 화장품 조제관리사

2020년 1월 20일 1판 1쇄 발 행
2020년 3월 2일 1판 2쇄 발 행
2020년 3월 5일 1판 3쇄 발 행

저 자 : 김주덕 · 지홍근 · 한지수 · 박초희 · 조선영 · 강진미
펴 낸 이 : 박 정 태

펴 낸 곳 : **광 문 각**

10881
경기도 파주시 파주출판문화도시 광인사길 161
광문각 B/D 4층
등 록 : 1991. 5. 31 제12-484호
전 화(代) : 031) 955-8787
팩 스 : 031) 955-3730
E - mail : kwangmk7@hanmail.net
홈페이지 : www.kwangmoonkag.co.kr

ISBN : 978-89-7093-811-0 93590

값: 28,000원

한국과학기술출판협회회원
KSPA